"十四五"职业教育国家规划教材

信息技术

（Windows 10+Office 2016）

主　编　郭长庚　刘树聃
副主编　张俊才　时军艳
万　明　周　漪
参　编　王　琳　李　邦
王　闯　张　静

北京邮电大学出版社
www. buptpress. com

内容简介

本书是“十四五”职业教育国家规划教材。本书根据教育部颁布的《高等职业教育专科信息技术课程标准(2021年版)》进行编写。

全书设计为18个单元,分为基础模块和拓展模块:基础模块以实际工作中的任务案例为载体进行组织,介绍文档处理、电子表格处理、演示文稿制作、信息检索、新一代信息技术概述以及信息素养与社会责任6部分内容;拓展模块介绍信息安全、项目管理、机器人流程自动化、程序设计基础、大数据、人工智能、云计算、现代通信技术、物联网、数字媒体、虚拟现实以及区块链12部分内容。

本书适合作为高等职业教育“信息技术”课程的教材,也可作为计算机初学者自主学习的参考书。

图书在版编目(CIP)数据

信息技术 / 郭长庚,刘树聃. -- 北京:北京邮电大学出版社,2022.2(2024.6 重印)

ISBN 978-7-5635-6605-1

Ⅰ.①信… Ⅱ.①郭… ②刘… Ⅲ.①电子计算机—高等职业教育—教材 Ⅳ.①TP3

中国版本图书馆 CIP 数据核字(2022)第 026320 号

策划编辑:李 勇 **责任编辑:**高 宇 **封面设计:**黄燕美

出版发行:北京邮电大学出版社
社 址:北京市海淀区西土城路 10 号
邮政编码:100876
发 行 部:电话:010-62282185 传真:010-62283578
E-mail:publish@bupt.edu.cn
经 销:各地新华书店
印 刷:三河市骏杰印刷有限公司
开 本:850 mm×1 168 mm 1/16
印 张:20
字 数:487 千字
版 次:2022 年 2 月第 1 版
印 次:2024 年 6 月第 7 次印刷

ISBN 978-7-5635-6605-1 定 价:58.00 元

·如有印装质量问题,请与北京邮电大学出版社发行部联系·

服务电话:400-615-1233

前言 Preface

党的二十大报告明确指出，"推动战略性新兴产业融合集群发展，构建新一代信息技术、人工智能、生物技术、新能源、新材料、高端装备、绿色环保等一批新的增长引擎"。战略性新兴产业代表新一轮科技革命和产业变革方向，是推动经济发展质量变革、效率变革、动力变革的关键力量。

信息技术已成为经济社会转型发展的主要驱动力，是建设创新型国家、制造强国、网络强国、数字中国、智慧社会的基础支撑。提升国民信息素养，增强个体在信息社会的适应力与创造力，对个体的生活、学习和工作，对全面建成社会主义现代化强国均具有重大意义。

信息技术课程是高等职业教育专科各专业学生的公共基础课程。为贯彻落实《国家职业教育改革实施方案》，进一步完善职业教育国家教学标准体系，指导高等职业教育专科公共基础课程改革和课程建设，提高人才培养质量，教育部组织研制了《高等职业教育专科信息技术课程标准(2021 年版)》(以下简称《课标》)。《课标》确定了信息技术课程的性质与任务、学科核心素养与课程目标，明确了课程结构、课程内容、学业质量和课程实施方案。通过对基础知识与基本技能的学习，学生可增强信息意识、培养计算思维、提高适应职业发展的信息能力与创新能力。

本书内容及学时分配建议如下。

模　块	单　元	学　时
基础模块	文档处理	16
	电子表格处理	16
	演示文稿制作	14
	信息检索	6
	新一代信息技术概述	6
	信息素养与社会责任	6
拓展模块	信息安全	3
	项目管理	3
	机器人流程自动化	5
	程序设计基础	5
	大数据	4
	人工智能	4

续表

模　块	单　元	学　时
拓展模块	云计算	4
	现代通信技术	4
	物联网	4
	数字媒体	4
	虚拟现实	4
	区块链	4
合计		112

本书具有以下特点。

(1)坚持价值导向,强化育人目标,突出实效性。依据该课程内容体系和育人功能的要求及特点,结合本书案例、配套教学资源、课堂教学等,综合运用多种载体形式,教育和引导学生通过学习、实践、体验、感悟等形式,进一步增强对党的领导的认知和认同感,提升为党育人、为国育才的效果。

(2)体现以"做"为中心的"教、学、做合一"理念。按照"以学生为中心、以学习成果为导向"思路进行开发设计,弱化"教学材料"的特征,强化"学习资料"的功能,将课程相关理论知识点分解到工作任务中,便于运用"做中学""学中做"和"做中教"教学模式,体现"教、学、做合一"理念。

(3)编写体例、形式和内容适合职业教育特点。本书在内容设计上充分体现了知识的模块化、层次化和整体化,按照先易后难、先基础后提高的顺序组织教学内容,符合初学者的认知规律。

(4)体现新形态一体化,实现教学资源共建共享。发挥"互联网+教材"的优势,配备二维码学习资源,学生用手机扫描书中二维码,即可获得在线的数字资源。同时本书提供配套教学课件、课程标准、练习题等供任课教师使用。新形态一体化教材便于学生实现即时学习和个性化学习,有助于教师借此创新教学模式。

本书由郭长庚和刘树聃任主编,由张俊才、时军艳、万明和周漪任副主编,王琳、李邦、王闯和张静参与了编写工作。以上编写人员不仅有丰富的教学经验和教材编写经验,还有在企事业单位工作的经历。

由于编者水平有限,书中存在的不当之处恳请广大读者批评指正。

编　者

Contents 目录

基础模块

拓展模块

基础模块

单元 1　文档处理

单元 2　电子表格处理

单元 3　演示文稿制作

单元 4　信息检索

单元 5　新一代信息技术概述

单元 6　信息素养与社会责任

单元1 文档处理

文档处理软件是常用的办公软件之一，主要用于文字的录入、编辑、排版等，也可以插入图片、表格、图形等对象。目前常用的文档处理软件有微软公司的 Microsoft Office Word、金山公司的 WPS 文字等。本单元主要介绍文字处理基础知识、文档的编辑与排版、在文档中插入各种对象、长文档排版等内容。

学习目标

- 了解文字处理的基础知识。
- 掌握文档的编辑与排版。
- 掌握在文档中插入各种对象的方法。
- 熟悉长文档排版的方法。

明德育才

党的二十大报告指出：坚守中华文化立场，提炼展示中华文明的精神标识和文化精髓，加快构建中国话语和中国叙事体系，讲好中国故事、传播好中国声音，展现可信、可爱、可敬的中国形象。加强国际传播能力建设，全面提升国际传播效能，形成同我国综合国力和国际地位相匹配的国际话语权。深化文明交流互鉴，推动中华文化更好走向世界。

本单元将制作古诗词文档和立秋节气文档。文化如春雨，润物细无声，这是国家历史发展中留下的“深深印记”，是中华民族宝贵的精神财富，更是我们行稳致远的强大底蕴。诗词文化作为中华优秀传统文化代表，具有旺盛的生命力和时代活力，是文化创新创造的宝贵资源。二十四节气是中国古人顺天应时，通过观察太阳周年运动，依据天象、气候、物候等方面变化规律所形成的知识体系和社会实践，凝聚着中华民族经天纬地的伟大智慧。

任务 1 制作古诗词文档

任务描述

制作一份关于古诗《蒹葭》的 Word 文档。制作完成后的效果如图 1-1-1 所示。

蒹葭↵
蒹葭苍苍，白露为霜。↵
所谓伊人，在水一方。↵
溯洄从之，道阻且长。↵
溯游从之，宛在水中央。↵
蒹葭萋萋，白露未晞。↵
所谓伊人，在水之湄。↵
溯洄从之，道阻且跻。↵
溯游从之，宛在水中坻。↵
蒹葭采采，白露未已。↵
所谓伊人，在水之涘。↵
溯洄从之，道阻且右。↵
溯游从之，宛在水中沚。↵

图 1-1-1 《蒹葭》的 Word 文档

任务实现

步骤 1:选择文档处理工具

为了完成关于古诗《蒹葭》的 Word 文档的任务，需要了解主流图文编辑软件的功能和特点，以便选用合适的图文编辑软件来完成这项任务。目前来说，常见的图文编辑软件有 Microsoft Office、WPS Office 和方正书版。

(1)Microsoft Office。

Microsoft Office 是美国微软公司推出的计算及办公自动化软件，其界面友好、操作简便、功能强大，无论是编辑文档、处理数据报表，还是制作演示文稿，都能轻松、高效地完成。启动 Word 2016，显示如图 1-1-2 所示的工作界面。

(2)WPS Office。

WPS Office 是一款由北京金山办公软件股份有限公司自主研发的办公软件套装，包括文字处理、表格处理、演示文稿制作等功能。它具有内存占用率低、运行速度可靠、体积小巧、强大插件平台支持、免费提供在线存储空间和海量文档模板支持等特点。WPS 文字的工作界面如图 1-1-3 所示。

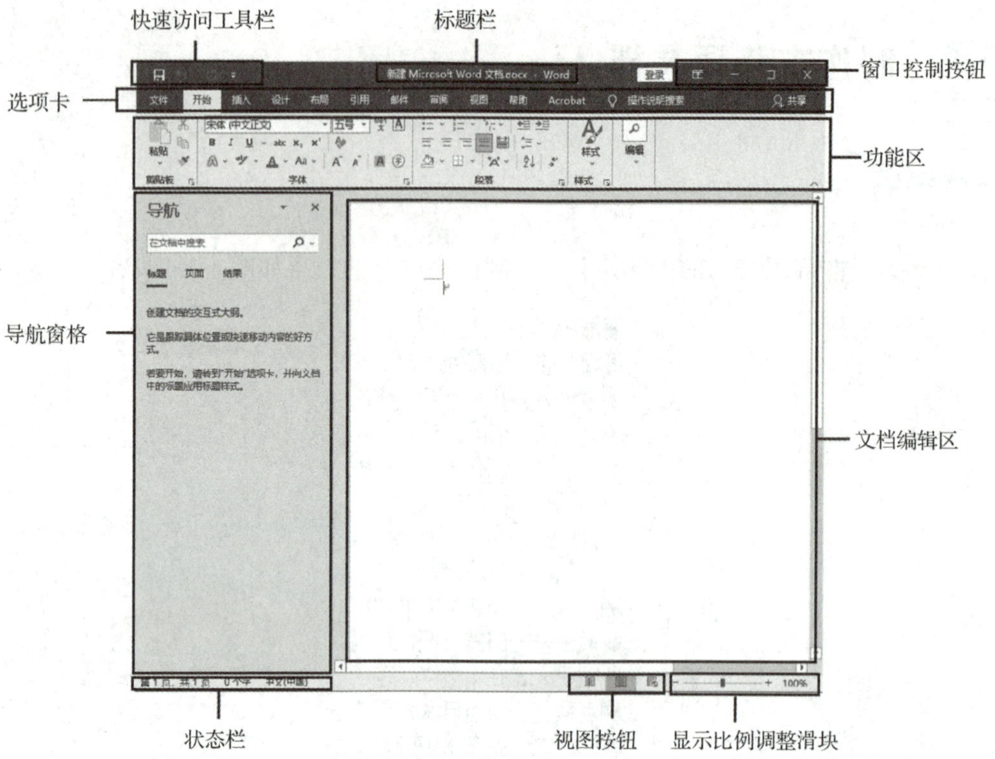

图 1-1-2　Word 2016 的工作界面

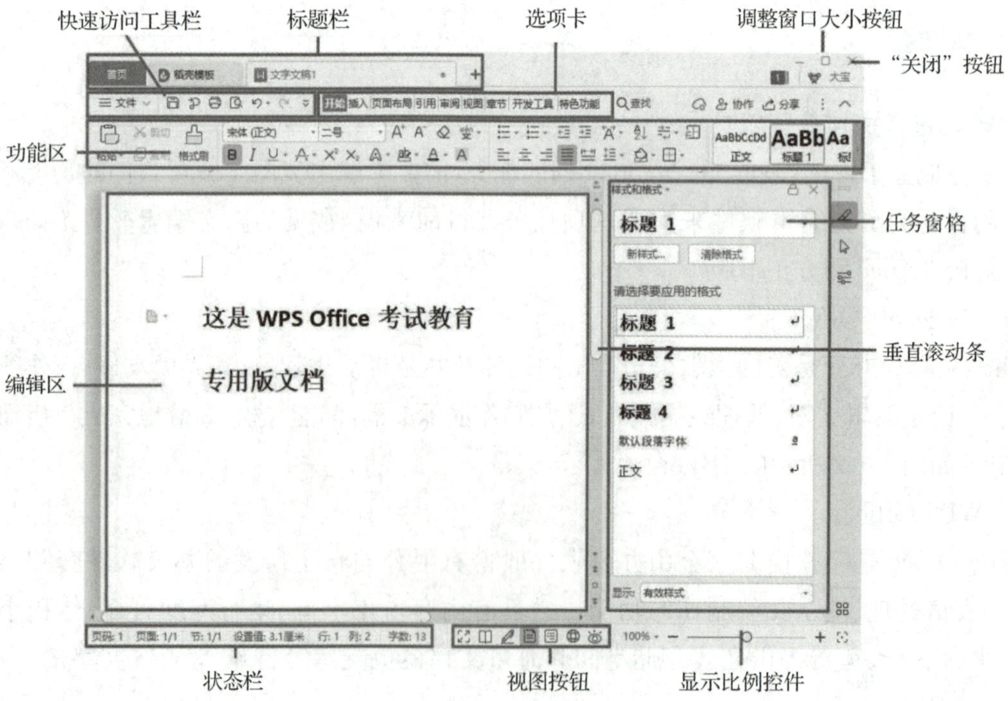

图 1-1-3　WPS Office 考试教育专用版文字工作界面

(3)方正书版。

方正书版是一款专门用于书、刊排版的专业排版软件，可以轻松处理从录入到输出的全过程，特别是对图形、表格的编辑处理功能大大提升，并支持彩色版面设计功能，是一套功能强大的集成系统。方正书版的工作界面如图 1-1-4 所示。

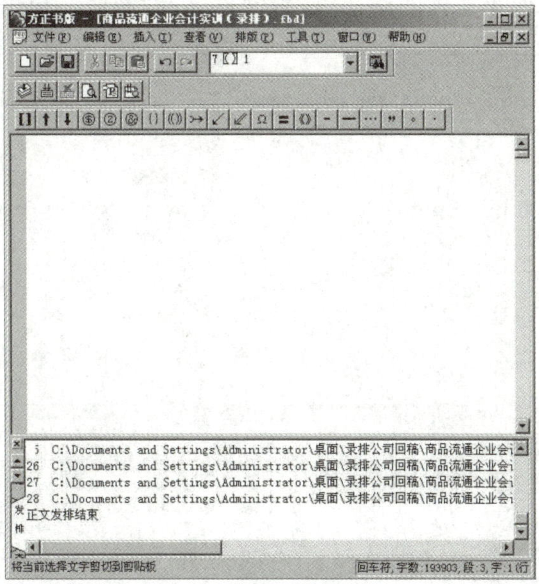

图 1-1-4　方正书版的工作界面

步骤 2:打开 Word 文档

执行“开始”→“所有程序”→“Word 2016”命令，打开 Word 2016，如图 1-1-5 所示。

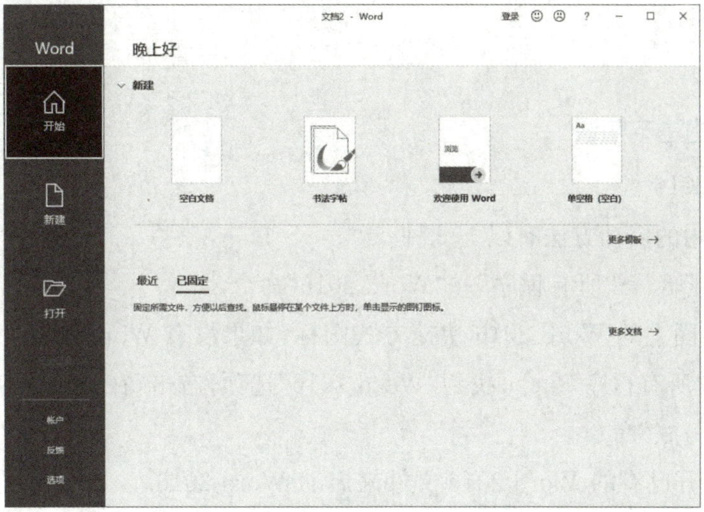

图 1-1-5　Word 2016 空白文档

在已经打开的 Word 文档的界面中，单击“空白文档”图标，可以建立文件名为“文档 2”的空白文档。

步骤 3:输入正文

在文档中输入对应的文字，在输入时按照图 1-1-1 对文本进行换行。

步骤 4:保存文件

执行“文件”→“保存”命令,在打开的“另存为”界面中单击“浏览”按钮,弹出“另存为”对话框,如图 1-1-6 所示。选择保存文件的路径,设置文件名为“蒹葭”,单击“保存”按钮。

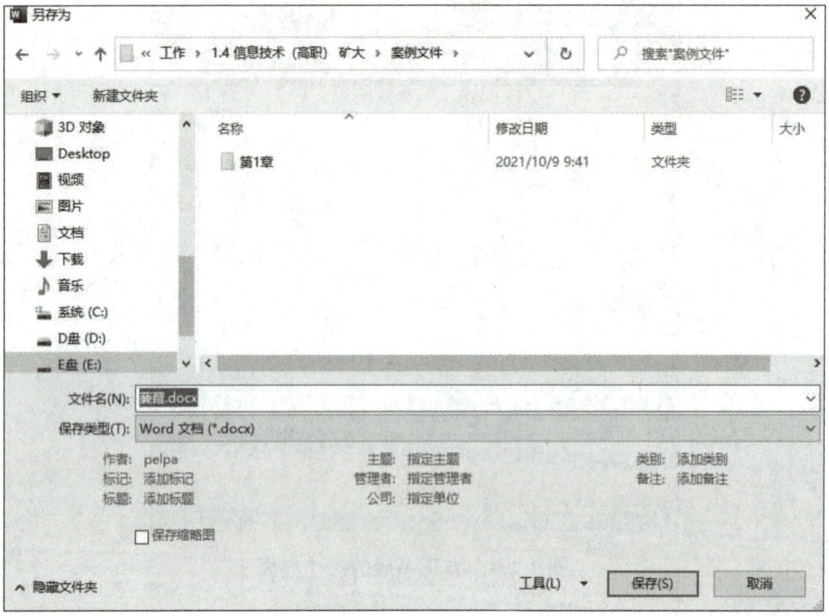

图 1-1-6 “另存为”对话框

必备知识

1. Word 2016 的基本知识

1)启动 Word 2016

Word 2016 常用的启动方法有以下 3 种。

方法 1:执行“开始”→“所有程序”→“Word 2016”命令。

方法 2:双击桌面上的 Word 2016 快捷方式图标;如果没有 Word 2016 快捷方式图标,可以通过执行“开始”→“所有程序”命令,找到“Word 2016”选项,右击,在弹出的快捷菜单中执行“发送到”→“桌面快捷方式”命令。

方法 3:通过打开已有的 Word 2016 文件来启动 Word 2016。

2)Word 2016 的工作界面

对于 Word 2016 工作界面的介绍如下所示。

(1)标题栏。标题栏用来显示当前编辑的文档名和 Word 自己的应用程序名(Word)。当用户新建一个文档且未命名时,Word 会自动以“文档 1”(依次为“文档 2”“文档 3”……)作为临时文件名显示在标题栏中间。在标题栏中从左至右依次显示了当前打开的文档名称、程序名称、功能区显示选项按钮(用于显示隐藏功能区、仅显示选项卡、显示选项卡和命令)和窗口控制按钮。

(2)快速访问工具栏。该工具栏上提供了最常用的“保存”按钮,用来保存当前文档;“撤销”按钮，可以撤销已做过的工作，如输入文字、设置图片格式等；“恢复”按钮，可以恢复被撤销的工作。单击对应的按钮即可执行相应的操作。如需在快速访问工具栏中添加其他按钮，可单击其后的按钮，在弹出的下拉列表中选择所需的选项即可。

另外，在该下拉列表中选择“在功能区下方显示”选项可改变快速访问工具栏的位置。

(3)窗口控制按钮。窗口控制按钮分为 3 种，即“最大化”按钮(“还原”按钮)、“最小化”按钮和“关闭”按钮。

(4)选项卡。Word 2016 共提供了“开始”“插入”“设计”“布局”“引用”“邮件”“审阅”“视图”8 个选项卡，单击相应的选项卡，可以切换到对应的功能区。

(5)功能区。功能区是 Word 2016 中各种命令的集合，每个功能区中集成了相应的功能，通过这些功能，用户可以完成文档的编辑。

(6)导航窗格。导航窗格默认情况下位于窗口的左侧，用于搜索文档中的内容和显示目录等。

(7)文档编辑区。文档编辑区是 Word 2016 的工作区域，在该区域中可以输入文本信息，插入图片、图形等内容。

(8)状态栏。状态栏位于窗口的底部，显示当前文档的状态和相关信息。

(9)视图按钮。在状态栏的右侧提供了 3 个视图切换按钮，包括“阅读视图”“页面视图”和“Web 版式视图”，单击对应的按钮可以切换到对应的视图模式。

(10)显示比例调整滑块。拖动滑块可以调整视图的显示大小，向左拖动是缩小视图，向右拖动是放大视图。

3)退出 Word 2016

在完成工作后，需要退出 Word 2016，虽然关闭时系统会提示保存文件，但仍要养成随时保存的良好习惯。退出 Word 2016 的方法有以下 3 种。

方法 1：执行“文件”→“关闭”命令。

方法 2：单击窗口右上角的“关闭”按钮。

方法 3：将要关闭的窗口作为当前窗口，按 Alt＋F4 组合键。

2. 文档的编辑

1)新建文档

在进行文本编辑前需要先创建 Word 2016 文档，因为文档的制作、编辑从创建新文档开始，一般来说，有以下 4 种创建新文档的方法。

方法 1：使用快捷菜单创建空白文档。在桌面空白处右击，在弹出的快捷菜单中执行“新建”→“Microsoft Word 文档”命令，即可新建一个空白 Word 文档(内容为空)，如图 1-1-7 所示。新建 Word 文档后，可以对该文档重命名(注意不要修改文档扩展名)。双击该文档，可以启动 Word 2016 并打开该文档。

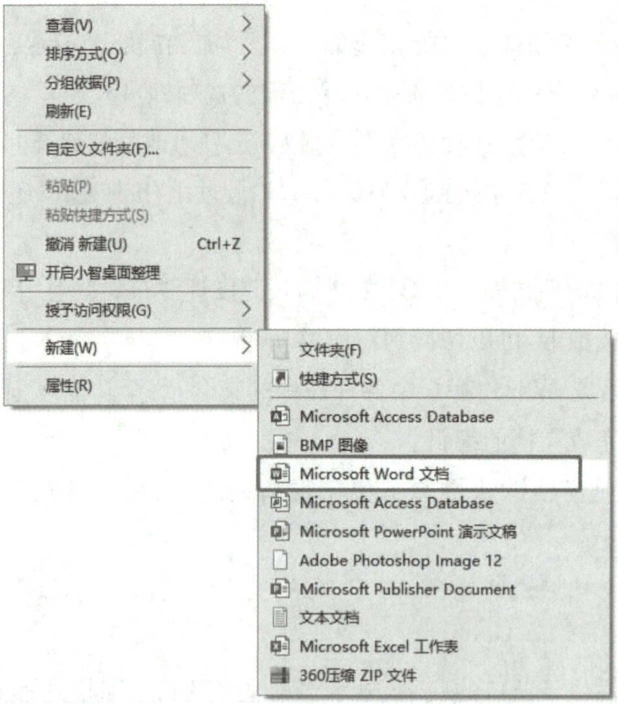

图 1-1-7　使用快捷菜单新建 Word 文档

方法 2:创建一个空白文档。执行“开始”→“所有程序”→“Word 2016”命令，启动 Word 2016，同时新建一个名称为“文档 1”的空白文档，如图 1-1-8 所示。

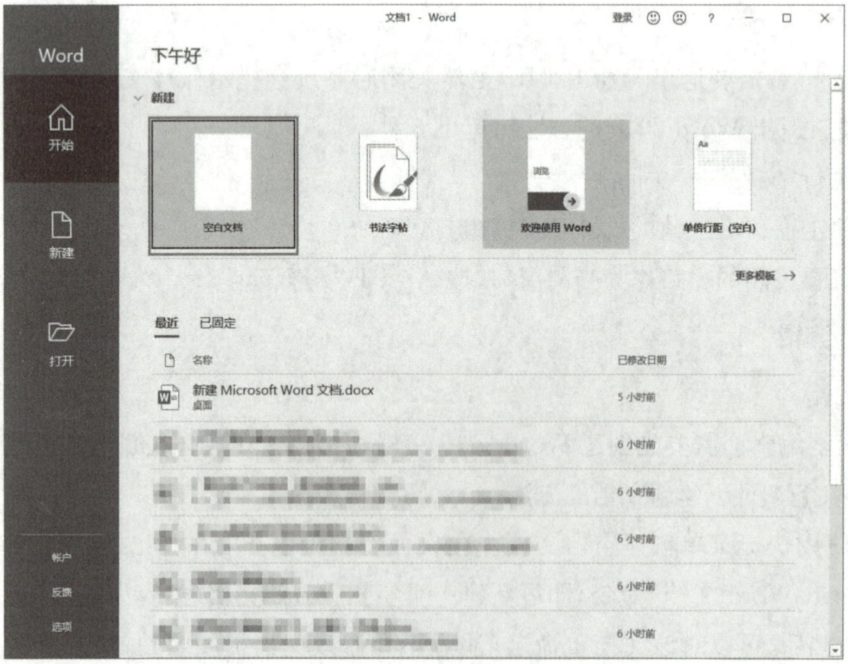

图 1-1-8　启动 Word 2016 的同时新建 Word 文档

方法 3:在已打开的 Word 文档中创建空白文档。在已打开的 Word 文档中执行"文件"→"新建"命令,然后在打开的"新建"界面中单击"空白文档"图标(见图 1-1-9),即可创建一个新的空白文档。

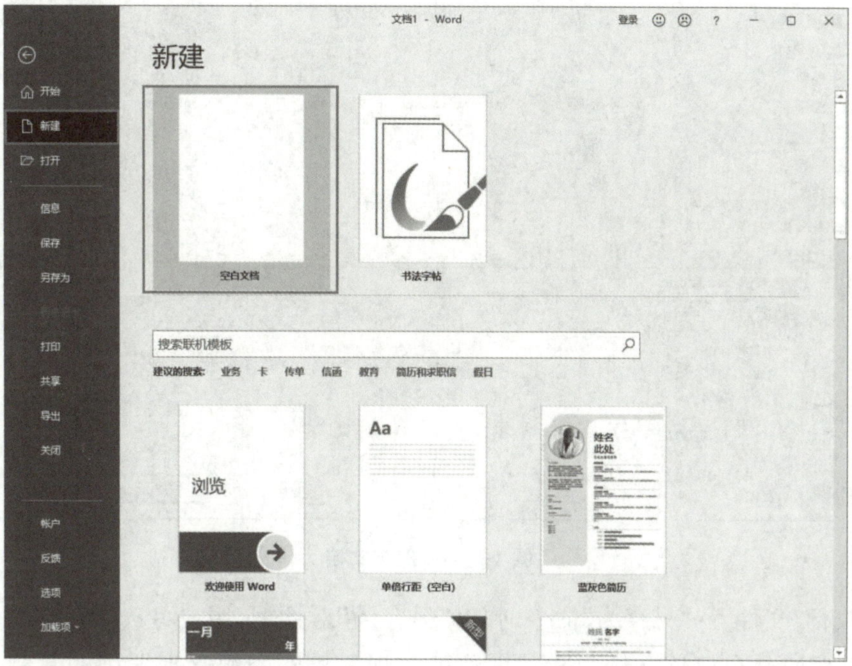

图 1-1-9 在已打开的 Word 文档中创建空白文档

方法 4:使用模板建立文档。Word 2016 除了有空白文档模板之外,还内置了新闻稿、书法字帖等多种模板,利用这些模板,可以创建具有一定专业格式的文档。

注意:通过模板创建的文档含有预先设置好的内容,使得用户能快速实现文档的制作。除了使用 Word 内置的一些模板外,用户还可以通过网络下载更多模板。

2)保存文档

保存文档的方法有以下 3 种。

方法 1:单击快速访问工具栏中的"保存"按钮或执行"文件"→"保存"命令。若是第一次保存文档,将弹出"另存为"对话框,用户可设置文档名和存储路径。文档保存类型一般选择"Word 文档",如图 1-1-10 所示。若不是第一次保存文档,则会直接进行保存操作。

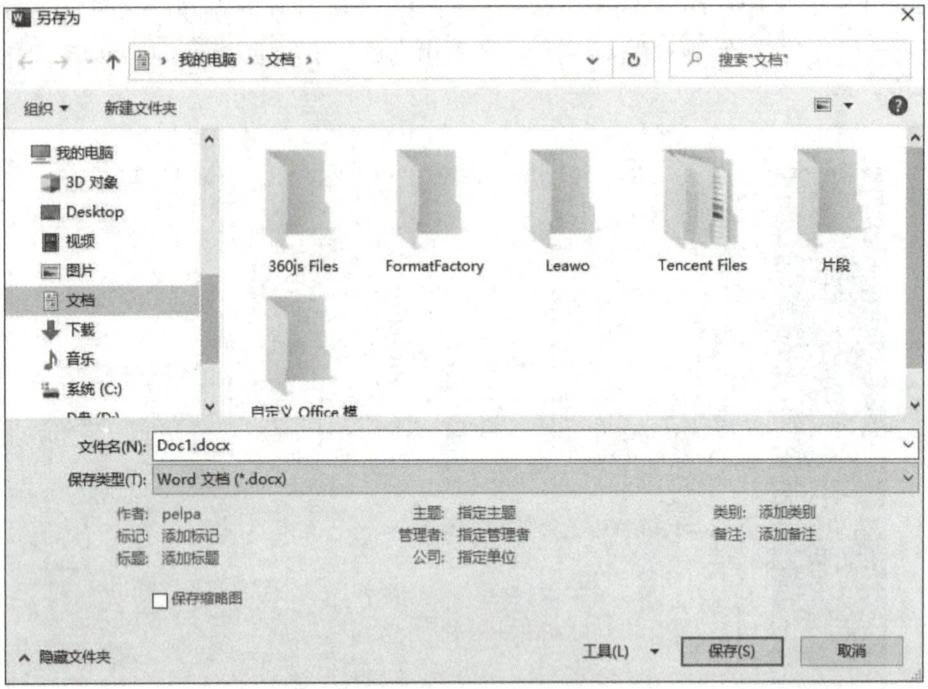

图 1-1-10 保存文档

方法 2：执行“文件”→“另存为”命令，弹出“另存为”对话框，用户可选择存储路径，并在相应路径下以相应文档名存储该文档。这种方法可实现文档在资源管理器中的复制。保存完后，Word 将返回文档编辑状态，并打开复制得到的文档。

方法 3：直接按 Ctrl+S 组合键。

3）编辑文档

编辑文档中经常需要使用到输入文本、选择文本、移动文本、复制文本、删除文本和查找与替换，下面依次讲解。

（1）输入文本。在 Word 中打开文档后，文档中至少存在一个段落标记。将插入点定位到段落标记前，通过键盘可以向文档中输入文字。通过按 Enter 键，可以插入一个段落标记，重新开始一个段落。输入文本时需要注意以下事项。

①对齐文本时不要用空格键，应该使用制表符、缩进等方式。

②当输入至行尾时，不需要按 Enter 键换行，系统会自动换行。输入至段落末尾时，应按 Enter 键产生一个硬回车，表示段落结束。如果需要换行但不换段，可以按 Shift+Enter 组合键产生一个软回车，如图 1-1-11 所示。

软回车↓
硬回车↵

图 1-1-11 硬回车与软回车

③如果需要强制换页，则可以切换到“插入”选项卡，在“页面”组中单击“分页”按钮（见图 1-1-12）或切换到“布局”选项卡，在“页面设置”组中单击“分隔符”下拉按钮，然后在弹出的下

拉列表中选择“分页符”选项，如图 1-1-13 所示。

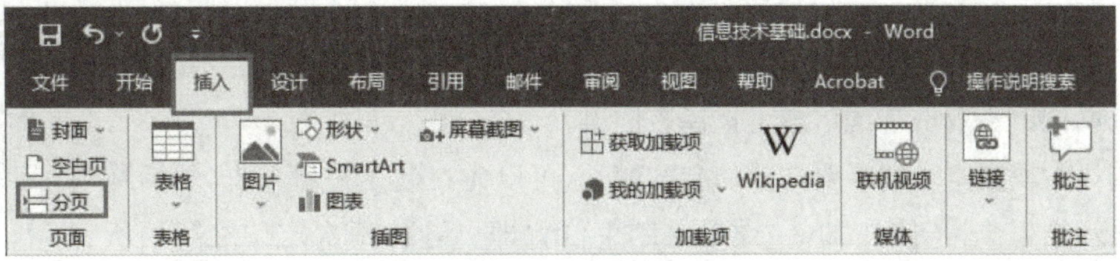

图 1-1-12　单击“分页”按钮

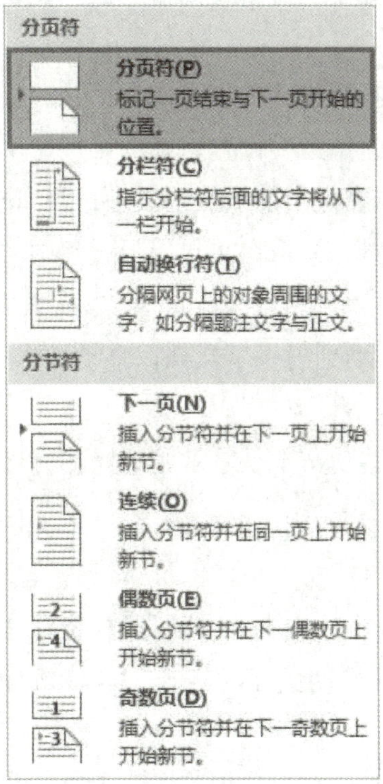

图 1-1-13　选择“分页符”选项

④在输入的文本中间插入内容时，应将当前状态设置为插入，设置“插入”和“改写”状态按 Insert 键。

⑤插入空行。在“插入”状态下，将插入点移到需要插入空行的位置，按 Enter 键；如果要在文档的开始插入空行，则将光标定位到文首，按 Enter 键。

⑥删除空行。将光标移到空行处，按 Delete 键。

(2)选择文本。对文档中的对象进行编辑，首先要选中它。对于文本，常用的选中方式是鼠标拖动，通常的方法是从起始位置开始按住鼠标左键，然后拖动到结束位置。

在 Word 2016 中还有一些特殊的文本选择方法，有时可以帮助用户更快地进行文本选择，具体如下。

①选择单行或多行文本。在某行左侧的文本选择区单击，即可选择整行文字。按住鼠标左键上下拖动可选择多行文本。

②选择段落。在段落左侧的文本选择区双击，或者在段落中连续单击 3 次即可选择整段文本。

③选择某句。按 Ctrl 键的同时单击某句中的文字，即可选择该句文本。

④选择词语。双击某词语即可选择该词语。

⑤选择大块文本。如果要选择的文本较长，可以先在起始位置单击，然后拖动滚动条显示结束位置，按住 Shift 键单击结束位置即可选择两次定位之间的所有文本。

测试题

⑥选择矩形文本块。先在起始位置单击，然后按住 Alt 键向下拖动鼠标，即可选择矩形文本块。

⑦选择整篇文档。在文本选择区连续单击 3 次。

⑧选择格式相同的文本。首先选中要设置格式的第一个文本，然后切换到“开始”选项卡，在“编辑”组中单击“选择”下拉按钮，在弹出的下拉列表中选择“选定所有格式类似的文本”选项。

(3)移动文本。移动文本即剪切文本，在文本编辑过程中，为了重新组织文档结构，经常需要将某些文本从一个位置移动到另一个位置。既可以在当前页内移动文本，也可以从某一页移动到另一页，甚至可以从一个文档移动到另一个文档。移动文本可以使用鼠标进行，也可以使用键盘进行。

①用鼠标移动文本。用鼠标移动文本是最常用的操作方法，适合移动距离较小的情况，操作步骤如下。

第一步：选中要移动的内容。

第二步：将鼠标指针移到被选中的文本上，此时鼠标指针变为形状。

第三步：按住鼠标左键不放并拖动鼠标，将选定内容移到目标位置。释放鼠标左键，此时选定的内容即被移动到指定位置。

②用剪贴板移动文本。剪贴板是一个公用临时存储区，所有剪切或复制的项目都将自动置于 Office 剪贴板之中。它可实现程序间的信息交换。剪贴板可以收集在 Office 文档或其他程序中复制的文字和图形，最多 24 项。

a. 剪切文本。先选中文本，然后切换到“开始”选项卡，在“剪贴板”组中单击“剪切”按钮，或者在选定的文本上右击，在弹出的快捷菜单中选择“剪切”选项，完成剪切操作。

b. 粘贴文本。粘贴操作用于将剪贴板上的内容插入文档中插入点所在的位置。剪切文本后，将光标定位到要插入内容的位置，然后切换到“开始”选项卡，在“剪贴板”组中单击“粘贴”按钮，或者在插入点处右击，在弹出的快捷菜单中选择“粘贴”选项，完成粘贴操作。

(4)复制文本。在文本编辑过程中，复制也是常用功能之一。复制文本既可以使用鼠标操作，也可以用键盘来操作。复制的方法有以下几种。

①使用鼠标拖动。

a. 选中要复制的文本。

b. 按住 Ctrl 键，同时按住鼠标左键不放，鼠标指针右下角出现“+”符号。

c. 拖动鼠标到目的位置再释放鼠标，所选内容即被复制到指定的位置。

②使用快捷方式。

a. 选取需要复制的文本。

b. 按 Ctrl+C 组合键。

c. 将插入点定位到目标位置。

d. 按 Ctrl+V 组合键，即可将指定内容复制到目标位置。

③使用剪贴板。

a. 复制文本。先选中文本，然后切换到“开始”选项卡，在“剪贴板”组中单击“复制”按钮，或者在选定的文本上右击，在弹出的快捷菜单中选择“复制”选项，完成复制操作。

b. 粘贴文本。复制文本后，将光标定位到要插入内容的位置，然后切换到“开始”选项卡，在“剪贴板”组中单击“粘贴”按钮，或者在插入点处右击，在弹出的快捷菜单中选择“粘贴”选项，完成粘贴操作。

(5)删除文本。删除文本可选择下面的键盘操作。

①按 Delete 键。删除光标右侧的一个字符。

②按 Backspace 键。删除光标左侧的一个字符。

③按 Ctrl+Backspace 组合键。删除光标左侧的一句话或一个英文单词。

④按 Ctrl+Delete 组合键。删除光标右侧的一句话或一个英文单词。

(6)查找与替换。利用 Word 2016 提供的查找和替换功能，可以实现查找指定字符并进行定向替换。如果只是查找内容，则可直接在左侧导航窗格的搜索框中输入要查找的内容，Word 会自动进行查找并显示查找结果。

如果想要查找后进行替换，则可切换到“开始”选项卡，在“编辑”组中单击“替换”按钮，弹出“查找和替换”对话框（见图 1-1-14），在“替换”选项卡的“查找内容”下拉文本框中输入要查找的内容，然后在“替换为”下拉文本框中输入要替换为的文本，如果要一个个确认，可以单击“查找下一处”按钮，确认无误后再单击“替换”按钮；如果想要统一替换，则可直接单击“全部替换”按钮。

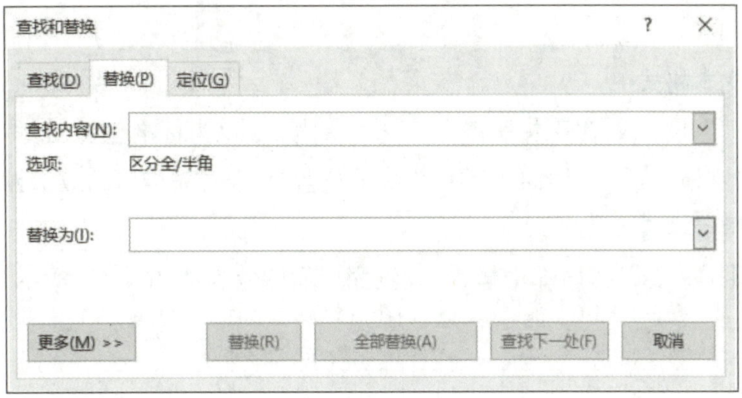

图 1-1-14 “查找和替换”对话框

任务2 美化古诗词文档

任务描述

下面对“蒹葭.docx”文档进行文本、段落、边框和底纹设置并添加符号，设置完成后的效果如图 1-2-1 所示。

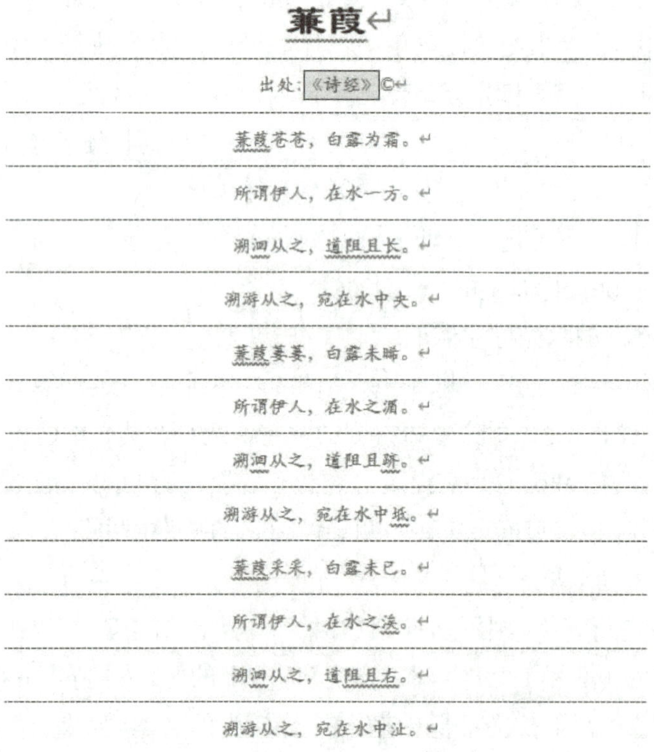

蒹葭

出处：《诗经》©

蒹葭苍苍，白露为霜。

所谓伊人，在水一方。

溯洄从之，道阻且长。

溯游从之，宛在水中央。

蒹葭萋萋，白露未晞。

所谓伊人，在水之湄。

溯洄从之，道阻且跻。

溯游从之，宛在水中坻。

蒹葭采采，白露未已。

所谓伊人，在水之涘。

溯洄从之，道阻且右。

溯游从之，宛在水中沚。

图 1-2-1 “蒹葭.docx”设置完成后的效果图

任务实现

步骤 1:设置文本格式

选中标题“蒹葭”，设置文字字体为隶书，字号为一号，颜色为标准色深蓝，然后选中其他内容，设置文字样式为华文楷体，字号为小四，颜色为标准色蓝色，设置完成后的效果如图 1-2-2 所示。

步骤 2:设置段落格式

将全文居中显示并设置其内部横框线，设置完成后的效果如图 1-2-3 所示。

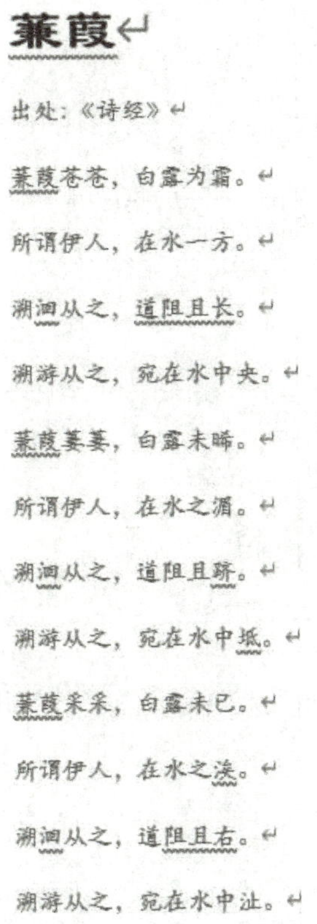

蒹葭

出处：《诗经》

蒹葭苍苍，白露为霜。

所谓伊人，在水一方。

溯洄从之，道阻且长。

溯游从之，宛在水中央。

蒹葭萋萋，白露未晞。

所谓伊人，在水之湄。

溯洄从之，道阻且跻。

溯游从之，宛在水中坻。

蒹葭采采，白露未已。

所谓伊人，在水之涘。

溯洄从之，道阻且右。

溯游从之，宛在水中沚。

图 1-2-2 设置文本格式

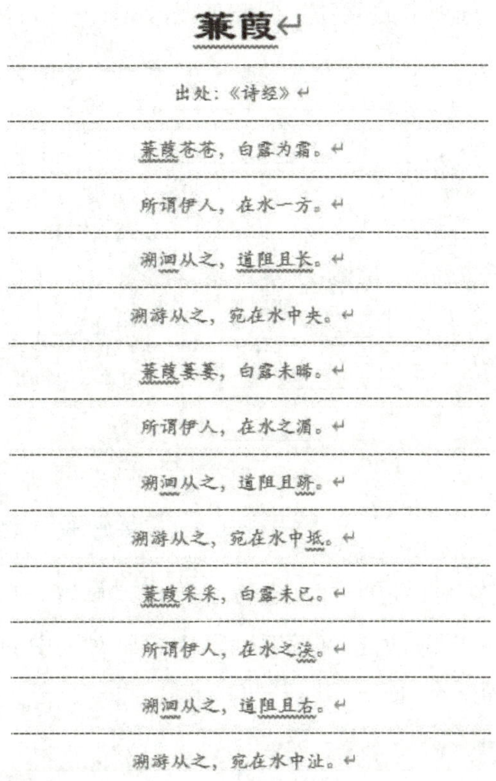

蒹葭

出处：《诗经》

蒹葭苍苍，白露为霜。

所谓伊人，在水一方。

溯洄从之，道阻且长。

溯游从之，宛在水中央。

蒹葭萋萋，白露未晞。

所谓伊人，在水之湄。

溯洄从之，道阻且跻。

溯游从之，宛在水中坻。

蒹葭采采，白露未已。

所谓伊人，在水之涘。

溯洄从之，道阻且右。

溯游从之，宛在水中沚。

图 1-2-3 设置段落格式

步骤 3:设置边框和底纹

选中“《诗经》”为其添加边框，并设置其底纹样式为填充 100%，颜色为金色，个性色 4，淡色 60%，设置完成后的效果如图 1-2-4 所示。

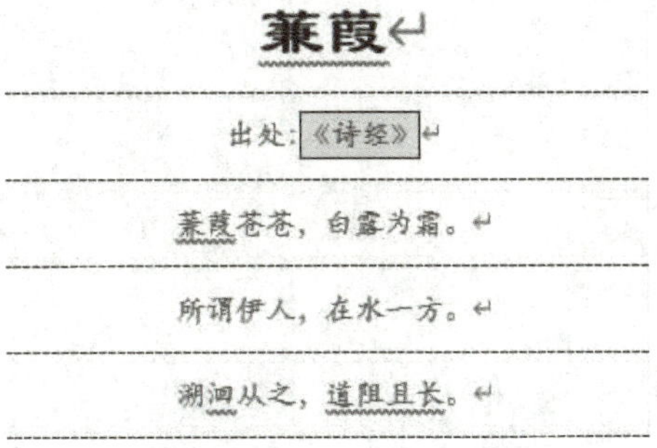

蒹葭

出处：《诗经》

蒹葭苍苍，白露为霜。

所谓伊人，在水一方。

溯洄从之，道阻且长。

图 1-2-4 设置边框和底纹

步骤 4:插入特殊字符

在“出处:《诗经》”后插入符号“©”，到此就完成了对“蒹葭. docx”文档的设置。

必备知识

1. 字符格式设置

常用的字符格式设置包括字体、字形、字号、字体颜色、加粗、倾斜和下划线等。字符格式设置通过“开始”选项卡的“字体”组来实现，如图 1-2-5 所示。

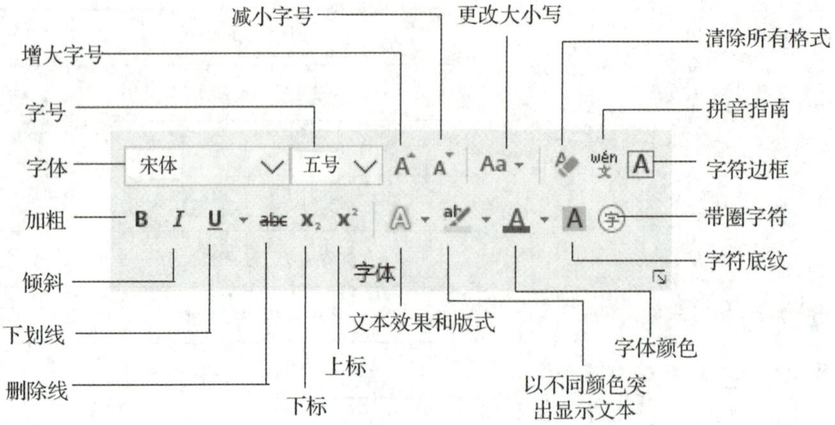

图 1-2-5 “开始”选项卡的“字体”组

利用“字体”对话框也可以进行字符格式设置。单击“开始”选项卡的“字体”组中的组按钮 ，可打开“字体”对话框，在该对话框中可以对选中的文本进行字符格式设置，如图 1-2-6 所示。

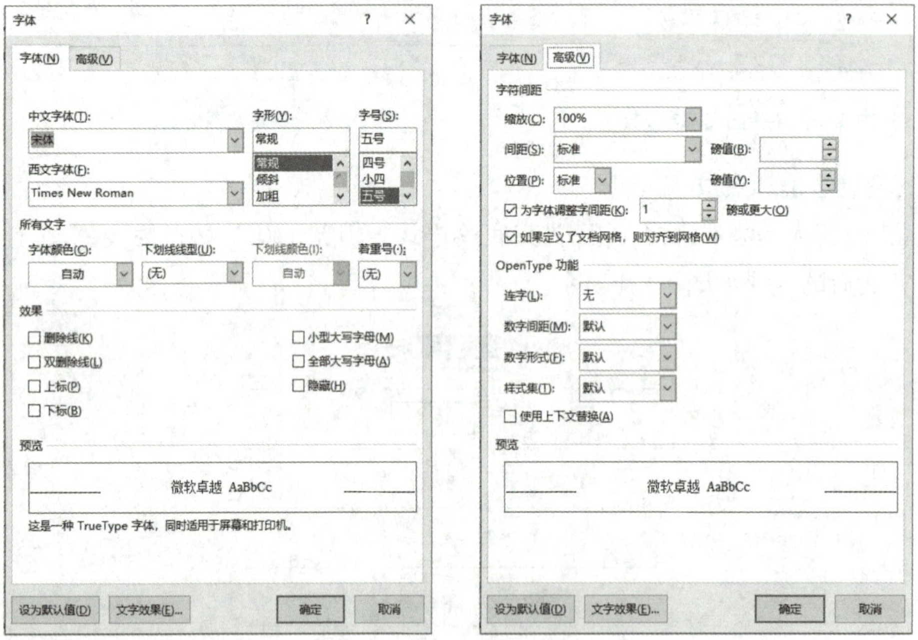

图 1-2-6 “字体”对话框

2. 段落格式设置

常用的段落格式设置包括设置对齐方式、段前段后间距、首行缩进和悬挂缩进、行距等。段落格式设置通过“开始”选项卡的“段落”组来实现，如图 1-2-7 所示。

图 1-2-7 “开始”选项卡的“段落”组

(1)项目符号和编号。对所选段落设置项目符号、编号和多级列表。

(2)增加/减少缩进量。增减段落左侧与左页边的距离。

(3)字符缩放。对所选字符的宽度进行调整。

(4)排序。按字母顺序排序所选文字或对数值数据排序。

(5)显示/隐藏编辑标记。显示/隐藏段落标记或其他隐藏/显示的格式符号。

(6)对齐方式。设置所选段落的对齐方式,有左对齐、居中、右对齐、两端对齐和分散对齐 5 种对齐方式。

(7)行距。对所选段落各行之间的距离进行调整,可以从“行距”下拉列表框的固定值中选择。

利用“段落”对话框也可以进行段落格式设置,单击“开始”选项卡的“段落”组中的组按钮,可以打开“段落”对话框,在此对话框中可以对选择的段落进行格式设置,如图 1-2-8 所示。

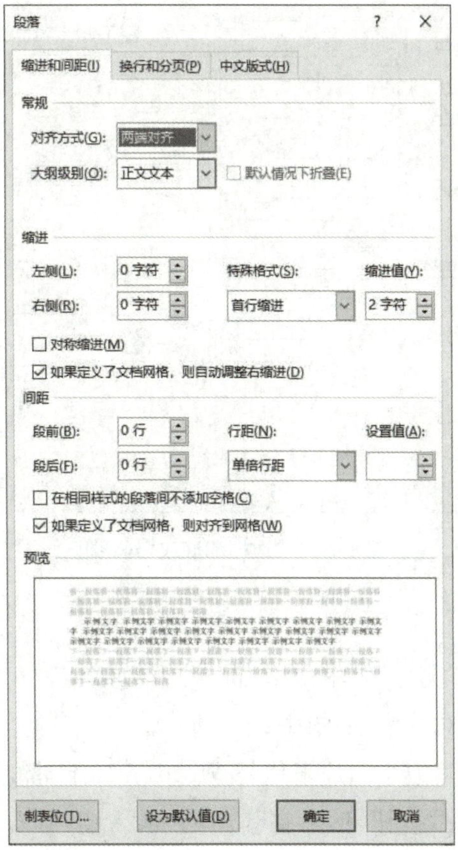

图 1-2-8 “段落”对话框

3. 格式刷

格式刷能够复制字符格式和段落格式，使用方法如下。

(1)选中要进行格式复制的文本(源文本)，或将光标置于段落中。

(2)在“开始”选项卡的“剪贴板”组中单击“格式刷”按钮，这时鼠标指针变为形状。

(3)拖动鼠标指针选中目标文本即可。

如果多处文本都想使用同一格式，需要双击“格式刷”按钮，依次拖动鼠标指针选中要应用该格式的文本，再次单击“格式刷”按钮可停止格式复制。

如果要复制段落格式，则必须选中整个段落，包括段落标记。

4. 边框和底纹的设置

要设置边框和底纹，首先需要在“开始”选项卡的“段落”组中单击“边框”下拉按钮，在弹出的下拉菜单中选择“边框和底纹”选项，打开“边框和底纹”对话框，如图 1-2-9 所示。最后根据需要设置相应的效果。

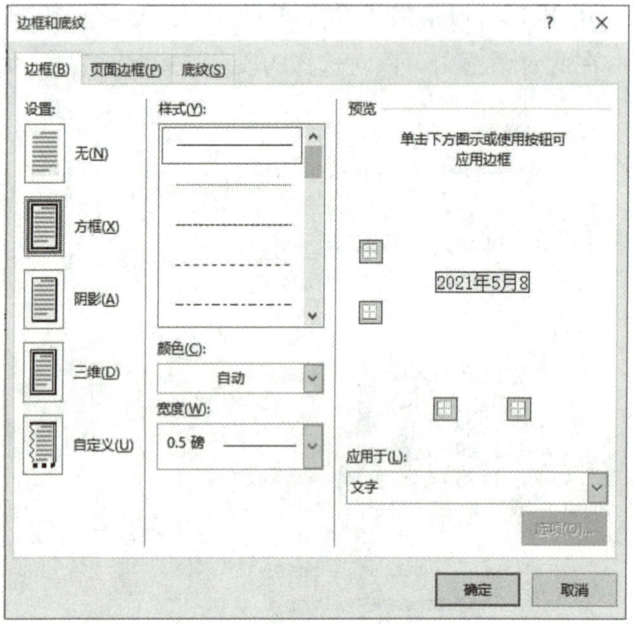

图 1-2-9 “边框和底纹”对话框

5. 插入特殊字符

切换到“插入”选项卡，在“符号”组中单击“符号”下拉按钮 Ω 符号 ，在弹出的下拉列表中选择“其他符号”选项，打开“符号”对话框，如图 1-2-10 所示。

需要注意的是，也可以用其他小图片来代替 Word 2016 自带的符号。首先切换到“插入”选项卡，在“插图”组中单击“图片”按钮，然后在弹出的“插入图片”对话框中选择需要插入的图片即可。

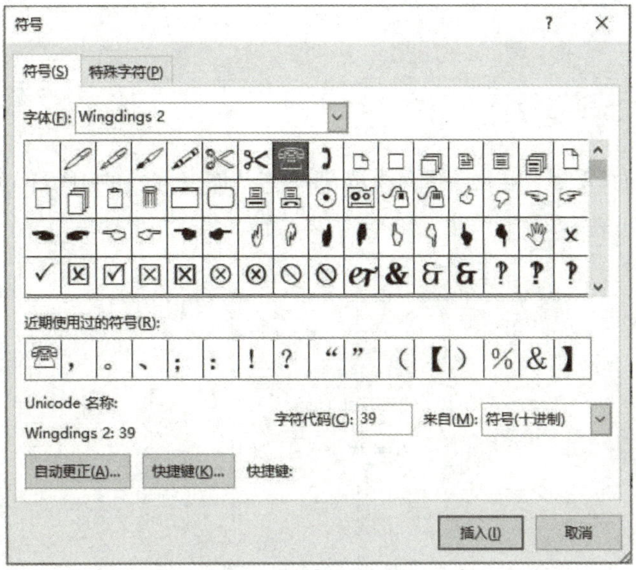

图 1-2-10 “符号”对话框

6. 样式的使用

在编辑文档的过程中,经常会遇到多个段落或多处文本具有相同格式的情况。例如,一篇论文中每一小节的标题都采用同样的字体、字形、大小以及段落的前后间距等,如果一次又一次地对它们进行重复的格式化操作,既会增加工作量,又不易保证格式的一致性。利用 Word 提供的“样式”功能,可以很好地解决这一问题。

Word 提供了许多现成的样式供用户选用,除此以外,也可以创建自定义样式。在“开始”选项卡的“样式”组中单击组按钮,打开“样式”任务窗格,单击下方的“新建样式”按钮,弹出“根据格式设置创建新样式”对话框,用户可在其中设置新样式,也可以修改已有样式的部分格式来创建文档需要的新样式。

任务 3 对古诗词文档进行页面设置并打印

任务描述

下面对“蒹葭.docx”文档进行页面设置并打印,设置完成后的效果如图 1-3-1 所示。

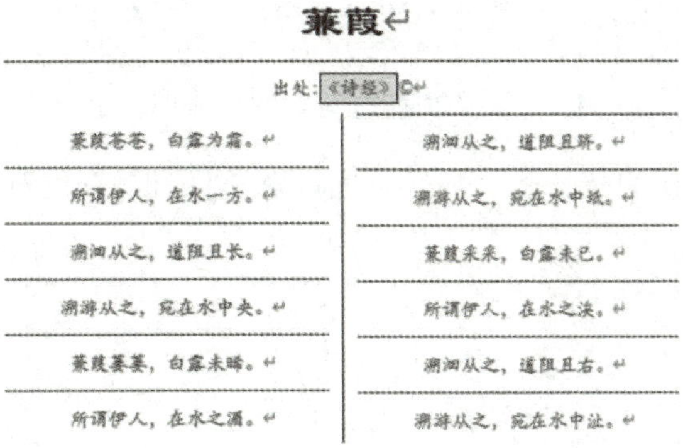

图 1-3-1 进行页面设置后的效果

任务实现

步骤1:设置页面

选中内文中的所有文字,单击“布局”选项卡“页面设置”组中的“分栏”下拉按钮,弹出图1-3-2所示的下拉列表。

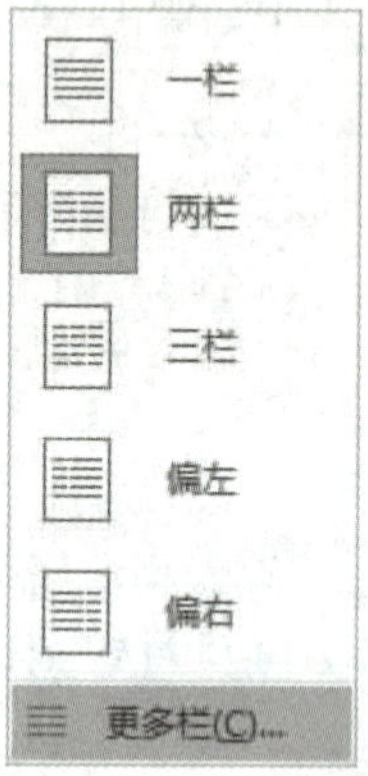

图1-3-2 “分栏”下拉列表

选择“更多栏”选项,弹出“栏”对话框,设置“栏数”为2并选中“分隔线”复选框,效果如图1-3-1所示。

步骤2:打印文档

执行“文件”→“打印”命令,将“蒹葭.docx”文档按照默认方式进行打印。至此就完成了对“蒹葭.docx”文档的页面布局及打印操作。

必备知识

1.页面设置

页面设置通过“布局”选项卡的“页面设置”组来实现,如图1-3-3所示。

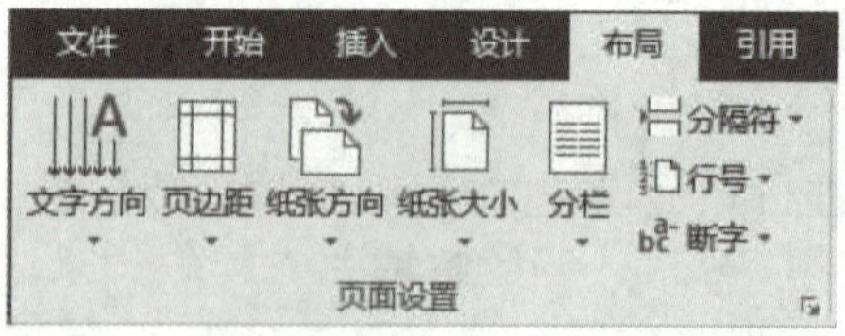

图1-3-3 “布局”选项卡的“页面设置”组

在“页面设置”组中单击组按钮,打开“页面设置”对话框,在此对话框中也可以完成对页面的设置,如图1-3-4所示。

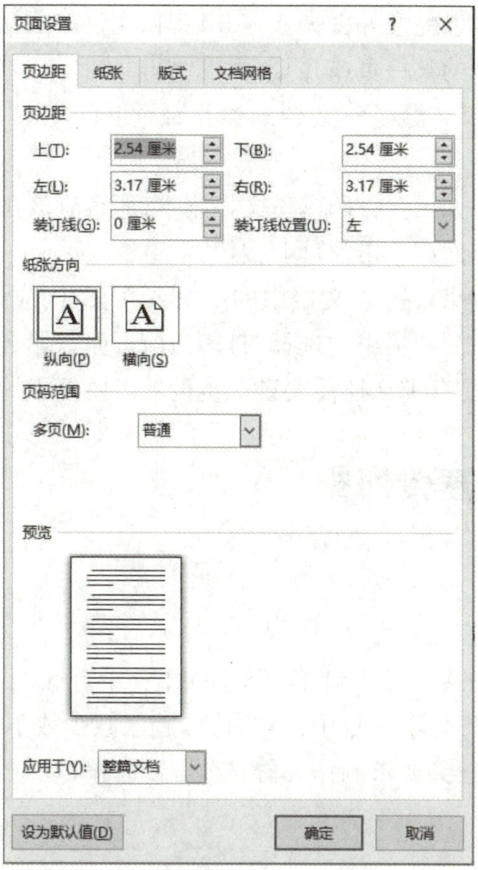

图 1-3-4 “页面设置”对话框

2. 文档的打印

当文档编辑、排版完成后，就可以打印输出了。打印前，可以利用打印预览功能先查看一下排版是否理想。若满意则打印，否则可继续修改排版。文档打印操作可以通过执行“文件”→“打印”命令来实现。在打开的“打印”界面右侧的内容就是打印预览内容，如图 1-3-5 所示。

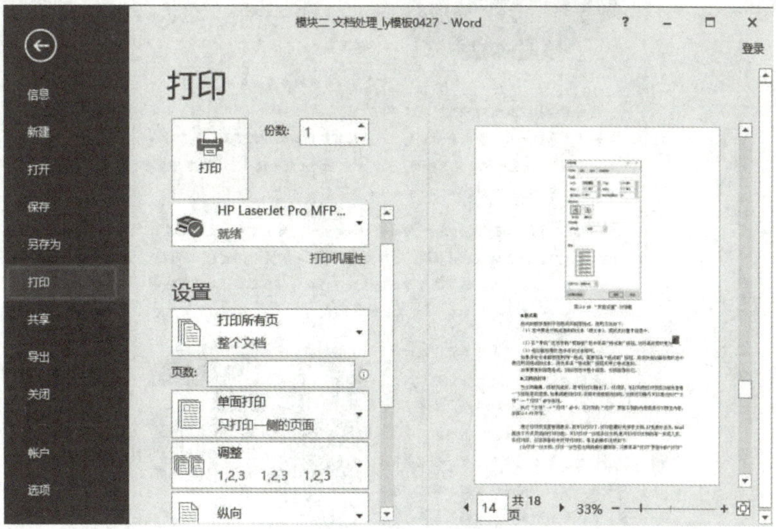

图 1-3-5 “打印”界面

打印前最好先保存文档，以免意外丢失。Word提供了许多灵活的打印功能。可以打印一份或多份文档，也可以打印文档的某一页或几页。

(1)打印一份文档。打印一份当前文档的操作最简单，单击“打印”界面中的“打印”按钮即可。

(2)打印多份文档副本。如果要打印多份文档副本，那么应该在“打印”界面中的“份数”微调框中输入要打印的文档份数，然后单击“打印”按钮。

(3)打印一页或几页。如果仅打印文档中的一页或几页，则应该单击“打印所有页”下拉按钮，在打开的下拉列表的“文档”选项组中选择“打印当前页面”，那么只打印当前插入点所在的一页；如果选择“自定义打印范围”，那么还需要进一步设置需要打印的页码或页码范围。

任务4 制作立秋宣传海报

任务描述

“立秋”是二十四节气中的第十三个节气，秋季的第一个节气，于每年公历8月7日至9日交节。立秋，意味着降水、湿度等处于一年中的转折点，趋于减少或下降；在自然界，万物开始从繁茂成长趋向于萧条成熟。本任务要求制作一份立秋宣传海报，对“立秋”进行宣传，制作完成后的效果如图1-4-1所示。

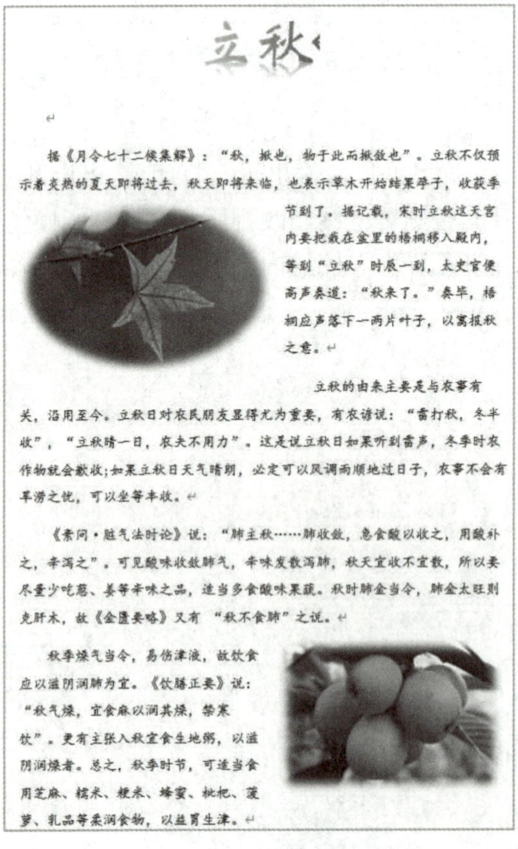

图1-4-1 立秋宣传海报效果图

任务实现

步骤1:创建“立秋”文档并保存

执行“开始”→“所有程序”→“Word 2016”命令,打开 Word 2016。

新建空白文档后,单击快速访问工具栏中的“保存”按钮,选择“保存位置”为“桌面”,输入文件名为“立秋”,最后单击“保存”按钮。

步骤2:输入“立秋”并设置格式

在新建的空白文档中输入“立秋”,选中文字,在弹出的浮动工具栏中设置字号为48,字体为“华文新魏”,如图1-4-2所示。

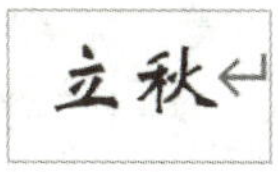

图1-4-2 设置“立秋”的格式

步骤3:设置“立秋”文本格式为居中

选中文字,在“开始”选项卡的“段落”组中单击“居中”按钮,如图1-4-3所示。

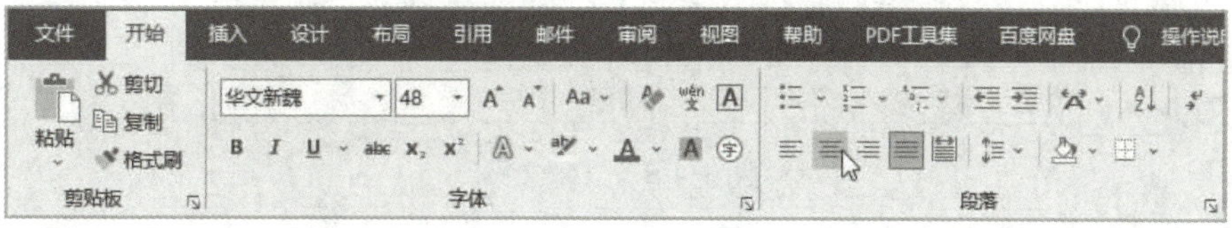

图1-4-3 设置文本“居中”

步骤4:设置艺术字

选中文字,在“插入”选项卡的“文本”组中单击“艺术字”按钮,在展开的下拉列表中选择“渐变填充:蓝色,主题色5;映像”,然后右击,在弹出的浮动工具栏中将颜色设置为标准色中的“橙色”,再单击“字体颜色”按钮,选择“渐变”→“线性向左”,效果如图1-4-4所示。

图1-4-4 设置艺术字后的效果

步骤5:复制立秋文案

将准备好的立秋宣传文案复制、粘贴到文档中,如图1-4-5所示。

步骤6:插入“枫叶”图片

在“插入”选项卡的“插图”组中,单击“图片”按钮,选择“此设备”选项(注意:有的系统版本无“此设备”选项,会直接弹出对话框),在弹出的对话框中,选择准备好的素材“枫叶”,单击“插入”按钮。

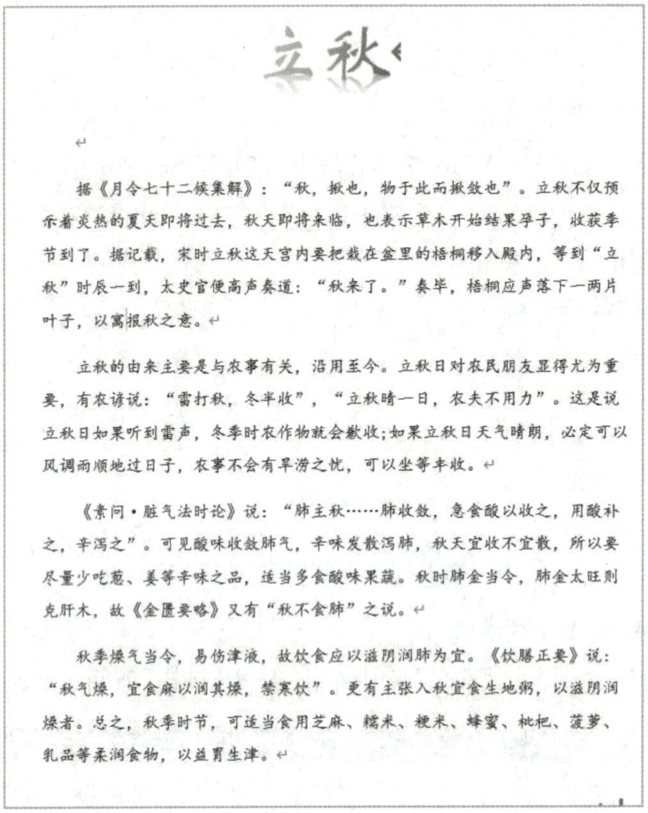

立秋

据《月令七十二候集解》：“秋，揪也，物于此而揪敛也”。立秋不仅预示着炎热的夏天即将过去，秋天即将来临，也表示草木开始结果孕子，收获季节到了。据记载，宋时立秋这天宫内要把栽在盆里的梧桐移入殿内，等到“立秋”时辰一到，太史官便高声奏道：“秋来了。”奏毕，梧桐应声落下一两片叶子，以寓报秋之意。

立秋的由来主要是与农事有关，沿用至今。立秋日对农民朋友显得尤为重要，有农谚说：“雷打秋，冬半收”，“立秋晴一日，农夫不用力”。这是说立秋日如果听到雷声，冬季时农作物就会歉收；如果立秋日天气晴朗，必定可以风调雨顺地过日子，农事不会有旱涝之忧，可以坐等丰收。

《素问·脏气法时论》说：“肺主秋……肺收敛，急食酸以收之，用酸补之，辛泻之”。可见酸味收敛肺气，辛味发散泻肺，秋天宜收不宜散，所以要尽量少吃葱、姜等辛味之品，适当多食酸味果蔬。秋时肺金当令，肺金太旺则克肝木，故《金匮要略》又有“秋不食肺”之说。

秋季燥气当令，易伤津液，故饮食应以滋阴润肺为宜。《饮膳正要》说：“秋气燥，宜食麻以润其燥，禁寒饮”。更有主张入秋宜食生地粥，以滋阴润燥者。总之，秋季时节，可适当食用芝麻、糯米、粳米、蜂蜜、枇杷、菠萝、乳品等柔润食物，以益胃生津。

图 1-4-5　立秋文案

步骤 7:设置图片的布局格式

选中图片，单击右侧弹出的“布局选项”按钮，选择“四周型”选项，如图 1-4-6 所示。

图 1-4-6　图片的“布局选项”

步骤 8:设置图片的样式效果

右击图片，在弹出的浮动工具栏中单击“样式”按钮，在展开的图形样式中选择“柔化边缘椭圆”，如图 1-4-7 所示。

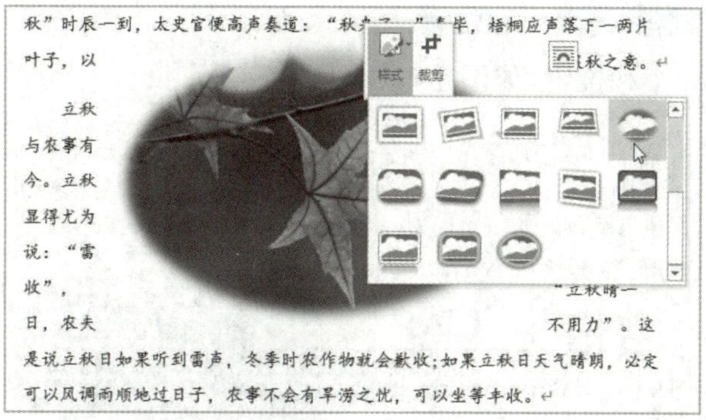

图 1-4-7　设置图片的样式

步骤 9:调整图片“枫叶”的大小与位置

调整图片“枫叶”的大小与位置，如图 1-4-8 所示。

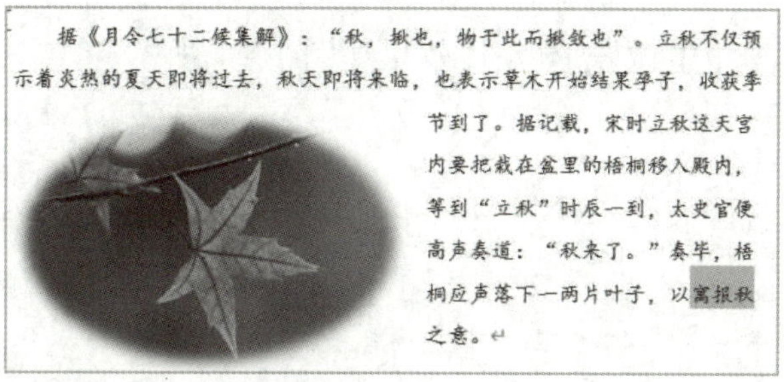

图 1-4-8　调整图片“枫叶”的大小与位置

步骤 10:插入图片“枇杷”

按照步骤 6 的方式插入准备好的另一张图片素材“枇杷”并将文字环绕方式按照步骤 7 设置为“四周型”。

步骤 11:设置图片“枇杷”格式

选中图片，右击，在弹出的快捷菜单中选择“设置图片格式”，在弹出的“设置图片格式”窗格中单击“柔化边缘”，将大小设置为 9 磅，如图 1-4-9 所示。

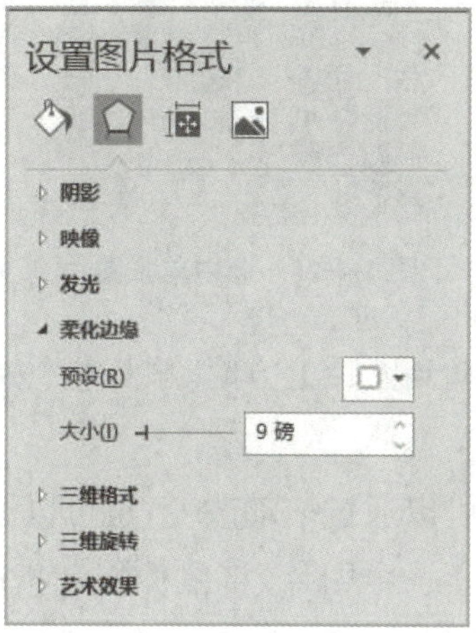

图 1-4-9　设置图片格式

步骤 12:调整图片“枇杷”的大小和位置

调整图片“枇杷”的大小和位置,如图 1-4-10 所示。

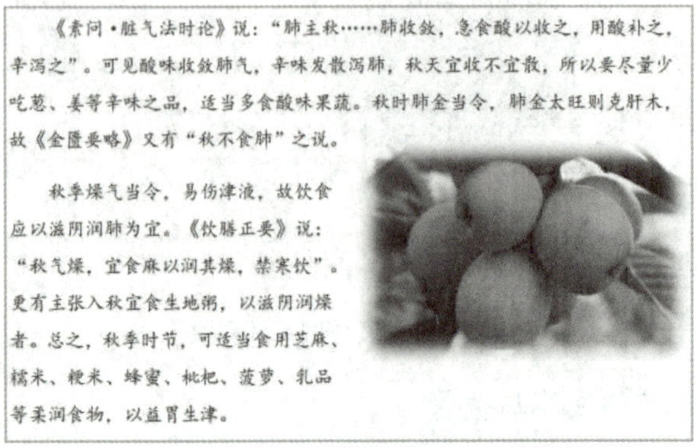
《素问·脏气法时论》说:“肺主秋……肺收敛,急食酸以收之,用酸补之,辛泻之”。可见酸味收敛肺气,辛味发散泻肺,秋天宜收不宜散,所以要尽量少吃葱、姜等辛味之品,适当多食酸味果蔬。秋时肺金当令,肺金太旺则克肝木,故《金匮要略》又有“秋不食肺”之说。

秋季燥气当令,易伤津液,故饮食应以滋阴润肺为宜。《饮膳正要》说:“秋气燥,宜食麻以润其燥,禁寒饮”。更有主张入秋宜食生地粥,以滋阴润燥者。总之,秋季时节,可适当食用芝麻、糯米、粳米、蜂蜜、枇杷、菠萝、乳品等柔润食物,以益胃生津。

图 1-4-10　调整图片“枇杷”的大小和位置

这样,一张立秋宣传海报就做好了,整体效果如图 1-4-1 所示。

必备知识

1. 图片设置

1)插入图片

插入来自文件的图片。切换到“插入”选项卡,在“插图”组中单击“图片”按钮,在弹出的“插入图片”对话框中选择图片完成插入操作。

2)图片的选择、移动和改变大小

(1)选中单张图片。单击即可选中图片,并使其边框出现控制点,如图 1-4-11 所示。

图 1-4-11　选中单张图片

(2)移动图片。将鼠标指针移动到图片上方时,鼠标指针变成形状,按住鼠标左键并拖动鼠标即可移动图片的位置。

(3)改变图片大小。图片大小可以通过拖动改变,也可以通过设置参数改变。

①拖动改变图片大小的方法是:选中图片,将鼠标指针指向图片四角的控制点,按下鼠标左键并拖动,可将图片按照原有比例改变大小;将鼠标指针指向图片四边的控制点,按下鼠标左键并拖动,可对图片高度和宽度进行调整;将鼠标指针指向图片上方的绿色状控制点,按下鼠标左

键并拖动，可将图片按照任意角度旋转。

②准确设置图片大小的方法是：选中图片并切换到“格式”选项卡，在“大小”组中的“高度”和“宽度”微调框中输入相应的参数，如图 1-4-12 所示。

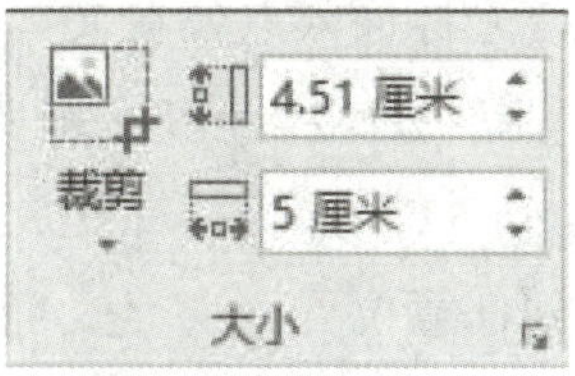

图 1-4-12　图片“大小”组

3)图片样式设置

可在“格式”选项卡的“图片样式”组中设置图片样式，如图 1-4-13 所示。

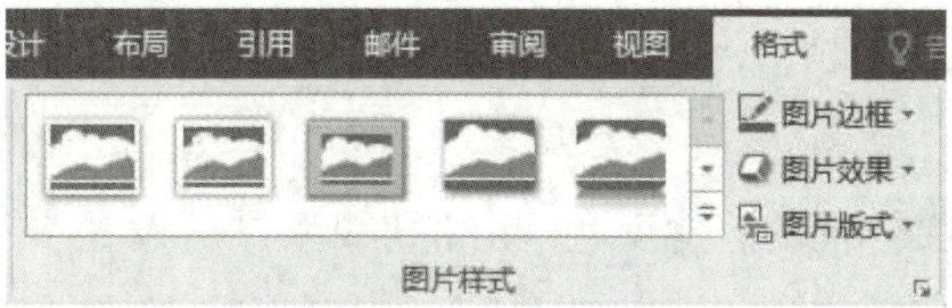

图 1-4-13　“图片样式”组

(1)外观样式。选择图片的总体外观样式，单击“其他”下拉按钮，在弹出的下拉列表中选择样式。图 1-4-14 所示是其中一种图片外观样式。

图 1-4-14　图片外观样式

(2)图片边框。对选中图片的边框颜色、宽度和线型进行设置。

(3)图片效果。对选中图片应用某种视觉效果，包括预设、阴影、映像、发光、柔化边缘、棱台、三维旋转，如图 1-4-15 所示。

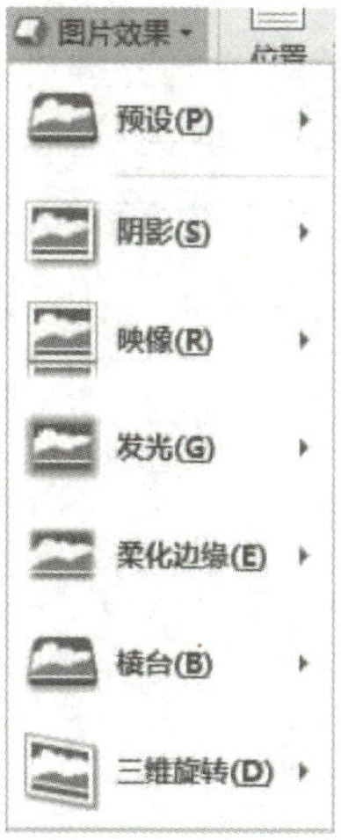

图 1-4-15　图片效果

2. 文本框及艺术字设置

绘图是指一个或一组图形对象，包括文本框、艺术字、形状、项目符号等。这些对象是 Word 文档的组成部分。

1)文本框设置

文本框是一个可以在其中放置文本、图片、表格等内容的矩形框。要在文档中插入空白文本框，首先确定在文档中没有任何对象被选中，否则这些选中的对象就会自动移动到新插入的文本框中或被新插入的文本框取代。

(1)插入文本框。切换到“插入”选项卡，在“文本”组中单击“文本框”下拉按钮，在弹出的下拉列表中选择文本框的样式或选择自己绘制横排或竖排文本框。

(2)文本框的选择、移动和文本框大小的设置。

①选择文本框。单击文本框，可使光标插入点放在文本框的文本中，同时使文本框四周出现控制点，将鼠标指针移动到外框上，当指针变成上下左右箭头形状时，单击即可选择文本框。

②移动文本框。将鼠标指针移动到外框上，当指针变成上下左右箭头形状时，单击选中文本框的同时按住鼠标左键，拖动文本框到任意位置。

③文本框大小的设置与图片大小的设置操作相同。

(3)文本框样式设置。可以在“格式”选项卡的“形状样式”组中进行文本框样式的设置。

①外观样式。选择文本框的总体外观样式时，可单击“其他”按钮，在弹出的下拉列表中选择样式。

②形状填充。选中文本框，单击“文本填充”下拉按钮，在弹出的下拉列表中选择颜色、图片、渐变和纹理等填充文本框。

③形状轮廓。对选中文本框的轮廓颜色、粗细和线型进行设置。

④更改形状。选中文本框，单击“形状效果”下拉按钮，在弹出的下拉列表中选择某种形状，可使文本框中的文字按照所选的形状显示。

2)艺术字设置

(1)插入艺术字。切换到“插入”选项卡，在“文本”组中单击“艺术字”下拉按钮，打开艺术字样式列表。在列表中选择所需样式，在“请在此放置您的文字”占位符中输入文本，设置文本的字体、字号和字形后即可完成艺术字的插入。

(2)艺术字的选择、移动和艺术字大小的设置。该步骤与图片的操作相同，此处不再赘述。

(3)文字设置。在“格式”选项卡的“文本”组中可以设置文字。

①编辑文字。在文本框中可对文字内容进行修改，艺术字样式不变。

②字符间距。选中艺术字，右击，在弹出的快捷菜单中选择“字体”选项，在弹出的“字体”对话框的“高级”选项卡中可以设置艺术字字符之间的间距。

③艺术字竖排文字。选中艺术字，单击“文本”组的“文字方向”下拉按钮，在弹出的下拉菜单中选择“垂直”选项，将艺术字中的文本竖排。

(4)艺术字样式设置。选中艺术字后再选择“格式”选项卡中的“形状样式”组，如图 1-4-16 所示。

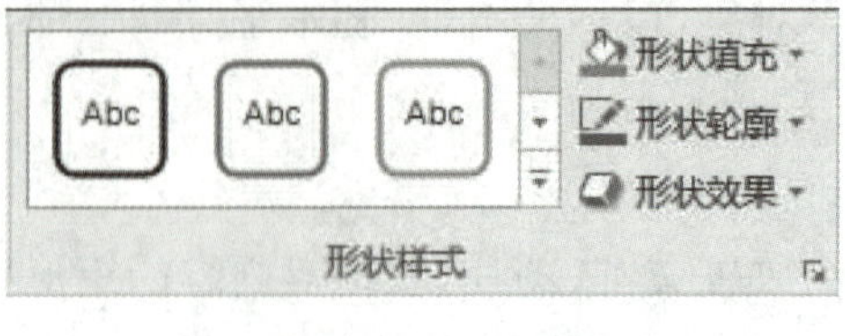

图 1-4-16 “形状样式”组

①按钮。选中艺术字，单击按钮，可在其下拉列表中重新选择艺术字的样式，文字内容不变。

②形状填充。选中艺术字，单击“形状填充”下拉按钮，在其下拉列表中选择颜色、图片、渐变、纹理等填充艺术字。

③形状轮廓。选中艺术字，单击“形状轮廓”下拉按钮，在其下拉列表中选择颜色、粗细、虚线等设置艺术字的边框样式。

④形状效果。选中艺术字，单击“形状效果”下拉按钮，在其下拉列表中选择艺术字显示的形状。

测试题

3. 自选图形及项目符号

1）自选图形设置

（1）插入自选图形。切换到“插入”选项卡，在“插图”组中单击“形状”下拉按钮，在弹出的下拉列表中选择形状，再在文档中拖动鼠标绘制即可，如图1-4-17所示。

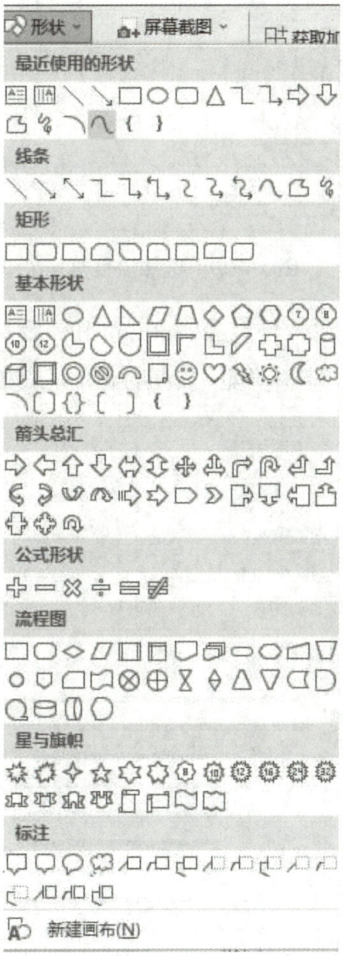

图1-4-17 插入自选图形

（2）设置形状样式。自选图形的形状样式设置与文本框的样式设置方法相同。

（3）设置阴影效果和三维效果。自选图形的阴影效果和三维效果与艺术字的设置方法相同。

（4）添加文字。选中图形并右击，在弹出的快捷菜单中选择“添加文字”选项，图形内部即成为可编辑状态，输入文本即可。

2)项目符号

切换到“开始”选项卡,在“段落”组中单击“项目符号”下拉按钮,如图 1-4-18 所示。

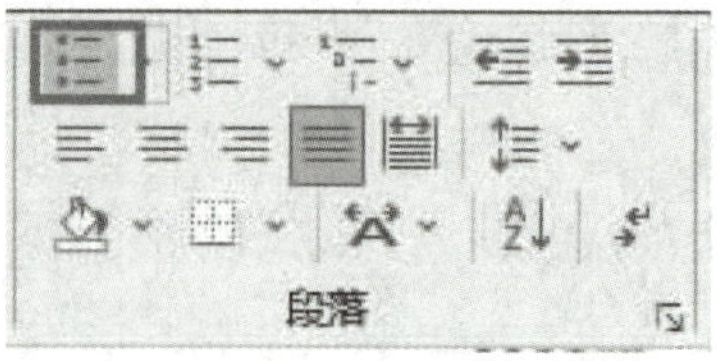

图 1-4-18 单击“项目符号”下拉按钮

在“项目符号库”列表中选择合适的项目符号,如图 1-4-19 所示。

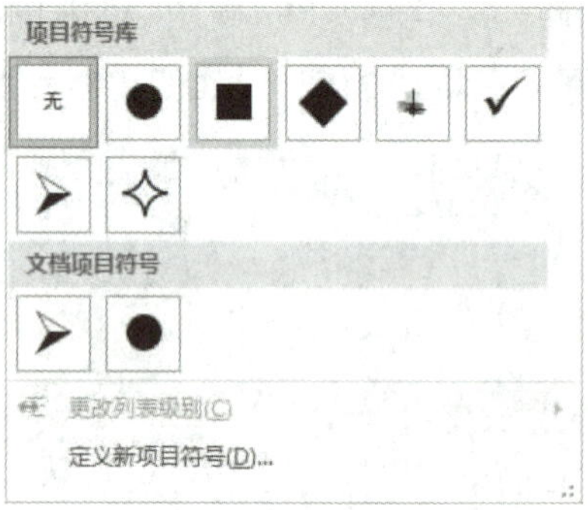

图 1-4-19 选择项目符号

如有需要,还可以选择“定义新项目符号”选项,在弹出的“定义新项目符号”对话框(见图 1-4-20)中自定义需要的符号,设置完成后单击“确定”按钮,即可完成插入操作。

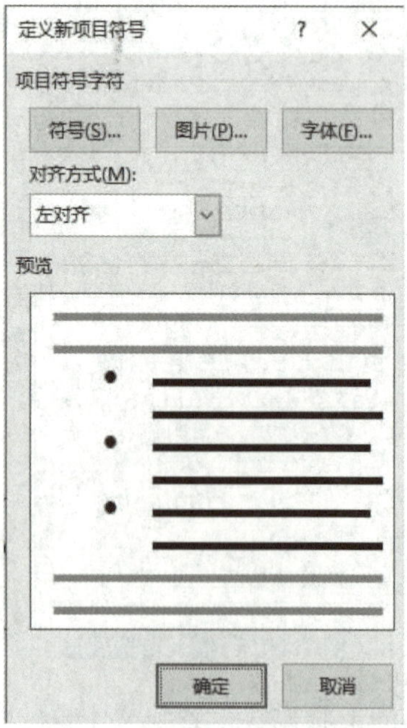

图 1-4-20 “定义新项目符号”对话框

任务5 制作员工信息表

任务描述

某公司现在需要制作一份员工信息表用于统计员工的个人信息，要求格式如图 1-5-1 所示。

员工信息表

<table>
<tr><td>姓名</td><td></td><td>性别</td><td></td><td>民族</td><td></td><td rowspan="5"></td></tr>
<tr><td>籍贯</td><td></td><td>政治面貌</td><td></td><td>婚姻状况</td><td></td></tr>
<tr><td>身份证号</td><td colspan="2"></td><td>出生日期</td><td colspan="2"></td></tr>
<tr><td>最高学历</td><td colspan="2"></td><td>毕业院校</td><td colspan="2"></td></tr>
<tr><td>所学专业</td><td colspan="2"></td><td>毕业时间</td><td colspan="2"></td></tr>
<tr><td>户口所在地</td><td colspan="6"></td></tr>
<tr><td>现居住地址</td><td colspan="6"></td></tr>
<tr><td>联系电话</td><td colspan="2"></td><td colspan="2">紧急联系人电话</td><td colspan="2"></td></tr>
<tr><td>入司渠道</td><td colspan="6"></td></tr>
<tr><td rowspan="4">教育经历</td><td colspan="2">起止时间</td><td colspan="2">学校名称</td><td colspan="2">学历</td></tr>
<tr><td colspan="2"></td><td colspan="2"></td><td colspan="2"></td></tr>
<tr><td colspan="2"></td><td colspan="2"></td><td colspan="2"></td></tr>
<tr><td colspan="2"></td><td colspan="2"></td><td colspan="2"></td></tr>
<tr><td rowspan="4">工作经历</td><td colspan="2">起止时间</td><td colspan="2">工作单位</td><td colspan="2">部门及职位</td></tr>
<tr><td colspan="2"></td><td colspan="2"></td><td colspan="2"></td></tr>
<tr><td colspan="2"></td><td colspan="2"></td><td colspan="2"></td></tr>
<tr><td colspan="2"></td><td colspan="2"></td><td colspan="2"></td></tr>
<tr><td rowspan="4">家庭成员</td><td>姓名</td><td>与本人关系</td><td>单位</td><td>职务</td><td colspan="2">联系电话</td></tr>
<tr><td></td><td></td><td></td><td></td><td colspan="2"></td></tr>
<tr><td></td><td></td><td></td><td></td><td colspan="2"></td></tr>
<tr><td></td><td></td><td></td><td></td><td colspan="2"></td></tr>
<tr><td colspan="7">注：本人保证以上所填信息皆属事实，否则自愿承担任何后果。

本人签字：</td></tr>
</table>

图 1-5-1　员工信息表

任务实现

下面通过操作完成图 1-5-1 所示的效果。

步骤 1：创建“员工信息表”文档并保存

启动 Word 2016，新建一个空白文档。单击快速访问工具栏中的“保存”按钮，设置“保存位置”为“桌面”，输入文件名为“员工信息表”，最后单击“保存”按钮。

步骤 2：插入标题

（1）输入文本“员工信息表”。

（2）选中文本，切换到“开始”选项卡，在“字体”组中设置字号为“小二”，字体为“仿宋”，加粗；在“段落”组中单击“居中”按钮，设置文本居中对齐。

步骤 3：插入表格

在“插入”选项卡中单击“表格”下拉按钮，插入表格，如图 1-5-2 所示。

图 1-5-2 插入表格

步骤 4：设置表格的列数和行数

在弹出的“插入表格”对话框中的“表格尺寸”组中输入列数和行数，单击“确定”按钮，如图 1-5-3 所示。

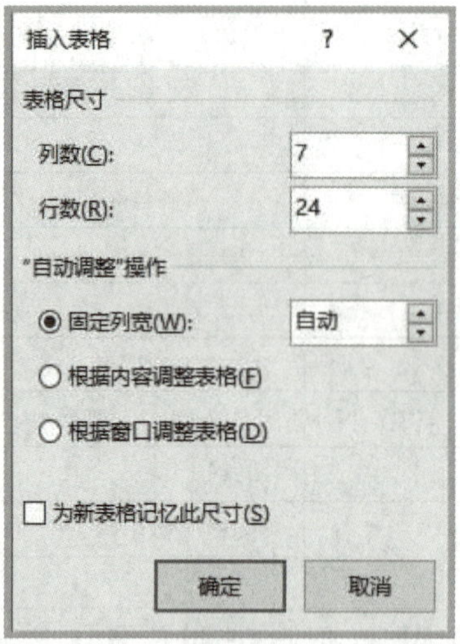

图 1-5-3 设置表格的列数和行数

步骤 5：在表格中输入基本信息

在插入的表格中输入基本信息，如图 1-5-4 所示。

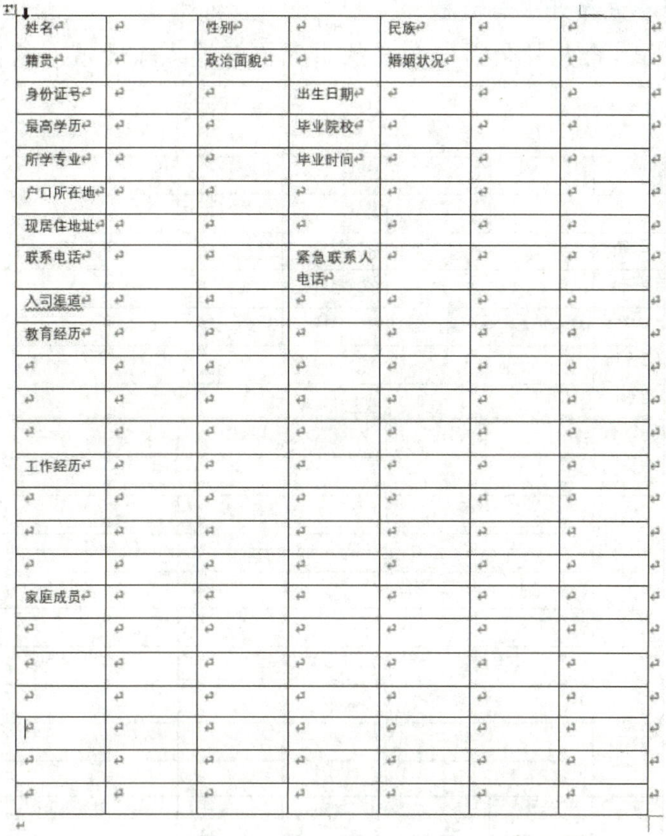

姓名		性别		民族			
籍贯		政治面貌		婚姻状况			
身份证号			出生日期				
最高学历			毕业院校				
所学专业			毕业时间				
户口所在地							
现居住地址							
联系电话			紧急联系人电话				
入司渠道							
教育经历							
工作经历							
家庭成员							

图 1-5-4　输入基本信息

步骤 6:合并单元格

拖动鼠标选中要合并的单元格,右击,在弹出的快捷菜单中选择“合并单元格”,如图 1-5-5 所示。

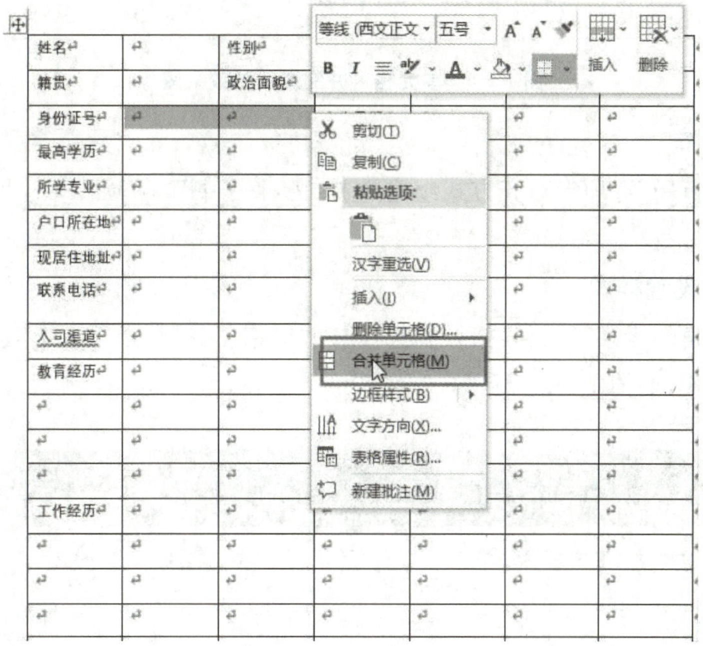

图 1-5-5　合并单元格

步骤 7:继续合并单元格并填写信息

按照步骤 6 的方式,合并其余需要合并的单元格并输入需要填写的信息,合并完成后如图 1-5-6 所示。

<table>
<tr><td>姓名</td><td></td><td>性别</td><td></td><td>民族</td><td></td><td rowspan="5"></td></tr>
<tr><td>籍贯</td><td></td><td>政治面貌</td><td></td><td>婚姻状况</td><td></td></tr>
<tr><td>身份证号</td><td colspan="2"></td><td>出生日期</td><td colspan="2"></td></tr>
<tr><td>最高学历</td><td colspan="2"></td><td>毕业院校</td><td colspan="2"></td></tr>
<tr><td>所学专业</td><td colspan="2"></td><td>毕业时间</td><td colspan="2"></td></tr>
<tr><td>户口所在地</td><td colspan="6"></td></tr>
<tr><td>现居住地址</td><td colspan="6"></td></tr>
<tr><td>联系电话</td><td colspan="2"></td><td colspan="2">紧急联系人电话</td><td colspan="2"></td></tr>
<tr><td>入司渠道</td><td colspan="6"></td></tr>
<tr><td rowspan="4">教育经历</td><td colspan="2">起止时间</td><td colspan="2">学校名称</td><td colspan="2">学历</td></tr>
<tr><td colspan="2"></td><td colspan="2"></td><td colspan="2"></td></tr>
<tr><td colspan="2"></td><td colspan="2"></td><td colspan="2"></td></tr>
<tr><td colspan="2"></td><td colspan="2"></td><td colspan="2"></td></tr>
<tr><td rowspan="4">工作经历</td><td colspan="2">起止时间</td><td colspan="2">工作单位</td><td colspan="2">部门及职位</td></tr>
<tr><td colspan="2"></td><td colspan="2"></td><td colspan="2"></td></tr>
<tr><td colspan="2"></td><td colspan="2"></td><td colspan="2"></td></tr>
<tr><td colspan="2"></td><td colspan="2"></td><td colspan="2"></td></tr>
<tr><td rowspan="4">家庭成员</td><td>姓名</td><td>与本人关系</td><td>单位</td><td>职务</td><td colspan="2">联系电话</td></tr>
<tr><td></td><td></td><td></td><td></td><td colspan="2"></td></tr>
<tr><td></td><td></td><td></td><td></td><td colspan="2"></td></tr>
<tr><td></td><td></td><td></td><td></td><td colspan="2"></td></tr>
<tr><td colspan="7"></td></tr>
</table>

图 1-5-6　单元格合并完成后的效果图

步骤 8:完善细节

选中表格,在“布局”选项卡对齐方式组中选择“水平居中”,在最后一栏里写上保证,员工信息表就做好了。

步骤 9:为表格设置样式

单击表格左上角的十字箭头,表格被全选,单击“表格工具”菜单下的“表设计”选项卡还可以为表格添加各种样式,如图 1-5-7 所示。

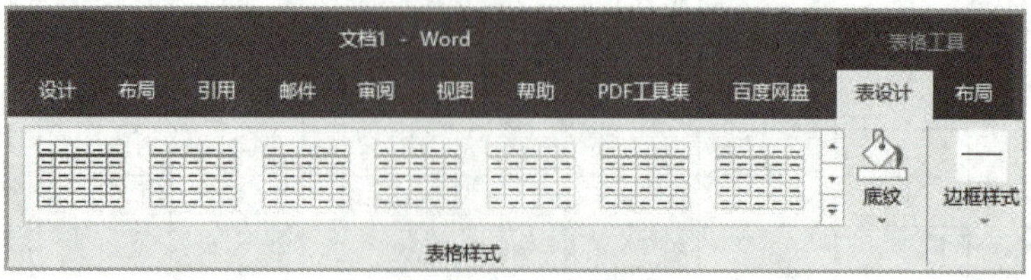

图 1-5-7　表格样式

必备知识

1. 表格设置

1)创建表格

在“插入”选项卡的“表格”组中单击“表格”下拉按钮创建表格。

(1)插入表格。

①将光标插入点放在要插入表格的位置。

②单击“表格”下拉按钮,在其下拉列表中选择所需的行数和列数,即在光标插入点处插入所需要的表格;或者选择“插入表格”选项,在弹出的“插入表格”对话框中输入行数和列数,单击“确定”按钮,也可插入表格。

(2)绘制表格。

①单击“表格”下拉按钮,在其下拉列表中选择“绘制表格”选项,鼠标指针变为形状。

②此时可以拖动鼠标在文档的任意位置绘制出任意大小的表格。

(3)快速表格。

①将光标插入点放在要插入表格的位置。

②单击“表格”下拉按钮,在其下拉列表中选择“快速表格”选项(见图 1-5-8),在其级联菜单中选择所需的表格样式,即在光标插入点处插入所需要的表格。

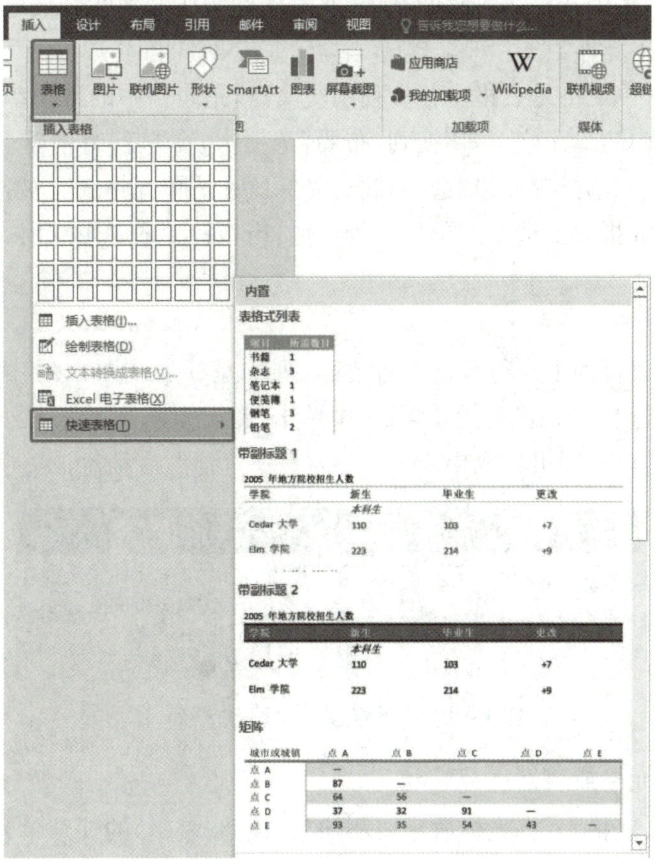

图 1-5-8 “快速表格”选项

2)选择表格对象

(1)选择表格。将光标放在表格中的任意位置,切换到“布局”选项卡,在“表”组中单击“选择”下拉按钮,在其下拉列表中选择“选择表格”选项(见图 1-5-9),此时整个表格被选中。

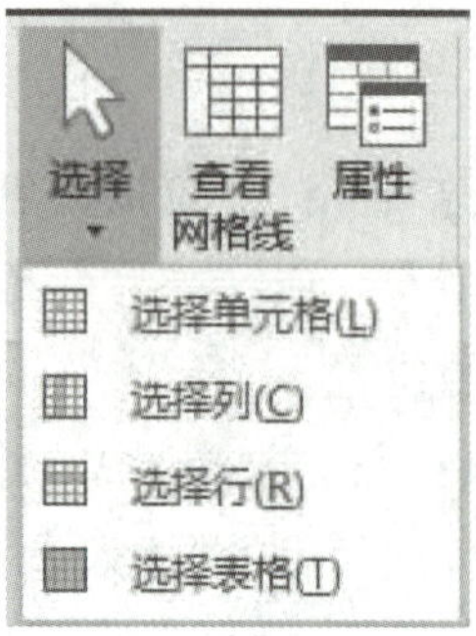

图 1-5-9 “选择表格”选项

还可将鼠标指针移动到表格左上角,出现全选符号后单击该符号,即可将整个表格选中。

(2)选择行。将光标放在要选中行的任意位置,在“布局”选项卡的“表”组中单击“选择”下拉按钮,在弹出的下拉列表中选择“选择行”选项,此时光标所在的行就会被选中。

也可以将鼠标指针指向要选中行的任意单元格的左侧,当指针变成↗形状时,双击便可将所指的一行选中。

(3)选择列。将光标放在要选中列的任意位置,在“布局”选项卡的“表”组中单击“选择”下拉按钮,在弹出的下拉列表中选择“选择列”选项,此时光标所在的列就会被选中。

也可以将鼠标指针指向要选中列的上方,当指针变成↓形状时,单击便可将所指的一列选中。

(4)选中单元格。单元格是表格中行和列的交叉点,是表格中的最小单位。

将光标放在要选中的单元格上,切换到“布局”选项卡,在“表”组中单击“选择”下拉按钮,在弹出的下拉列表中选择“选择单元格”选项,此时光标所在的单元格就会被选中。

也可以将鼠标指针指向要选中的单元格的左侧,当指针变成↗形状时,单击便可将所指的单元格选中。

3)插入行或列

将光标放在要插入行的上一行或下一行(插入列的左一列或右一列)的任意单元格中,切换到“布局”选项卡,在“行和列”组(见图 1-5-10)中单击“在上方插入”或“在下方插入”(“在左侧插入”或“在右侧插入”)按钮,即可完成插入。

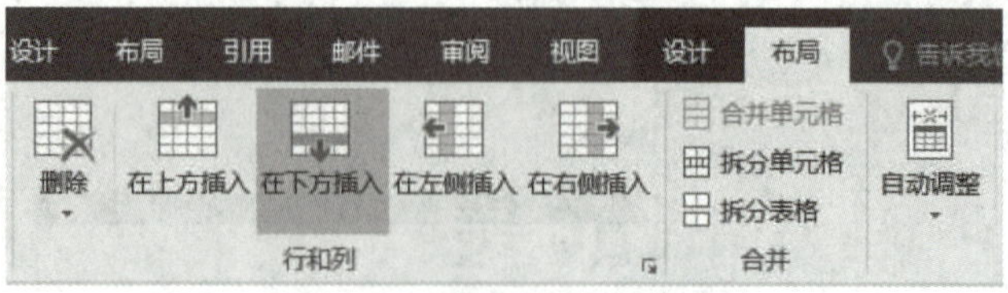

图 1-5-10 “布局”选项卡的“行和列”组

4)删除行、列、单元格或表格

(1)删除行(或列、表格)。将光标放在要删除行(或列、表格)的任意单元格中,切换到“布局”选项卡,在“行和列”组中单击“删除”下拉按钮(见图 1-5-11),在弹出的下拉列表中选择“删除行”

(或“删除列”“删除表格”)选项,即可完成删除操作。

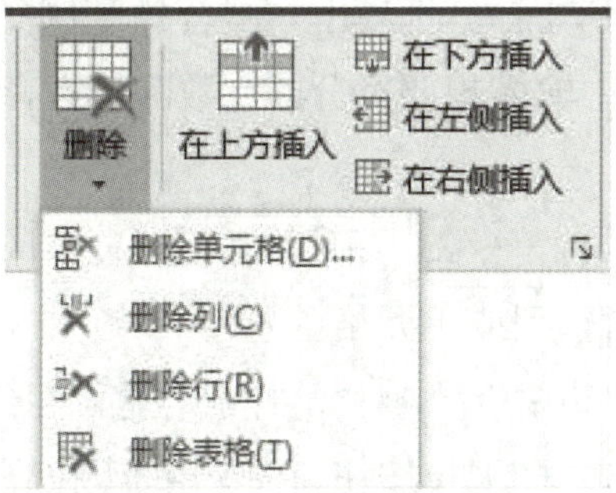

图 1-5-11 “删除”下拉按钮

(2)删除单元格。将光标置于要删除的单元格中,在“布局”选项卡的“行和列”组中单击“删除”下拉按钮,在弹出的下拉列表中选择“删除单元格”选项,打开“删除单元格”对话框(见图 1-5-12),选中删除后的单元格样式,单击“确定”按钮完成删除。

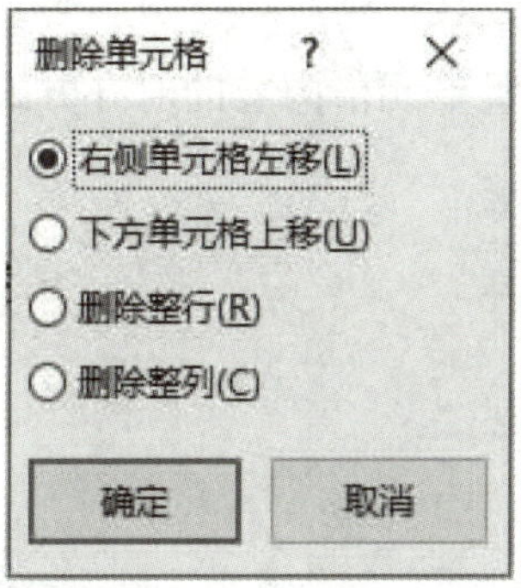

图 1-5-12 “删除单元格”对话框

5)调整行高和列宽

(1)准确调整。将光标放在要调整的行或列的任意单元格中,切换到“布局”选项卡,在“单元格大小”组的“高度”和“宽度”微调框中输入相应的数值即可,如图 1-5-13 所示。

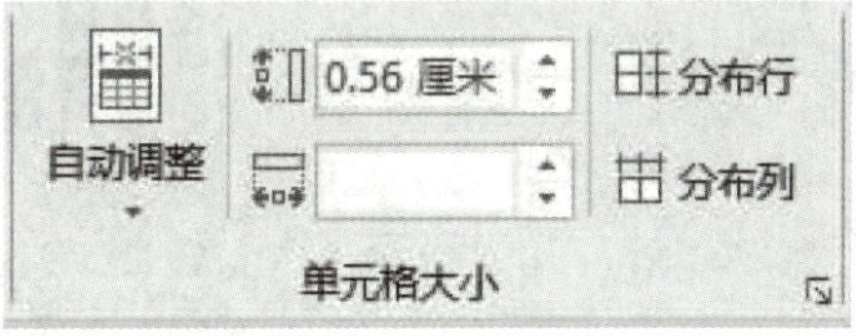

图 1-5-13 “单元格大小”组

(2)鼠标拖动调整。将鼠标指针指向行或列的边线,当鼠标指针变成形状时,按住鼠标左键,这时边线变成虚线,再拖动鼠标来调整宽度或高度。

6)合并、拆分单元格

(1)合并单元格。合并单元格指将两个或两个以上的单元格合并成一个单元格,操作方法为:选中要合并的多个单元格,切换到“布局”选项卡,在“合并”组中单击“合并单元格”按钮,此时多个单元格就合并成一个单元格了。

(2)拆分单元格。拆分单元格指将一个或多个单元格分成多个单元格,操作方法为:选中要拆分的一个或多个单元格,切换到“布局”选项卡,在“合并”组中单击“拆分单元格”按钮,打开“拆分单元格”对话框。在该对话框中输入想要拆分的列数和行数,单击“确定”按钮完成拆分。

7)美化表格

(1)设置边框。

①选中要设置边框的表格、行、列或单元格。

②切换到“设计”选项卡,在“边框”组中对“笔样式”“笔画粗细”“笔颜色”进行设置。

③单击“表格样式”组中的“边框”下拉按钮,在弹出的下拉列表中选择框线类型,如图 1-5-14 所示。

(2)设置底纹。

①选中要设置底纹的行、列、单元格或整个表格。

②切换到“设计”选项卡,在“表格样式”组中单击“底纹”下拉按钮,在弹出的下拉列表中选择需要填充的底纹颜色,如图 1-5-15 所示。

(3)对齐方式。根据图 1-5-1 设置单元格内容的对齐方式。

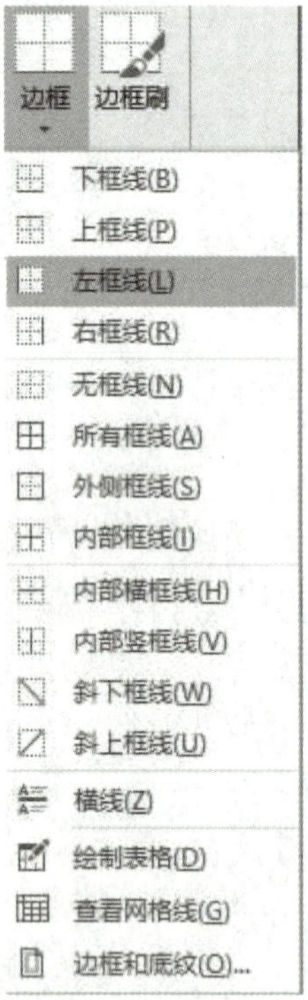

图 1-5-14 “表格样式”组中的“边框”下拉列表

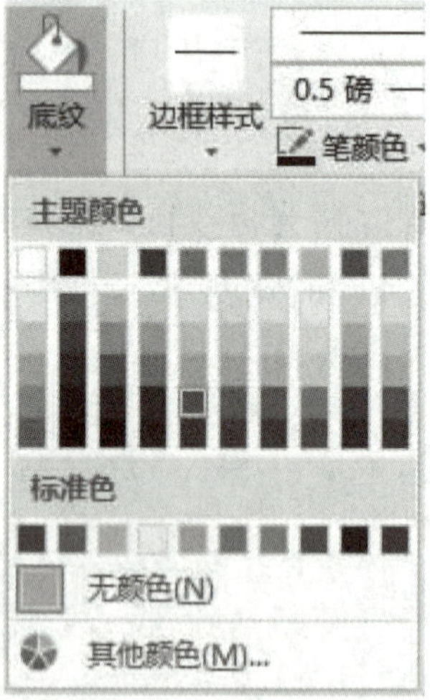

图 1-5-15 “表格样式”组中的“底纹”下拉列表

8)套用格式

Word 2016 提供了丰富的表格样式,套用现成的表格样式是一种快捷的方法,操作方法如下。

(1)选中要套用格式的表格。

(2)切换到“设计”选项卡,在“表格样式”组中单击“其他”按钮,在展开的下拉列表中选择要套用的样式。

2. 插入公式

Word 2016 提供了多种常用的内置公式供用户直接插入文档中，还可以根据需要编辑公式，具体操作如下。

(1)在“插入”选项卡的“符号”组中单击“公式”下拉按钮，在弹出的下拉列表中选择所需公式即可，如图 1-5-16 所示。

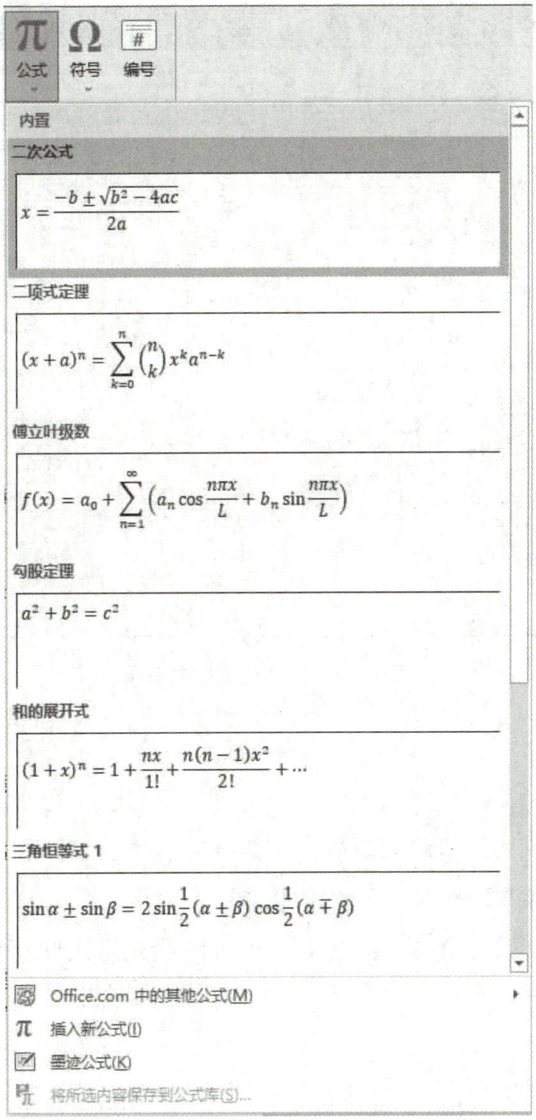

图 1-5-16　选择公式

(2)如果需要创建公式，则选择内置公式列表下方的“插入新公式”选项，将在文档中创建一个空白公式框架，然后通过键盘和“公式工具-设计”选项卡中的“符号”组输入公式内容，如图 1-5-17 所示。

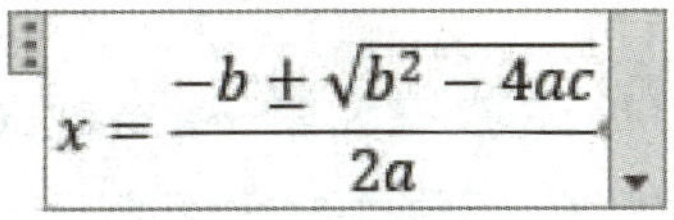

图 1-5-17　输入公式

任务6 制作毕业论文

任务描述

创建 Word 文档“毕业论文. docx”，并对其进行设置，效果如图 1-6-1 所示。

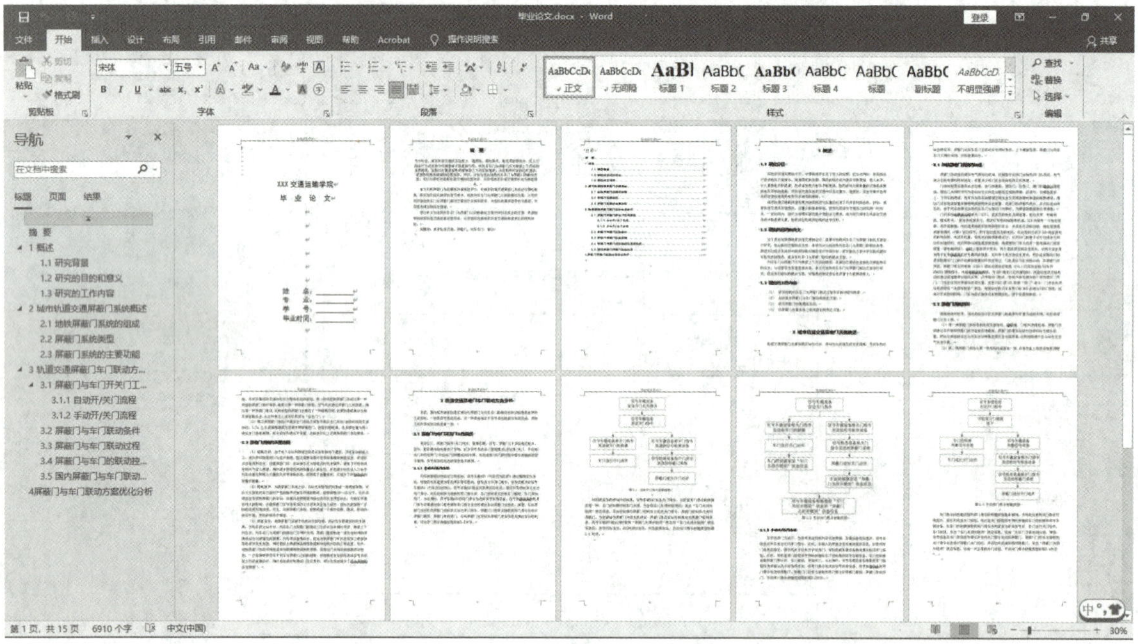

图 1-6-1 毕业论文版式效果

任务实现

下面通过操作完成图 1-6-1 所示的效果。

步骤 1:新建“毕业论文”文档，输入正文并保存

新建一个 Word 文档并命名为“毕业论文”，然后按照先后次序将论文所需的正文全部输入 Word 文档中。

步骤 2:正文版式设计

(1)按照论文的要求开始为正文进行版式设计。首先设置论文正文中的一级标题格式，按照要求，设置一级标题格式为“字体:黑体，三号，加粗，居中。段落:段前 1 行，段后 1 行，1.5 倍行距”，效果如图 1-6-2 所示。

> **注意:**在设置一级标题以及后面的二级标题、三级标题时，需要选中相应的标题，单击“开始”选项卡的“样式”组中相应的标题级别，然后对各级标题的格式进行设置，否则在插入目录时将无法生成目录。

(2)设置二级标题的格式为“字体:黑体,四号。段落:左对齐,段前 0.5 行,段后 0.5 行,1.5 倍行距”,效果如图 1-6-3 所示。

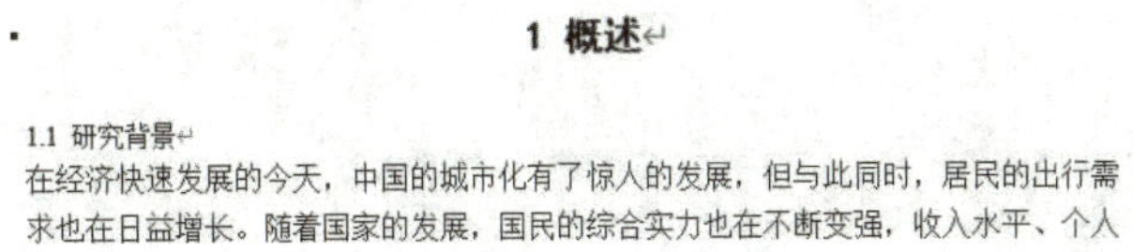

图 1-6-2　一级标题格式

图 1-6-3　二级标题格式

(3)设置正文的格式。参照设计要求,正文格式为“中文字体为宋体,西文字体为 Times New Roman,字号为小四号,首行缩进 2 字符;除了已说明的行距外,其他正文均采用 1.25 倍行距”。

注意:设置“1.25 倍行距”时,需要在“段落”对话框的“行距”下拉列表框中选择“多倍行距”选项,然后在后面的微调框中输入 1.25,如图 1-6-4 所示。

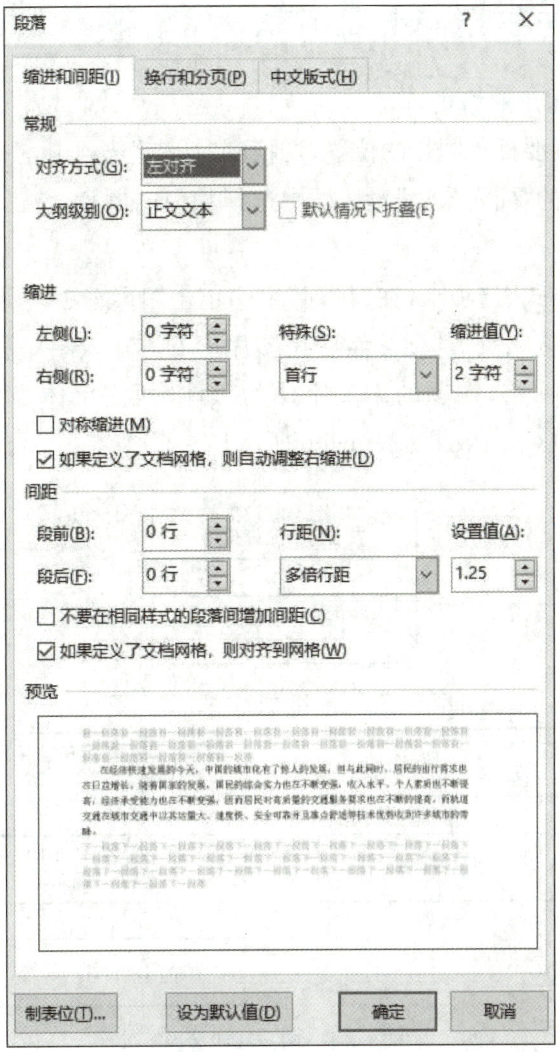

图 1-6-4　设置“1.25 倍行距”

正文格式设置完成后的效果如图 1-6-5 所示。

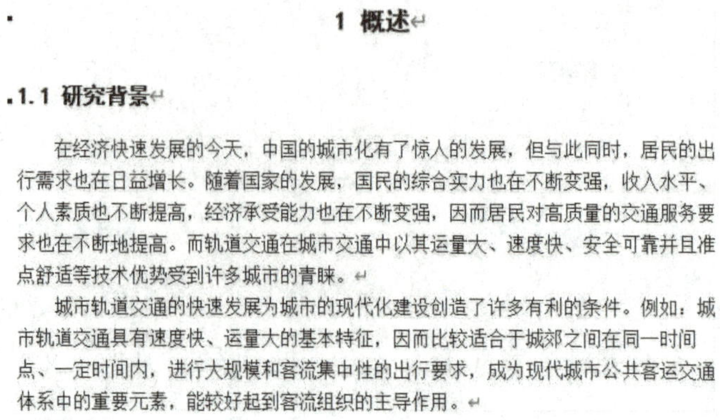

1 概述

1.1 研究背景

在经济快速发展的今天，中国的城市化有了惊人的发展，但与此同时，居民的出行需求也在日益增长。随着国家的发展，国民的综合实力也在不断变强，收入水平、个人素质也不断提高，经济承受能力也在不断变强，因而居民对高质量的交通服务要求也在不断地提高。而轨道交通在城市交通中以其运量大、速度快、安全可靠并且准点舒适等技术优势受到许多城市的青睐。

城市轨道交通的快速发展为城市的现代化建设创造了许多有利的条件。例如：城市轨道交通具有速度快、运量大的基本特征，因而比较适合于城郊之间在同一时间点、一定时间内，进行大规模和客流集中性的出行要求，成为现代城市公共客运交通体系中的重要元素，能较好起到客流组织的主导作用。

图 1-6-5　正文设置完成的效果

注意：在设置正文、各级标题格式时，可以使用格式刷快速实现格式的复制，以节省时间，所以一定要习惯使用格式刷。

步骤 3：设置论文中图片的格式

将光标插入点放在需要插入图片的位置，切换到“插入”选项卡，在“插图”组中单击“图片”按钮，在打开的“插入图片”对话框中选择相应的图片，单击“插入”按钮即可完成插入。

选中图片，切换到“格式”选项卡，在“排列”组中单击“环绕文字”下拉按钮，在弹出的下拉列表中选择“嵌入型”选项。然后在图片正下方输入图序和图题，注意图序和图题之间需要空两格，图题的中文字体为宋体，西文字体为 Times New Roman，字号为五号，居中对齐，效果如图 1-6-6 所示。

视频

制作“毕业论文”文档（步骤 1-3）

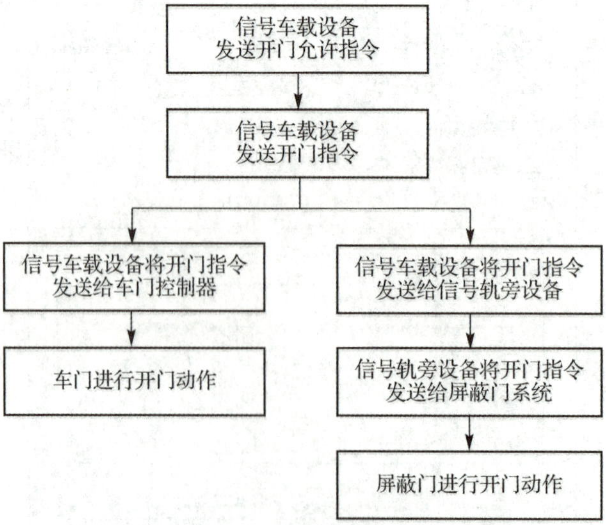

图 1-6-6　图片样式效果

步骤 4:设置页眉

切换到“插入”选项卡，然后单击“页眉和页脚”组中的“页眉”下拉按钮，在弹出的下拉列表中选择“编辑页眉”选项，如图 1-6-7 所示。

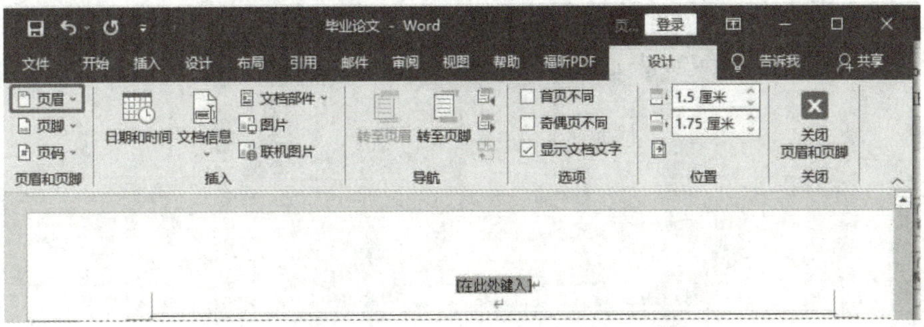

图 1-6-7　编辑页眉界面

在页眉中输入“毕业论文设计”，字号为五号，单倍行距，居中对齐，如图 1-6-8 所示。

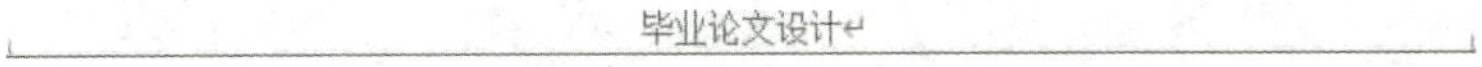

图 1-6-8　在页眉中输入“毕业论文设计”

步骤 5:设置页脚

参考步骤 4，在“页眉和页脚”组中单击“页码”下拉按钮，在弹出的下拉列表中执行“页面底端”→“普通数字 2”命令。设置完成的效果如图 1-6-9 所示。

图 1-6-9　设置页脚的效果

步骤 6:插入“摘要”部分的内容

在正文的前面插入“摘要”部分的内容，并按照摘要的格式要求进行设置，效果如图 1-6-10 所示。

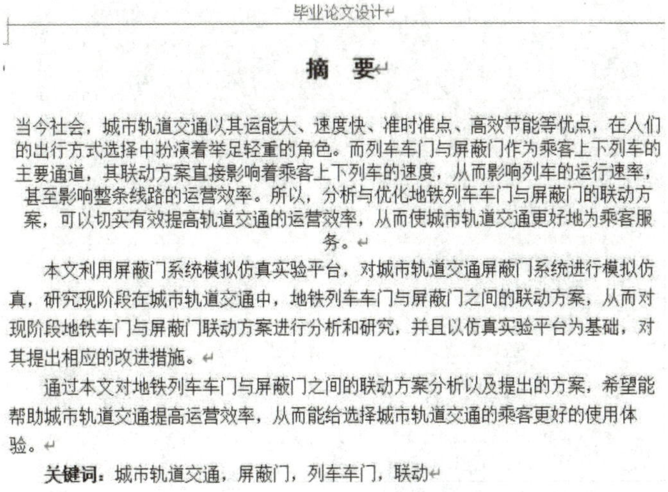

毕业论文设计

摘　要

当今社会，城市轨道交通以其运能大、速度快、准时准点、高效节能等优点，在人们的出行方式选择中扮演着举足轻重的角色。而列车车门与屏蔽门作为乘客上下列车的主要通道，其联动方案直接影响着乘客上下列车的速度，从而影响列车的运行速率，甚至影响整条线路的运营效率。所以，分析与优化地铁列车车门与屏蔽门的联动方案，可以切实有效提高轨道交通的运营效率，从而使城市轨道交通更好地为乘客服务。

本文利用屏蔽门系统模拟仿真实验平台，对城市轨道交通屏蔽门系统进行模拟仿真，研究现阶段在城市轨道交通中，地铁列车车门与屏蔽门之间的联动方案，从而对现阶段地铁车门与屏蔽门联动方案进行分析和研究，并且以仿真实验平台为基础，对其提出相应的改进措施。

通过本文对地铁列车车门与屏蔽门之间的联动方案分析以及提出的方案，希望能帮助城市轨道交通提高运营效率，从而能给选择城市轨道交通的乘客更好的使用体验。

关键词：城市轨道交通，屏蔽门，列车车门，联动

图 1-6-10　“摘要”部分的内容

步骤 7:插入目录

将光标定位于“摘要”一页的后面,然后切换到“引用”选项卡,在“目录”组中单击“目录”下拉按钮,在弹出的下拉列表中选择“自动目录 1”选项,如图 1-6-11 所示。

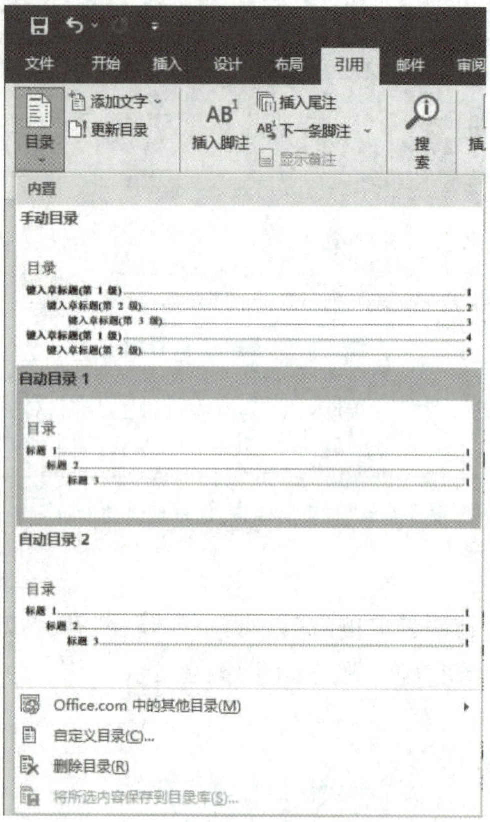

图 1-6-11 “目录”组中的“目录”下拉列表

插入的目录如图 1-6-12 所示。

目录

图 1-6-12 插入的目录

按照格式要求设置目录格式，最终效果如图 1-6-13 所示。

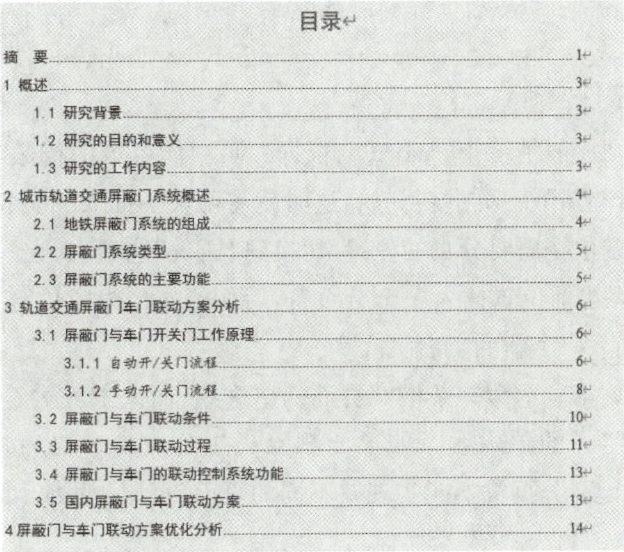

目录

摘　要……1
1 概述……3
1.1 研究背景……3
1.2 研究的目的和意义……3
1.3 研究的工作内容……3
2 城市轨道交通屏蔽门系统概述……4
2.1 地铁屏蔽门系统的组成……4
2.2 屏蔽门系统类型……5
2.3 屏蔽门系统的主要功能……5
3 轨道交通屏蔽门车门联动方案分析……6
3.1 屏蔽门与车门开关门工作原理……6
3.1.1 自动开/关门流程……6
3.1.2 手动开/关门流程……8
3.2 屏蔽门与车门联动条件……10
3.3 屏蔽门与车门联动过程……11
3.4 屏蔽门与车门的联动控制系统功能……13
3.5 国内屏蔽门与车门联动方案……13
4 屏蔽门与车门联动方案优化分析……14

图 1-6-13　设置目录格式最终效果

步骤 8:插入封面

在“摘要”前面插入封面，按照封面样式进行设置，设置完之后进行页面边距的设置。切换到“布局”选项卡，单击“页面设置”组的组按钮，弹出“页面设置”对话框，在“页边距”选项卡中设置页边距为上 2.5 厘米、下 2.5 厘米、左 3 厘米、右 2 厘米，如图 1-6-14 所示。

视频
制作“毕业论文”文档(步骤 4-8)

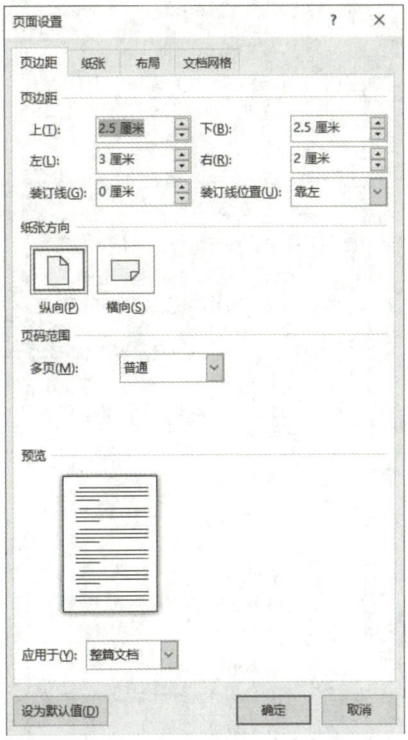

图 1-6-14　“页面设置”对话框

至此，毕业论文版式设计完成。

必备知识

1. 分页符和分节符

(1)插入分页符。在一般情况下,Word 会根据一页中能容纳的行数对文档进行自动分页。但有时一页没写满就希望从下一页重新开始,这时就需要人工插入分页符进行强制分页。其具体操作方法是:将光标定位在需要分页的位置,切换到"插入"选项卡,在"页面"组中单击"分页"按钮(见图 1-6-15),将在当前位置插入一个分页符,后面的文档内容另起一页。如果单击"空白页"按钮,将在光标处插入一个新的空白页。

在草稿中,自动分页符显示为一条横穿页面的单虚线,而人工分页符显示为标有"分页符"字样的单虚线。如果要删除人工分页符,可以按 Delete 键或 Backspace 键。分页符不能实现对不同的页面、页眉、页脚、页码的设置。

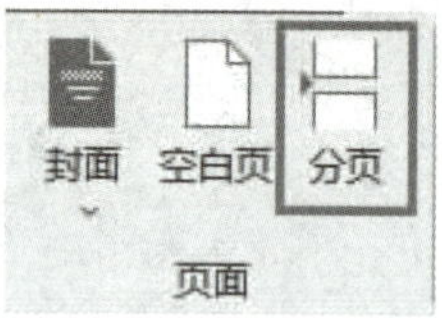

图 1-6-15 "分页"按钮

(2)插入分节符。节是 Word 用来划分文档的一种方式,能实现在同一文档中设置不同页面格式的功能。插入分节符的操作方法如下:将光标定位在需要分节的位置,切换到"布局"选项卡,在"页面设置"组中单击"分隔符"下拉按钮(见图 1-6-16),在弹出的下拉列表中选择需要的分节方式。

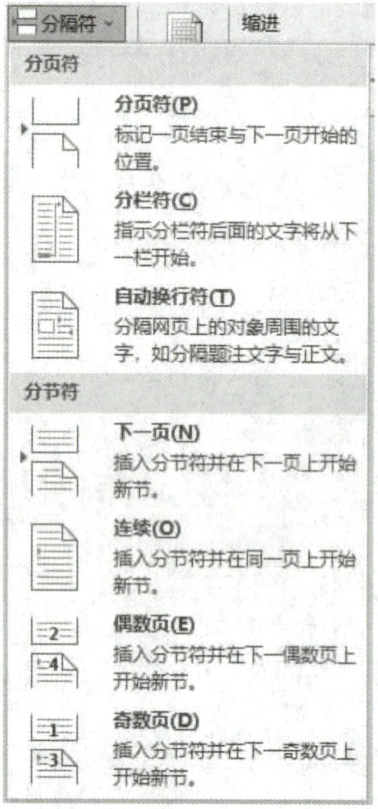

图 1-6-16 单击"分隔符"下拉按钮

①下一页。分节符后的文档从下一页开始显示，即分节同时分页。

②连续。分节符后的文档与分节符前的文档在同一页显示，即分节不分页。

③偶数页。分节符后的文档从下一个偶数页开始显示。

④奇数页。分节符后的文档从下一个奇数页开始显示。

删除分节符很简单，像删除字符那样删除即可。

2. 页眉和页脚

页眉和页脚是文档中的注释性信息，如文章的章节标题、作者、日期和时间、文件名或单位名称等。页眉在正文的顶部，页脚在正文的底部。Word 2016 中的页眉、页脚和页码在“插入”选项卡的“页眉和页脚”组中进行设置，如图 1-6-17 所示。

(1)插入页眉和页脚。

①在“插入”选项卡的“页眉和页脚”组中单击“页眉”下拉按钮，在弹出的下拉列表中选择需要的页眉样式，如图 1-6-18 所示。此时在页面顶部出现页眉编辑区，同时自动打开“设计”选项卡，可以对页眉进行设置。

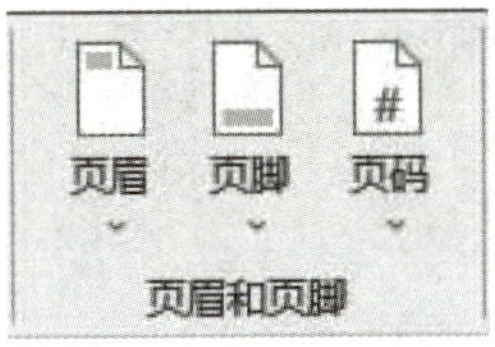

图 1-6-17 “页眉和页脚”组

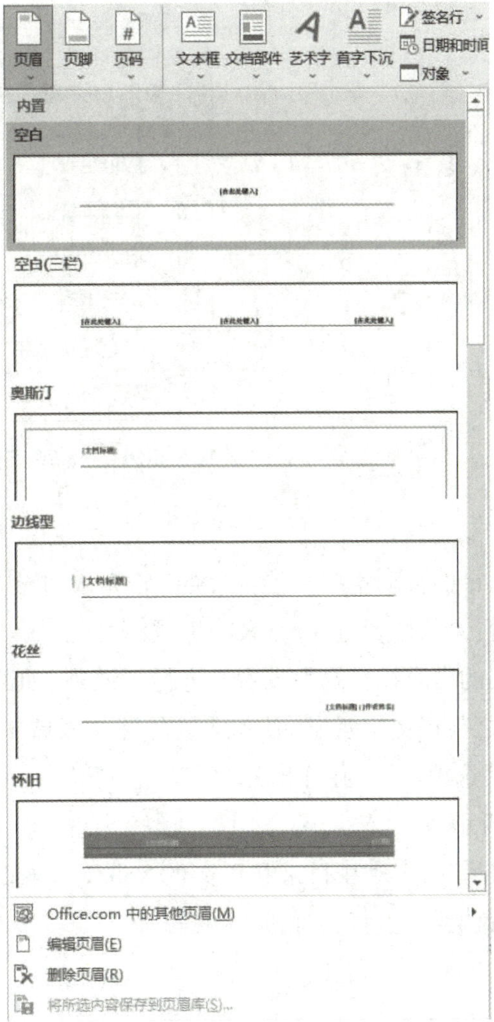

图 1-6-18 插入页眉

②在页眉编辑区输入需要显示的文本。

③在“页眉和页脚”组中单击“页脚”下拉按钮，在弹出的下拉列表中选择需要的页脚样式。

④在页脚编辑区输入需要显示的文本。

⑤输入完成后，在文档任意位置双击即可退出设置。

(2)修改页眉和页脚。在“页眉和页脚”组中单击“页眉”下拉按钮，在弹出的下拉列表中选择“编辑页眉”选项或双击页眉区，均可编辑页眉，效果如图 1-6-19 所示。编辑页脚的操作与此类似。

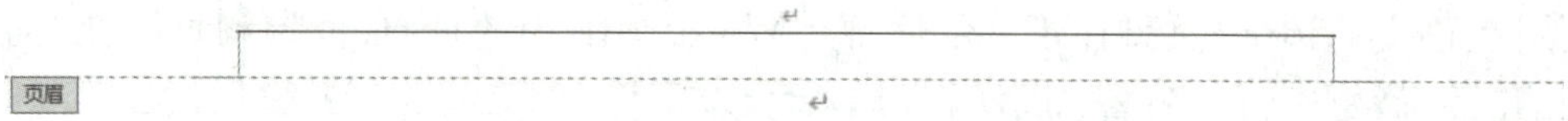

图 1-6-19 编辑页眉

(3)设置页码。在“页眉和页脚”组中单击“页码”下拉按钮，在弹出的下拉列表中选择页码显示的位置和页码的样式，如图 1-6-20 所示。如果要对页码样式进行修改，双击页码进入页码编辑状态，重新进行设置即可。

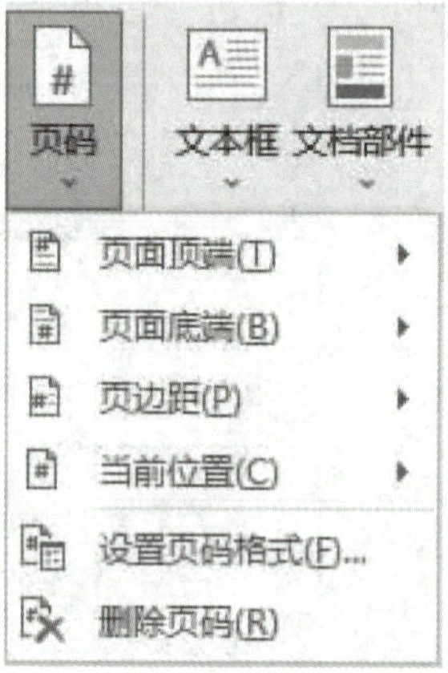

图 1-6-20 “页码”下拉列表

3. 目录

测试题

要实现目录的自动生成功能，必须首先完成对全文档各级标题的样式设置工作，确定插入目录的位置，进行目录的生成。

如果文档的内容在目录生成后又进行了调整，如部分页码发生了改变，此时要更新目录，使之与正文相匹配，那么只需在目录区域中右击，在弹出的快捷菜单中选择“更新域”选项，然后在弹出的“更新目录”对话框中选中“更新整个目录”单选按钮即可，如图 1-6-21 所示。

目录生成后，可以利用目录和正文的关联对文档进行跟踪和跳转，按住 Ctrl 键单击目录中的某个标题，就能跳转到正文相应的位置。

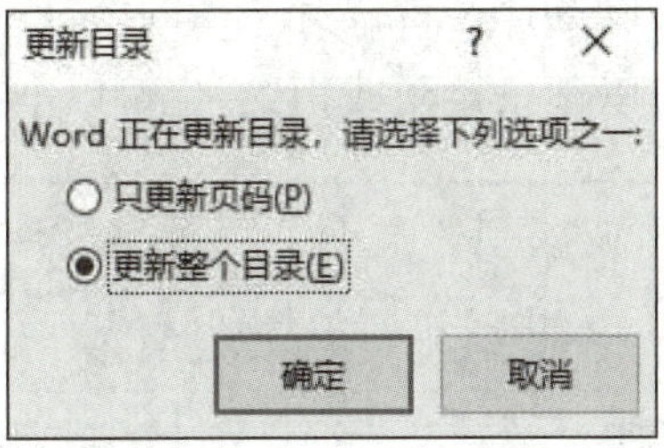

图 1-6-21 “更新目录”对话框

4. 修订和批注

Word 2016 中提供了修订和批注功能，用于多人协同编辑文档。利用这两个功能，用户在审阅文档时，既可以指出文档中的错误又不会影响原文档内容。在修订状态下，修改的内容会用不同的颜色显示出来并添加下划线或删除线，同时在修改处的左侧显示“|”标记。批注在文档的右侧显示，用虚线和文档中对应的内容连接，批注中会显示什么人在什么时间做了什么样的批注。

1)修订

(1)进入和关闭修订状态。切换到“审阅”选项卡，在“修订”组中单击“修订”按钮(见图 1-6-22)，此时文档处于修订状态，再次单击“修订”按钮可关闭修订状态。

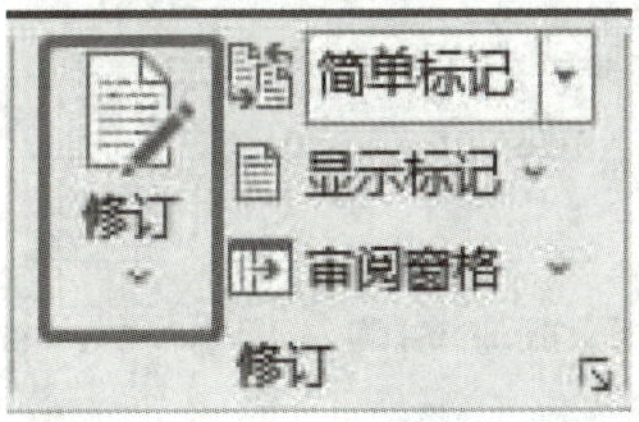

图 1-6-22 “修订”按钮

(2)查看修订记录。修订完成后，切换到“审阅”选项卡，在“修订”组中单击“审阅窗格”按钮，在文档页面的左侧可以查看所有的修订记录，如图 1-6-23 所示。

图 1-6-23 查看修订记录

(3)接受和拒绝修订。用户可以选择是否接受文档的修订。切换到“审阅”选项卡,在“更改”组中单击“接受”或“拒绝”按钮,可以逐条接受或拒绝,也可以全部接受或拒绝,如图 1-6-24 所示。

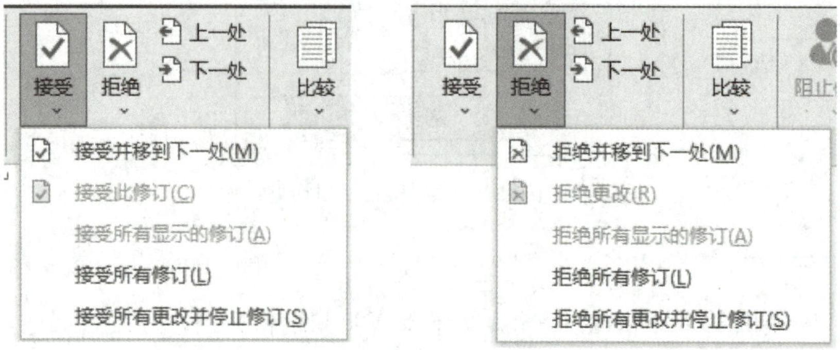

图 1-6-24 接受和拒绝修订

(4)修改修订样式。切换到“审阅”选项卡,单击“修订”组的组按钮,打开“修订选项”对话框,用户可根据实际情况在其中进行相关设置,如图 1-6-25 所示。

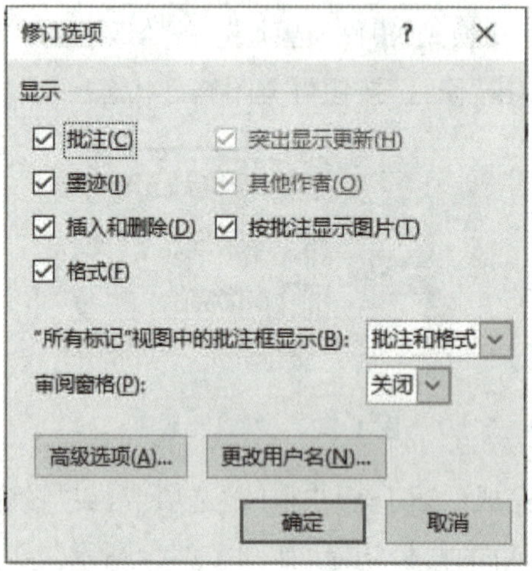

图 1-6-25 “修订选项”对话框

2)批注

(1)插入批注。选择要进行批注的文本,切换到“审阅”选项卡,在“批注”组中单击“新建批注”按钮,此时文档右侧会出现批注框,在批注框中输入批注文本即可,如图 1-6-26 所示。

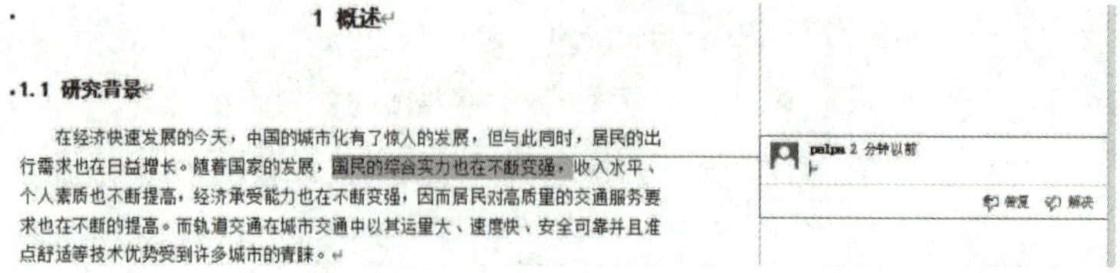

图 1-6-26 插入批注

(2)删除批注。

①逐个删除。选中某个批注,右击,在弹出的快捷菜单中选择“删除批注”选项。

②全部删除。切换到“审阅”选项卡，在“批注”组中单击“删除”下拉按钮，在弹出的下拉列表中选择“删除文档中的全部批注”选项。

单元小结

本单元主要介绍了如何使用 Microsoft Office Word 2016 进行文档处理。首先通过案例制作《蒹葭》文档详细讲解了 Word 2016 的简单使用；接着通过制作立秋宣传海报详细讲解了对象的插入与使用；然后通过制作员工信息表详细讲解了表格的插入与使用；最后通过制作毕业论文详细讲解了长文档的排版。通过本单元的学习，读者可以学会使用 Word 2016 进行文档处理，这在日常工作中是非常重要的。

课后习题

一、选择题

1. 在输入文本时，在段落结束时按 Enter 键产生一个新段落，此时新段落会自动使用的格式为（　　）。

A. 仿宋、三号　　B. 与上一段相同的格式

C. 宋体、五号、单倍行距　　D. 新建文档时的格式

2. 在 Word 编辑状态下，打开“日记. docx”文档，若要把编辑后的文档以文件名“旅行日记. html”存盘，可以执行“文件”菜单的（　　）命令。

A. “保存”　　B. “另存为”

C. “全部保存”　　D. “保存并发送”

3. 在 Word 中按（　　）组合键可将光标快速移至文档的开端。

A. Ctrl+Home　　B. Ctrl+Shift+End

C. Ctrl+End　　D. Ctrl+Shift+Home

4. 在 Word 2016 中按住（　　）键的同时拖动选定的内容到新位置可以快速完成复制操作。

A. Ctrl　　B. Alt　　C. Shift　　D. 空格

5. 在 Word 2016 中建立一个新文档时，默认的文档段落对齐方式为（　　）。

A. 居中　　B. 右对齐　　C. 两端对齐　　D. 左对齐

6. 在下列方式中，可以显示出页眉页脚的是（　　）。

A. 阅读视图　　B. 页面视图　　C. 大纲视图　　D. Web 版式视图

7. 将插入点定位于句子“风吹草低见牛羊”中的“草”与“低”之间，按 Delete 键，则该句子为（　　）。

A. 风吹草见牛羊　　B. 风吹见牛羊

C. 整句被删除　　D. 风吹低见牛羊

8. 在 Word 2016 中，（　　）组不属于“开始”选项卡。

A. 文本　　B. 字体　　C. 段落　　D. 样式

9. 在 Word 2016 中，单击“格式刷”按钮可以进行(　　)操作。

A. 复制文本格式　　B. 保存文本

C. 复制文本　　D. 清除文本格式

二、填空题

1. 在 Word 2016 中，利用“带圈字符”命令可以给字符加上________。
2. 在 Word 2016 中，文档中两行之间的间隔称为________。
3. Word 2016 模板的两种基本类型为________和________。
4. 在 Word 2016 中，要实现“查找”功能，可按________快捷键。
5. 在 Word 2016 中，要体现分栏的实际效果应使用________视图。
6. Word 2016 模板文件的文件扩展名为________。
7. 在段落的缩进格式中，特殊格式有________和________两种。
8. 编辑文档时，如果进行了误删除操作，要将误删除的内容恢复过来，要执行________操作。

三、操作题

Word 文档操作。要求在一个文档中完成以下操作。

新建一个 Word 文档，输入图 1-6-27 所示的内容。

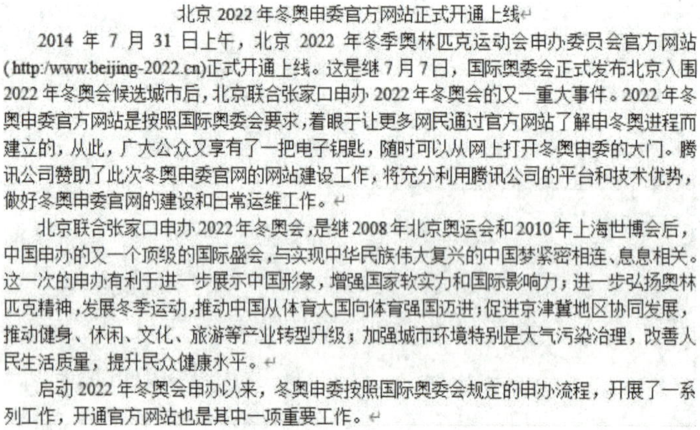

北京 2022 年冬奥申委官方网站正式开通上线

2014 年 7 月 31 日上午，北京 2022 年冬季奥林匹克运动会申办委员会官方网站(http:/www.beijing-2022.cn)正式开通上线。这是继 7 月 7 日，国际奥委会正式发布北京入围 2022 年冬奥会候选城市后，北京联合张家口申办 2022 年冬奥会的又一重大事件。2022 年冬奥申委官方网站是按照国际奥委会要求，着眼于让更多网民通过官方网站了解申冬奥进程而建立的，从此，广大公众又享有了一把电子钥匙，随时可以从网上打开冬奥申委的大门。腾讯公司赞助了此次冬奥申委官网的网站建设工作，将充分利用腾讯公司的平台和技术优势，做好冬奥申委官网的建设和日常运维工作。

北京联合张家口申办 2022 年冬奥会，是继 2008 年北京奥运会和 2010 年上海世博会后，中国申办的又一个顶级的国际盛会，与实现中华民族伟大复兴的中国梦紧密相连、息息相关。这一次的申办有利于进一步展示中国形象，增强国家软实力和国际影响力；进一步弘扬奥林匹克精神，发展冬季运动，推动中国从体育大国向体育强国迈进；促进京津冀地区协同发展，推动健身、休闲、文化、旅游等产业转型升级；加强城市环境特别是大气污染治理，改善人民生活质量，提升民众健康水平。

启动 2022 年冬奥会申办以来，冬奥申委按照国际奥委会规定的申办流程，开展了一系列工作，开通官方网站也是其中一项重要工作。

图 1-6-27　操作题内容

具体要求如下。

(1)将标题设置为艺术字，插入艺术字样式为艺术字库中第 2 行第 3 列的样式，字体为华文新魏，四周型环绕，水平居中对齐，艺术字大小为“二号”。

(2)设置正文第 1 段文字字体为楷体；悬挂缩进 2 字符，两端对齐，段后间距为 0.5 行；将段落第一个字设为带圈字符，样式为“增大圈号”。

(3)设置正文第 2 段首行缩进 2 个字符，1.5 倍行距；分两栏；左栏添加文字边框，线型为虚线，颜色为红色，宽度为 1 磅；为右栏文字添加蓝色底纹。

(4)设置正文第 3 段文字字体为楷体、加粗、小四，字符间距加宽 3 磅；首行缩进 2 个字符，段前间距为 10 磅。

单元 2 电子表格处理

电子表格是人们常用的办公软件，它是一类模拟纸上表格的计算机程序，可以显示由一系列行和列构成的网格，用于帮助用户制作各种复杂的表格文档，以及进行烦琐的数据计算。本单元以 Microsoft Office Excel 2016（简称 Excel 2016）为例，介绍电子表格的基础知识、公式和函数的使用、图表分析与数据展示和数据处理等内容。

学习目标

- 了解电子表格中的工作表和工作簿的操作。
- 掌握电子表格中公式和函数的使用。
- 掌握图表分析与数据展示。
- 熟悉表格数据的处理。

明德育才

电子表格是进行数据处理与统计的软件。在我国历史上很早就已出现统计活动了。在远古时代，人们结绳记事。随着生产力的发展，我国出现了关于人口、土地和灾害等方面的统计。据史料记载，我国早在商代的卜辞中就有关于战争人数的统计。隋唐时期多次开展“检户”活动，相当于现在的人口普查。南宋时期建立了鱼鳞册制度，鱼鳞册是当时的一种土地登记簿册，将房屋、山林、池塘、田地按照次序绘制，标明相应的名称。我国古代历朝政府十分重视农业生产，出现自然灾害影响农业生产时，均须统计上报官府。例如，遇水、旱、风、虫等自然灾害，官员要及时统计受灾的田地数量并上报。中华民族有着悠久历史，中国人民勤劳勇敢并富有创造力。古代的统计记录反映了古代社会发展的情况，是中华民族发展的鲜活记忆，也是中华民族的宝贵财富。现今的统计部门在中国共产党的领导下统计并分析着大量的数据，为社会提供了大量的服务。

任务 1　制作商品销售情况表

任务描述

某销售公司需要对第一季度 3 个小组的销售情况进行数据统计和分析，进而计算整个公司第一季度的销售总额，然后分别计算各个小组第一季度的销售总额，对销售金额进行排序，并根据下列规则对各个小组进行奖励。

(1)销售数量大于等于 120 台的，奖励 1 000 元。

(2)销售数量大于等于 90 台小于 120 台的，奖励 600 元。

(3)销售数量小于 90 台的，无奖励。

根据上述规则，首先计算出各小组所得的奖金金额，然后找出获得奖金最多的小组和获得奖金最少的小组。

制作完成的商品销售情况表如图 2-1-1 所示。

某公司商品销售情况表

销售部门	商品名称	月份	单价（元）	销售数量（台）	销售金额（元）	奖励	排名
小组一	小米 K40	1月份	¥3,999.00	115	¥459,885.00	600	3
小组一	VIVO X30	1月份	¥3,598.00	60	¥215,880.00	0	12
小组一	VIVO X30	2月份	¥3,598.00	84	¥302,232.00	0	9
小组一	小米 K40	3月份	¥3,999.00	115	¥459,885.00	600	3
小组二	小米 K40	1月份	¥3,999.00	130	¥519,870.00	1000	1
小组二	HUAWEI P40	2月份	¥3,088.00	95	¥293,360.00	600	10
小组二	HUAWEI P40	3月份	¥3,088.00	83	¥256,304.00	0	11
小组二	VIVO X30	3月份	¥3,598.00	97	¥349,006.00	600	6
小组三	HUAWEI P40	1月份	¥3,088.00	130	¥401,440.00	1000	5
小组三	VIVO X30	2月份	¥3,088.00	105	¥324,240.00	600	7
小组三	小米 K40	3月份	¥3,999.00	130	¥519,870.00	1000	1
小组三	HUAWEI P40	3月份	¥3,598.00	86	¥309,428.00	0	8
			公司销售总额：	¥4,411,400.00			
			小组一销售总额：	¥1,437,882.00			
			小组二销售总额：	¥1,418,540.00			
			小组三销售总额：	¥1,554,978.00			
			小组一所得奖励：	1200			
			小组二所得奖励：	2200			
			小组三所得奖励：	2600			
			奖金最多者：	2600			
			奖金最少者：	1200			

商品销售情况表　Sheet2　Sheet3

图 2-1-1　商品销售情况表

任务实现

下面通过操作完成图 2-1-1 所示的效果。

步骤 1：创建新工作簿文件并保存

启动 Excel 2016 后，系统将默认新建一个空白工作簿，单击快速访问工具栏中的“保存”按钮，以“商品销售情况表”为名保存在“桌面”上，并在商品销售情况表中输入图 2-1-1 中的数据，只需输入销售部门、商品名称、月份、单价(元)、销售数量(台)、销售金额(元)以及设置格式。

步骤 2:使用 SUM 函数

(1)打开“商品销售情况表”,按照图 2-1-1 依次在表格内输入“公司销售总额:”等内容,并设置为左对齐。

(2)选中 E15 单元格,然后在编辑栏中输入公式“=SUM(F3:F14)”并按 Enter 键,即可计算出公司第一季度的销售总额,如图 2-1-2 所示。

	A	B	C	D	E	F
1			某公司商品销售情况表			
2	销售部门	商品名称	月份	单价(元)	销售数量(台)	销售金额(元)
3	小组一	小米 K40	1月份	¥3,999.00	115	¥459,885.00
4	小组一	VIVO X30	1月份	¥3,598.00	60	¥215,880.00
5	小组一	VIVO X30	2月份	¥3,598.00	84	¥302,232.00
6	小组一	小米 K40	3月份	¥3,999.00	115	¥459,885.00
7	小组二	小米 K40	1月份	¥3,999.00	130	¥519,870.00
8	小组二	HUAWEI P40	2月份	¥3,088.00	95	¥293,360.00
9	小组二	HUAWEI P40	3月份	¥3,088.00	83	¥256,304.00
10	小组二	VIVO X30	3月份	¥3,598.00	97	¥349,006.00
11	小组三	HUAWEI P40	1月份	¥3,088.00	130	¥401,440.00
12	小组三	VIVO X30	2月份	¥3,088.00	105	¥324,240.00
13	小组三	小米 K40	3月份	¥3,999.00	130	¥519,870.00
14	小组三	HUAWEI P40	3月份	¥3,598.00	86	¥309,428.00
15				公司销售总额:	¥4,411,400.00	
16				小组一销售总额:		
17				小组二销售总额:		
18				小组三销售总额:		
19				小组一所得奖励:		
20				小组二所得奖励:		
21				小组三所得奖励:		
22				奖金最多者:		
23				奖金最少者:		

商品销售情况表 Sheet2 Sheet3

图 2-1-2 计算公司销售总额

需要注意的是,除了手工输入公式外,还可以使用以下方式进行操作。

选中 E15 单元格,单击“插入函数”按钮(见图 2-1-3),弹出“插入函数”对话框,在“选择函数”列表框中选择 SUM 函数,然后单击“确定”按钮,如图 2-1-4 所示。

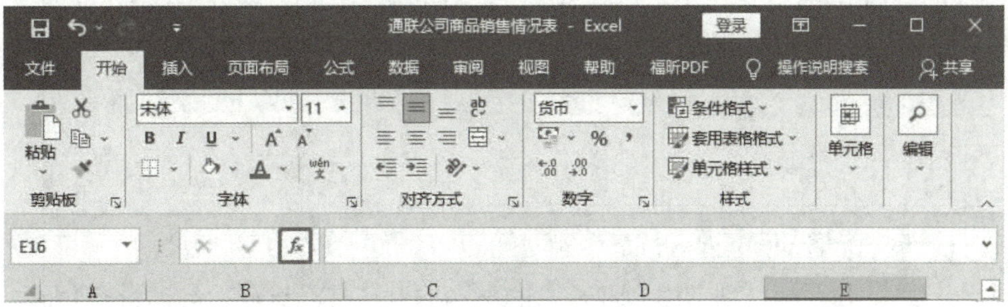

图 2-1-3 单击“插入函数”按钮

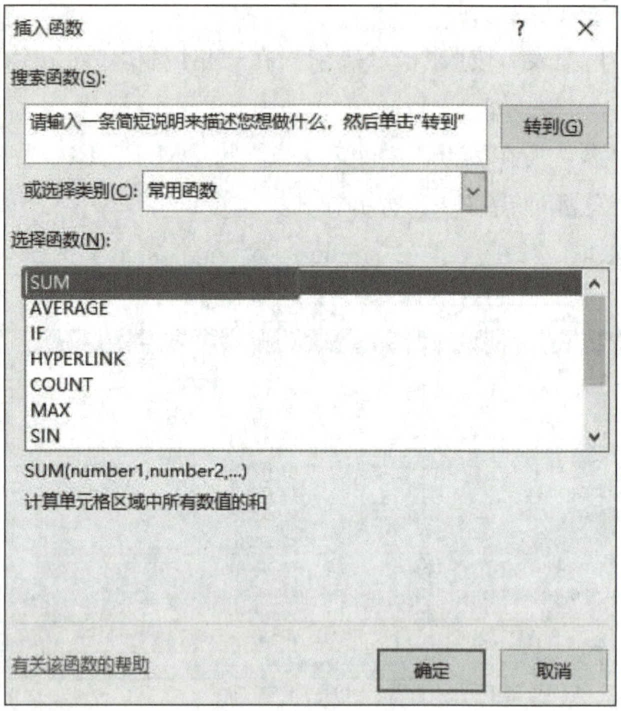

图 2-1-4 “插入函数”对话框

将光标放置在弹出的“函数参数”对话框(见图 2-1-5)的 Number1 文本框中，按住鼠标左键，通过拖动选中单元格区域 F3:F14，Number1 输入框中自动输入 F3:F14，单击“确定”按钮即可完成求和操作。

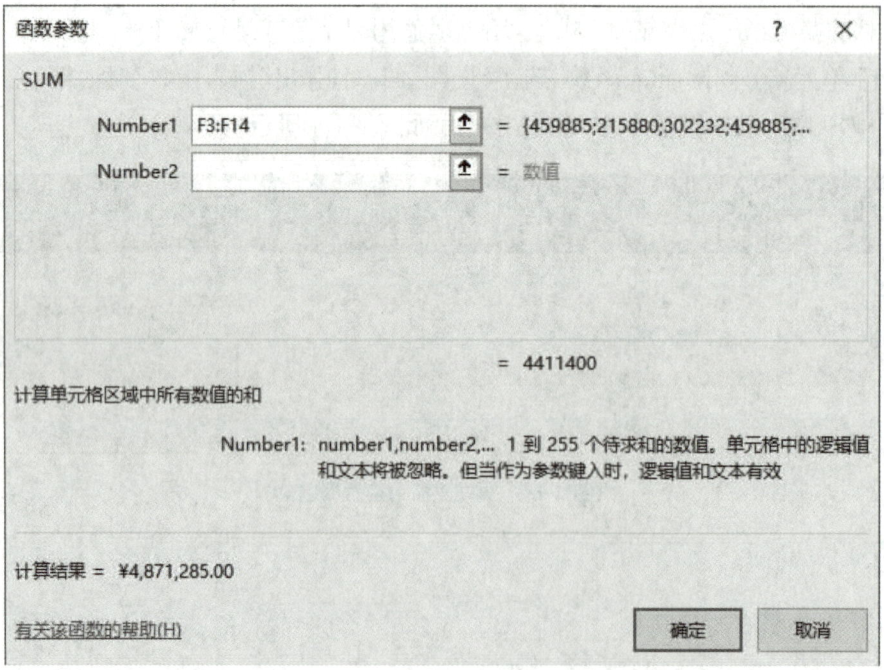

图 2-1-5 SUM“函数参数”对话框

(3)按照步骤(2)的方法,分别计算出小组一、小组二、小组三的销售总额,结果如图 2-1-6 所示。

	A	B	C	D	E	F
1			某公司商品销售情况表			
2	销售部门	商品名称	月份	单价(元)	销售数量(台)	销售金额(元)
3	小组一	小米 K40	1月份	¥3,999.00	115	¥459,885.00
4	小组一	VIVO X30	1月份	¥3,598.00	60	¥215,880.00
5	小组一	VIVO X30	2月份	¥3,598.00	84	¥302,232.00
6	小组一	小米 K40	3月份	¥3,999.00	115	¥459,885.00
7	小组二	小米 K40	1月份	¥3,999.00	130	¥519,870.00
8	小组二	HUAWEI P40	2月份	¥3,088.00	95	¥293,360.00
9	小组二	HUAWEI P40	3月份	¥3,088.00	83	¥256,304.00
10	小组二	VIVO X30	3月份	¥3,598.00	97	¥349,006.00
11	小组三	HUAWEI P40	1月份	¥3,088.00	130	¥401,440.00
12	小组三	VIVO X30	2月份	¥3,088.00	105	¥324,240.00
13	小组三	小米 K40	3月份	¥3,999.00	130	¥519,870.00
14	小组三	HUAWEI P40	3月份	¥3,598.00	86	¥309,428.00
15				公司销售总额:	¥4,411,400.00	
16				小组一销售总额:	¥1,437,882.00	
17				小组二销售总额:	¥1,418,540.00	
18				小组三销售总额:	¥1,554,978.00	

图 2-1-6　计算小组一、小组二、小组三的销售总额

步骤 3:使用 IF 函数

(1)根据任务要求,计算奖金金额。首先选中 G2 单元格,然后输入“奖励”,建立一个新的数据列。

(2)选中 G3 单元格,然后切换到“公式”选项卡,在“函数库”组中单击“插入函数”按钮,弹出“插入函数”对话框。

(3)在该对话框的“选择函数”列表框中选择 IF 函数,单击“确定”按钮,弹出“函数参数”对话框,如图 2-1-7 所示。

视频
制作商品销售情况表 1

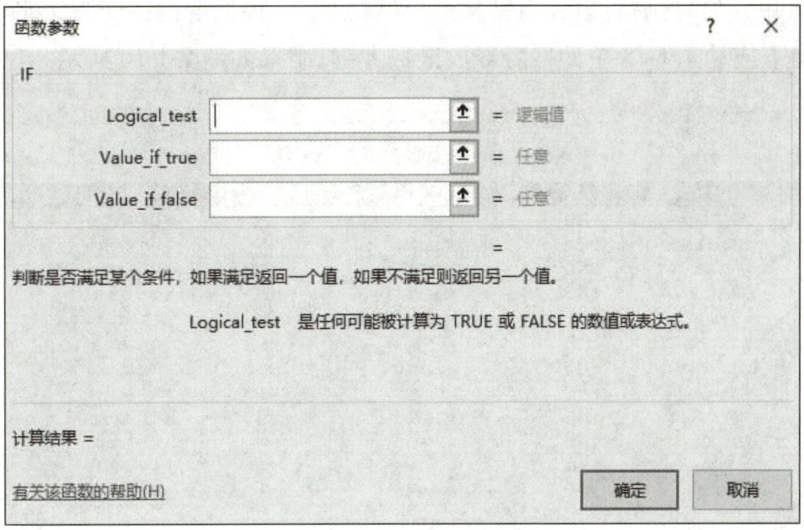

图 2-1-7　IF“函数参数”对话框

(4)单击 Logical_test 文本框右侧的按钮，压缩对话框，如图 2-1-8 所示。

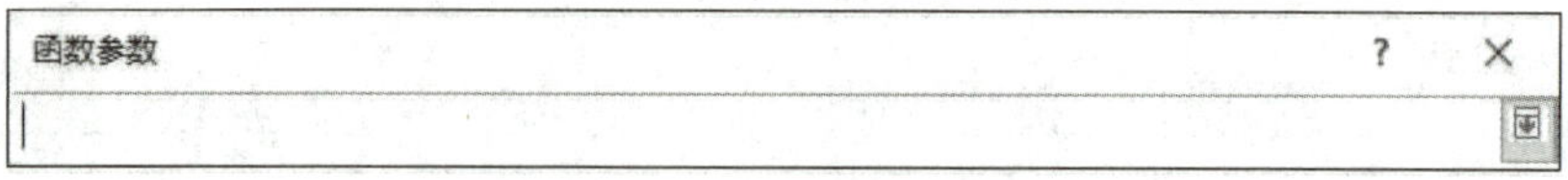

图 2-1-8 Logical_test 文本框

(5)选中 E3 单元格，然后在压缩后的“函数参数”对话框的文本框中输入“E3>=120”，单击文本框右侧的按钮，展开“函数参数”对话框，再在 Value_if_true 文本框中输入 1 000，将光标放置于 Value_if_false 文本框中，在文本框中输入“IF(E3>=90,600,0)”，即再插入一个 IF 函数，如图 2-1-9 所示。

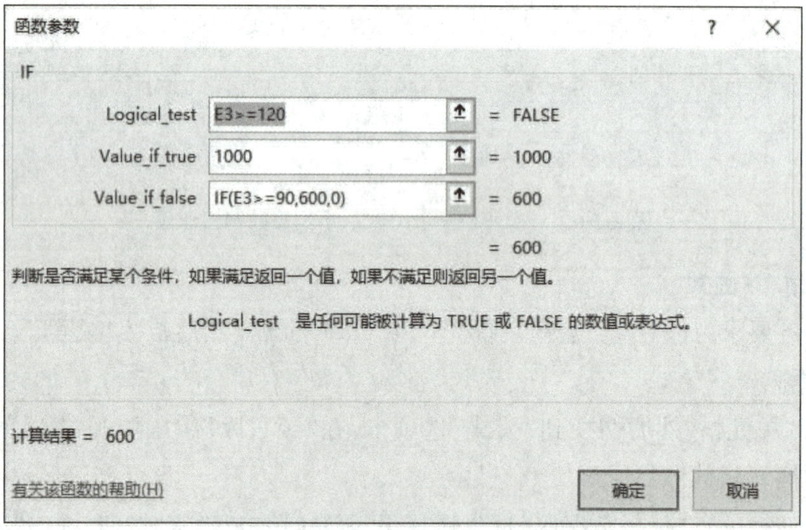

图 2-1-9 填写后的“函数参数”对话框

(6)选中 G3 单元格，然后将鼠标指针移至单元格右下角，直至指针变为十形状，然后按住鼠标左键不放并向下拖动至 G14 单元格后释放鼠标左键，结果如图 2-1-10 所示。

某公司商品销售情况表

销售部门	商品名称	月份	单价（元）	销售数量（台）	销售金额（元）	奖励
小组一	小米 K40	1月份	¥3,999.00	115	¥459,885.00	600
小组一	VIVO X30	1月份	¥3,598.00	60	¥215,880.00	0
小组一	VIVO X30	2月份	¥3,598.00	84	¥302,232.00	0
小组一	小米 K40	3月份	¥3,999.00	115	¥459,885.00	600
小组二	小米 K40	1月份	¥3,999.00	130	¥519,870.00	1000
小组二	HUAWEI P40	2月份	¥3,088.00	95	¥293,360.00	600
小组二	HUAWEI P40	3月份	¥3,088.00	83	¥256,304.00	0
小组二	VIVO X30	3月份	¥3,598.00	97	¥349,006.00	600
小组三	HUAWEI P40	1月份	¥3,088.00	130	¥401,440.00	1000
小组三	VIVO X30	2月份	¥3,088.00	105	¥324,240.00	600
小组三	小米 K40	3月份	¥3,999.00	130	¥519,870.00	1000
小组三	HUAWEI P40	3月份	¥3,598.00	86	¥309,428.00	0

图 2-1-10 商品销售情况表中生成奖励数据的效果图

(7)计算“小组一所得奖励”。将光标定位于 E19 单元格中，然后使用 SUM 函数计算出小组一所得奖励金额。用同样的方法计算出小组二、小组三所得奖励金额，结果如图 2-1-11 所示。

	A	B	C	D	E	F	G
1				某公司商品销售情况表			
2	销售部门	商品名称	月份	单价（元）	销售数量（台）	销售金额（元）	奖励
3	小组一	小米 K40	1月份	¥3,999.00	115	¥459,885.00	600
4	小组一	VIVO X30	1月份	¥3,598.00	60	¥215,880.00	0
5	小组一	VIVO X30	2月份	¥3,598.00	84	¥302,232.00	0
6	小组一	小米 K40	3月份	¥3,999.00	115	¥459,885.00	600
7	小组二	小米 K40	1月份	¥3,999.00	130	¥519,870.00	1000
8	小组二	HUAWEI P40	2月份	¥3,088.00	95	¥293,360.00	600
9	小组二	HUAWEI P40	3月份	¥3,088.00	83	¥256,304.00	0
10	小组二	VIVO X30	3月份	¥3,598.00	97	¥349,006.00	600
11	小组三	HUAWEI P40	1月份	¥3,088.00	130	¥401,440.00	1000
12	小组三	VIVO X30	2月份	¥3,088.00	105	¥324,240.00	600
13	小组三	小米 K40	3月份	¥3,999.00	130	¥519,870.00	1000
14	小组三	HUAWEI P40	3月份	¥3,598.00	86	¥309,428.00	0
15				公司销售总额：	¥4,411,400.00		
16				小组一销售总额：	¥1,437,882.00		
17				小组二销售总额：	¥1,418,540.00		
18				小组三销售总额：	¥1,554,978.00		
19				小组一所得奖励：	1200		
20				小组二所得奖励：	2200		
21				小组三所得奖励：	2600		

图 2-1-11　商品销售情况表中生成小组所得奖励的效果图

步骤 4：使用 MAX 函数和 MIN 函数

使用 MAX 函数和 MIN 函数可以分别计算出获得奖金最多和最少的小组。

选中 E22 单元格，在“公式”选项卡的“函数库”组中单击“插入函数”按钮，在弹出的对话框中选择 MAX 函数，将光标放置在弹出的“函数参数”对话框中的 Number1 文本框中，然后按住鼠标左键不放，通过拖动选中 E19 至 E21 单元格，单击“确定”按钮即可得到最大值，如图 2-1-12 所示。

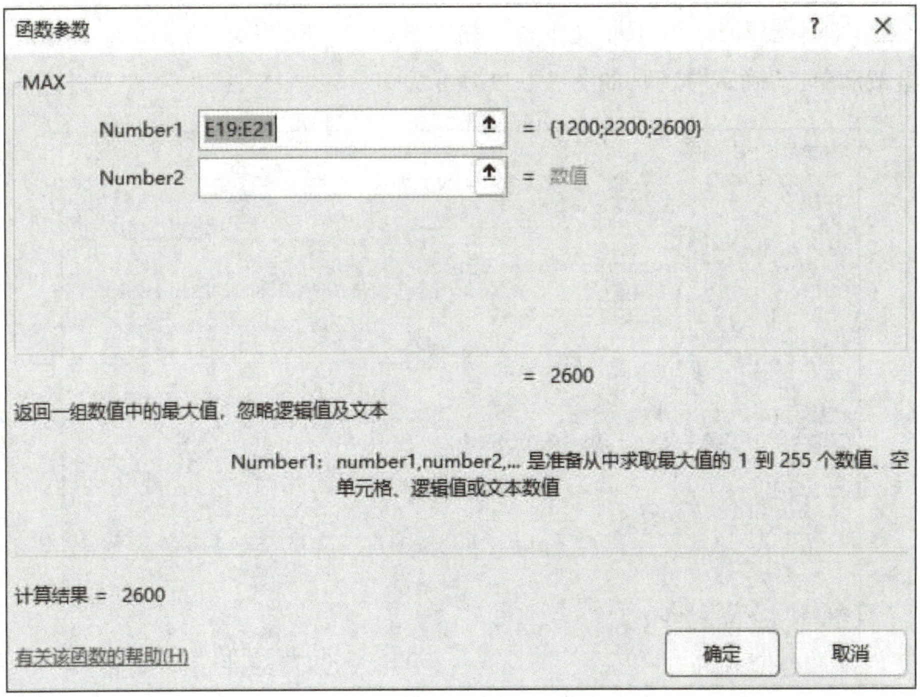

图 2-1-12　使用 MAX 函数

使用类似的方法可以计算出最小值，最终结果如图 2-1-13 所示。

	A	B	C	D	E	F
1				某公司商品销售情况表		
2	销售部门	商品名称	月份	单价（元）	销售数量（台）	销售金额（元）
3	小组一	小米 K40	1月份	¥3, 999. 00	115	¥459, 885. 00
4	小组一	VIVO X30	1月份	¥3, 598. 00	60	¥215, 880. 00
5	小组一	VIVO X30	2月份	¥3, 598. 00	84	¥302, 232. 00
6	小组一	小米 K40	3月份	¥3, 999. 00	115	¥459, 885. 00
7	小组二	小米 K40	1月份	¥3, 999. 00	130	¥519, 870. 00
8	小组二	HUAWEI P40	2月份	¥3, 088. 00	95	¥293, 360. 00
9	小组二	HUAWEI P40	3月份	¥3, 088. 00	83	¥256, 304. 00
10	小组二	VIVO X30	3月份	¥3, 598. 00	97	¥349, 006. 00
11	小组三	HUAWEI P40	1月份	¥3, 088. 00	130	¥401, 440. 00
12	小组三	VIVO X30	2月份	¥3, 088. 00	105	¥324, 240. 00
13	小组三	小米 K40	3月份	¥3, 999. 00	130	¥519, 870. 00
14	小组三	HUAWEI P40	3月份	¥3, 598. 00	86	¥309, 428. 00
15				公司销售总额：	¥4, 411, 400. 00	
16				小组一销售总额：	¥1, 437, 882. 00	
17				小组二销售总额：	¥1, 418, 540. 00	
18				小组三销售总额：	¥1, 554, 978. 00	
19				小组一所得奖励：	1200	
20				小组二所得奖励：	2200	
21				小组三所得奖励：	2600	
22				奖金最多者：	2600	
23				奖金最少者：	1200	

商品销售情况表 | Sheet2 | Sheet3

图 2-1-13 商品销售情况表计算出最大值与最小值后的效果图

步骤 5：使用 RANK 函数

利用 RANK 函数可以对表格内的数据进行排名。在 H2 单元格中输入“排名”，然后选中 H3 单元格，单击“插入函数”按钮，在弹出的“插入函数”对话框中的“选择函数”列表框中选择 RANK 函数，单击“确定”按钮，弹出“函数参数”对话框，在 Number 文本框中输入 F3，在 Ref 文本框中输入 \$F\$3：\$F\$14，在 Order 文本框中输入 0，最后单击“确定”按钮，如图 2-1-14 所示。

视频
制作商品销售情况表 2

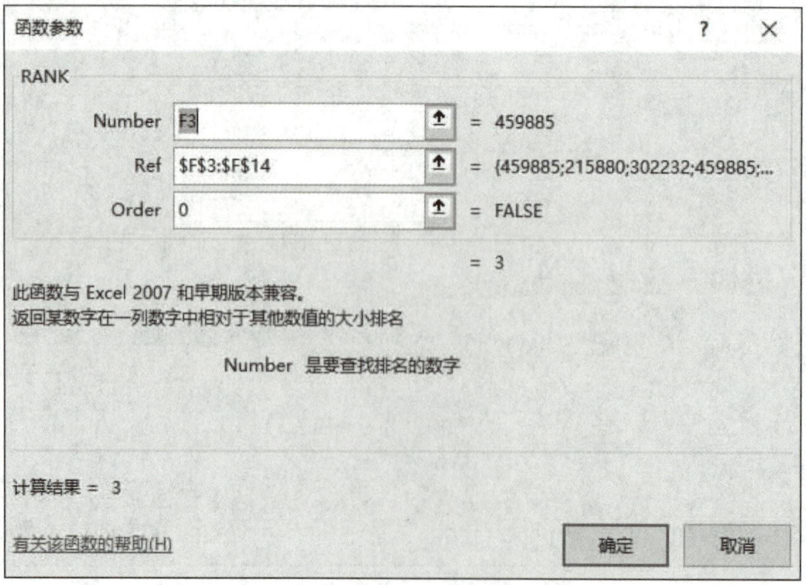

图 2-1-14 使用 RANK 函数

选中 H3 单元格,将鼠标指针移至单元格右下角直至指针变为➕形状,按住鼠标左键不放并向下拖动至 H14 单元格后释放鼠标左键,结果如图 2-1-15 所示。

	A	B	C	D	E	F	G	H
1	某公司商品销售情况表							
2	销售部门	商品名称	月份	单价（元）	销售数量（台）	销售金额（元）	奖励	排名
3	小组一	小米 K40	1月份	¥3,999.00	115	¥459,885.00	600	3
4	小组一	VIVO X30	1月份	¥3,598.00	60	¥215,880.00	0	12
5	小组一	VIVO X30	2月份	¥3,598.00	84	¥302,232.00	0	9
6	小组一	小米 K40	3月份	¥3,999.00	115	¥459,885.00	600	3
7	小组二	小米 K40	1月份	¥3,999.00	130	¥519,870.00	1000	1
8	小组二	HUAWEI P40	2月份	¥3,088.00	95	¥293,360.00	600	10
9	小组二	HUAWEI P40	3月份	¥3,088.00	83	¥256,304.00	0	11
10	小组二	VIVO X30	3月份	¥3,598.00	97	¥349,006.00	600	6
11	小组三	HUAWEI P40	1月份	¥3,088.00	130	¥401,440.00	1000	5
12	小组三	VIVO X30	2月份	¥3,088.00	105	¥324,240.00	600	7
13	小组三	小米 K40	3月份	¥3,999.00	130	¥519,870.00	1000	1
14	小组三	HUAWEI P40	3月份	¥3,598.00	86	¥309,428.00	0	8

图 2-1-15　商品销售情况表生成排序后的效果图

注意:在 RANK 函数里,Ref 后选中的单元格一定要加“＄”(“＄”表示绝对引用),因为后面会将公式向下复制,这样可以确保一直是相同的格式。

必备知识

1. 常见的数据处理软件

虽然数据处理工具有很多种,综合起来却万变不离其宗,无非是数据获取、数据存储、数据管理、数据计算、数据分析、数据展示等几个方面,而 Excel、SAS、R、SPSS 等是比较常见的数据处理工具。

(1)Excel。Excel 是微软办公套装软件的一个重要的组成部分,它可以进行各种数据的处理、统计分析和辅助决策操作,广泛地应用于管理、统计财经、金融等众多领域。Excel 具有数据透视、统计分析、图表、高级筛选、自动汇总、高级数学计算等功能。

(2)SAS。SAS 是一个模块化、集成化的大型应用软件系统,它由数十个专用模块构成,功能包括数据访问、数据存储及管理、应用开发、图形处理、数据分析、报告编制、运筹学方法、计量经济学与预测等。

(3)R。R 是一套完整的数据处理、计算和制图的软件系统,其功能包括:数据存储和处理系统;数组运算工具(其向量、矩阵运算方面功能尤其强大);完整连贯的统计分析工具;优秀的统计制图功能;简便而强大的编程语言,可操纵数据的输入和输出,可实现分支和循环,用户可自定义功能。

(4)SPSS。SPSS 是统计学中常用的软件,用于统计学分析运算、数据挖掘、预测分析和决策支持任务等,功能非常强大。SPSS 软件具有强大的数据分析功能,并且界面友好、操作简单,广泛地应用于管理决策、市场分析、医学统计、金融等专业的统计分析。

2. Excel 2016 的基本操作

(1) Excel 的工作界面。Excel 2016 的工作界面主要由标题栏、功能区、名称框、编辑栏、工作区、状态栏、视图切换区和比例缩放区组成,如图 2-1-16 所示。

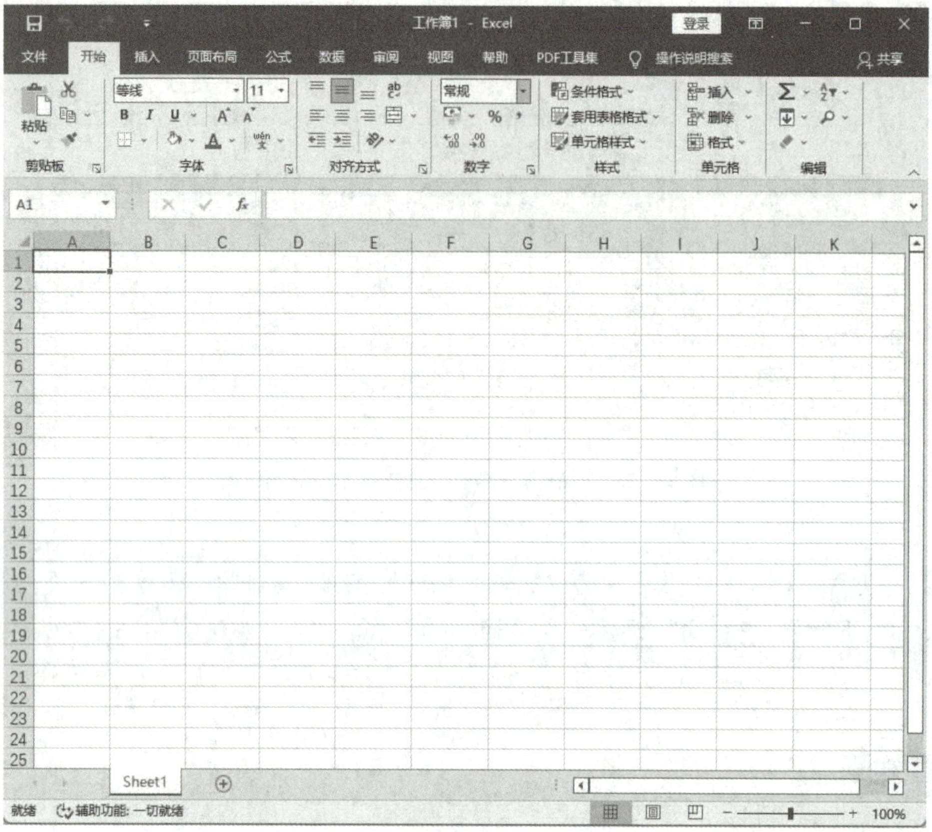

图 2-1-16　Excel 2016 的工作界面

①标题栏。标题栏位于窗口的最上方，由控制菜单图标、快速访问工具栏、工作簿名称和控制按钮等组成。

②功能区。功能区主要由选项卡、组合命令按钮等组成。在通常情况下，Excel 工作界面中显示“开始”“插入”“页面布局”“公式”“数据”“审阅”及“视图”7 个选项卡。用户可以切换到相应的选项卡，然后单击相应组中的命令按钮完成所需要的操作。

③名称框。名称框中显示的是当前活动单元格的地址或者单元格定义的名称、范围和对象。

④编辑栏。编辑栏用来显示或编辑当前活动单元格的数据和公式。

⑤工作区。工作区是用户用来输入、编辑以及查阅的区域。工作区主要由行标识、列标识、表格区、滚动条和工作表标签组成。

⑥状态栏。状态栏位于窗口的最下方，主要用于显示当前工作簿的状态信息。

⑦视图切换区。视图切换区位于状态栏的右侧，用来切换工作簿视图方式，由“普通”按钮、“页面布局”按钮和“分页预览”按钮组成。

⑧比例缩放区。比例缩放区位于视图切换区的右侧，用来设置表格区的显示比例。

(2)Excel 2016 的启动与退出。Excel 2016 的初学者，首先应该学会启动和退出 Excel 2016 的方法。

①启动 Excel 2016。将 Excel 2016 软件安装到计算机后，在“开始”菜单中会出现其启动命令，通过该命令即可启动软件。

除了上述启动 Excel 2016 的方法外，用户还可以通过直接双击 Excel 工作簿启动软件。与前一种方式的不同之处在于，后者在启动软件后将直接打开该工作簿，而前一种方式启动后需要新建一个空白的工作簿，待用户编辑。

②退出 Excel 2016。退出 Excel 2016 程序常见的方式有以下两种。

方法 1：如果当前只打开了一份工作簿表格，单击 Excel 2016 工作界面标题栏中的“关闭”按钮，即可关闭当前打开的文件并退出 Excel 2016。

方法 2：单击 Excel 2016 工作界面顶端左侧的“文件”按钮，在弹出的下拉菜单中选择“关闭”选项，即可退出 Excel 程序。

3. 工作表与单元格的基本操作

1）工作表的基本操作

（1）工作表的新建和插入。只有选定了工作表才能对其进行操作。在一般情况下，打开一个工作簿，其中包含 3 个工作表，分别显示为 Sheet1、Sheet2 和 Sheet3，默认停留在 Sheet1 工作表上。

如果 3 个工作表不够使用，需要新建工作表，则可以单击工作表标签右侧的⊕按钮，如图 2-1-17 所示。

图 2-1-17 添加工作表

（2）工作表的移动、删除和重命名。在工作簿中可以随意移动工作表的位置，或者将不需要的工作表删除。

例如，将 Sheet2 移动至 Sheet3 之后，则仅须选中 Sheet2 的标签并向右拖动，拖到 Sheet3 的右侧释放鼠标即可。

右击 Sheet3 标签，在弹出的快捷菜单中选择“删除”选项，即可将 Sheet3 工作表删除，如图 2-1-18 所示。

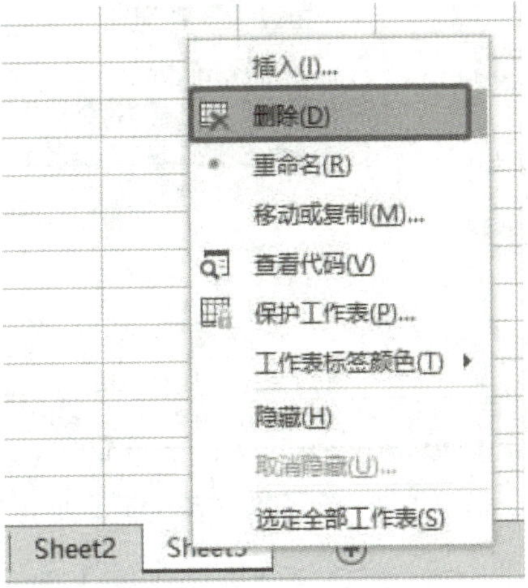

图 2-1-18 删除工作表

为了方便查阅，一般会对工作表进行重命名，实现重命名有以下两种方法。

①双击工作表标签(此时工作表标签显示成灰色)，在标签位置处输入新的工作表名称。

②右击工作表标签，在弹出的快捷菜单中选择“重命名”选项，输入新的工作表名称即可。

(3)工作表的复制。工作表的复制是通过选择“移动或复制”选项打开相应的对话框来实现的，如图 2-1-19 所示。

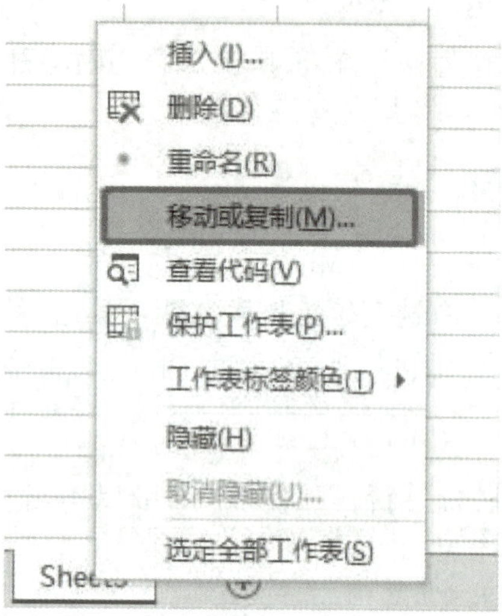

图 2-1-19 “移动或复制”工作表

(4)工作表的保护。为了保护工作表不被其他用户随意修改，可以对工作表进行密码设置。例如，右击“员工领用办公用品登记表”标签，在弹出的快捷菜单中选择“保护工作表”选项，如图 2-1-20 所示。

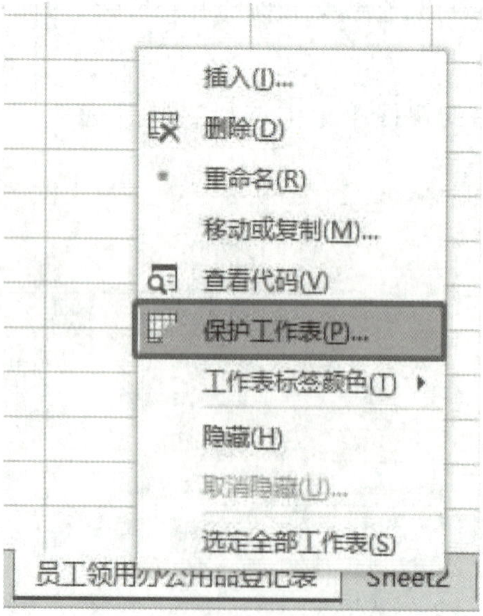

图 2-1-20 选择“保护工作表”选项

打开“保护工作表”对话框(见图 2-1-21)，在“取消工作表保护时使用的密码”文本框中输入密码，在“允许此工作表的所有用户进行”列表框中进行保护设置，单击“确定”按钮，打开“确认密码”对话框，在“重新输入密码”文本框中再次输入相同的密码，单击“确定”按钮即可。此后若要修改工作表，则需要输入设置的密码，否则不能修改，达到了保护工作表的目的。

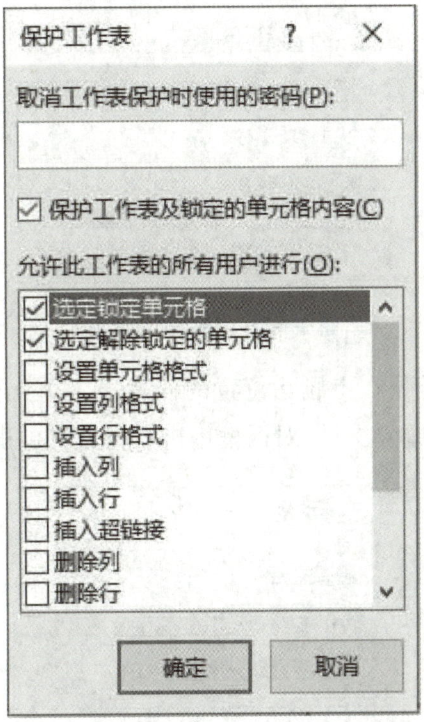

图 2-1-21 “保护工作表”对话框

2)单元格的基本操作

(1)选择单元格、行或列。

①单元格的选择。单击某个单元格，即可选中该单元格。

②单元格区域的选择。单击要选择区域的左上角单元格，按住鼠标左键不放并拖曳至想选择区域的右下角单元格，然后释放鼠标即可选择单元格区域。如果按住 Ctrl 键不放，逐个选择预选的单元格或单元格区域，就可以选择多个非相邻的单元格或单元格区域。

③整行或整列的选择。单击某行的行号，该行的所有单元格均被选中；单击某列的列标，该列的所有单元格均被选中。

④选中整张工作表。单击左上角行号与列标交会处的全选按钮，即可选中整张工作表。

(2)插入单元格、行或列。

①插入单元格。选择需要插入单元格位置处的单元格并右击，在弹出的快捷菜单中选择“插入”选项，打开图 2-1-22 所示的“插入”对话框，在其中进行插入单元格的选项设置。

②插入行或列。

方法 1:将光标定位在待插入位置的任意一个单元格内，切换到“开始”选项卡，单击“单元格”组中的“插入”按钮，即可在指定位置插入相应的行或列。

方法 2:将光标定位在待插入位置的任意一个单元格内，右击，在弹出的快捷菜单中选择“插入”选项，打开“插入”对话框，在其中进行插入行或列的选项设置。

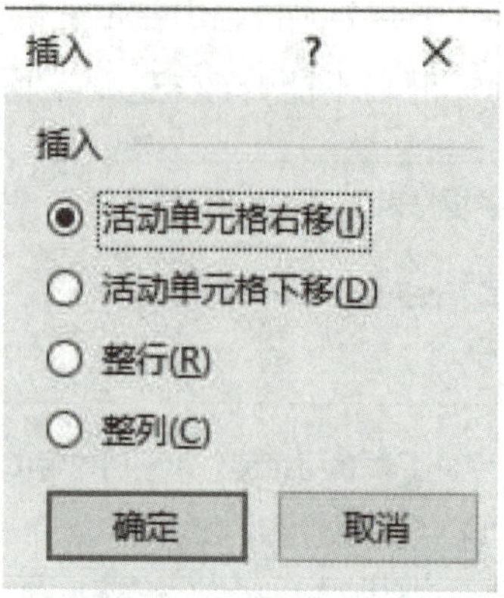

图 2-1-22 “插入”对话框

(3)删除行或列。将光标定位在待删除位置的任意一个单元格内，右击，在弹出的快捷菜单中选择“删除”选项，在弹出的“删除文档”对话框中进行行或列的删除操作，如图 2-1-23 所示。

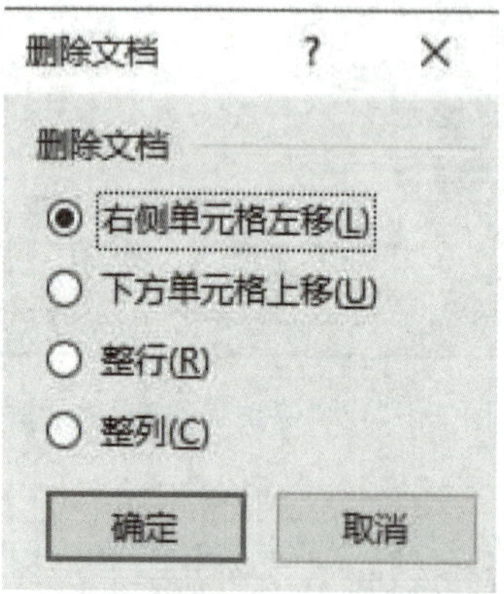

图 2-1-23 “删除文档”对话框

(4)清除单元格。选中单元格或单元格区域，在“开始”选项卡的“编辑”组中单击“清除”下拉按钮，在弹出的下拉列表中选择需要的选项，即可实现单元格内容、格式等的清除。

注意：直接使用 Delete 键只能清除单元格中的内容，无法清除单元格的格式及批注。

3)行和列的操作

(1)行高或列宽的调整。当单元格中的数据不能被全部显示出来时，需要调整列宽；有时为了美观，也需要调整行高。

①拖动调整。将鼠标指针移至某列标右侧的分隔线处，待鼠标指针变为双向箭头形状时，按住鼠标左键拖动至需要的宽度，然后释放鼠标即可调整列宽。用同样的方法也可以调整行高(拖动行号的下分隔线)。

②利用命令调整。行高调整：选中需要调整的行并右击，在弹出的快捷菜单中选择“行高”选项，在弹出的对话框的“行高”文本框中输入行高数值后单击“确定”按钮。列宽调整：选中需要调整的列并右击，在弹出的快捷菜单中选择“列宽”选项，在弹出的对话框的“列宽”文本框中输入列

宽数值后单击“确定”按钮。

(2)行或列的隐藏。右击需要隐藏的列或行,在弹出的快捷菜单中选择“隐藏”选项。

4)保护工作簿

工作簿的保护包括两个方面:一是保护工作簿,防止他人非法访问;二是禁止他人对工作簿或工作簿中的工作表做非法操作。

(1)访问工作簿的权限保护。

①限制打开工作簿。要限制打开工作簿,可进行以下操作。

a. 打开工作簿,执行“文件”→“另存为”命令,在打开的“另存为”界面中单击“浏览”按钮,弹出“另存为”对话框。

b. 在“另存为”对话框下方单击“工具”下拉按钮,在其下拉列表中选择“常规选项”选项,打开“常规选项”对话框,如图 2-1-24 所示。

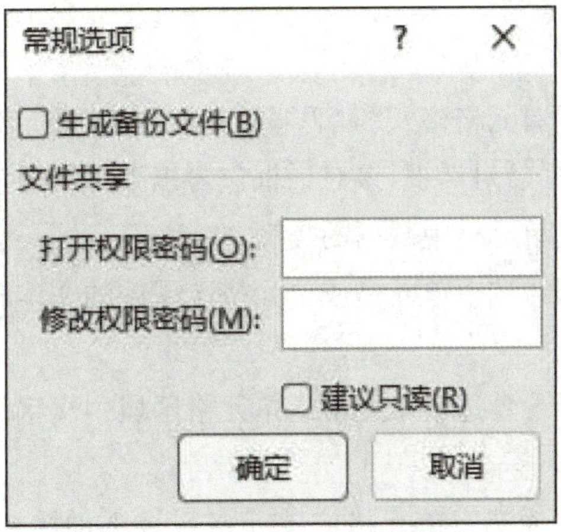

图 2-1-24 “常规选项”对话框

c. 在“常规选项”对话框的“打开权限密码”文本框中输入密码,单击“确定”按钮后,要求再一次输入密码,以便确认。

d. 单击“确定”按钮返回“另存为”对话框,再单击“保存”按钮即可。

打开设置了密码的工作簿时,将出现“密码”对话框,只有正确地输入密码后才能打开工作簿,密码是区分大小写字母的。

②限制修改工作簿。打开“常规选项”对话框,在“修改权限密码”文本框中输入密码。打开工作簿时将出现“密码”对话框,输入正确的修改权限的密码后才能对该工作簿进行修改操作。

③修改或取消密码。打开“常规选项”对话框,如果要更改密码,在“打开权限密码”文本框中输入新密码并单击“确定”按钮即可;如果要取消密码,删除打开权限密码,然后单击“确定”按钮。

(2)对工作簿工作表和窗口的保护。如果不允许对工作簿中的工作表进行移动、删除、插入、隐藏、取消隐藏、重新命名等操作或禁止对工作簿窗口进行移动、缩放、隐藏、取消隐藏等操作,可进行以下设置。

①在“审阅”选项卡的“保护”组中单击“保护工作簿”按钮,打开“保护结构和窗口”对话框。

②选中“结构”复选框,表示保护工作簿的结构,工作簿中的工作表将不能进行移动、删除、插

入等操作。

③输入密码。输入密码可以防止他人取消工作簿保护，最后单击“确定”按钮。

5)隐藏工作表

对工作表除了上述密码保护外，还可以赋予“隐藏”特性，使之可以使用，但其内容不可见，从而得到一定程度的保护。

右击工作表标签，在弹出的快捷菜单中选择“隐藏”选项，可以隐藏工作簿工作表的窗口，隐藏工作表后，屏幕上不再出现该工作表，但可以引用该工作表中的数据。若对工作簿实施“结构”保护，则不能隐藏其中的工作表。

还可以隐藏工作表中的某行或某列。选定需要隐藏的行(列)，右击，在弹出的快捷菜单中选择“隐藏”选项，则隐藏的行(列)将不显示，但可以引用其中单元格的数据，行或列隐藏处出现一条黑线。选中已隐藏行(列)的相邻行(列)，右击，在弹出的快捷菜单中选择“取消隐藏”选项，即可显示隐藏的行或列。

6)单元格格式设置

单元格格式设置在“设置单元格格式”对话框中完成。在“开始”选项卡的“字体”组中单击组按钮即可打开“设置单元格格式”对话框，该对话框包含以下 6 个选项卡。

(1)“数字”选项卡。设置单元格中数据的类型。

(2)“对齐”选项卡。可以对选中单元格或单元格区域中的文本和数字进行定位、更改方向并指定文本控制功能。

(3)“字体”选项卡。可以设置选中单元格或单元格区域中文字的字符格式，包括字体、字号、字形、下划线、颜色和特殊效果等选项。

(4)“边框”选项卡。可以为选定单元格或单元格区域添加边框，还可以设置边框的线条样式、线条粗细和线条颜色。

(5)“填充”选项卡。为选定的单元格或单元格区域设置背景色，其中使用“图案颜色”和“图案样式”选项可以对单元格背景应用双色图案或底纹，使用“填充效果”选项可以对单元格的背景应用渐变填充。

(6)“保护”选项卡。用来保护工作表数据和公式的设置。

4. 数据填充与数据运算

测试题

1)数据填充

Excel 2016 的自动填充功能可以将一些有规律的数据快捷、方便地填充到所需的单元格中，减少工作的重复性，提高工作效率。

(1)用鼠标拖动实现数据的自动填充。选中一个单元格或单元格区域，指向填充柄，当鼠标指针变成黑色十字形状时按住鼠标左键不放，向上、下、左、右 4 个方向拖动，实现数据的填充。另外，按住 Ctrl 键的同时拖动鼠标，也可以实现数据的有序填充。

拖动完成后，在结果区域的右下角会有“自动填充选项”按钮，单击此按钮，在弹出的下拉菜单中可以选择各种填充方式，如图 2-1-25 所示。

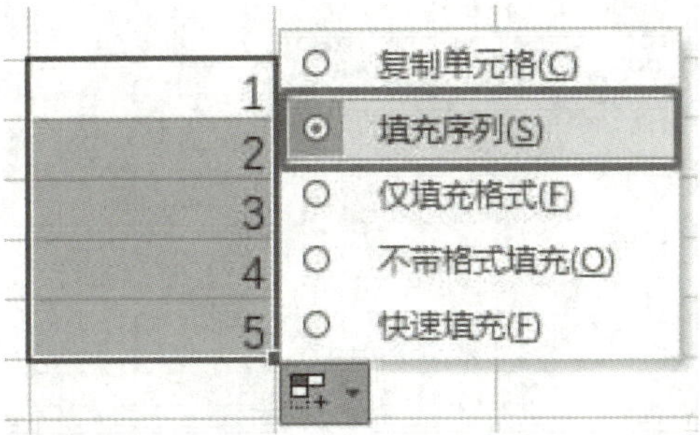

图 2-1-25 “自动填充选项”按钮

(2)用“序列”对话框实现数据填充。选中一个单元格或单元格区域,在“开始”选项卡的“编辑”组中单击“填充”下拉按钮,在弹出的下拉列表中选择“序列”选项,打开“序列”对话框(见图 2-1-26),设置序列选项,可以生成各种序列数据完成数据的填充操作。

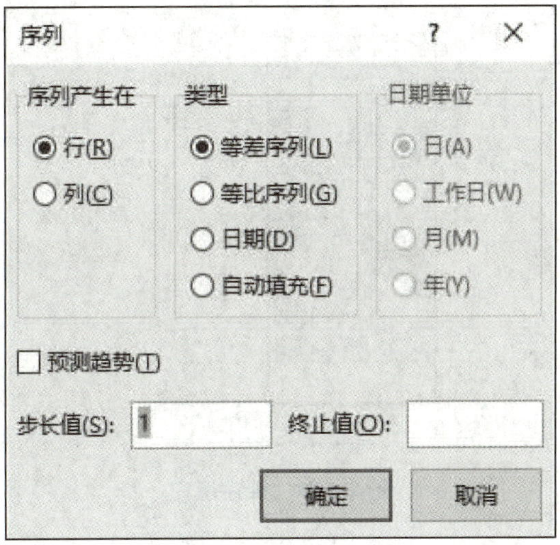

图 2-1-26 “序列”对话框

(3)数字序列的填充。

①快速填充相同的数值。在填充区域的起始单元格中输入序列的起始值,如输入 1,再将填充柄拖过填充区域,就可实现相同数值的自动填充。

②快速填充步长值为 1 的等差数列。在填充区域的起始单元格中输入序列的起始值,如输入数字 1,按住 Ctrl 键的同时将填充柄拖过填充区域,即可实现步长值为 1 的等差序列的自动填充。

注意:自动填充需要在单元格格式为“数字”的情况下进行,如果单元格格式为“文本”格式或者“常规”格式,进行上述操作会复制单元格的内容。

③快速填充任意等差数列。在填充区域的起始单元格中输入序列的起始值,如输入 1,在第二个单元格中输入 3,选中前两个单元格后,按住鼠标左键拖动填充柄,经过的区域就可实现步长为 2 的等差数列的自动填充。若要按升序填充,则从上到下(或从左到右)拖动填充柄,如图 2-1-27

所示。

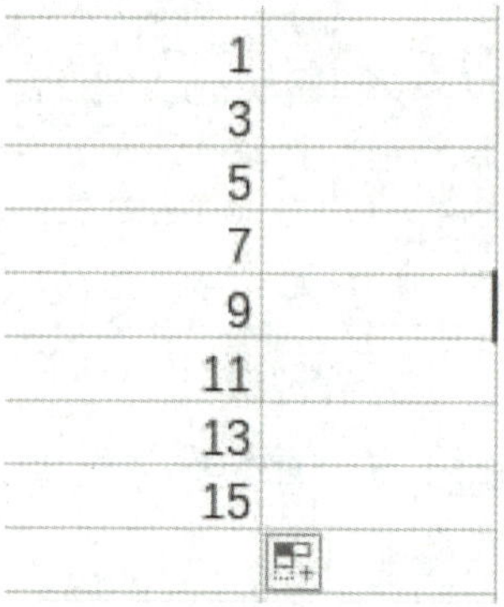

图 2-1-27　升序填充

若要按降序填充，则从下到上(或从右到左)拖动填充柄，如图 2-1-28 所示。

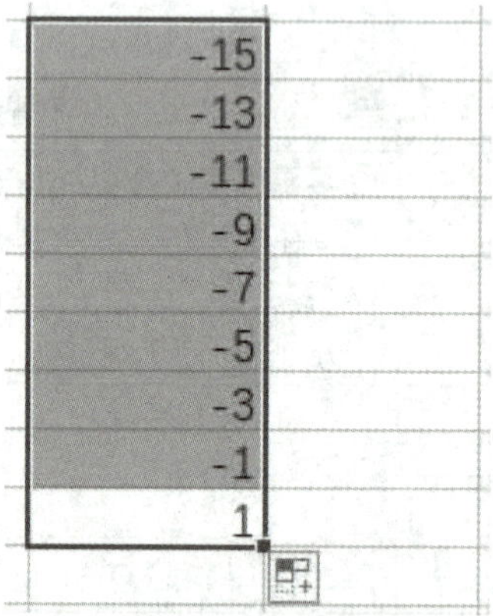

图 2-1-28　降序填充

④日期序列填充。日期序列有 4 种日期单位可供选择，分别为“日”“工作日”“月”和“年”。

⑤时间数据填充。Excel 默认以小时为时间单位、步长值为 1 的方式进行数据填充。若要改变默认的填充方式，可以参照数字序列中的快速填充任意等差数列的方法来完成，如图 2-1-29 所示。

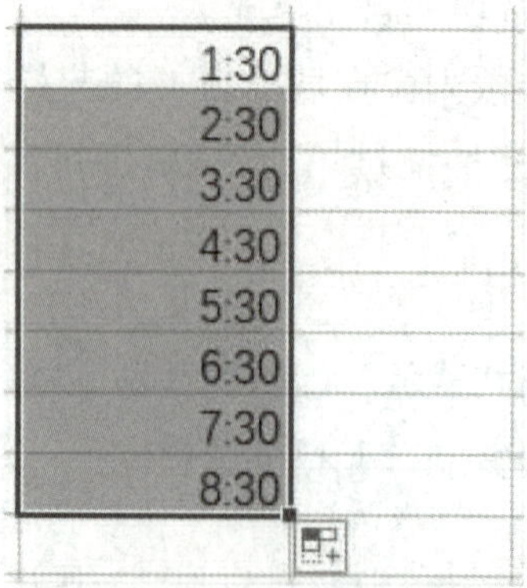

图 2-1-29　时间数据填充

2)单元格地址、名称和引用

(1)单元格地址。工作簿中的基本元素是单元格,单元格中包含文字、数字或公式。单元格在工作簿中的位置用地址标识,由列标和行号组成。例如,A3 表示 A 列第 3 行。

一个完整的单元格地址除了列标和行号以外,还要指定工作簿名和工作表名。其中,工作簿名用方括号“[]”括起来,工作表名与列标行号之间用叹号“!”隔开。例如,“[商品销售情况.xlsx]Sheet1! A1”表示商品销售情况簿中的 Sheet1 工作表的 A1 单元格。

(2)单元格名称。在 Excel 数据处理过程中,经常要对多个单元格进行相同或类似的操作,此时可以利用单元格区域或单元格名称来简化操作。当一个单元格或单元格区域被命名后,该名称会出现在“名称框”的下拉列表中,若选中所需的名称,则与该名称相关联的单元格或单元格区域会被选中。

例如,在商品销售情况表中为商品名称所在单元格区域命名,在“公式”选项卡的“定义的名称”组中单击“定义名称”下拉按钮,在其下拉列表中选择“定义名称”选项,打开“新建名称”对话框,如图 2-1-30 所示。

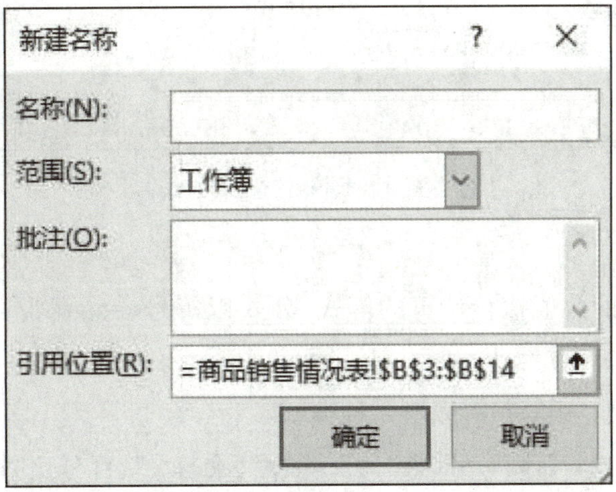

图 2-1-30 “新建名称”对话框

在“名称”文本框中输入命名的名称,在“引用位置”文本框中对要命名的单元格区域进行正确引用,单击“确定”按钮完成命名。

要删除已定义的单元格名称,可在“公式”选项卡的“定义的名称”组中单击“名称管理器”按钮,打开“名称管理器”对话框,如图 2-1-31 所示。

选中图 2-1-31 中的“商品名称”,单击“删除”按钮即可删除已定义的单元格名称。需要注意的是,通过“名称管理器”对话框还可以完成新建名称、编辑名称的操作。

(3)单元格引用。单元格引用的作用是标识工作表中的一个或一组单元格,以便说明要使用哪些单元格中的数据。Excel 2016 中提供了 3 种单元格引用。

①相对引用。相对引用是以某个单元格的地址为基准来决定其他单元格地址的方式。在公式中如果有对单元格的相对引用,则当公式移动或复制时,将根据移动或复制的位置自动调整公

式中引用的单元格的地址。Excel 2016 默认的单元格引用为相对引用，如 A1。

②绝对引用。绝对引用指向使用工作表中位置固定的单元格，公式的移动或复制不影响它所引用的单元格位置。使用绝对引用时，要在行号和列标前加“$”符号，如$A$1。

③混合引用。混合引用是指相对引用与绝对引用混合使用，如 A$1、$A1。

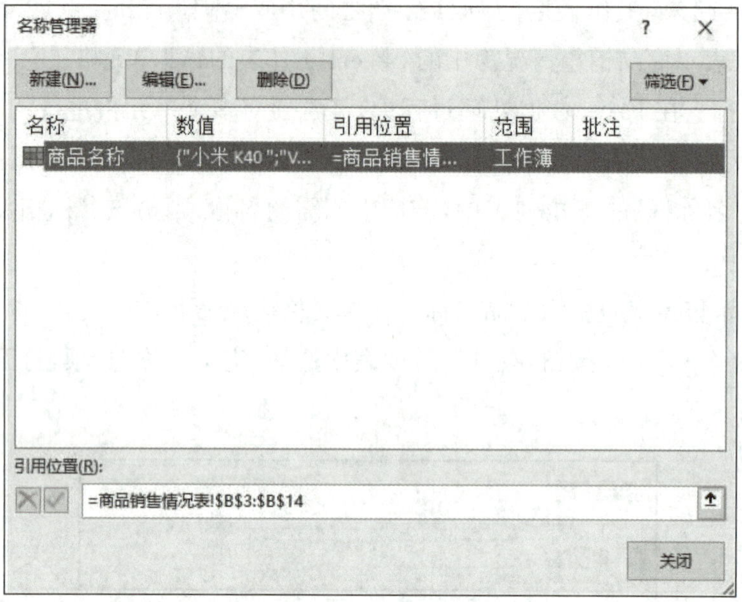

图 2-1-31 “名称管理器”对话框

3)公式

公式是对工作表中的数值执行计算的等式，公式以等号(＝)开头。公式一般包括函数、引用、运算符和常量。

(1)运算符及优先级。运算符有以下 4 种类型。

①算术运算符，如加“＋”、减“－”、乘“*”、除“/”、乘幂“^”、百分比“%”、括号“(　　)”等，算术运算的结果为数值型。

②比较运算符，如等于“＝”、大于“＞”、小于“＜”、大于等于“＞＝”、小于等于“＜＝”、不等于“＜＞”，比较运算的结果为逻辑值 True 或 False。

③文本连接运算符“&”用于连接一个或多个文本。例如，“辽宁”&“沈阳”的结果为“辽宁沈阳”。

④引用运算符，如冒号“:”、逗号“,”、空格“ ”。其中，“:”用于表示一个连续的单元格区域，如 A1:C3；“,”用于将多个单元格区域合并成一个引用，如 AVERAGE(A1:A3,C1)表示计算单元格区域 A1:A3 和单元格 C1 中包含的所有单元格(A1,A2,A3,C1)的平均值；“ ”用于处理区域中互相重叠的部分，如 AVERAGE(A1:B3 B1:C3)表示计算单元格区域 A1:B3 和单元格区域 B1:C3 相交部分单元格(B1,B2,B3)的平均值。

运算符的优先级如表 2-1-1 所示。

表 2-1-1 运算符的优先级

优先级	运算符号	符号名称	运算符类型
1	:	冒号	引用运算符
1		单个空格	引用运算符
1	,	逗号	引用运算符
2	—	负号	算术运算符
3	%	百分号	算术运算符
4	^	乘幂	算术运算符
5	*、/	乘号和除号	算术运算符
6	+、−	加号和减号	算术运算符
7	&	连接符号	连接运算符
8	=	等于符号	比较运算符
8	<、>	小于和大于	比较运算符
8	<>	不等于	比较运算符
8	<=	小于等于	比较运算符
8	>=	大于等于	比较运算符

(2)输入公式。Excel 中的公式是由数字、运算符、单元格引用、名称和内置函数构成的。具体操作方法是:选中要输入公式的单元格,在编辑栏中输入“=”后,再输入具体的公式,单击编辑栏左侧的输入按钮或按 Enter 键完成公式的输入。

(3)复制公式。

方法 1:选中包含公式的单元格,可利用复制、粘贴命令完成公式的复制。

方法 2:选中包含公式的单元格,拖动填充柄选中所有需要运用此公式的单元格,释放鼠标左键后,公式即被复制。

4)创建公式

如果公式中包含了对其他单元格的引用或使用了单元格名称,则可以用以下步骤创建公式(以在 C1 单元格中创建公式“=A1+B1:B3”为例进行说明,如图 2-1-32 所示)。

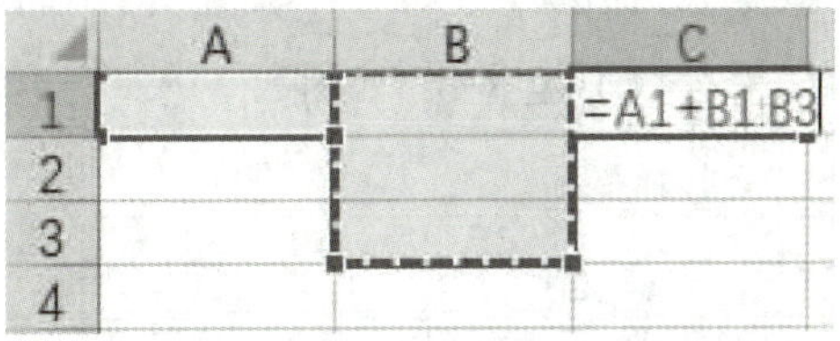

图 2-1-32 在 C1 单元格中创建公式

(1)单击需要输入公式的单元格 C1,在编辑栏中输入“=”。

(2)单击 A1 单元格,此单元格将出现一个带有方角的蓝色边框。

(3)在编辑栏中接着输入“+”。

(4)在工作表中选择单元格区域 B1:B3,此单元格区域将出现一个带有方角的紫红色边框。

(5)按 Enter 键结束。

注意:要输入单元格名称,可以按 F3 键,在弹出的“粘贴名称”对话框中选择所需要的名称即可。

5)函数

函数将具有特定功能的一组公式组合在一起作为预定义的内置公式,可以进行数学、文本、逻辑的运算或查找工作表的信息。与直接使用公式进行计算相比,使用函数进行计算的速度更快,同时可减少错误的发生。

测试题

(1)函数组成结构。函数一般包含函数名和参数 2 个部分,结构为:

函数名(参数 1,参数 2,...)

其中,函数名是函数的名称,每个函数由函数名唯一标识;参数是函数的输入值,用来计算所需数据,可以是常量、单元格引用、数组、逻辑值或其他函数,如“=SUM(A4:F9)”表示对 A4:F9 单元格区域内的所有数据求和。

函数按照参数的数量和使用区分为无参数型和有参数型,有参数型函数要求参数必须出现在括号内,否则会产生错误信息。

(2)常用函数举例。Excel 2016 中包括上百个具体函数,每个函数的应用各不相同。下面对几种常用的函数进行讲解。

①SUM 函数。SUM 函数用于计算单个或多个参数的总和,通过引用进行求和,其中空白单元格、文本或错误值将被忽略。函数语法格式为:

SUM(number1,number2,...)

②AVERAGE 函数。AVERAGE 函数可以对所有参数计算平均值,参数应该是数字或包含数字的单元格引用。其语法格式为:

AVERAGE(number1,number2,...)

③MAX 函数和 MIN 函数。MAX 函数和 MIN 函数将返回一组值中的最大值和最小值。可以将参数指定为数字、空白单元格、逻辑值或数字的文本表达式,如果参数为错误值或不能转换成数字的文本,将产生错误,如果参数为数组或引用,则只有数组或引用中的数字被计算,其中的空白单元格、逻辑值或文本将被忽略,如果参数不包含数字,函数 MAX 将返回 0。其语法格式分别为:

MAX(number1,number2,...)

MIN(number1,number2,...)

(3)函数的输入。在 Excel 2016 中,函数可以手动输入,也可以使用函数向导或工具栏按钮输入。

①手动输入。输入函数最直接的方法就是选中要输入函数的单元格,在单元格或其编辑栏中输入“=”,然后输入函数表达式,最后按 Enter 键确定。

②选择要输入函数的单元格,单击编辑栏左侧的“插入函数”按钮或在“公式”选项卡的“函数

库”组中单击“插入函数”按钮，打开“插入函数”对话框，从中选择需要的函数，单击“确定”按钮，打开“函数参数”对话框，设置需要的函数参数，单击“确定”按钮即可完成函数的输入。

③使用工具栏按钮输入。选择需要输入函数的单元格，在“公式”选项卡的“函数库”组中单击“自动求和”下拉按钮，在弹出的下拉列表中选择相应函数，按 Enter 键即可。

5. 打印设置

1）设置打印区域和取消打印区域

在工作表上选择需要打印的单元格区域的方法：在“页面布局”选项卡的“页面设置”组中单击“打印区域”下拉按钮，在弹出的下拉列表中选择“设置打印区域”选项，即可设置打印区域。要取消打印区域，选择“取消打印区域”选项即可。

2）设置打印标题

要打印的表格占多页时，通常只有第 1 页能打印出表格的标题，这样不利于表格数据的查看，通过设置打印标题，可以使打印的每一页表格都在顶端显示相同的标题。

在“页面布局”选项卡的“页面设置”组中单击“打印标题”按钮，打开“页面设置”对话框，默认打开“工作表”选项卡，在“打印标题”选项组的“顶端标题行”文本框中设置表格标题的单元格区域（本工作任务的表格标题区域为“＄1：＄2”），此时还可以在“打印区域”文本框中设置打印区域，如图 2-1-33 所示。

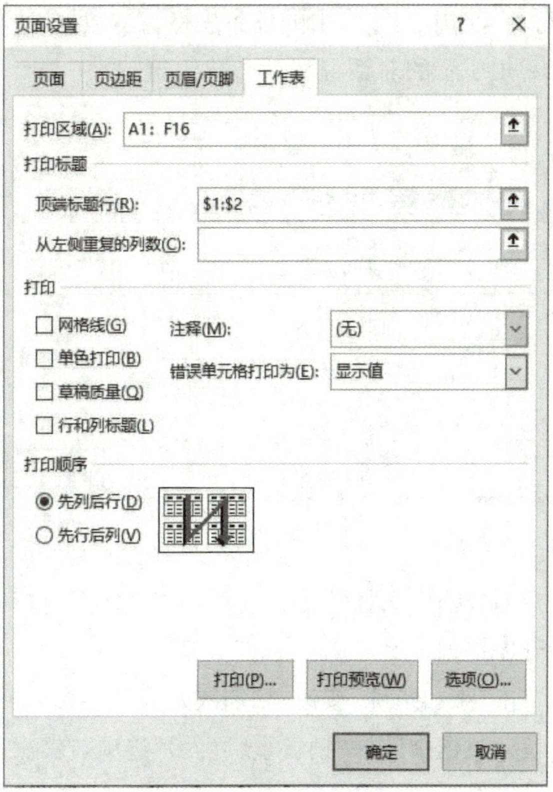

图 2-1-33 “页面设置”对话框的“工作表”选项卡

任务 2 分析商品销售情况表

任务描述

以任务 1 的“商品销售情况表”为基础对各小组的销售情况进行分析，以便了解产品的销售趋势。

本次对第一季度的分析工作具体如下。

(1)按月对商品的销售额进行降序排列，对每个小组按商品销售额进行升序排列。

(2)对销售情况较好的月份、小组进行列表显示。

(3)统计各小组第一季度的平均销售额，同时汇总各小组的月平均销售额。

(4)对小组的销售数量和销售金额进行合并计算。

任务实现

步骤 1:数据的排列

(1)按月对商品的销售额进行降序排列。

①打开“商品销售情况表”，选中工作表中的任意表格，在“数据”选项卡的“排序和筛选”组中单击“排序”按钮，弹出图 2-2-1 所示的对话框。

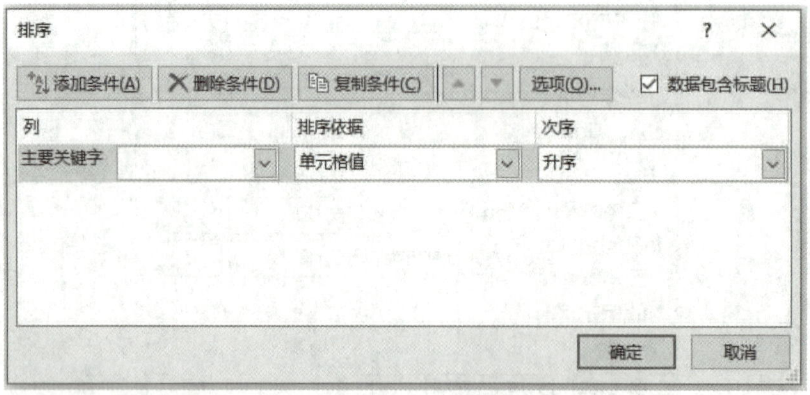

图 2-2-1 “排序”对话框

②在“主要关键字”下拉列表框中选择“月份”选项，在“次序”下拉列表框中选择“升序”选项，该动作表示首先按照月份升序排列。

③在“排序”对话框中单击“添加条件”按钮，添加次要关键字。

④在“次要关键字”下拉列表框中选择“销售金额(元)”选项，在“次序”下拉列表框中选择“降序”选项，如图 2-2-2 所示。

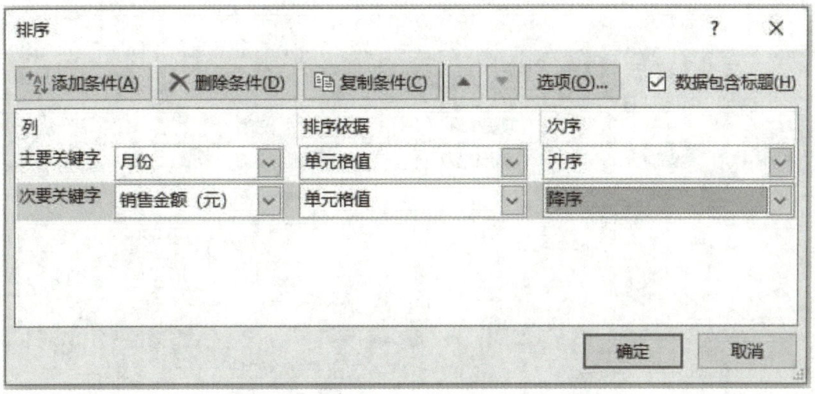

图 2-2-2 设置完成后的“排序”对话框

排序后的结果如图 2-2-3 所示。

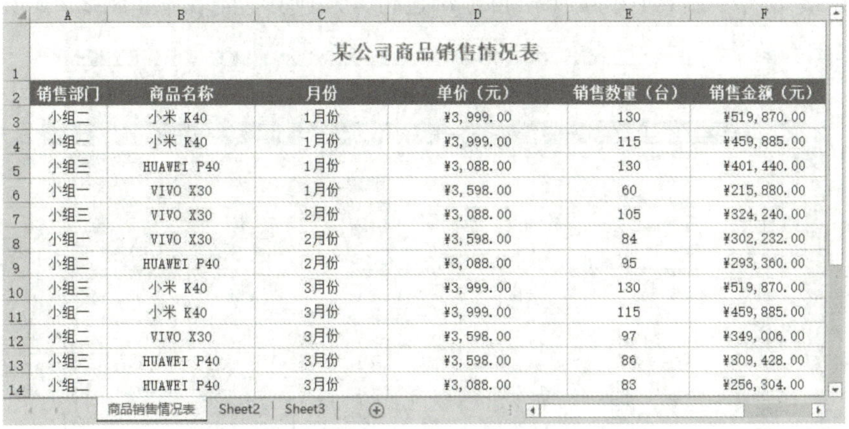

	A	B	C	D	E	F
1	某公司商品销售情况表					
2	销售部门	商品名称	月份	单价（元）	销售数量（台）	销售金额（元）
3	小组二	小米 K40	1月份	¥3,999.00	130	¥519,870.00
4	小组一	小米 K40	1月份	¥3,999.00	115	¥459,885.00
5	小组三	HUAWEI P40	1月份	¥3,088.00	130	¥401,440.00
6	小组一	VIVO X30	1月份	¥3,598.00	60	¥215,880.00
7	小组三	VIVO X30	2月份	¥3,088.00	105	¥324,240.00
8	小组一	VIVO X30	2月份	¥3,598.00	84	¥302,232.00
9	小组二	HUAWEI P40	2月份	¥3,088.00	95	¥293,360.00
10	小组三	小米 K40	3月份	¥3,999.00	130	¥519,870.00
11	小组一	小米 K40	3月份	¥3,999.00	115	¥459,885.00
12	小组二	VIVO X30	3月份	¥3,598.00	97	¥349,006.00
13	小组三	HUAWEI P40	3月份	¥3,598.00	86	¥309,428.00
14	小组二	HUAWEI P40	3月份	¥3,088.00	83	¥256,304.00

商品销售情况表 Sheet2 Sheet3

图 2-2-3 “商品销售情况表”排序后的结果

(2)对每个小组按照商品销售额进行升序排列。打开图 2-2-3 所示的工作表，按 Ctrl+A 组合键即可选中工作表内所有单元格，再按 Ctrl+C 组合键即可对刚刚选中的单元格进行复制。

切换到 Sheet2 工作表，将光标放置在 A1 单元格中，按 Ctrl+V 组合键即可完成粘贴。将 Sheet2 工作表重命名为“自定义排序”。

在 Excel 2016 中，系统默认是以汉字拼音的字母顺序进行汉字排序的，所以依次出现的“销售部门”为“小组二”“小组三”“小组一”。为了使依次出现的顺序为“小组一”“小组二”“小组三”，则需要采用“自定义排序”重新进行排序。

①随意选中工作表中的数据单元格，在“数据”选项卡的“排序和筛选”组中单击“排序”按钮，打开“排序”对话框。

②将主要关键字设置为“销售部门”，然后在“次序”下拉列表框中选择“自定义序列”选项，打开“自定义序列”对话框，在“输入序列”列表框中输入“小组一，小组二，小组三”，然后单击“添加”按钮，再单击“确定”按钮返回到“排序”对话框，如图 2-2-4 所示。

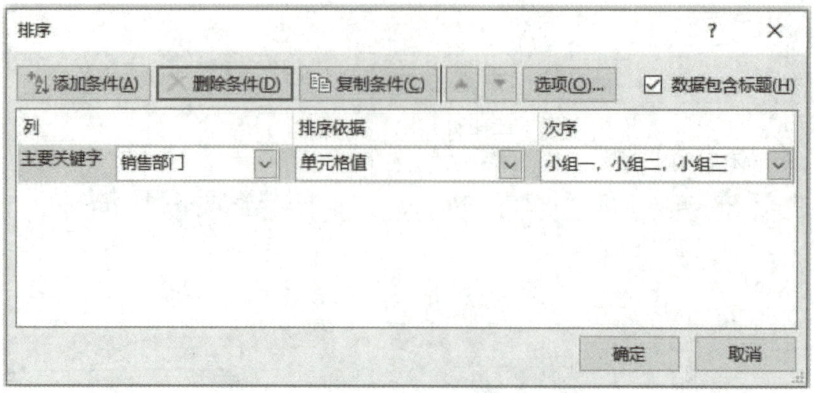

图 2-2-4 “排序”对话框中的自定义序列

③单击“添加条件”按钮，将“次要关键字”设置为“销售金额(元)”，并设置次序为“升序”。单击“确定”按钮，则完成对每个小组按照销售金额进行升序的排列，结果如图 2-2-5 所示。

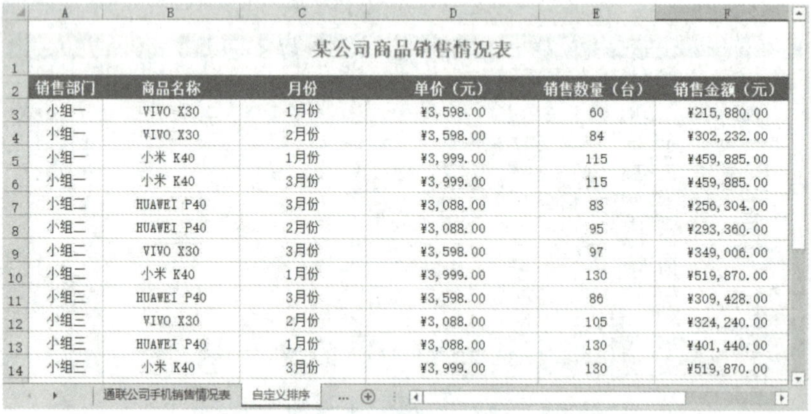

某公司商品销售情况表

销售部门	商品名称	月份	单价（元）	销售数量（台）	销售金额（元）
小组一	VIVO X30	1月份	¥3,598.00	60	¥215,880.00
小组一	VIVO X30	2月份	¥3,598.00	84	¥302,232.00
小组一	小米 K40	1月份	¥3,999.00	115	¥459,885.00
小组一	小米 K40	3月份	¥3,999.00	115	¥459,885.00
小组二	HUAWEI P40	3月份	¥3,088.00	83	¥256,304.00
小组二	HUAWEI P40	2月份	¥3,088.00	95	¥293,360.00
小组二	VIVO X30	3月份	¥3,598.00	97	¥349,006.00
小组二	小米 K40	1月份	¥3,999.00	130	¥519,870.00
小组三	HUAWEI P40	3月份	¥3,598.00	86	¥309,428.00
小组三	VIVO X30	2月份	¥3,088.00	105	¥324,240.00
小组三	HUAWEI P40	1月份	¥3,088.00	130	¥401,440.00
小组三	小米 K40	3月份	¥3,999.00	130	¥519,870.00

图 2-2-5 对每个小组按照销售金额进行升序排列后的结果

步骤 2:数据的筛选

(1)对 2 月份的商品销售情况进行列表显示。打开图 2-2-3 所示的工作表，按 Ctrl+A 组合键即可选中工作表内的所有单元格，再按 Ctrl+C 组合键即可对刚刚选中的单元格进行复制。

视频
分析数据统计表(步骤 1-2)

切换到 Sheet3 工作表，将光标放置在 A1 单元格中，按 Ctrl+V 组合键即可完成粘贴。将 Sheet3 工作表重命名为“筛选”。

在工作表中选中任意单元格，在“数据”选项卡的“排序和筛选”组中单击“筛选”按钮。此时在各列标题后出现了下拉按钮，单击“月份”右侧的下拉按钮打开筛选器，取消选中“1 月份”“3 月份”复选框(见图 2-2-6)，单击“确定”按钮，此时工作表中将只显示 2 月份的相关数据。

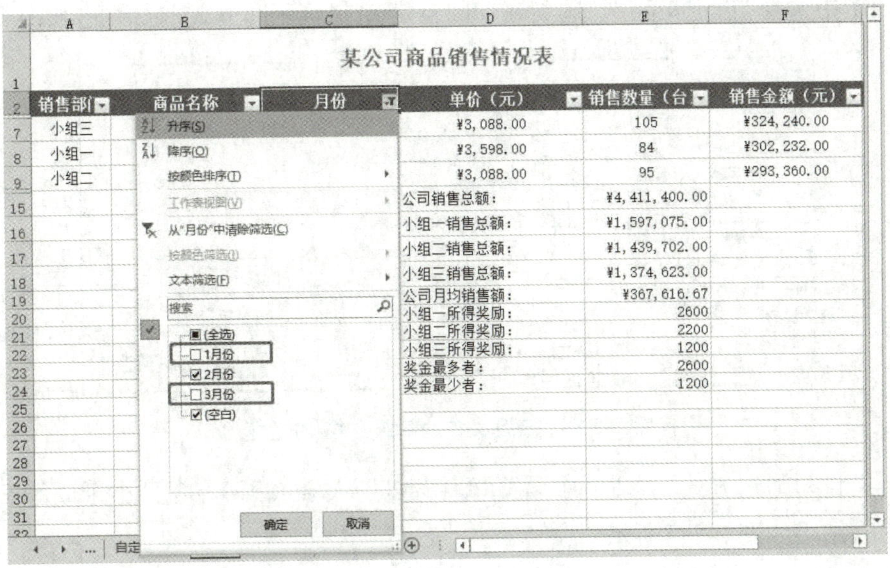

图 2-2-6 取消选中“1 月份”“3 月份”复选框

注意：如果想取消对单元格的筛选，则在“数据”选项卡的“排序和筛选”组中再次单击“筛选”按钮即可。

(2)对 2 月份销售数量为“90～120 台”的商品销售情况进行列表显示。完成此项任务，需要进行两轮筛选，即筛选出“2 月份”以及“销售数量为 90～120 台”。具体的操作步骤如下。

①对“2 月份”的商品销售情况进行筛选。

②单击“销售数量(台)”右侧的下拉按钮，在列筛选器中选择“数字筛选”选项，弹出图 2-2-7 所示的子菜单。

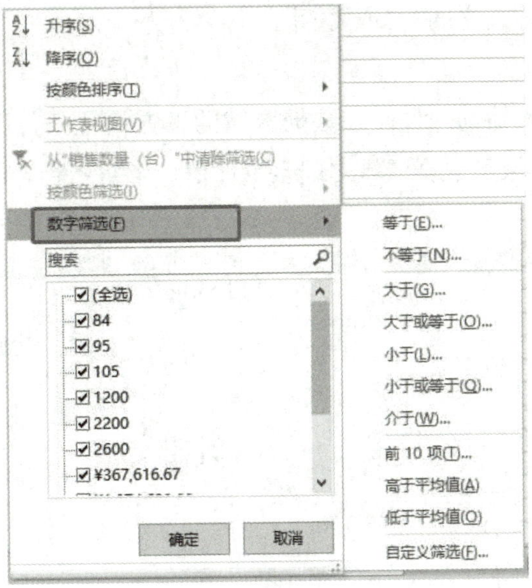

图 2-2-7 “数字筛选”子菜单

在图 2-2-7 中选择“自定义筛选”选项，打开“自定义自动筛选方式”对话框，如图 2-2-8 所示。

图 2-2-8 “自定义自动筛选方式”对话框

在“自定义自动筛选方式”对话框中设置“销售数量”大于或等于 90 且小于或等于 120 台，单击“确定”按钮，结果如图 2-2-9 所示。

	A	B	C	D	E	F
1	某公司商品销售情况表					
2	销售部门	商品名称	月份	单价（元）	销售数量（台）	销售金额（元）
7	小组三	VIVO X30	2月份	¥3,088.00	105	¥324,240.00
9	小组二	HUAWEI P40	2月份	¥3,088.00	95	¥293,360.00

通联公司手机销售情况表 | 自定义排序 | 筛选

图 2-2-9 自定义自动筛选方式排序后的结果

(3)对小组二 1 月份销售数量情况以及“HUAWEI P40”在 2 月份的销售情况进行列表显示。利用上述同样的操作方法，将相应的单元格复制到 Sheet4 工作表中，并对其重命名为“高级筛选”。

完成此项任务，需要进行两轮筛选。

第一轮：“销售部门”为“小组二”，“月份”为“1 月份”。

第二轮：“商品名称”为“HUAWEI P40”且“月份”为“2 月份”。

第一轮筛选与第二轮筛选之间为“或”关系。

具体操作步骤如下。

①设置条件区域并输入筛选条件。在数据区域的下方设置条件区域，其中条件区域必须输入列标签，同时确保条件区域与数据区域之间至少保留一个空白行，在该工作表中，从第 16 行开始输入，如图 2-2-10 所示。

	A	B	C	D	E	F
7	小组三	VIVO X30	2月份	¥3,088.00	105	¥324,240.
8	小组一	VIVO X30	2月份	¥3,598.00	84	¥302,232.
9	小组二	HUAWEI P40	2月份	¥3,088.00	95	¥293,360.
10	小组三	小米 K40	3月份	¥3,999.00	130	¥519,870.
11	小组一	小米 K40	3月份	¥3,999.00	115	¥459,885.
12	小组二	VIVO X30	3月份	¥3,598.00	97	¥349,006.
13	小组三	HUAWEI P40	3月份	¥3,598.00	86	¥309,428.
14	小组二	HUAWEI P40	3月份	¥3,088.00	83	¥256,304.
15						
16	销售部门	商品名称	月份			
17	小组二		1月份			
18		HUAWEI P40	2月份			

图 2-2-10 设置条件区域并输入筛选条件

②选择数据列表区域、条件区域和目标区域。选中数据区域中的任意单元格，在“数据”选项卡的“排序和筛选”组中单击“高级”按钮，打开“高级筛选”对话框，如图 2-2-11 所示。

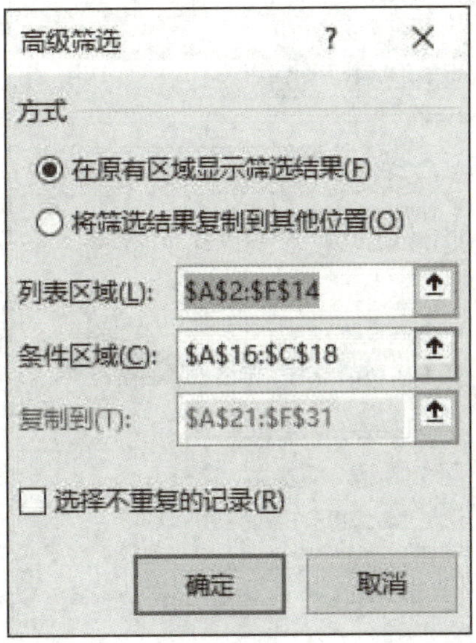

图 2-2-11 “高级筛选”对话框

单击“条件区域”文本框右侧的选择单元格按钮，选中工作表中的 A16 至 C18 区域，在“方式”选项组中选中“将筛选结果复制到其他位置”单选按钮，再单击“复制到”文本框右侧的选择单元格按钮，选择要显示筛选结果的目标位置，最后单击“确定”按钮即可将所需要的商品销售情况进行列表显示，结果如图 2-2-12 所示。

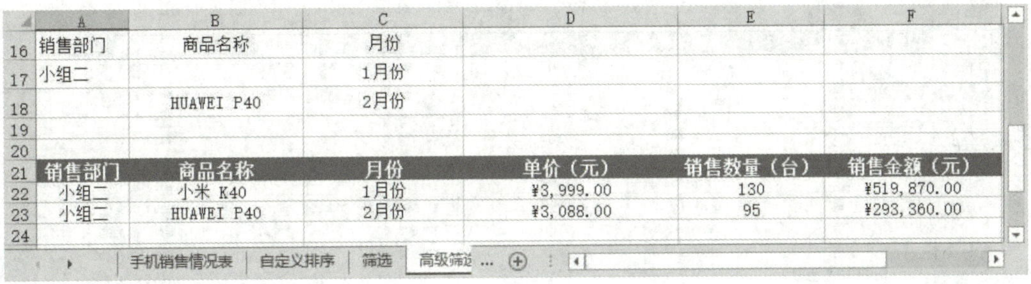

	A	B	C	D	E	F
16	销售部门	商品名称	月份			
17	小组二		1月份			
18		HUAWEI P40	2月份			
19						
20						
21	销售部门	商品名称	月份	单价（元）	销售数量（台）	销售金额（元）
22	小组二	小米 K40	1月份	¥3,999.00	130	¥519,870.00
23	小组二	HUAWEI P40	2月份	¥3,088.00	95	¥293,360.00
24						

图 2-2-12 高级筛选后的效果

步骤 3:统计各小组第一季度的平均销售额，同时汇总各小组的月平均销售额

新建一个工作表，命名为“分类汇总”，并按照上述方法将相关的单元格复制到“分类汇总”工作表中。

(1)将“销售部门”作为主要关键字、“月份”作为次要关键字进行排序，其中“销售部门”通过自定义序列“小组一、小组二、小组三”进行排序。

(2)选中数据区域的任意单元格，在“数据”选项卡的“分级显示”组中单击“分类汇总”按钮，打开“分类汇总”对话框，如图 2-2-13 所示。

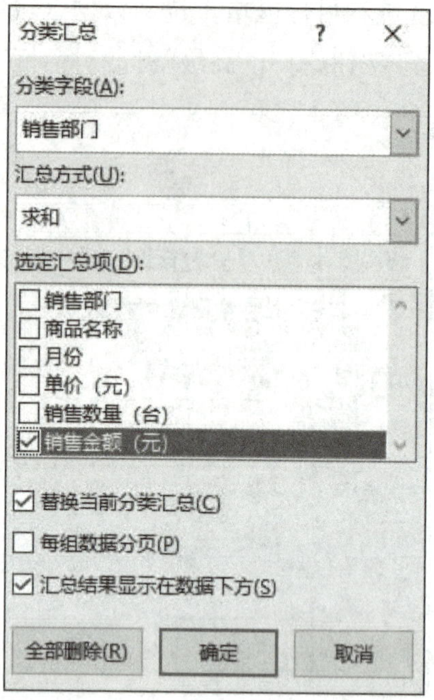

图 2-2-13 “分类汇总”对话框

设置“分类字段”为“销售部门”,“汇总方式”为“平均值”,“选定汇总项”为“销售金额(元)”,同时选中“替换当前分类汇总”“汇总结果显示在数据下方”复选框,然后单击“确定”按钮,分类效果如图 2-2-14 所示。

	A	B	C	D	E	F
1	某公司商品销售情况表					
2	销售部门	商品名称	月份	单价（元）	销售数量（台）	销售金额（元）
3	小组一	小米 K40	1月份	¥3,999.00	115	¥459,885.00
4	小组一	VIVO X30	1月份	¥3,598.00	60	¥215,880.00
5	小组一	VIVO X30	2月份	¥3,598.00	84	¥302,232.00
6	小组一	小米 K40	3月份	¥3,999.00	115	¥459,885.00
7	**小组一 平均值**					¥359,470.50
8	小组二	小米 K40	1月份	¥3,999.00	130	¥519,870.00
9	小组二	HUAWEI P40	2月份	¥3,088.00	95	¥293,360.00
10	小组二	VIVO X30	3月份	¥3,598.00	97	¥349,006.00
11	小组二	HUAWEI P40	3月份	¥3,088.00	83	¥256,304.00
12	**小组二 平均值**					¥354,635.00
13	小组三	HUAWEI P40	1月份	¥3,088.00	130	¥401,440.00
14	小组三	VIVO X30	2月份	¥3,088.00	105	¥324,240.00
15	小组三	小米 K40	3月份	¥3,999.00	130	¥519,870.00
16	小组三	HUAWEI P40	3月份	¥3,598.00	86	¥309,428.00
17	**小组三 平均值**					¥388,744.50
18	**总计平均值**					¥367,616.67

图 2-2-14 按“销售部门”分类效果图

(3)在步骤(2)的基础上再次进行分类汇总操作。在“分类汇总”对话框中设置“分类字段”为“月份”,“汇总方式”为“平均值”,“选定汇总项”为“销售金额(元)”,同时取消选中“替换当前分类汇总”复选框,单击“确定”按钮即实现了二级分类汇总。两次分类汇总后的结果如图 2-2-15 所示。

	销售部门	商品名称	月份	单价（元）	销售数量（台）	销售金额（元）
3	小组一	小米 K40	1月份	¥3,999.00	115	¥459,885.00
4	小组一	VIVO X30	1月份	¥3,598.00	60	¥215,880.00
5			1月份 平均值			¥337,882.50
6	小组一	VIVO X30	2月份	¥3,598.00	84	¥302,232.00
7			2月份 平均值			¥302,232.00
8	小组一	小米 K40	3月份	¥3,999.00	115	¥459,885.00
9			3月份 平均值			¥459,885.00
10	小组一 平均值					¥359,470.50
11	小组二	小米 K40	1月份	¥3,999.00	130	¥519,870.00
12			1月份 平均值			¥519,870.00
13	小组二	HUAWEI P40	2月份	¥3,088.00	95	¥293,360.00
14			2月份 平均值			¥293,360.00
15	小组二	VIVO X30	3月份	¥3,598.00	97	¥349,006.00
16	小组二	HUAWEI P40	3月份	¥3,088.00	83	¥256,304.00
17			3月份 平均值			¥302,655.00
18	小组二 平均值					¥354,635.00
19	小组三	HUAWEI P40	1月份	¥3,088.00	130	¥401,440.00
20			1月份 平均值			¥401,440.00
21	小组三	VIVO X30	2月份	¥3,088.00	105	¥324,240.00
22			2月份 平均值			¥324,240.00
23	小组三	小米 K40	3月份	¥3,999.00	130	¥519,870.00
24	小组三	HUAWEI P40	3月份	¥3,598.00	86	¥309,428.00
25			3月份 平均值			¥414,649.00
26	小组三 平均值					¥388,744.50
27	总计平均值					¥367,616.67

图 2-2-15　两次分类汇总后的效果图

注意：如果要取消"分类汇总"，在图 2-2-13 的"分类汇总"对话框中单击"全部删除"按钮即可将工作表恢复到初始状态。

步骤 4：对 3 个小组的商品销售数量和销售金额进行合并计算

视频
分析数据统计表(步骤 3-4)

新建一个工作表，并将其命名为"合并计算"。

(1)选中"合并计算"工作表中的 A2 单元格，在"数据"选项卡的"数据工具"组中单击"合并计算"按钮，打开"合并计算"对话框，如图 2-2-16 所示。

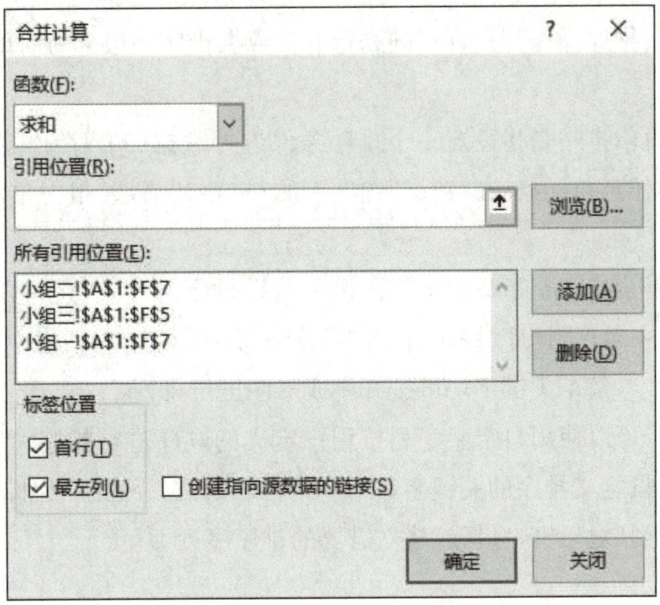

图 2-2-16　"合并计算"对话框

注意：需要合并的“小组一”表、“小组二”表、“小组三”表也需要导入工作簿中，关于“小组一”表、“小组二”表、“小组三”表，可以在配套资源中自行下载。

(2)在“函数”下拉列表框中选择“求和”选项。

(3)单击“引用位置”文本框右侧的选择单元格按钮，选择工作表“小组一”中的 A1:F7 单元格区域作为第一个要合并的源数据区域，单击“添加”按钮，将该引用的位置添加到“所有引用位置”列表框中。

(4)按照步骤(3)的操作方法添加“小组二”工作表中的 A1:F7 单元格区域以及“小组三”工作表中的 A1:F5 单元格区域至“所有引用位置”列表框中。在“标签位置”选项组中选中“首行”“最左列”复选框。单击“确定”按钮即可完成 3 个数据表的数据合并功能，效果如图 2-2-17 所示。

	A	B	C	D	E	F	G
1							
2		商品名称	月份	单价（元）	销售数量（台）	销售金额（元）	
3	小组二			¥21,370.00	514	¥1,831,531.00	
4	小组三			¥14,174.00	301	¥1,057,028.00	
5	小组一			¥22,791.00	524	¥1,997,632.00	

图 2-2-17　3 个数据表的数据合并

必备知识

1. 数据排序

Excel 2016 可以对一列或多列中的数据按文本(升序或降序)、数字(升序或降序)以及日期和时间(升序或降序)进行排序，还可以按自定义序列或格式(包括单元格颜色、字体颜色或图标集)进行排序。大多数排序操作都是针对列进行的。数据排序一般分为简单排序、复杂排序和自定义排序。

(1)简单排序。简单排序是指设置一个排序条件进行数据的升序或降序排序，具体方法是：单击条件列字段中的任意单元格，在“数据”选项卡的“排序和筛选”组中单击“升序”或“降序”按钮即可。

(2)复杂排序。复杂排序是指按多个字段进行数据排序的方式，具体方法是：在“数据”选项卡的“排序和筛选”组中单击“排序”按钮，打开“排序”对话框，在该对话框中可以设置一个主要关键字和多个次要关键字，每个关键字均可按升序或降序进行排列。

(3)自定义排序。可以使用自定义序列按用户定义的顺序进行排序，具体方法是：在“排序”对话框中选择要进行自定义排序的关键字，在其对应的“次序”下拉列表框中选择“自定义序列”选项，打开“自定义序列”对话框，选择或建立需要的排序序列即可。

2. 数据筛选

数据筛选是指找出符合条件的数据记录，即显示符合条件的记录，隐藏不符合条件的记录。

(1)自动筛选。自动筛选是指工作表中只显示满足给定条件的数据。进行自动筛选的方法是:选中任意单元格,在“数据”选项卡的“排序和筛选”组中单击“筛选”按钮,各列标题名右侧出现下拉按钮,说明对单元格数据启用了“筛选”功能,单击这些下拉按钮可以显示列筛选器,在此可以进行筛选条件的设置,完成后在工作表中将显示筛选结果。

(2)自定义筛选。当需要对某字段数据设置多个复杂筛选条件时,可以通过自定义自动筛选的方式进行设置。在该字段的列筛选器中执行“数字筛选”→“自定义筛选”命令,打开“自定义自动筛选方式”对话框,对该字段进行筛选条件设置,完成后工作表中将显示筛选结果。

(3)高级筛选。一般来说,自动筛选和自定义筛选都不是很复杂的筛选,如果要设置复杂的筛选条件,可以使用高级筛选。

使用高级筛选时必须建立一个条件区域,一个条件区域至少包含两行、两个单元格,其中第1行中要输入字段名称(与表中字段相同),第2行及以下各行则输入对该字段的筛选条件。具有“与”关系的多重条件放在同一行,具有“或”关系的多重条件放在不同行。

高级筛选结果可以显示在源数据表中,不符合条件的记录则被隐藏起来,也可以在新的位置显示筛选结果,而源数据表不变。

(4)清除筛选。如果需要清除工作表中的自动筛选和自定义筛选,可以在“数据”选项卡的“排序和筛选”组中单击“清除”按钮,清除数据的筛选状态,如果再单击“筛选”按钮,则取消了启用筛选功能,即删除列标题右侧的下拉按钮,使工作表恢复到初始状态。

> **注意:** 筛选条件中可以使用通配符“?”和“*”,其中“?”代表一个字符,“*”代表多个字符。例如,筛选条件是“王*”,表示要筛选出所有姓王的人的记录。

3. 分类汇总

分类汇总是指对某个字段的数据进行分类,并对各类数据进行快速的汇总统计。汇总的类型有求和、计数、平均值、最大值、最小值等,默认的汇总方式是求和。

创建分类汇总时,首先要对分类的字段进行排序。创建数据分类汇总后,Excel 会自动按汇总时的分类对数据清单进行分级显示,并自动生成数字分级显示按钮,用于查看各级别的分级数据。

如果需要在一个已经建立了分类汇总的工作表中再进行另一种分类汇总,两次分类汇总时使用不同的关键字,即实现嵌套分类汇总,则需要在进行分类汇总操作前对主要关键字和次要关键字进行排序。进行分类汇总时,将主要关键字作为第一级分类汇总关键字,将次要关键字作为第二级分类汇总关键字。

若要删除分类汇总,在“分类汇总”对话框中单击“全部删除”按钮即可。

4. 合并计算

利用 Excel 2016 的合并计算功能,可以将多个工作表中的数据进行计算汇总,在合并计算过程中,存放计算结果的区域称为目标区域,提供合并数据的区域称为源数据区域,目标区域可与源数据区域在同一个工作表中,也可以在不同的工作表或工作簿内。数据源可以来自单个工作表、多个工作表或多个工作簿中。

合并计算有两种形式:一种是按分类进行合并计算,另一种是按位置进行合并计算。

(1)按分类进行合并计算。通过分类来合并计算数据是指当多个数据源区域包含相似的数据,却依据不同的分类标记排列时进行的数据合并计算方式。例如,某公司有两个分公司,分别销售不同的产品,总公司要获得完整的销售报表,就必须使用"分类"的方式来合并计算数据。

如果数据源区域顶行包含分类标记,则在"合并计算"对话框中选中"首行"复选框;如果数据源区域左列有分类标记,则选中"最左列"复选框。在一次合并计算中,可以同时选中这两个复选框。

(2)按位置进行合并计算。通过位置来合并计算数据是指在所有源区域中的数据被相同地排列,即每个源区域中要合并计算的数据必须在被选定源区域的相同的相对位置上。这种方式非常适用于处理相同表格的合并工作。

任务3 制作销售统计图表

任务描述

在销售公司日常工作中经常需要统计商品销售情况,以方便了解市场对商品的需求大小。某销售公司需要统计上半年各品牌手机的销售情况,领导要求市场部完成今年上半年的手机销售情况分析报告。

市场部利用 Excel 2016 图表实现对手机销售量的数据分析,用簇状柱形图比较各类手机每个月的销售情况,如图 2-3-1 所示。

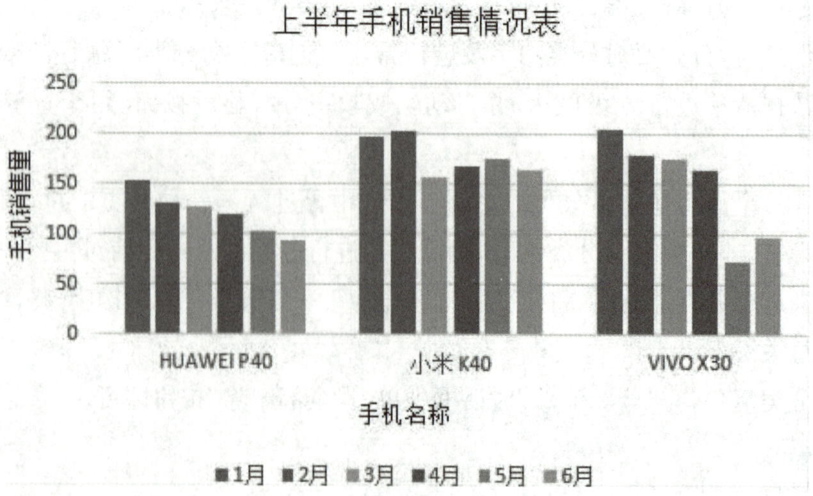

图 2-3-1 各类手机每月销售情况簇状柱形图

用三维堆积柱形图显示各类手机每月销售量占每月合计销售量的比例，如图 2-3-2 所示。

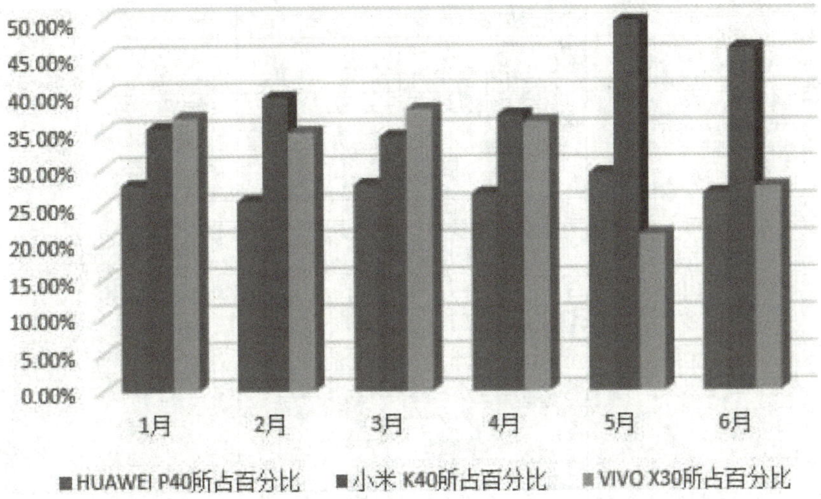

图 2-3-2 各类手机每月销售量占每月合计销售量的比例

任务实现

下面进行实际操作。

步骤 1：创建“手机销售情况表”

在 Excel 2016 中新建工作簿文件“手机销售情况表. xlsx”，参考图 2-3-3 输入商品销售数据。

某公司上半年手机销售情况表（单位：台）						
商品名称	1月	2月	3月	4月	5月	6月
HUAWEI P40	154	132	128	120	103	95
小米 K40	197	204	158	168	175	165
VIVO X30	205	180	175	164	74	98

手机销售情况表 Sheet2 Sheet3

图 2-3-3 手机销售情况表. xlsx

步骤 2：建立簇状柱形图，比较各类手机每月的销售情况

(1)选择数据源 A2:G5 区域。

(2)在“插入”选项卡的“图表”组中单击“插入柱形图或条形图”下拉按钮，在其下拉列表中选择“二维柱形图”中的“簇状柱形图”选项(见图 2-3-4)，将在当前工作表中生成图 2-3-5 所示的簇状柱形图。

(3)在图表上移动鼠标指针，可以看到指针所指向的图表各个区域的名称，如图表区、绘图区、水平(类别)轴、垂直(值)轴、图例等。

在“设计”选项卡的“数据”组中单击“切换行/列”按钮，就可以交换坐标轴上的数据，生成图 2-3-6 所示的簇状柱形图。

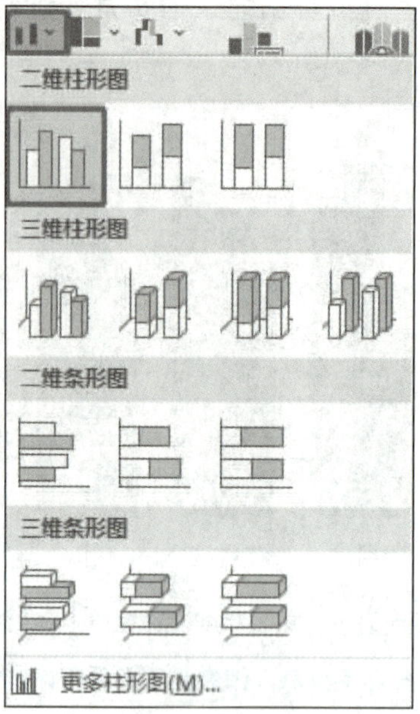

图 2-3-4　选择"簇状柱形图"选项

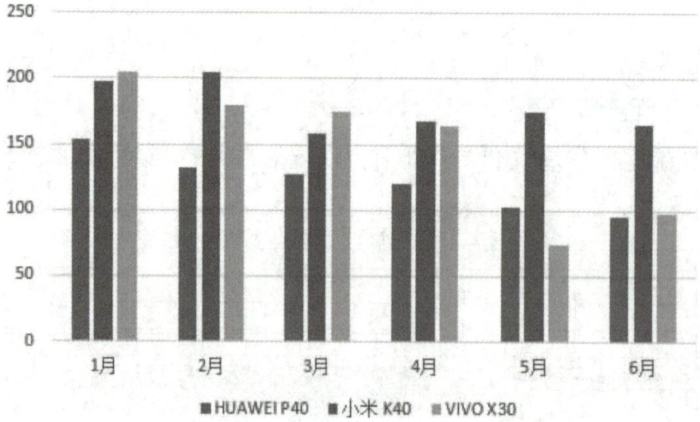

图 2-3-5　生成簇状柱形图

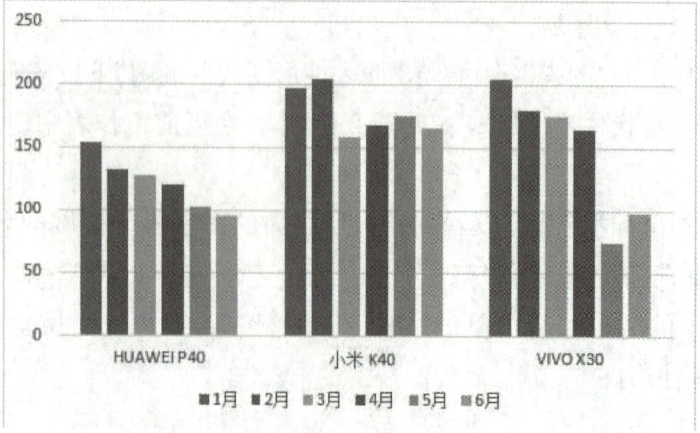

图 2-3-6　单击"切换行/列"按钮后的簇状柱形图

步骤 3:设置图表标签

(1)添加图表标题。

①选中图 2-3-6 所示的图表,在“设计”选项卡的“图表布局”组中单击“添加图表元素”下拉按钮,在其下拉列表中执行“图表标题”→“图表上方”命令(见图 2-3-7),即在图表区顶部显示标题。

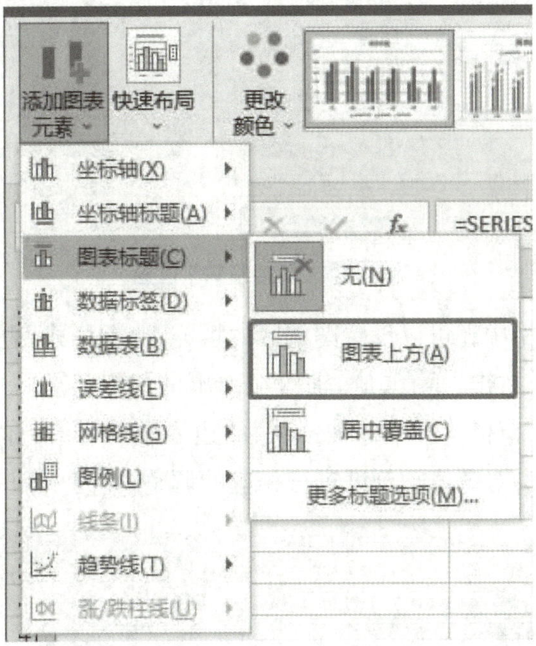

图 2-3-7 执行“图表标题”→“图表上方”命令

②删除文本框中的指示文字“图表标题”,输入需要的文字“上半年手机销售情况表”,再对其进行格式设置,将文字的字体格式设置为中文、18 磅、加粗、红色。

(2)添加横坐标轴标题。

①选中图表,在“设计”选项卡的“图表布局”组中单击“添加图表元素”下拉按钮,在其下拉列表中执行“坐标轴标题”→“主要横坐标轴”命令,将在横坐标轴下面显示标题。

②删除文本框中的提示文字“坐标轴标题”,输入“手机名称”,再对其进行格式设置,将文字的字体格式设置为宋体、12 号、加粗、黑色。

(3)添加纵坐标轴标题。

①选中图表,在“设计”选项卡的“图表布局”组中单击“添加图表元素”下拉按钮,在其下拉列表中执行“坐标轴标题”→“主要纵坐标轴”命令,将在纵坐标轴左侧显示标题。

②删除文本框中的提示文字“坐标轴标题”,输入“手机销售量”,再对其进行格式设置,将文字的字体格式设置为宋体、12 号、加粗、黑色。

(4)调整图例区位置。右击图例区(图 2-3-6 中的月份即图例区),在弹出的快捷菜单中选择“设置图例格式”选项,打开“设置图例格式”窗格,在“图例选项”中设置“图例位置”为“靠下”,如图 2-3-8 所示。

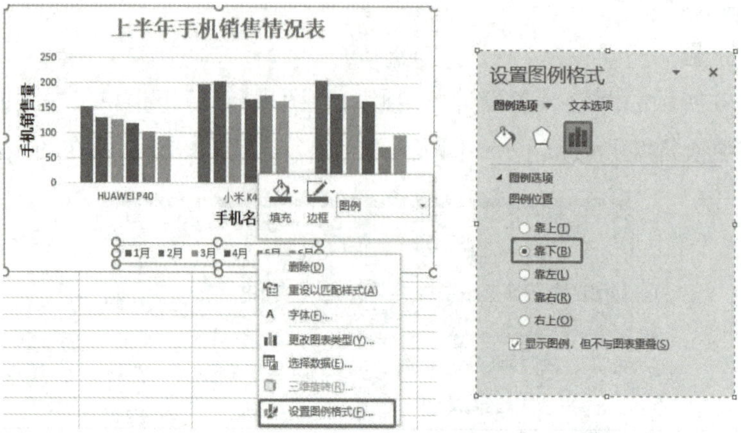

图 2-3-8 调整图例区位置

在“设置图例格式”窗格中还可以设置图例区的填充、边框样式、边框颜色等多种显示效果。

(5)调整数值轴刻度。右击“垂直(值)轴”，在弹出的快捷菜单中选择“设置坐标轴格式”选项，打开“设置坐标轴格式”窗格，在“坐标轴选项”的边界中设置最小值为 0.0，最大值为 250.0；单位大为 50.0，小为 10.0。对数值轴刻度进行相应的调整，如图 2-3-9 所示。

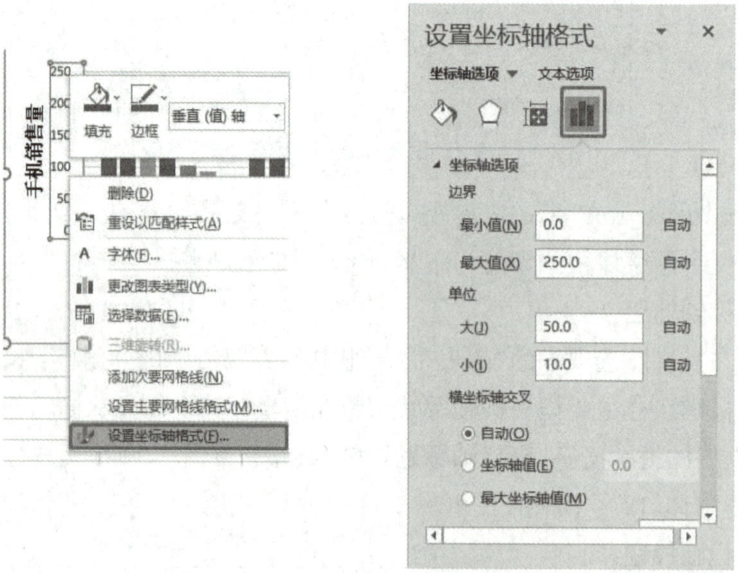

图 2-3-9 调整数值轴刻度

步骤 4：建立三维堆积柱形图

根据任务描述要求，首先要计算出各类手机的销售量占比，然后插入柱形图，以及对格式进行调整。

(1)计算各类手机的月销售量占当月公司总销售量的百分比。打开“某公司上半年手机销售情况表”，在 A6：A8 单元格区域中依次输入“HUAWEI P40 所占百分比”“小米 K40 所占百分比”“VIVO X30 所占百分比”。

视频
制作手机销售统计图表

选中 B6 单元格，输入公式“=B3/(B$3+B$4+B$5)”后按 Enter 键，即可求

得 HUAWEI P40 1 月份销售量的百分比。

拖动 B6 单元格右下角的填充柄到 G8 单元格，计算出各类手机的月销售量占当月公司手机总销售量的百分比。选择 B6:G8 单元格区域，右击，在弹出的快捷菜单中选择“设置单元格格式”选项，打开“设置单元格格式”对话框，将单元格的数字修改成“以百分比的格式显示，小数位数为 2”，同时补全表格及其边框线，效果如图 2-3-10 所示。

某公司上半年手机销售情况表（单位：台）						
商品名称	1月	2月	3月	4月	5月	6月
HUAWEI P40	154	132	128	120	103	95
小米 K40	197	204	158	168	175	165
VIVO X30	205	180	175	164	74	98
HUAWEI P40所占百分比	27.70%	25.58%	27.77%	26.55%	29.26%	26.54%
小米 K40所占百分比	35.43%	39.53%	34.27%	37.17%	49.72%	46.09%
VIVO X30所占百分比	36.87%	34.88%	37.96%	36.28%	21.02%	27.37%

图 2-3-10　以百分比格式显示

(2)按月份创建三维堆积柱形图。按住 Ctrl 键选中两个不连续的区域 A6:A8 和 B6:G8，在“插入”选项卡的“图表”组中单击“柱形图”下拉按钮，在其下拉列表中选择“三维柱形图”选项组中的“堆积柱形图”选项，生成图 2-3-2 所示的堆积柱形图。

其他设置图表标签等操作与设置簇状柱形图类似，此处不再赘述。

必备知识

1. 图表的概念

图表的基本组成包括以下几部分。

(1)图表区。图表区指整个图表，包括所有的数据系列、轴、标题等。

(2)绘图区。绘图区是指由坐标轴包围的区域。

(3)图表标题。图表标题是对图表内容的文字说明。

(4)坐标轴。坐标轴分 X 轴和 Y 轴。X 轴是水平轴，表示分类；Y 轴通常是垂直轴，包含数据。

(5)横坐标轴标题。横坐标轴标题是对分类情况的文字说明。

(6)纵坐标轴标题。纵坐标轴标题是对数值轴的文字说明。

(7)图例。图例是一个方框，显示每个数据系列的标识名称和符号。

(8)数据系列。数据系列是图表中的相关数据点，它们源自数据表的行和列。每个数据系列都有唯一的颜色或图案，在图例中有表示。可以在图表中绘制一个或多个数据系列。饼图只有一个数据系列。

(9)数据标签。数据标签用来标识数据系列中数据点的详细信息，它在图表上的显示是可选的。

2. 图表的编辑

(1)创建图表。在工作表中选择图表数据，在“插入”选项卡的“图表”组中选择要使用的图表类型即可。默认情况下,图表放在工作表上。如果要将图表放在单独的工作表中,可以进行下列操作。

①选中欲移动位置的图表,此时将显示“图表工具”上下文选项卡,其上增加了“设计”和“格式”选项卡。

②在“设计”选项卡的“位置”组中单击“移动图表”按钮,打开“移动图表”对话框,如图 2-3-11 所示。

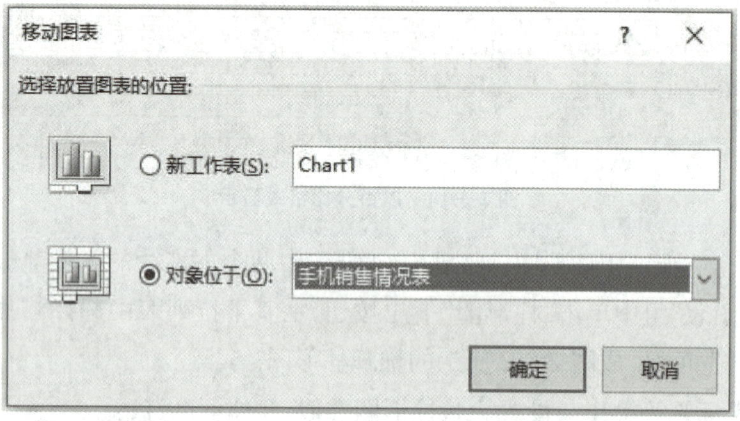

图 2-3-11 “移动图表”对话框

在“选择放置图表的位置”选项组中选中“新工作表”单选按钮,则将创建的图表显示在图表工作表(只包含一个图表的工作表)中;选中“对象位于”单选按钮,则创建的是嵌入式图表,并位于指定的工作表中。

(2)调整图表大小。调整图表大小的方法有以下两种。

①单击图表,然后拖动尺寸控制点,将其调整为所需大小。

②在“格式”选项卡的“大小”组中设置高度和宽度的值。

3. 图表的格式设置

(1)应用预定义图表布局和图表样式。创建图表后,可以快速向图表应用预定义布局和图表样式。

快速向图表应用预定义布局的操作步骤是:选中图表,在“设计”选项卡的“图表布局”组中单击要使用的图表布局。快速应用图表样式的操作步骤是:选中图表,在“设计”选项卡的“图表样式”组中单击要使用的图表样式。

(2)手动更改图表元素的布局。

①选中图表元素的方法。

a. 在图表上单击要选择的图表元素,被选择的图表元素上将显示被选择手柄标记,表示图表元素被选中。

b. 单击图表,在“格式”选项卡的“当前所选内容”组中单击“图表元素”下拉按钮,然后在弹出的下拉列表中选择所需的图表元素即可,如图 2-3-12 所示。

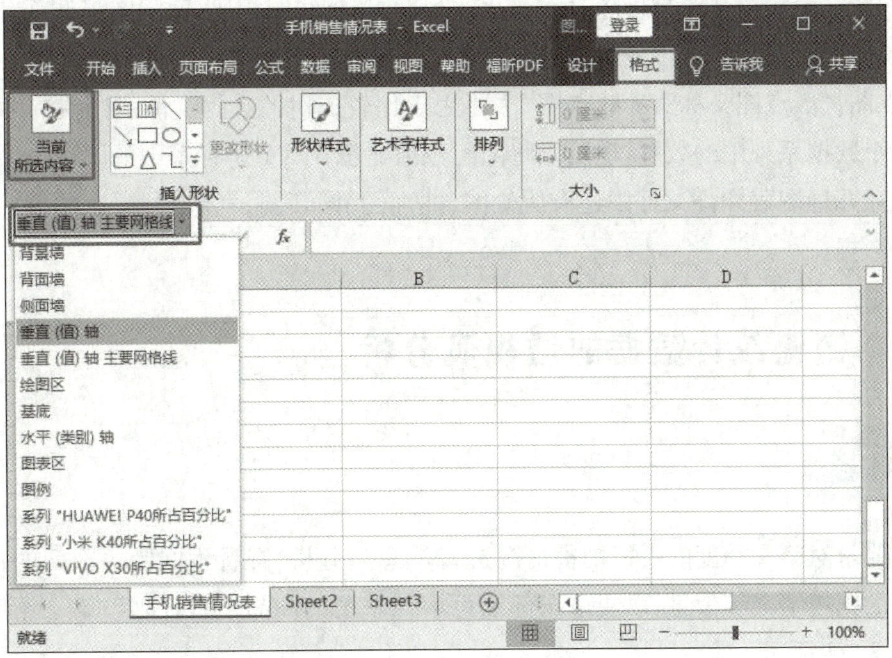

图 2-3-12 “格式”选项卡的“当前所选内容”组

②更改图表布局。选中要更改布局的图表元素，在“设计”选项卡的“图表布局”组中选择相应的布局选项即可。

(3)手动更改图表元素的格式。

①选中要更改格式的图表元素。

②在“格式”选项卡的“当前所选内容”组中单击“设置所选内容格式”按钮，打开设置格式对话框，在其中设置相应的格式即可。

(4)添加数据标签。若要向所有数据系列的所有数据点添加数据标签，则应单击图表区；若要向一个数据系列的所有数据点添加数据标签，则应单击该数据系列的任意位置；若要向一个数据系列中的单个数据点添加数据标签，则应单击包含该数据点的数据系列后再单击该数据点。

4. 图表的类型

Excel 2016 内置了大量的图表类型，可以根据需要查看原始数据的特点，选用不同类型的图表。下面介绍应用频率较高的几种图表。

(1)柱形图。柱形图用于显示一段时间内的数据变化或显示各项之间的比较情况，用柱长表示数值的大小。通常沿水平轴组织类别，沿垂直轴组织数值。

(2)折线图。折线图是用直线将各数据点连接起来而组成的图形，用来显示随时间变化的连续数据，因此可用于显示相等时间间隔的数据的变化趋势。

(3)饼图。饼图用于显示一个数据系列中各项的大小与各项总和的比例。

(4)条形图。条形图一般用于显示各个相互无关数据项目之间的比较情况。水平轴表示数据值的大小，垂直轴表示类别。

(5)面积图。面积图强调数量随时间变化的程度,与折线图相比,面积图强调变化量,用曲线下面的面积表示数据总和,可以显示部分与整体的关系。

(6)散点图。散点图又称 *XY* 散点图,主要用于比较成对的数据。散点图具有双重特性,既可以比较几个数据系列中的数据,也可以将两组数值显示在 *XY* 坐标系中的同一个系列中。

除了上述几种图表外,Excel 中还有股价图、曲面图、圆环图、气泡图、雷达图等,分别适用于不同类型的数据。

任务 4 销售统计数据的透视表分析

任务描述

某公司要求对第一季度的手机销售情况进行汇总与分析,查看不同销售部门的销售业绩以及不同产品的销售情况等信息,以便市场部制订第二季度的商品销售计划。第一季度的手机销售情况如图 2-4-1 所示。

某公司手机销售情况表

销售部门	商品名称	月份	单价(元)	销售数量(台)	销售金额(元)	销售商城
小组一	小米 K40	1月份	¥3,999.00	115	¥459,885.00	龙德商城
小组一	VIVO X30	1月份	¥3,598.00	60	¥215,880.00	龙旗百货
小组一	VIVO X30	2月份	¥3,598.00	84	¥302,232.00	龙旗百货
小组一	小米 K40	3月份	¥3,999.00	115	¥459,885.00	南方商城
小组二	小米 K40	1月份	¥3,999.00	130	¥519,870.00	南方商城
小组二	HUAWEI P40	2月份	¥3,088.00	95	¥293,360.00	龙旗百货
小组二	VIVO X30	3月份	¥3,598.00	97	¥349,006.00	龙德商城
小组二	HUAWEI P40	3月份	¥3,088.00	83	¥256,304.00	龙德商城
小组三	HUAWEI P40	1月份	¥3,088.00	130	¥401,440.00	南方商城
小组三	VIVO X30	2月份	¥3,088.00	105	¥324,240.00	南方商城
小组三	小米 K40	3月份	¥3,999.00	130	¥519,870.00	龙旗百货
小组三	HUAWEI P40	3月份	¥3,598.00	86	¥309,428.00	龙旗百货

图 2-4-1 某公司第一季度手机销售情况表

根据图 2-4-1 中的数据统计以下两项内容。

(1)统计每个月各小组的销售金额(见图 2-4-2),并用图表的形式展示出来,如图 2-4-3 所示。

求和项:销售金额(元)	列标签			
行标签	小组一	小组二	小组三	总计
1月份	675765	519870	401440	1597075
2月份	302232	293360	324240	919832
3月份	459885	605310	829298	1894493
总计	**1437882**	**1418540**	**1554978**	**4411400**

图 2-4-2 统计每个月各小组的销售金额

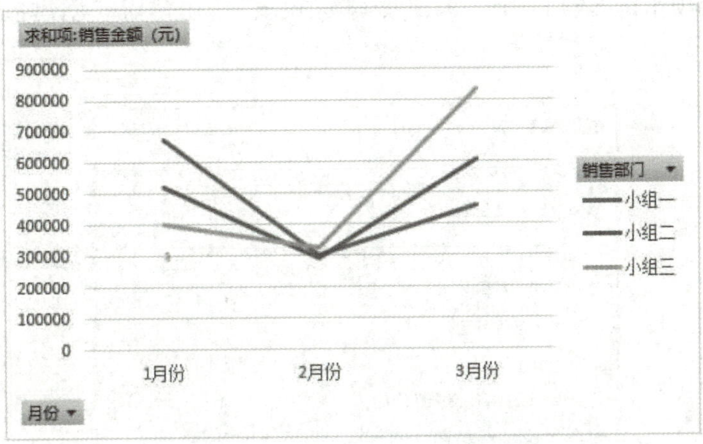

图 2-4-3　每个月各小组的销售金额图表

(2)将各个商城的销售金额用图 2-4-4 表示,并用图表的形式展示统计结果,如图 2-4-5 所示。

行标签	求和项:销售金额（元）
龙德商城	1065195
龙旗百货	1640770
南方商城	1705435
总计	**4411400**

图 2-4-4　各个商城的销售金额

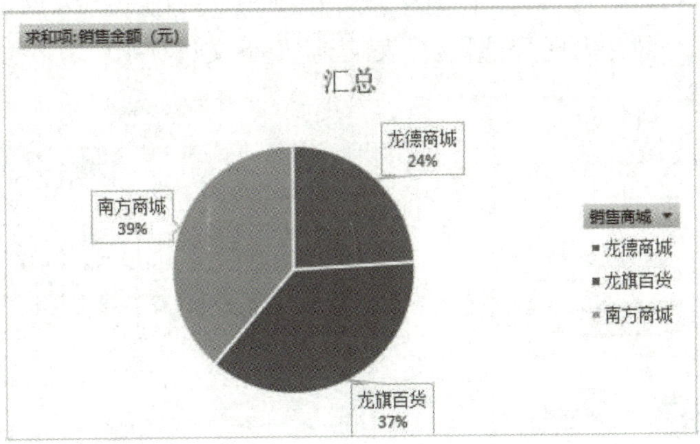

图 2-4-5　各个商城的销售金额图表

任务实现

下面进行实际操作。

步骤 1:创建"某公司手机销售情况表"

在 Excel 2016 中新建工作簿文件"某公司手机销售情况表. xlsx",参考图 2-4-1 输入表格数据并设置格式,最后将"某公司手机销售情况表. xlsx"保存到桌面。

步骤 2:创建数据透视表

(1)打开"某公司手机销售情况表. xlsx"文件,并选中该数据表中的任意数据单元格。

(2)在“插入”选项卡的“表格”组中单击“数据透视表”按钮,打开“创建数据透视表”对话框,如图 2-4-6 所示。

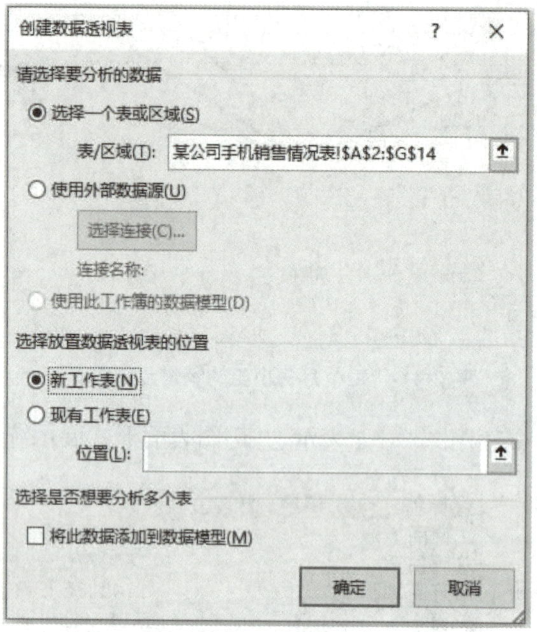

图 2-4-6 “创建数据透视表”对话框

(3)单击“确定”按钮,在 Sheet2 工作表中将显示刚刚创建的空白数据透视表和“数据透视表字段”窗格(见图 2-4-7),同时出现“数据透视表工具”上下文选项卡。

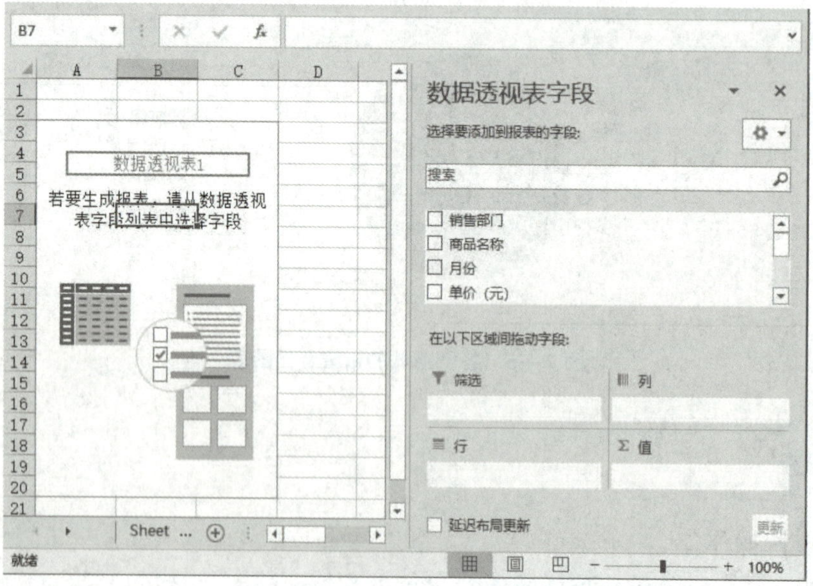

图 2-4-7 “数据透视表字段”窗格

步骤 3:设置数据透视表字段,完成多角度的数据分析

(1)要统计第一季度每个月各小组的销售额,可在位于“数据透视表字段”窗格上部的列表框中拖动“月份”字段至下部的“行”区域,将“销售金额(元)”字段拖动到“值”区域,将“销售部门”字

段拖动到“列”区域，如图 2-4-8 所示。

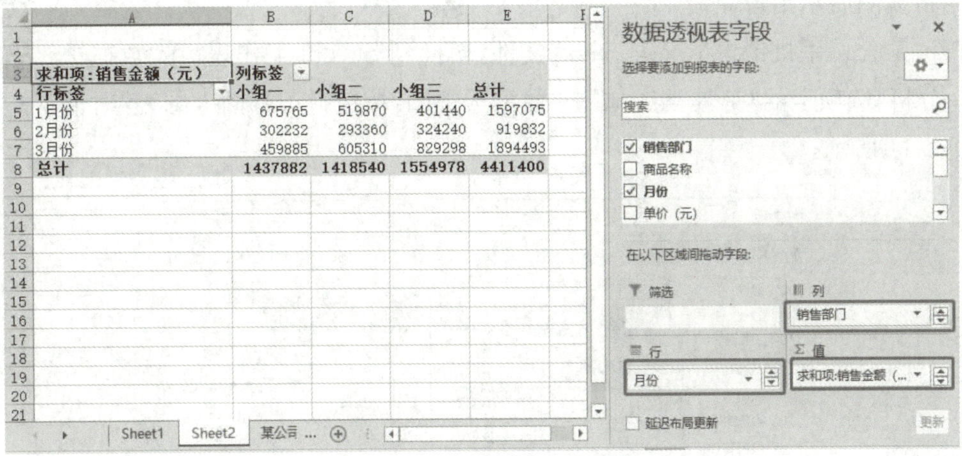

图 2-4-8　第一季度每个月各小组的销售额

单击数据透视表中的任意单元格，切换到“分析”选项卡，在“数据透视表”组的“数据透视表名称”文本框中输入“数据透视表 1”，如图 2-4-9 所示。

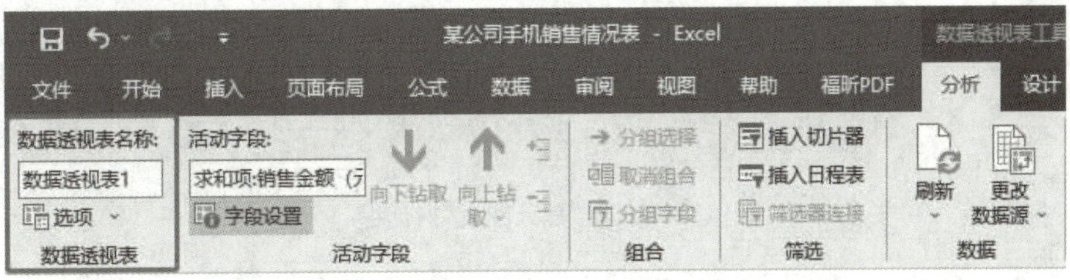

图 2-4-9　在“数据透视表名称”文本框中输入“数据透视表 1”

(2)要统计各商城第一季度的销售情况，可以使用数据透视表的筛选功能来实现。重复上述操作，新建一个透视表，命名为“数据透视表 3”，并将其放置在 Sheet4 工作表中，拖动“销售商城”字段至下部的“行”区域，将“销售金额(元)”字段拖动到“值”区域，如图 2-4-10 所示。

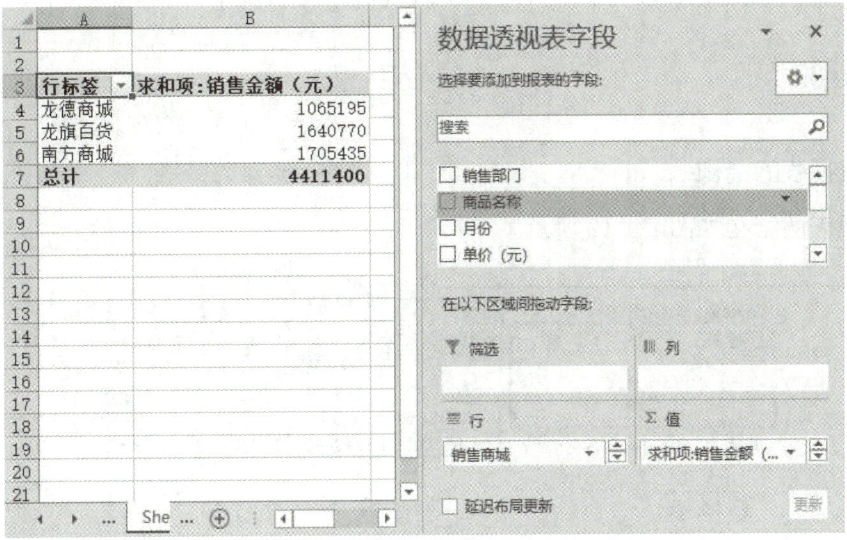

图 2-4-10　第一季度各商城的销售金额

步骤 4:创建数据透视图

(1)用折线图展示销售业绩。

①打开“某公司手机销售情况表.xlsx”文件,切换到 Sheet2 工作表,在“数据透视表工具-分析”选项卡的“工具”组中单击“数据透视图”按钮,打开“插入图表”对话框,如图 2-4-11 所示。

视频
手机销售数据的透视表分析

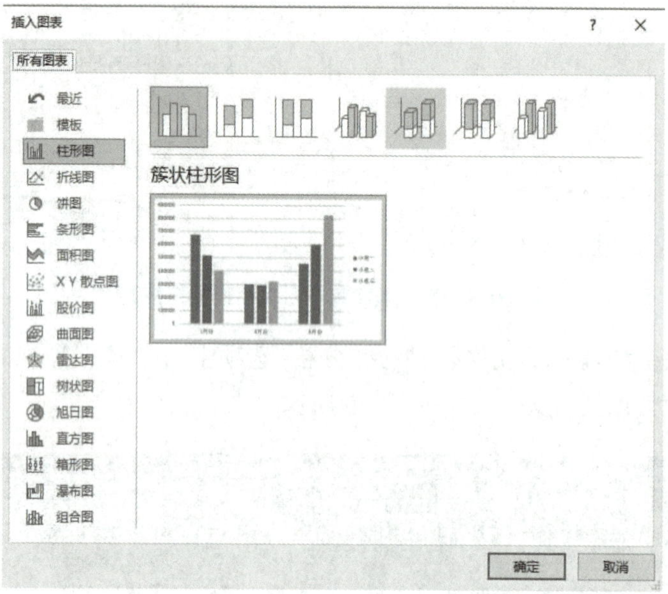

图 2-4-11 “插入图表”对话框

②选择左侧“折线图”字样,然后单击右侧“折线图”图标,单击“确定”按钮,将插入相应类型的数据透视图。

(2)用饼图表示各个商城的销售能力比较。打开“某公司手机销售情况表.xlsx”文件,切换到 Sheet3 工作表,在“数据透视表工具-分析”选项卡的“工具”组中单击“数据透视图”按钮,打开“插入图表”对话框,选择左侧“饼图”字样,然后单击右侧“饼图”图标。最终效果如图 2-4-5 所示。

必备知识

1. 数据透视表的结构

数据透视表的结构如图 2-4-12 所示。

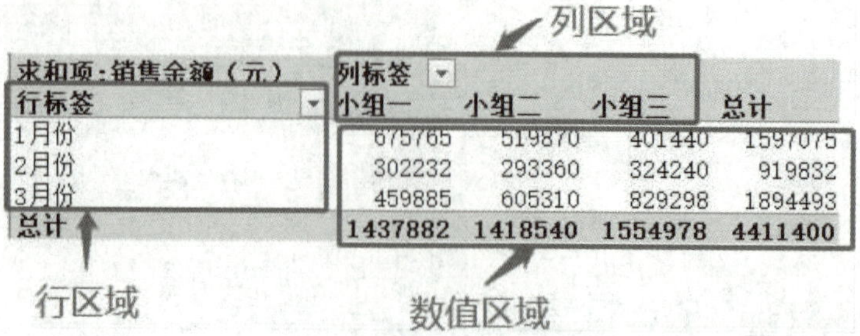

图 2-4-12 数据透视表的结构

1)报表的筛选区域(页字段和页字段项)

报表的筛选区域是数据透视表顶端的一个或多个下拉列表,通过选择下拉列表中的选项,可以一次性地对整个数据透视表进行筛选。

2)行区域(行字段和行字段项)

行区域位于数据透视表的左侧,其中包括具有行方向的字段。每个字段又包括多个字段项,每个字段项占一行。通过单击行标签右侧的下拉按钮,可以在弹出的下拉列表中选择这些项。行字段可以不止一个,靠近数据透视表左边界的行字段称为外部行字段,而远离数据透视表左边界的行字段称为内部行字段。

3)列区域(列字段和列字段项)

列区域由位于数据透视表各列顶端的标题组成,其中包括具有列方向的字段,每个字段又包括很多字段项,每个字段项占一列,单击列标签右侧的下拉按钮,可以在弹出的下拉列表中选择这些项。

4)数值区域

在数据透视表中,除去以上三大区域的其他部分为数值区域。数值区域中的数据是对数据透视表信息进行统计的主要来源,这个区域中的数据是可以进行运算的,在默认情况下,Excel 对数值区域中的数据进行求和运算。

在数值区域的最右侧和最下方默认显示对行列数据的总计,同时对行字段中的数据进行分类汇总,用户可以根据实际需要决定是否显示这些信息。

2. 数据透视表的基本操作

1)为数据透视表准备数据源

为数据透视表准备数据源时应注意以下问题。

(1)要保证数据中的每列都包含标题,使用数据透视表中的字段名称含义明确。

(2)数据中不要有空行、空列,防止 Excel 在自动获取数据区域时无法准确判断整个数据源的范围,因为 Excel 将有效区域选择到空行或空列为止。

(3)数据源中存在空单元格时,尽量用同类型的代表缺少意义的值来填充,如用 0 值填充空白数值数据。

2)创建数据透视表

要创建数据透视表,必须确定一个要连接的数据源及输入报表要存放的位置。创建方法如下:打开工作表,在“插入”选项卡的“表格”组中单击“数据透视表”下拉按钮,在其下拉列表中选择“数据透视表”选项,打开“创建数据透视表”对话框。

(1)选择数据源。若在命令执行前已选定数据源区域或插入点位于数据源区域的某一单元格内,则在“请选择要分析的数据”选项组的“表/区域”文本框内将显示数据源区域的引用,否则手动输入数据源区域的地址引用或通过单击选择单元格按钮来选择相应的数据源区域。

(2)确定数据透视表的存入位置。若在命令执行前已选定数据透视表的存放位置,则在“选择放置数据透视表的位置”选项组中选中“现有工作表”单选按钮,则在“位置”文本框内将显示存放位置的地址引用，否则手动输入存入位置的地址引用或通过单击选择单元格按钮来确定存入位置。

（3）若选中“新工作表”单选按钮，则新建一个工作表以存放生成的数据透视表。

3）添加和删除数据透视表字段

使用数据透视表查看数据汇总时，可以根据需要随时添加和删除数据透视表字段。添加字段时只要先将插入点定位在数据透视表内，进行以下操作即可：在“数据透视表工具-分析”选项卡的“显示”组中单击“字段列表”按钮，打开“数据透视表字段”窗格，将相应的字段拖曳至“筛选”“列”“行”和“值”区域中的任意一项。如果需要删除某字段，将要删除的字段拖出“数据透视表字段”窗格即可。

添加和删除数据透视表字段还可以通过以下方法完成。

（1）在“数据透视表字段”窗格的“选择要添加到报表的字段”列表框中选中或取消选中相应字段名前面的复选框即可。

（2）在“数据透视表字段”窗格的“选择要添加到报表的字段”列表框中右击某字段，在弹出的快捷菜单中选择添加字段操作。在“筛选”“列”“行”和“值”区域单击某字段下拉按钮，在其下拉列表中选择“删除字段”选项即可实现删除字段操作。

4）创建数据透视图

（1）通过数据源直接创建数据透视图。

①打开工作表，在“插入”选项卡的“图表”组中单击“数据透视图”下拉按钮，在其下拉列表中选择“数据透视图”选项，打开“创建数据透视图”对话框，如图 2-4-13 所示。

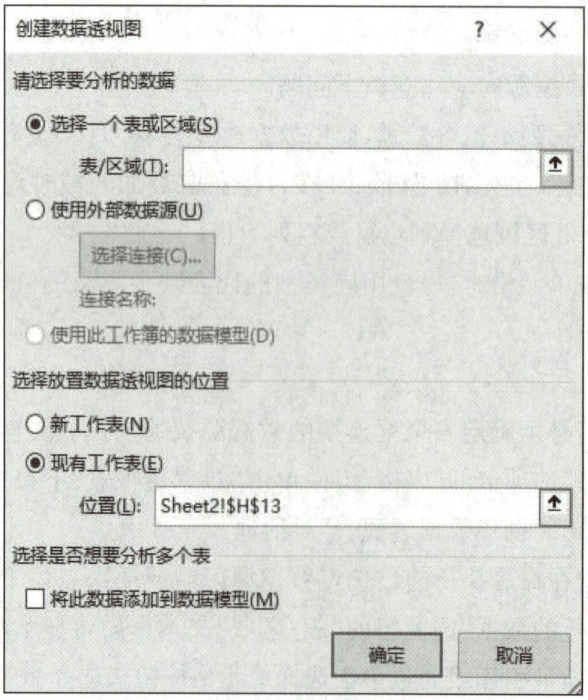

图 2-4-13 “创建数据透视图”对话框

②在“表/区域”文本框中确定数据源的位置。可以选择将数据透视图建立在新工作表中或建立在现有工作表的某个位置，具体位置可以在“位置”文本框中确定。

③单击“确定”按钮，将在规定位置同时建立数据透视表和数据透视图。

(2)通过数据透视表创建数据透视图。

①单击已存在的数据透视表中的任意一个单元格，在“数据透视表工具-分析”选项卡的“工具”组中单击“数据透视图”按钮，打开“插入图表”对话框。

②在“插入图表”对话框中选择图表的类型和样式，单击“确定”按钮将插入相应类型的数据透视图。

5)刷新数据透视表中的数据

数据源中的数据被更新后，数据透视表中的数据不会自动更新，需要用户对数据透视表进行手动刷新，操作方法如下。

(1)单击数据透视表中的任意一个单元格，打开“数据透视表工具”上下文选项卡。

(2)在“数据透视表工具-分析”选项卡的“数据”组中单击“刷新”按钮。

单元小结

本单元主要介绍如何使用 Microsoft Office Excel 2016 进行电子表格处理。带领读者了解了电子表格的基础知识、公式和函数的使用、图表分析与数据展示和数据处理等内容。通过对本单元的学习，读者可以学会使用 Excel 2016 进行电子表格的制作与处理。

课后习题

一、选择题

1. 电子表格中单元格的行和列的命名描述正确的是(　　)。

A. 行用字母表示，列用数字表示

B. 行用数字表示，列用字母表示

C. 行和列均用字母表示

D. 行和列均用数字表示

2. 一个电子表格工作簿(　　)。

A. 只包括一个“工作表”

B. 只包括一个“工作表”和一个“统计图”

C. 最多包括三个“工作表”

D. 可包括若干“工作表”

3. 要在单元格中输入一个公式，则需要首先输入(　　)符号。

A. =　　　　B. $　　　　C. +　　　　D. <>

4. 在工作簿中，要选定多个连续的工作表，则需要按住(　　)键，然后单击需要选定的最前和最后两个工作表。

A. Shift　　B. Ctrl　　C. Caps Lock　　D. Alt

5. 求和函数的名称为(　　)。

A. SUN　　B. RUN　　C. SUM　　D. AVERAGE

6. 利用 Excel 中的撤销操作可以撤销(　　)。

A. 最近一次操作　　B. 最近两次操作

C. 最近多次操作　　D. 以上都可以

7. 一个单元格的内容是 8，单击该单元格，编辑栏中不可能出现的是(　　)。

A. 8　　B. 3+5　　C. =3+5　　D. A2+B3

8. 下列关于排序的叙述，正确的是(　　)。

A. 只能对数值型字段进行排序，字符型字段不能排序

B. 可以按字段值的升序或降序排序

C. 用于排序的字段称为"关键字"，在 Excel 中只能有一个关键字段

D. 一旦排序后，就不能恢复原来的记录排序

9. 在 Excel 中，完成数据筛选后(　　)。

A. 只显示符合条件的第一个记录　　B. 显示数据清单中的全部记录

C. 只显示不符合条件的记录　　D. 只显示符合条件的记录

10. 在 Excel 中，公式"=C1+E$1"的单元格地址引用形式为(　　)。

A. 相对引用　　B. 绝对引用　　C. 混合引用　　D. 任意引用

二、填空题

1. 要清除单元格内的内容，可以使用________键。

2. 启动 Excel 后，在 Excel 的应用程序窗口中自动打开一个名为________的文档窗口，此时可以开始 Excel 的各项工作。

3. 在 Excel 中对数据清单进行分类汇总前，必须对数据清单进行________操作。

4. Excel 2016 在________视图中，系统以"所见即所得"的方式显示工作表及打印页面之间的关系(页边距、页脚、页眉等)。

5. 假设 A2 单元格的内容为"300"，A3 单元格的内容为"5"，则 COUNT(A2:A3)的值为________。

6. 文本型数据输入时默认________对齐，数据型数据输入时默认________对齐。

7. Excel 中，单元格区域 A1:A10 和 B1:B10 是两列数值，C1 单元格中公式为"=A$1+$B1"，把 C1 单元格中的公式复制到 C10 单元格中，则 C10 单元格的公式是________。

8. 某单元格中存储了公式"=INT(-10.58)"，其结果是________。

三、操作题

1. 建立本专业的往届毕业生就业情况调查报表，其操作要求如下。

(1)包含编号、毕业班级、姓名、性别、年龄、工作单位、职务、手机号、月平均工资等信息。

(2)报表表格要加边框(线型自拟)。

(3)报表表格要适当添加底纹(方式、颜色自拟)。

(4)设置顶端打印标题。

(5)设置页眉与页脚(内容自拟)。

(6)页面水平居中、页边距自拟。

(7)报表标题用艺术字(样式自拟)。

(8)字体、字号自选。

2.统计应届毕业生综合成绩榜单,确定就业推荐名次。

(1)根据学校具体情况,制作两个学年共4个学期的成绩表(学习成绩、操行成绩、综合评定成绩)。

(2)对4个学期的成绩表进行合并汇总,计算总成绩、名次。

(3)对不同班级进行数据统计分析(汇总结果、图表)。

单元3 演示文稿制作

演示文稿可以将多种媒体(如文字、图片、视频等)有机地结合起来,使枯燥的内容变得生动有趣。目前,演示文稿的应用领域非常广泛,如工作汇报、个人简历、新春贺卡等,本单元以Microsoft Office PowerPoint 2016(简称 PowerPoint 2016)为例,介绍演示文稿的制作、动画设计、母版制作和使用以及放映和导出内容。

学习目标

- 了解演示文稿的制作。
- 掌握演示文稿的动画制作。
- 熟悉演示文稿的动画设计。
- 熟悉演示文稿的放映和导出。

明德育才

说到演示文稿软件就不得不提我国自主开发的 WPS Office 软件。WPS Office 是一款集文字处理、电子表格、电子文档演示为一体的信息化办公软件。1989 年,求伯君推出 WPS 1.0。2005 年, WPS Office 个人版宣布免费。2007 年,WPS 进军日本市场,开启国际化征程。现如今,WPS Office 为全球多个国家和地区提供办公服务,每天有超过 5 亿个文件在 WPS Office 上被创建、编辑和分享。

任务 1 制作公司介绍

任务描述

演示文稿是进行企业宣传最经济、最方便的一种手段，某公司现在需要制作一份宣传文稿，用来提高企业的知名度，制作完成后的宣传文稿如图 3-1-1 所示。

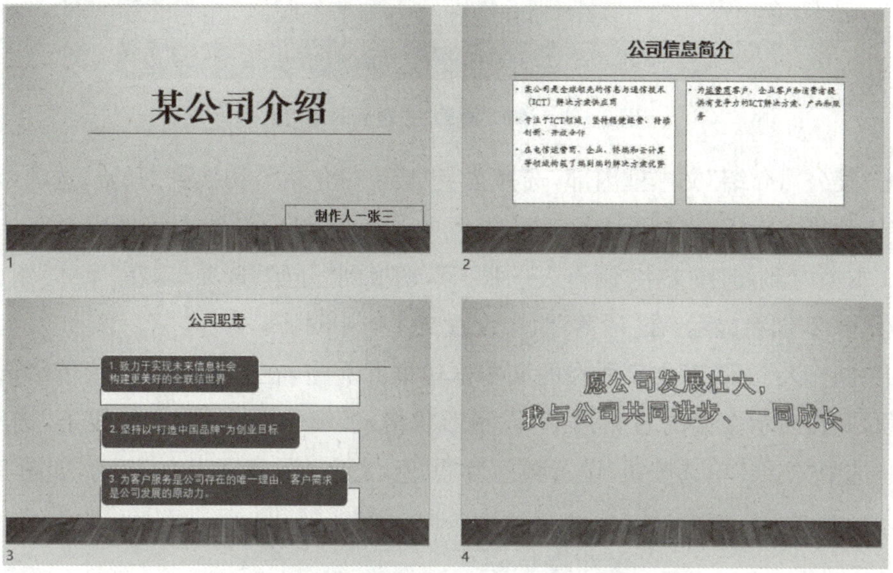

图 3-1-1 某公司介绍

任务实现

步骤 1:制作并保存第一张幻灯片

(1)打开 PowerPoint 2016 工作界面，默认打开一张空白幻灯片。

(2)单击标题所在的文本框内部，输入文字“某公司介绍”，单击副标题所在文本框内部，输入文字“制作人一张三”。

(3)为这张幻灯片设置背景。切换到“设计”选项卡，可以看到“主题”组中的各类背景样式，如图 3-1-2 所示。

视频
制作“公司介绍”演示文稿 1

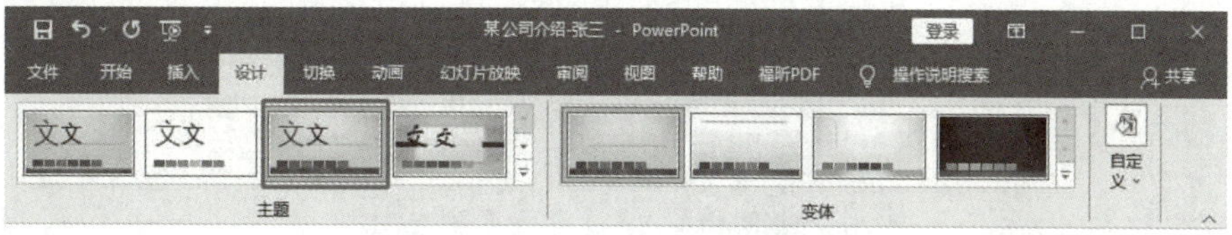

图 3-1-2 “主题”组中的各类背景样式

(4)选择“画廊”主题，添加主题后的幻灯片如图 3-1-3 所示。

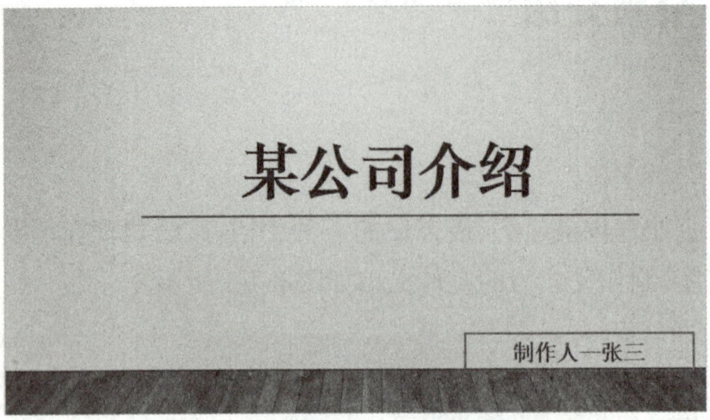

图 3-1-3 添加“画廊”主题后的幻灯片

(5)单击“某公司介绍”文本框内部，选择文字“某公司介绍”，切换到“开始”选项卡，在“字体”组中设置字体为华文中宋，字号为 80，加粗显示，在“段落”组中设置文字居中对齐。单击“制作人—张三”文本框内部，选择文字“制作人—张三”，切换到“开始”选项卡，在“字体”组中设置字体为宋体，字号为 32，加粗显示，在“段落”组中设置文字居中对齐。

(6)选中“制作人—张三”文字所在的文本框边框并右击，在弹出的快捷菜单中选择“设置形状格式”选项，则在演示文稿的右侧弹出“设置形状格式”窗格。在“填充与线条”选项卡中展开“线条”选项，选中“实线”单选按钮，设置颜色为“黑色，文字 1”，宽度为 2.75 磅，如图 3-1-4 所示。

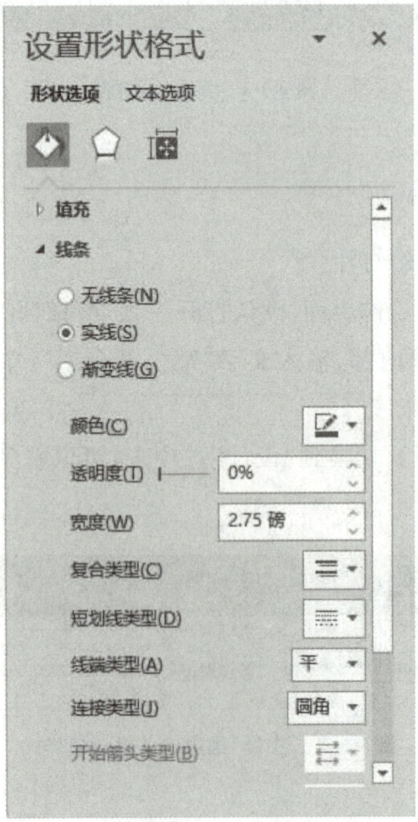

图 3-1-4 设置线条格式

（7）调整两行文字的位置，至此第一张幻灯片就制作完成了。

（8）保存演示文稿。单击快速访问工具栏中的“保存”按钮，打开保存文件对话框，选择保存位置，并命名为“某公司介绍. pptx”。

视频
制作“公司介绍”演示文稿 2

步骤 2：制作第二张幻灯片

（1）切换到“开始”选项卡，在“幻灯片”组中单击“新建幻灯片”下拉按钮，在弹出的下拉列表中选择“两栏内容”选项，创建第二张幻灯片，如图 3-1-5 所示。

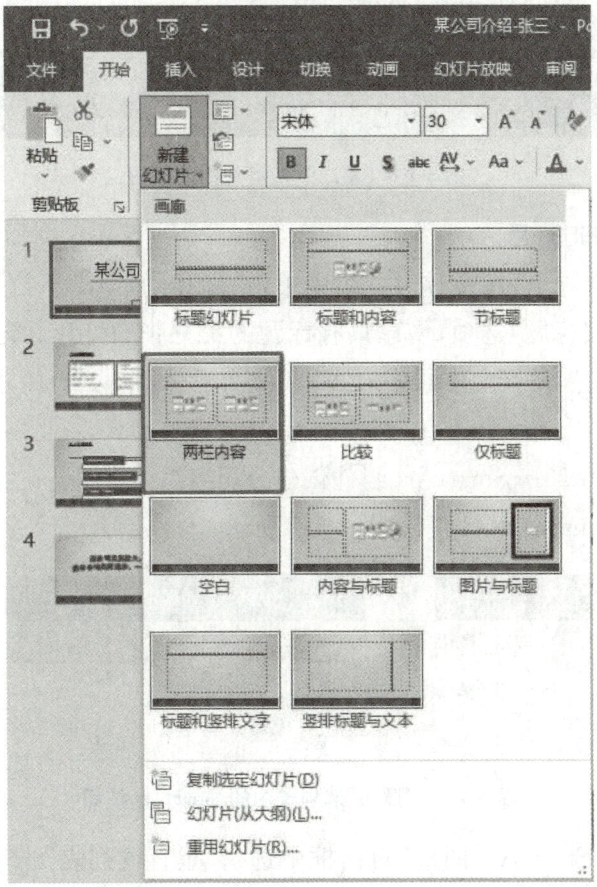

图 3-1-5 “新建幻灯片”下拉按钮

（2）单击这张幻灯片的标题文本框，输入文字“公司信息简介”。选中该行文字，在“开始”选项卡的“字体”组中单击组按钮，打开“字体”对话框，在该对话框中设置字体为黑体，字号为 40，加粗，添加下划线及文字阴影，设置文字居中显示。

（3）单击左侧文本框，录入文字。录入文字后，单击左侧文本框，切换到“格式”选项卡，在“形状样式”组中选择“彩色轮廓—蓝—灰，强调颜色 6”轮廓。将文本框中的文字设置为华文楷体，字号为 24。

（4）用同样的方法设置右侧文本框，设置后的效果如图 3-1-6 所示。

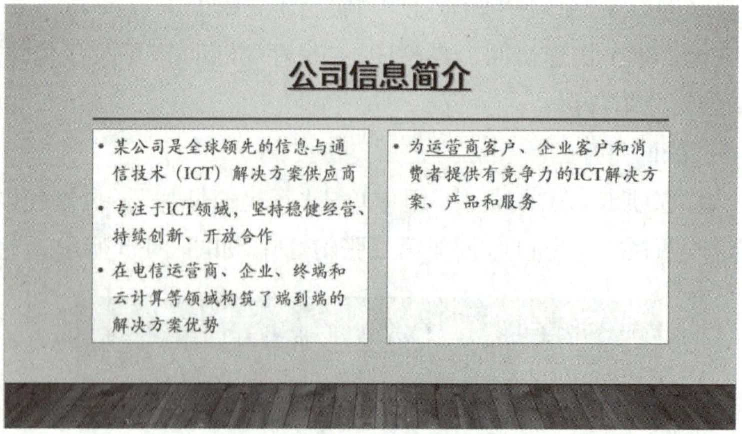

图 3-1-6　第二张幻灯片的效果图

步骤 3:制作第三张幻灯片

(1)切换到“开始”选项卡,在“幻灯片”组中单击“新建幻灯片”下拉按钮,在弹出的下拉列表中选择“仅标题”选项,创建只有标题的第三张幻灯片。在标题文本框中输入文字“公司职责”,设置文字居中对齐,字体为黑体,字号为 40,加粗,添加下划线及文字阴影。

视频
制作“公司介绍”演示文稿 3

(2)利用 PowerPoint 2016 SmartArt 组件创建公司组织结构图。在“插入”选项卡的“插图”组中单击“SmartArt”按钮,如图 3-1-7 所示。

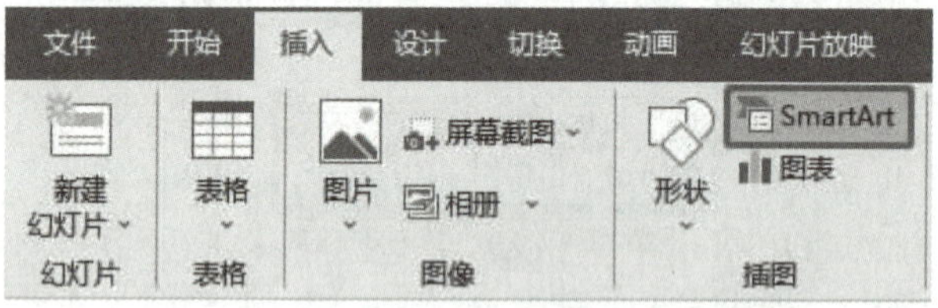

图 3-1-7　“插入”选项卡中的 SmartArt 按钮

(3)在打开的“选择 SmartArt 图形”对话框中选择“垂直框列表”选项,单击“确定”按钮,如图 3-1-8 所示。

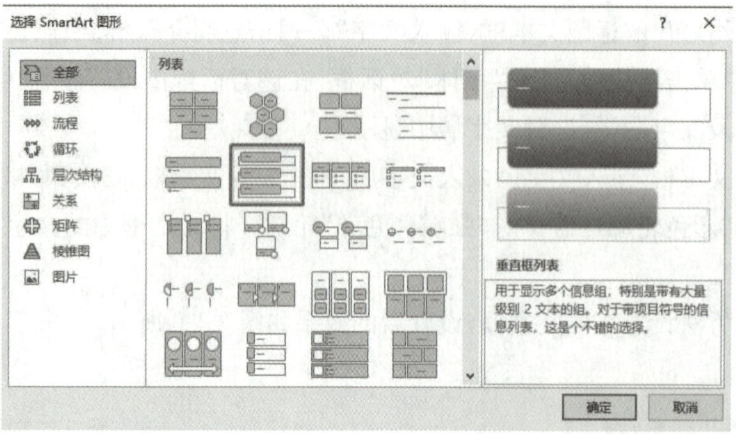

图 3-1-8　选择“垂直框列表”选项

(4)这样就可以直接在“垂直框列表”中继续输入文字,如图 3-1-9 所示。

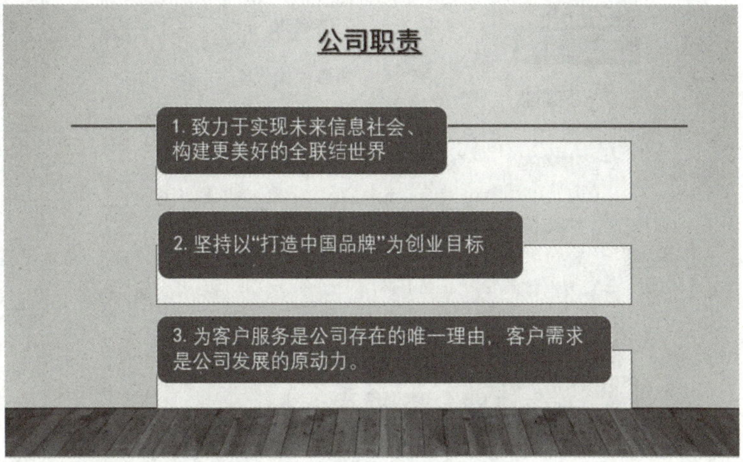

图 3-1-9　第三张幻灯片的效果图

步骤 4:制作第四张幻灯片

(1)切换到“开始”选项卡,在“幻灯片”组中单击“新建幻灯片”下拉按钮,在弹出的下拉列表中选择“空白”选项,创建第四张幻灯片。

视频
制作“公司介绍”演示文稿 4

(2)切换到“插入”选项卡,在“文本”组中单击“艺术字”下拉按钮,在弹出的下拉列表中选择“填充:白色;边框:红色,主题色 1;发光:红色,主题色 1”选项,如图 3-1-10 所示。

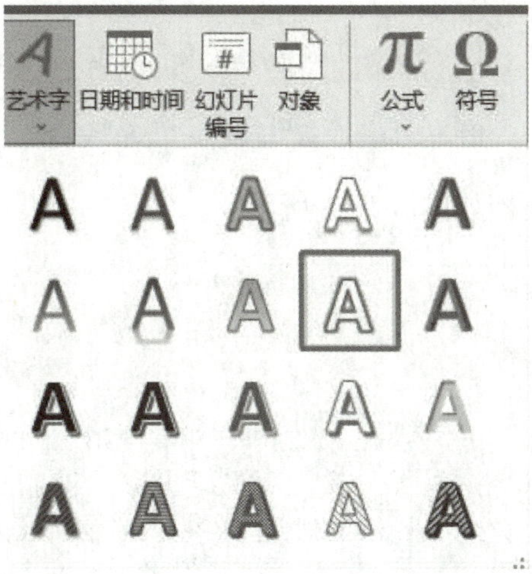

图 3-1-10　选择艺术字类型

(3)单击文本框内部,再切换到“格式”选项卡,在“艺术字样式”组中单击“文本效果”下拉按钮,在弹出的下拉列表中执行“转换”→“上翘”命令,如图 3-1-11 所示。

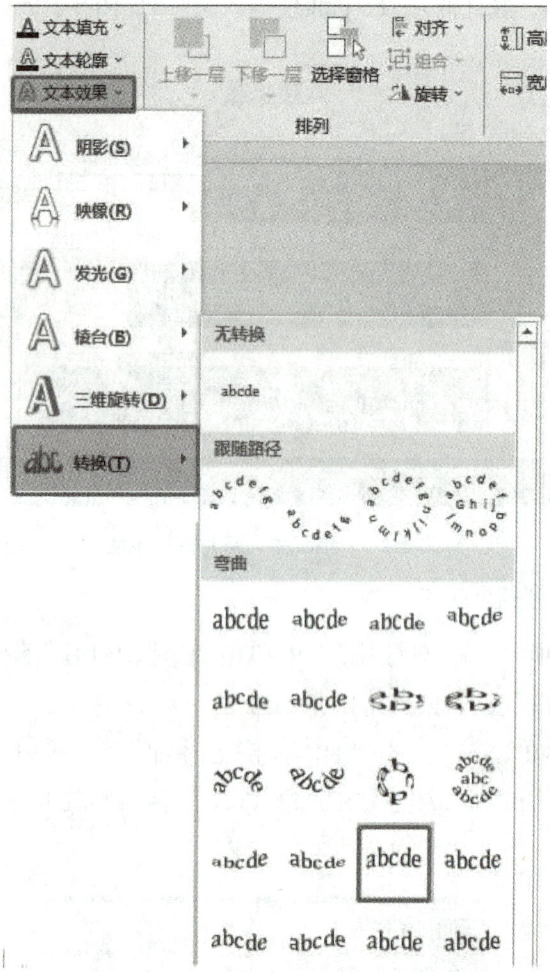

图 3-1-11　执行“转换”→“上翘”命令

艺术字制作完成的演示文档如图 3-1-12 所示。

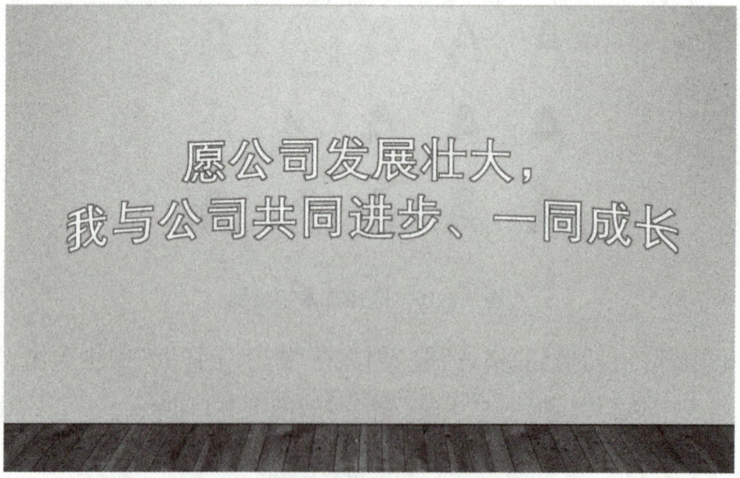

图 3-1-12　第四张幻灯片的效果图

至此，某公司介绍就全部制作完成了。

必备知识

1. 演示文稿的基本操作

(1)插入幻灯片。打开新建的或要编辑的演示文稿，在确定插入新幻灯片的位置单击，然后在“开始”选项卡的“幻灯片”组中单击“新建幻灯片”下拉按钮，在弹出的下拉列表中选择一种版式即可。

(2)复制和移动幻灯片。复制和移动幻灯片在任意视图中均可完成。选中要复制或移动的幻灯片，使用对应的命令按钮、快捷键或拖动鼠标的方法进行操作。

(3)删除幻灯片。选中要删除的幻灯片，按 Delete 键，或者右击，在弹出的快捷菜单中选择“删除幻灯片”选项即可。

2. 美化演示文稿

(1)主题和版式。主题包含颜色设置、字体选择、对象效果设置，有时还包含背景图形，控制整个演示文稿的外观。而版式主要用于确定占位符的类型和它们的排列方式，只能控制一张幻灯片，每张幻灯片的版式可以互不相同。

(2)占位符。占位符是创建新幻灯片时，应用了一种版式后出现的虚线方框。右击占位符，在弹出的快捷菜单中可以设置占位符的大小、位置和形状格式。

(3)插入表格、图片、SmartArt 屏幕截图、联机图片、形状等。PowerPoint 提供的版式中提供了以上几种对象，当需要插入某种对象时，选择对应的对象即可。与旧版本比较，PowerPoint 2016 新增的 SmartArt 使用了更多的图形模板，以图形、概念上有意义的方式展示文本信息，可以设计出各式各样的专业图形。

(4)更改背景。背景是应用于整个幻灯片的颜色、纹理、图案或图片，其他内容位于背景之上。切换到“设计”选项卡，在“自定义”组中单击“设置背景格式”按钮，在弹出的“设置背景格式”窗格中选择所需样式即可将其应用到整个演示文稿。

3. 放映演示文稿

(1)幻灯片切换。

①手动切换与自动切换。切换是指整张幻灯片的进入和退出，分为手动切换和自动切换。在默认情况下，使用手动切换，可以单击幻灯片或按方向键切换幻灯片。对于自动切换，可以为所有的幻灯片设置相同的切换时间，也可以为每张幻灯片设置不同的切换时间。为每张幻灯片单独指定时间的最有效方法是排练计时。

②选择切换效果。演示文稿制作完成后，如果不设置幻灯片切换效果，在放映过程中就会在前一张幻灯片消失后出现下一张幻灯片。如果需要设置切换效果，那么选择要应用效果的幻灯片并切换到“切换”选项卡(见图 3-1-13)，在“切换到此幻灯片”组中设置切换效果，在“计时”组中设置切换声音和自动换片时间。

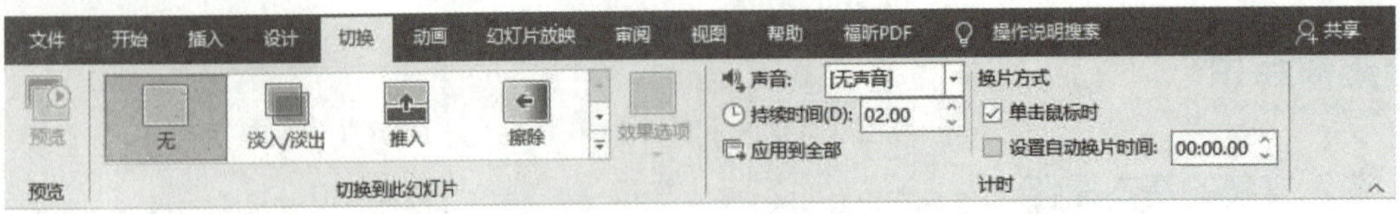

图 3-1-13 “切换”选项卡

(2)设置放映方式。放映幻灯片时应切换到“幻灯片放映”选项卡,根据需要在“开始放映幻灯片”组中单击“从头开始”或“从当前幻灯片开始”按钮。如果需要设置循环放映,可以在“设置”组中单击“设置幻灯片放映”按钮,在打开的“设置放映方式”对话框中选中“循环放映,按 ESC 键终止”复选框,如图 3-1-14 所示。

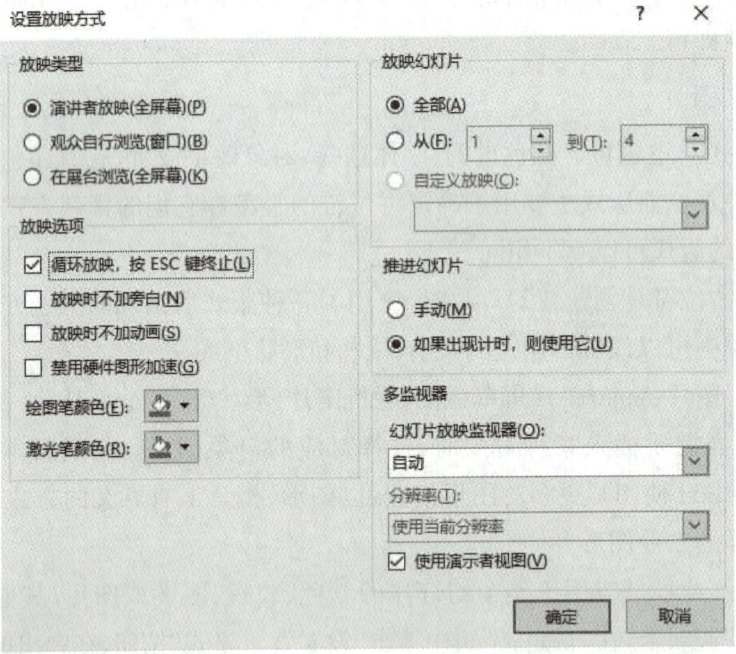

图 3-1-14 选中“循环放映,按 ESC 键终止”复选框

4. 主题使用技巧

制作演示文稿时,选定了一个主题后默认情况下所有幻灯片都会应用这个主题。如果要使选定的幻灯片应用新的主题,可以在“普通视图”或“幻灯片浏览视图”中选中要应用新主题的幻灯片,切换到“设计”选项卡,右击采用的新主题名称,在弹出的快捷菜单中选择“应用于选定幻灯片”选项即可。

5. 打印演示文稿

打印演示文稿时,可以在“打印”界面(见图 3-1-15)根据需要进行打印范围、打印份数、打印内容和颜色/灰度等选项的设置。

图 3-1-15 “打印”界面

任务 2 制作《感动中国 2020 年度人物》演示文稿

任务描述

《感动中国 2020 年度人物》是中国中央电视台《感动中国》节目组主办的年度人物评选活动，本任务要求制作《感动中国 2020 年度人物》的演示文稿，制作完成后效果如图 3-2-1 所示。

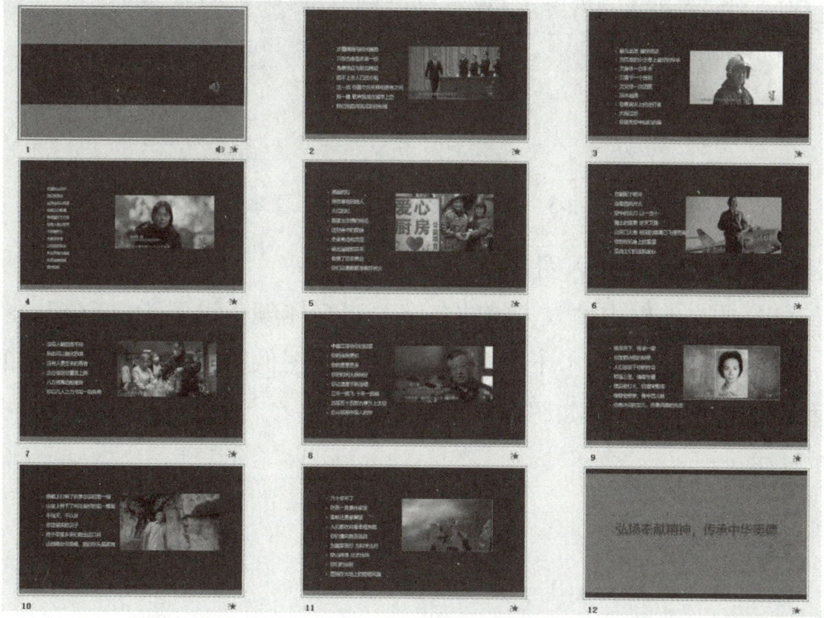

图 3-2-1 《感动中国 2020 年度人物》的演示文稿

任务实现

下面进行实际操作。

步骤 1:新建演示文稿

打开 PowerPoint 2016,单击“新建”界面下的模板“青色镶边演示文稿”(见图 3-2-2),在弹出的对话框中单击“创建”按钮。

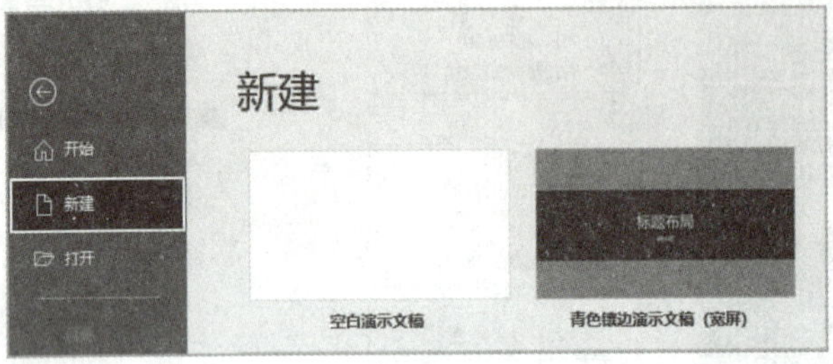

图 3-2-2　新建演示文稿

步骤 2:在第 1 张幻灯片中输入文本信息

在第 1 张幻灯片的“标题布局”文本框中输入“2020 感动中国十大人物”,选中文字后释放鼠标,在弹出的浮动工具栏中单击“字体颜色”按钮将文字颜色设置为“紫色”,然后选中“副标题”文本框右击,选择“剪切”选项,删除“副标题”文本框,结果如图 3-2-3 所示。

图 3-2-3　在第 1 张幻灯片中输入文本信息

步骤 3:在第 2 张幻灯片中插入图片

在第 2 张幻灯片的文本框中输入人物的名字并将字体颜色设置为“紫色”,在下面的文本框中输入颁奖词,并单击“插入”选项卡下的“图片”组中的“图像”按钮,插入准备好的人物图片,调整图片大小并移动图片位置,结果如图 3-2-4 所示。

图 3-2-4　在第 2 张幻灯片中插入图片

步骤 4:制作另外 9 位人物的幻灯片

选中第 2 张幻灯片,右击,在弹出的快捷菜单中选择“复制幻灯片”选项,按同样的方法再复制 9 张,然后将第 3~11 张幻灯片的文本框中的内容分别改成另外 9 个人物的名字、颁奖词和图片,最终结果如图 3-2-5 所示。

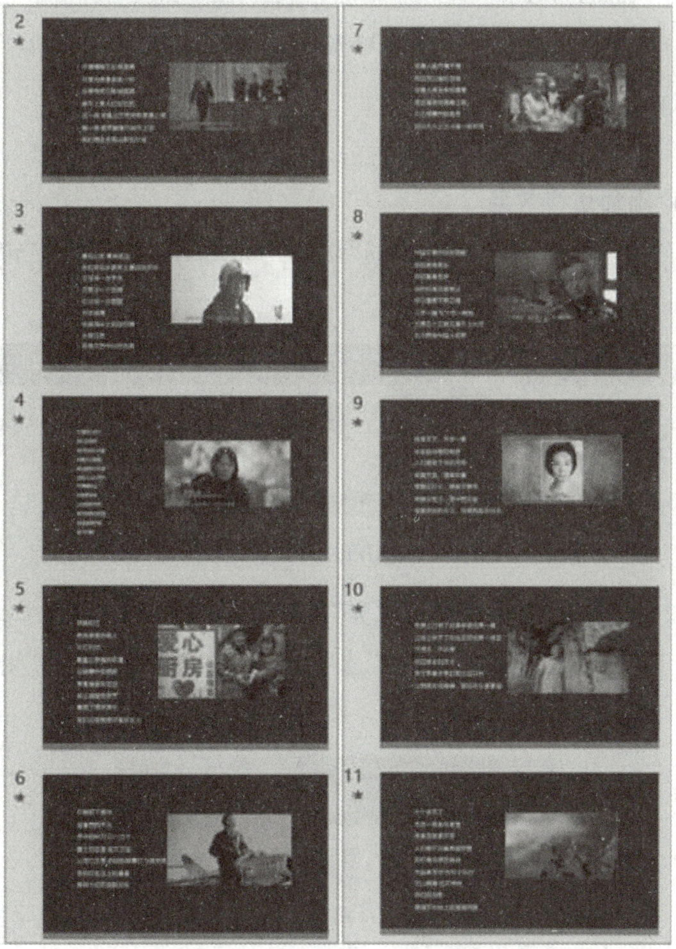

图 3-2-5　制作十位人物的幻灯片

注意：选中幻灯片后右击会出现“复制”和“复制幻灯片”选项，它们的区别是选择“复制”之后可以将幻灯片粘贴到任意的位置，而选择“复制幻灯片”会直接在该幻灯片的下方复制出来一张幻灯片。

步骤5：在第12张幻灯片中输入文本

在第12张幻灯片上面的文本框中输入“弘扬奉献精神，传承中华美德”并将字体颜色设置为“紫色”，如图3-2-6所示。

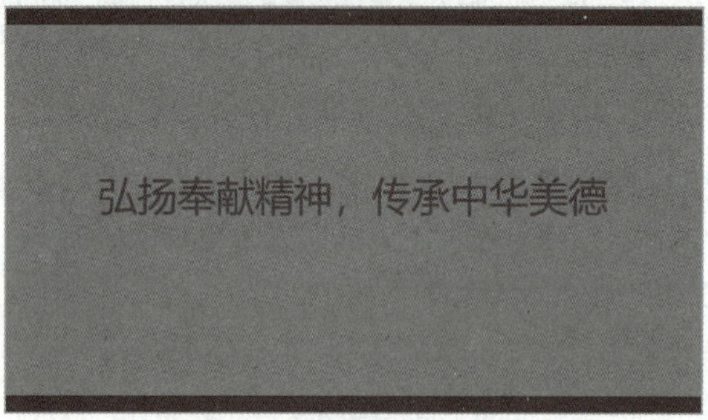

图3-2-6　在第12张幻灯片中输入文本

步骤6：删除幻灯片

分别选中剩下不需要的幻灯片模板页，右击，选择“删除幻灯片”选项。

步骤7：为幻灯片添加切换效果

选中第1张幻灯片，单击“切换”选项卡的“切换到此幻灯片”组中的“帘式”按钮，如图3-2-7所示。

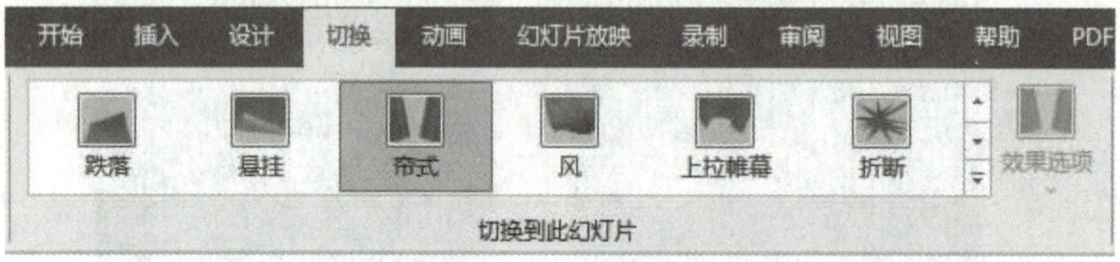

图3-2-7　为第1张幻灯片设置切换效果为“帘式”

步骤8：设置第2～11张幻灯片切换格式为“悬挂”

分别选中第2～11张幻灯片，单击“切换”选项卡的“切换到此幻灯片”组中的“悬挂”按钮，如图3-2-8所示。

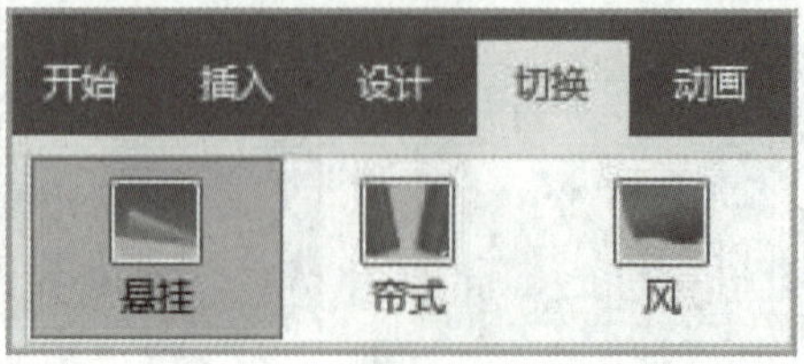

图3-2-8　为第2～11张幻灯片设置切换效果为“悬挂”

步骤 9:设置最后一张幻灯片切换效果为“涡流”

选中最后一张幻灯片,单击“切换”选项卡的“切换到此幻灯片”组中的“涡流”按钮,如图 3-2-9 所示。

图 3-2-9 为最后一张幻灯片设置切换效果为“涡流”

步骤 10:设置第 1 张幻灯片的动画为“飞入”

选中第 1 张幻灯片上的文本框,单击“动画”选项卡下的“动画”组中的“飞入”按钮,为文字文本框添加“飞入”的效果,如图 3-2-10 所示。

3-2-10 第 1 张为幻灯片设置切换效果为“飞入”

步骤 11:设置第 2 张幻灯片的动画为“翻转式由远及近”

选中第 2 张幻灯片下面的文本框中的文字,单击“动画”选项卡下的“高级动画”组中的“添加动画”下拉按钮,在展开列表中选择“翻转式由远及近”(见图 3-2-11),将持续时间设置为 1.5 秒,然后选中第 2 张幻灯片中的图片并为图片添加“轮子”效果。

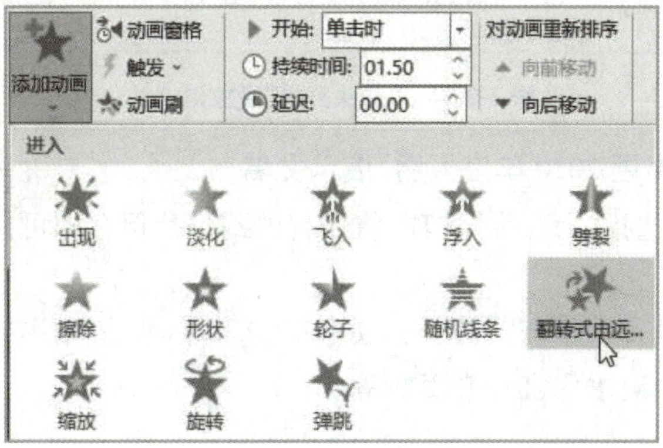

图 3-2-11 为幻灯片设置动画为“翻转式由远及近”

步骤 12:设置第 3~11 张幻灯片的动画

按照步骤 11 的方式为第 3~11 张幻灯片设置一样的动画效果。

步骤 13:为幻灯片添加音频

选中第 1 张幻灯片,单击“插入”选项卡的“媒体”组中的“音频”按钮,在展开的下拉列表中选择“PC 上的音频”选项(见图 3-2-12),然后在弹出的对话框中选择准备好的音频素材。

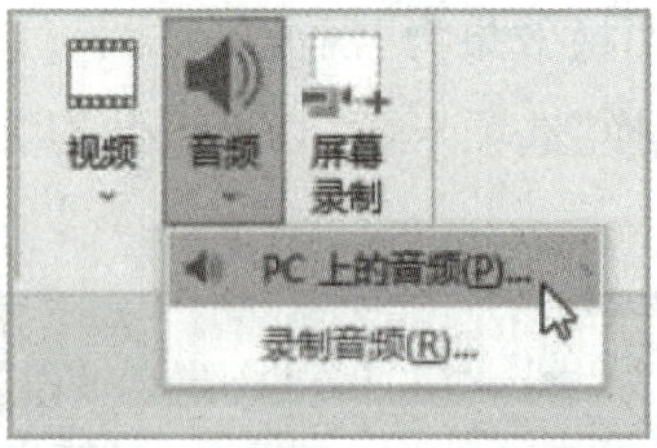

图 3-2-12 选择“PC 上的音频”选项

步骤 14:设置音频的播放

选中插入的音频按钮,单击“音频工具-播放”选项卡,选中“音频选项”组中的“跨幻灯片播放”“循环播放,直到停止”以及“放映时隐藏”复选框,然后单击“开始”下拉列表框,选择“自动”选项,如图 3-2-13 所示。

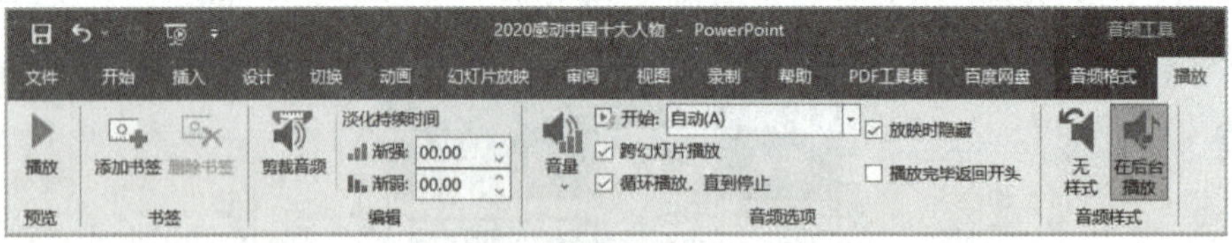

图 3-2-13 设置音频的播放

步骤 15:播放制作好的幻灯片

至此幻灯片就做好了。如图 3-2-14 所示,单击“幻灯片放映”选项卡下的“开始放映幻灯片”组中的“从头开始”按钮,即可播放完整的幻灯片。

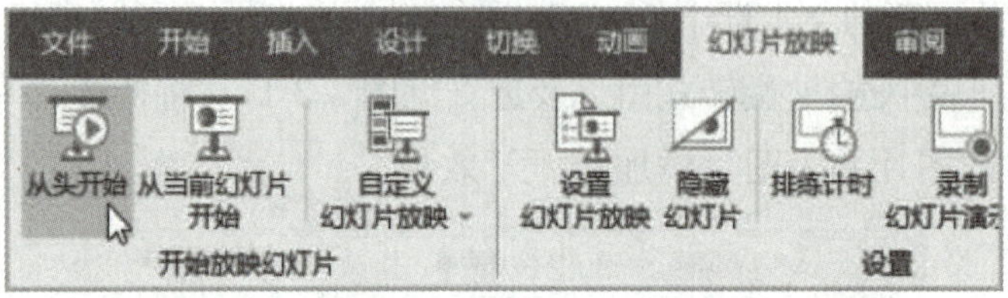

图 3-2-14 “从头开始”播放幻灯片

步骤 16:保存《感动中国 2020 年度人物》演示文稿

单击“文件”选项卡,选择“另存为”选项,将做好的幻灯片保存即可。

> **提示:**在做好的幻灯片中单击“视图”选项卡下的“母版视图”组中的“幻灯片母版”按钮可以为幻灯片批量添加图标、水印、日期、页脚等。

必备知识

1. 添加图片

1)插入图片

在“插入”选项卡的“图像”组中单击“图片”按钮,再单击“此设备”按钮,在打开的“插入图片”

对话框中选择要插入的图片，最后单击“插入”按钮即可，如图 3-2-15 所示。

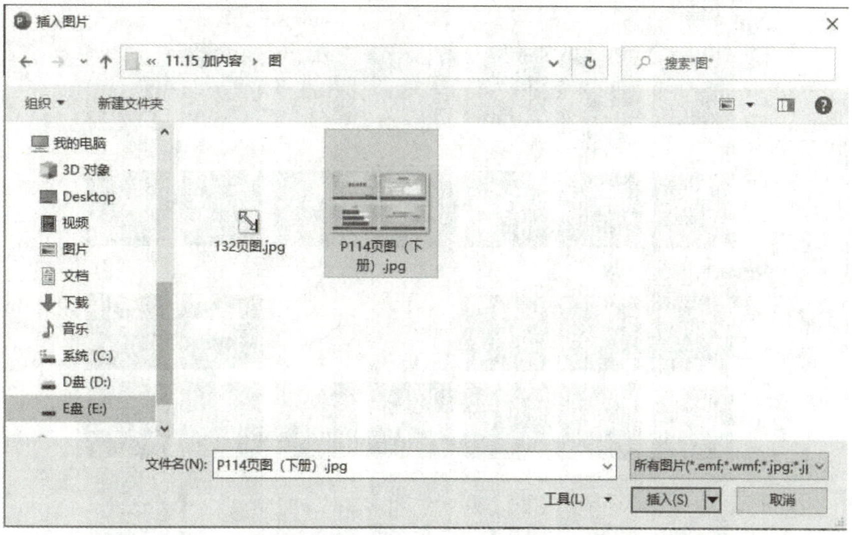

图 3-2-15 插入图片

2)图片处理

PowerPoint 2016 提供了多种图片处理功能，此处简单介绍一些常用的功能。

(1)调整图片。PowerPoint 2016 允许用户对图片的亮度、对比度、颜色等进行调整，允许用户为图片添加艺术效果。

①调整亮度和对比度。选中图片，在“图片工具-图片格式”选项卡的“调整”组中单击“校正”下拉按钮，从弹出的下拉列表中选择合适的锐化/柔化、亮度/对比度即可，如图 3-2-16 所示。

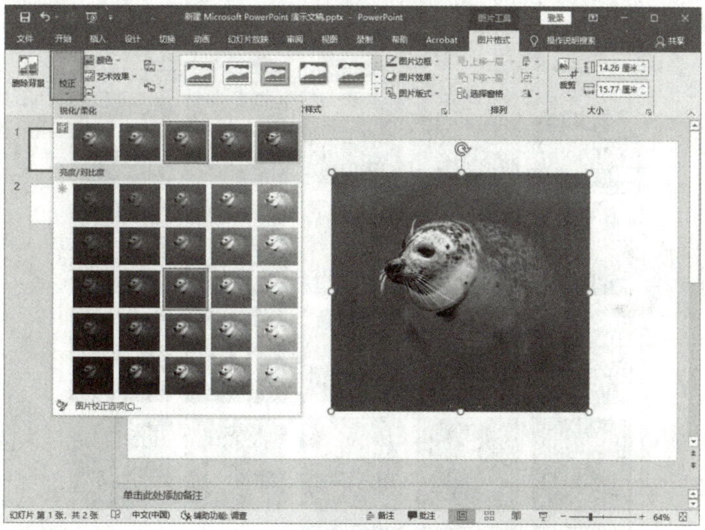

图 3-2-16 调整图片的锐化/柔化、亮度/对比度

②调整颜色。选中图片，在“图片工具-图片格式”选项卡的“调整”组中单击“颜色”下拉按钮，从弹出的下拉列表中选择合适的颜色饱和度、色调，也可重新着色，如图 3-2-17 所示。

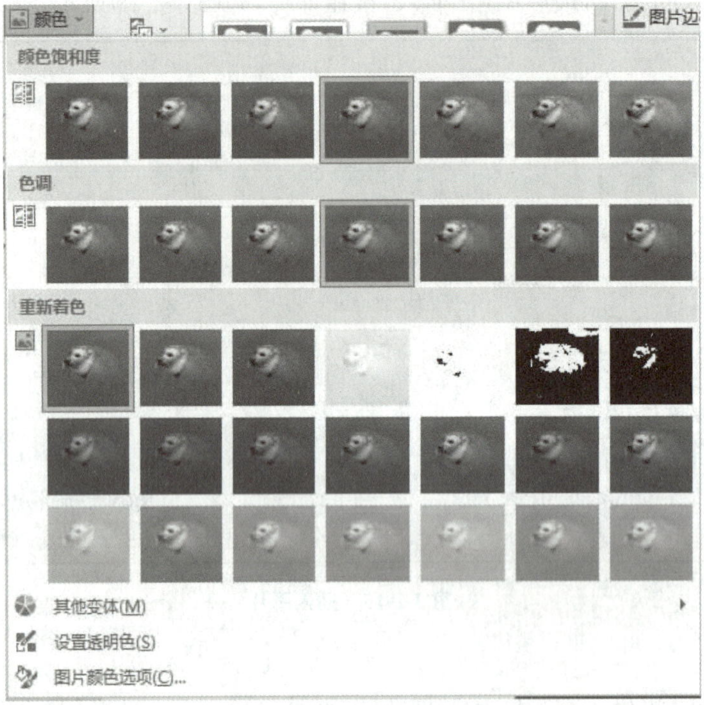

图 3-2-17　调整图片颜色

③添加艺术效果。选中图片，在“图片工具-图片格式”选项卡的“调整”组中单击“艺术效果”下拉按钮，在弹出的下拉列表中有多种艺术效果，如粉笔素描、铅笔灰度、虚化等，用户可以根据需要选择合适的艺术效果，如图 3-2-18 所示。

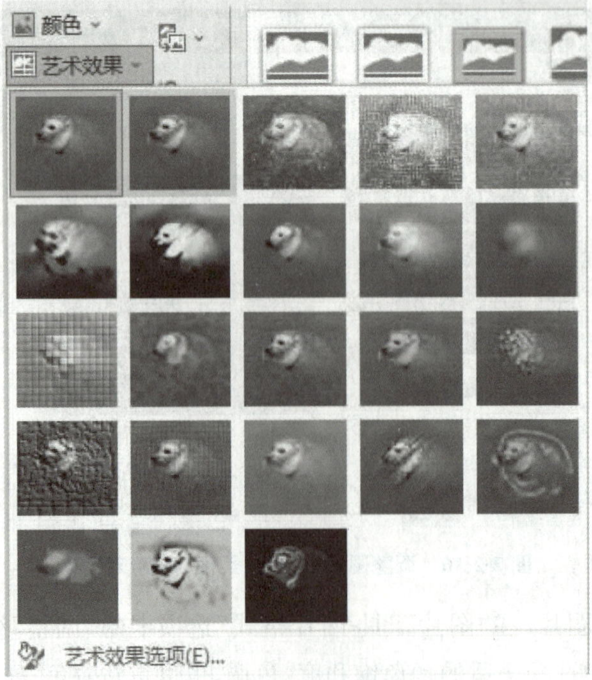

图 3-2-18　添加艺术效果

(2)使用图片样式。选中图片,在“图片格式”选项卡的“图片样式”组中单击“其他”下拉按钮,在弹出的下拉列表中选择合适的样式单击即可,如图 3-2-19 所示。也可单击“图片边框”“图片效果”“图片版式”命令按钮,为图片选择合适的边框、效果和版式。

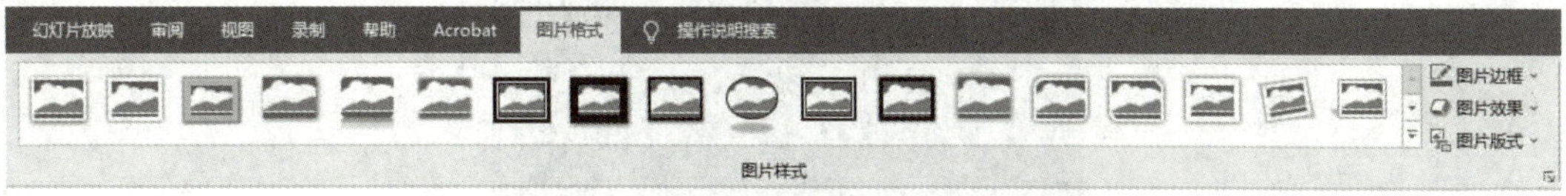

图 3-2-19 使用图片样式

(3)排列图片。当一张幻灯片中的图片较多时,用户可以单击“图片格式”选项卡的“排列”组中的命令按钮,对图片进行相应操作,如图 3-2-20 所示。

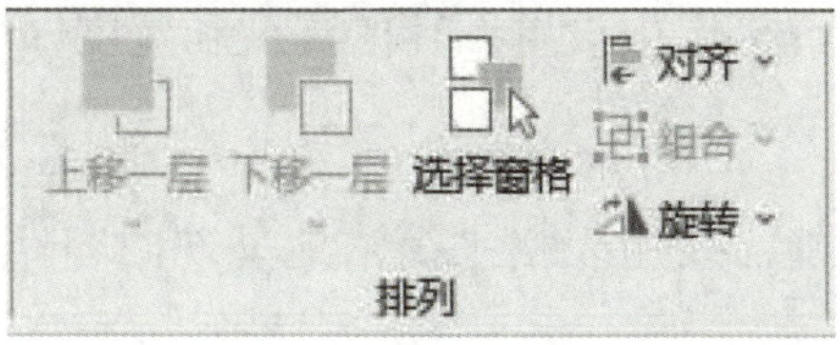

图 3-2-20 “排列”组

①调整图片所在的图层。选中一张图片,单击“上移一层”或“下移一层”按钮,可以调整图片所在的图层位置。

②对齐多张图片。选中多张图片,单击“对齐”按钮,可为选中的图片设置合适的对齐方式。

③组合图片。当图片和图形繁多但又需要一起移动它们时,可以将它们全部选中,单击“组合”按钮。这时所有的图片和图形便成为一个整体,方便用户移动。若不需要组合,单击“组合”下拉按钮,在弹出的下拉列表中选择“取消组合”选项即可。

④旋转图片。选中一张或多张图片,单击“旋转”下拉按钮,在弹出的下拉列表中选择合适的旋转角度旋转图片即可,或者选中图片后,将光标放在图片上方的处,按住鼠标左键的同时旋转图片,旋转到合适的角度后松开鼠标左键即可。

(4)图片的裁剪与大小调整。在演示文稿中插入图片后,图片的内容与大小往往需要调整,在“图片格式”选项卡的“大小”组中可以进行图片的裁剪和大小调整,如图 3-2-21 所示。

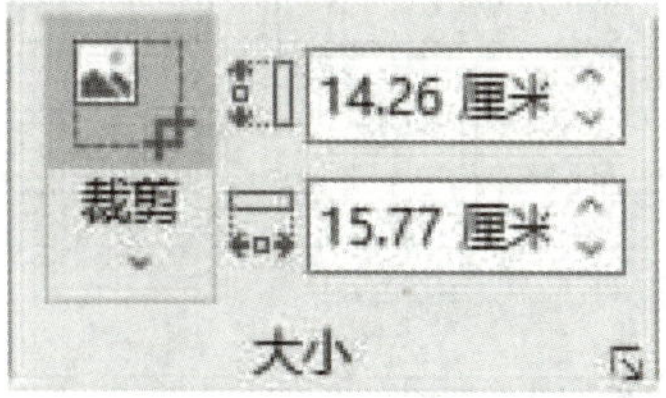

图 3-2-21 “大小”组

①图片的裁剪。裁剪图片可以将不需要的图片内容裁掉,只留下需要的图片内容。选中需要裁剪的图片,在“图片格式”选项卡的“大小”组中单击“裁剪”按钮,图片周围会出现图 3-2-22 所示的边框,移动边框即可进行裁剪。

图 3-2-22 裁剪图片

②图片的大小调整。在“大小”组中设置图片的高度和宽度即可改变图片的大小。

2. 添加表格

制作演示文稿的过程中可能需要用表格来简洁地呈现内容，下面介绍如何在演示文稿中插入表格和插入 Excel 电子表格。

1)插入表格

插入表格的常用方法有以下两种。

(1)切换到“插入”选项卡，在“表格”组中单击“表格”下拉按钮，在弹出的下拉列表中用鼠标指针在小方格区域滑动，选择合适的行和列即可，如图 3-2-23 所示。

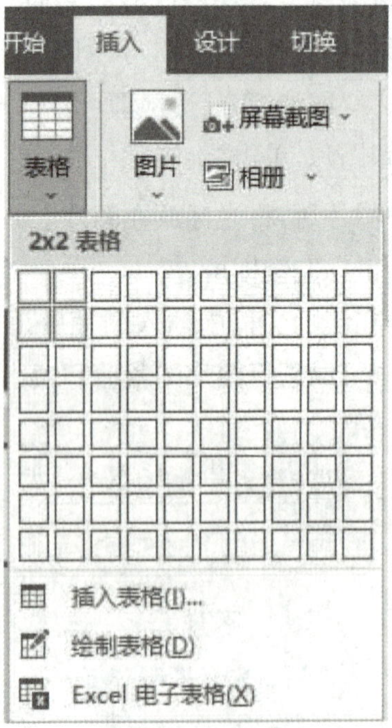

图 3-2-23 插入表格

(2)切换到“插入”选项卡，在“表格”组中单击“表格”下拉按钮，在弹出的下拉列表中选择“插入表格”选项，这时会弹出图 3-2-24 所示的“插入表格”对话框，输入表格的行数和列数，并单击

“确定”按钮即可完成表格的插入。

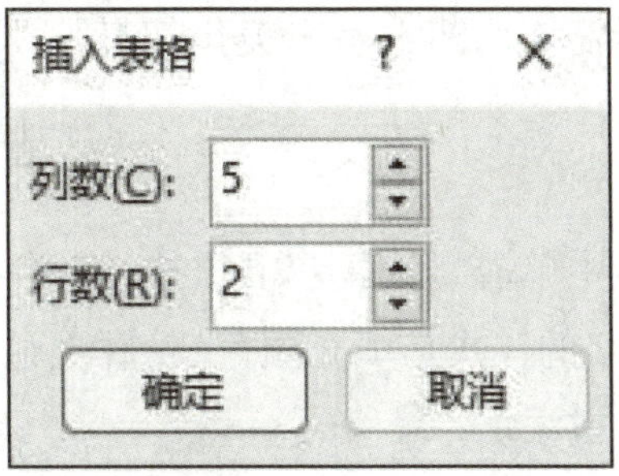

图 3-2-24 “插入表格”对话框

2)插入电子表格

在“插入”选项卡的“表格”组中单击“表格”下拉按钮，在弹出的下拉列表中选择“Excel 电子表格”选项，此时出现图 3-2-25 所示的界面。

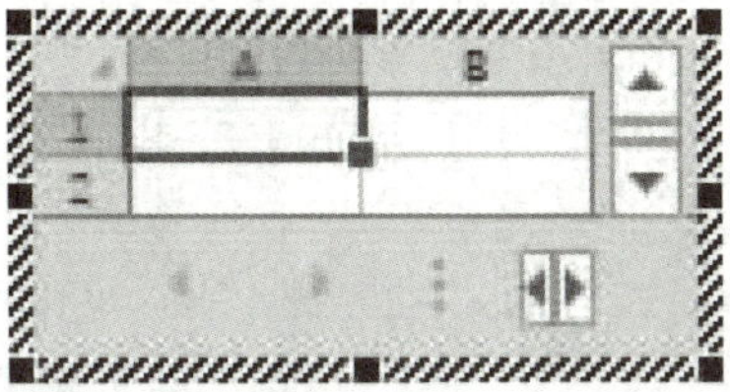

图 3-2-25 插入 Excel 电子表格

幻灯片上的电子表格可以根据需要进行放大或缩小，Excel 的一些基本操作在此界面都可实现。表格内容处理完成后，单击任意空白处即可返回原来的演示文稿界面，如果想对表格中的内容进行更改，双击表格即可再次进入表格编辑界面。

Excel 电子表格的编辑界面还有另外一种进入方式：在“插入”选项卡的“文本”组中单击“对象”按钮，会出现图 3-2-26 所示的“插入对象”对话框，选中“新建”单选按钮，在“对象类型”列表框中选择“XLSX 工作表”选项并单击“确定”按钮即可。

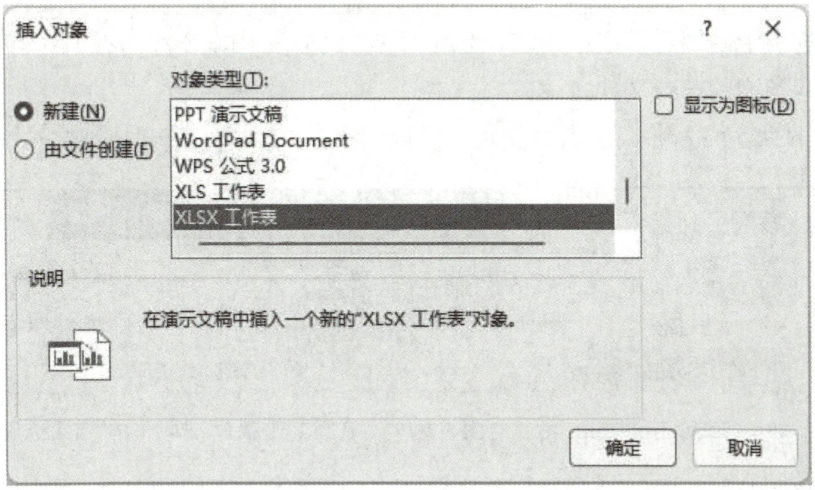

图 3-2-26 “插入对象”对话框

3. 添加艺术字

制作演示文稿的过程中可能需要用艺术字来美化幻灯片，下面介绍如何在演示文稿中添加艺术字。

1)插入艺术字

在“插入”选项卡的“文本”组中单击“艺术字”下拉按钮，可以在幻灯片中插入某种样式的艺术字，如图 3-2-27 所示。该艺术字的样式是填充颜色、轮廓颜色和文本效果的预设组合，内置于 PowerPoint 2016 中，不能自定义或添加。

2)设置艺术字

选中艺术字后，可以在“绘图工具-形状格式”选项卡的“艺术字样式”组中设置艺术字的填充颜色、轮廓颜色和文本效果(见图 3-2-28)。特别地，在“文本效果”下拉列表中还可以选择阴影、映像、发光、棱台、三维旋转和转换效果。

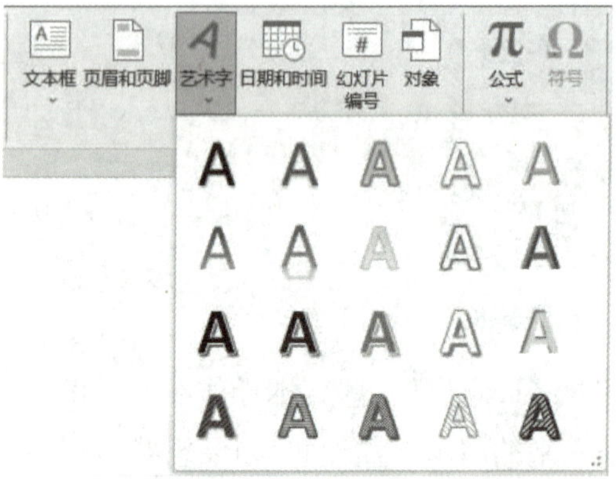

图 3-2-27 艺术字样式

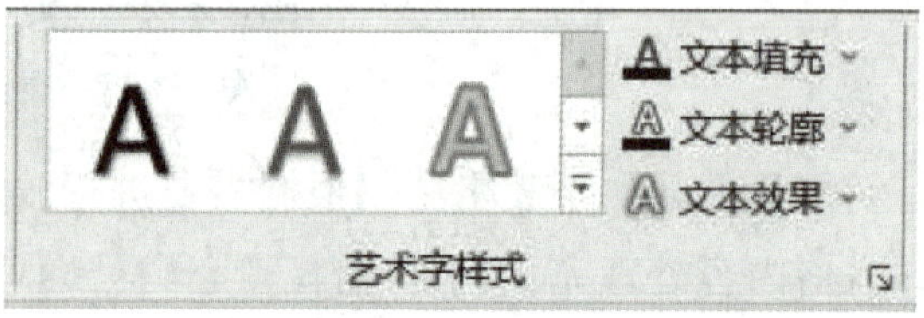

图 3-2-28 设置艺术字

4. 添加音频和视频

制作演示文稿的过程中可能需要添加音频，下面介绍如何在演示文稿中插入音频和视频。

1)插入音频

在“插入”选项卡的“媒体”组中单击“音频”下拉按钮(见图 3-2-29)，在其下拉列表中可以根据需要选择不同类型的声音文件。

在“音频工具-播放”选项卡的“音频选项”组(见图 3-2-30)中进行音量、放映方式的设置。

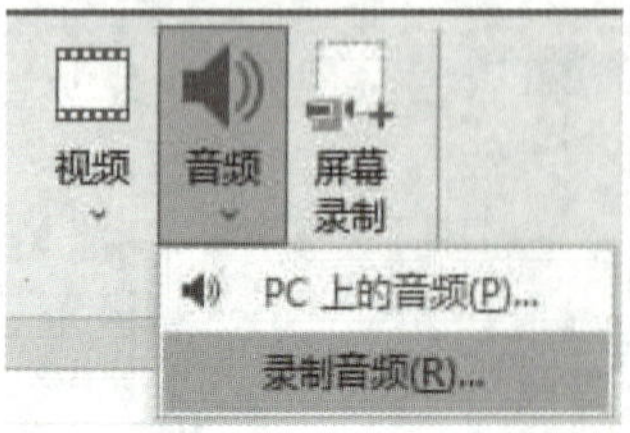

图 3-2-29 “音频”下拉按钮

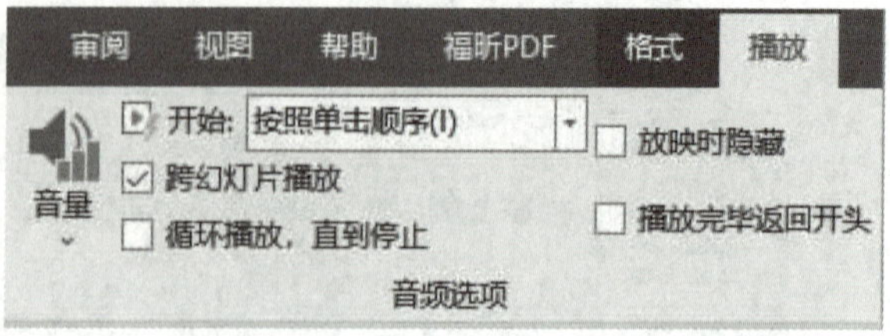

图 3-2-30 “音频工具-播放”选项卡的“音频选项”组

当声音文件的大小小于指定大小时将被嵌入，大于指定大小时将被链接。如果链接某个声音文件，需要把它和演示文稿存放在同一目录下。

2)插入视频

在“插入”选项卡的“媒体”组中单击“视频”下拉按钮,在弹出的下拉列表中选择“此设备”选项,弹出“插入视频文件”窗口(见图 3-2-31),选择需要插入的视频文件并单击“插入”按钮即可。此时,视频窗口会出现在幻灯片上,可以根据需要调整视频窗口的大小和位置,单击视频窗口下方的播放按钮即可播放视频。

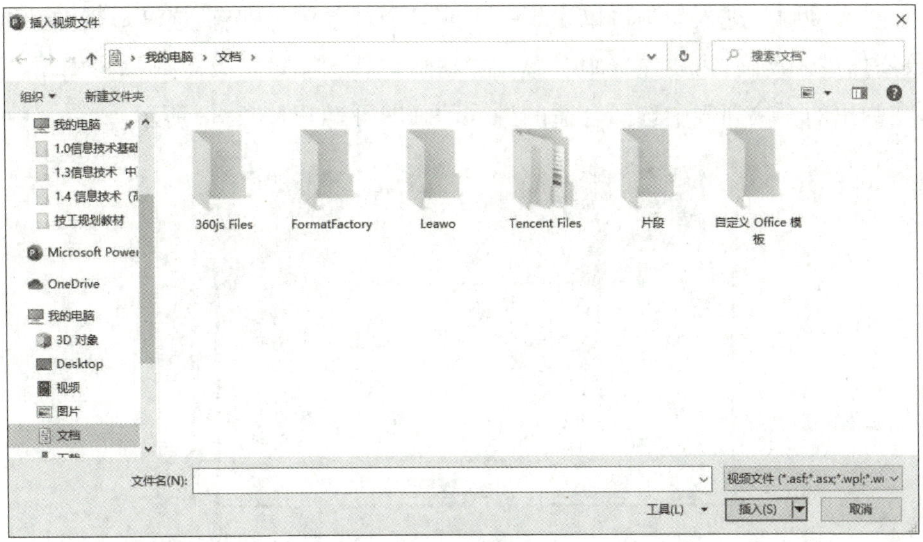

图 3-2-31 “插入视频文件”窗口

5. 添加超链接

在制作演示文稿时,很多情况下都需要插入超链接。选中需要添加超链接的文字、图片、图形等对象,在“插入”选项卡的“链接”组中单击“超链接”按钮,弹出“插入超链接”对话框(见图 3-2-32),可以链接到现有文件或网页、本文档中的位置、新建文档和电子邮件地址。

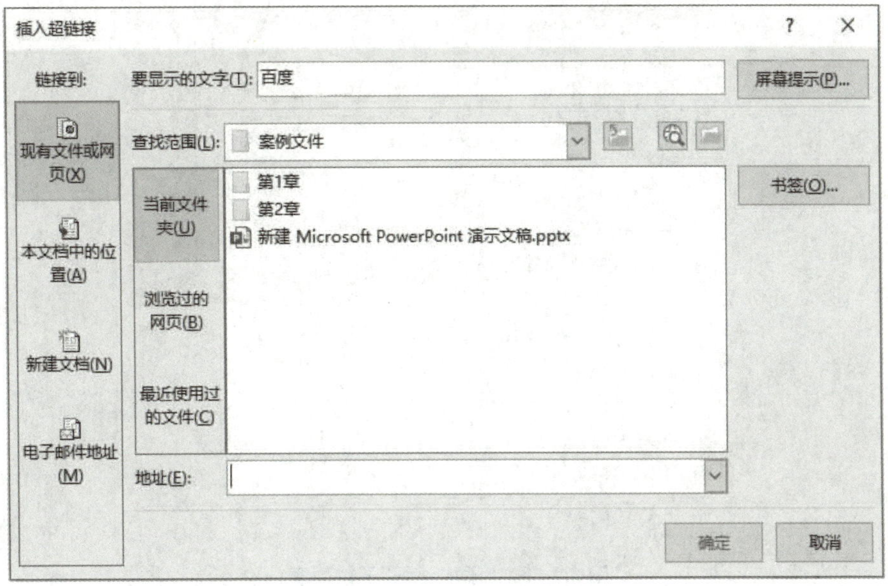

图 3-2-32 “插入超链接”对话框

6. 设置动画效果

PowerPoint 可以实现多种动画效果，包括进入、强调、退出、动作路径等多种形式，用户可以单独使用任何一种形式的动画，也可以将多种形式的动画组合在一起使用，文本、图片、图形等都可作为添加动画的对象。

1)添加动画效果

(1)添加进入动画。进入动画可以实现一个或多个对象从无到有、逐渐显现的动画效果。

为对象添加进入动画，需要先选中对象，在“动画”选项卡的“高级动画”组中单击“添加动画”下拉按钮，在弹出的下拉列表中选择合适的进入动画即可，如图 3-2-33 所示。

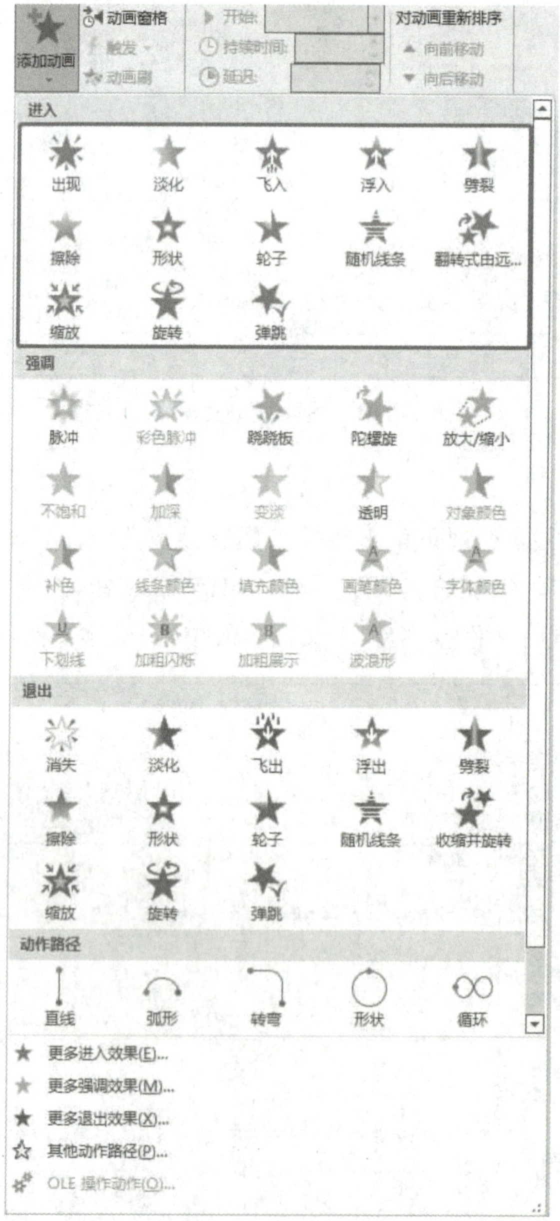

图 3-2-33 “添加动画”下拉列表

如果需要更多的进入效果，可以在“添加动画”下拉列表中选择“更多进入效果”选项，此时，会弹出图 3-2-34 所示的对话框，从中选择合适的效果并单击“确定”按钮即可。

(2)添加强调动画。强调动画是在放映过程中通过闪烁、旋转、放大等方式来达到引人注意的目的的。

选中需要添加动画的对象，在“动画”选项卡的“高级动画”组中单击“添加动画”下拉按钮，在弹出的下拉列表中选择合适的强调动画即可，如图 3-2-35 所示。

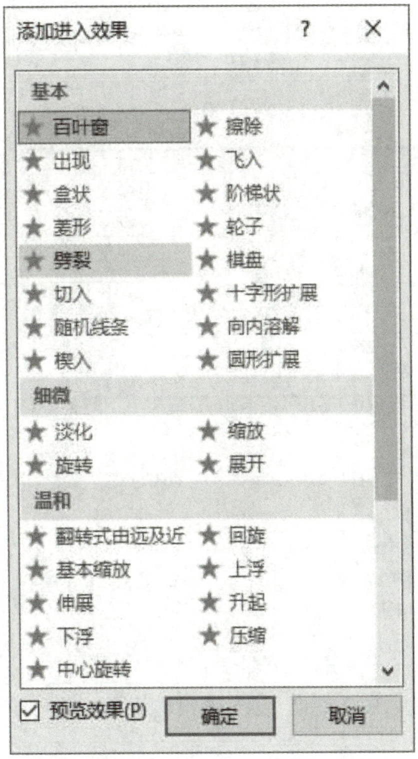

图 3-2-34 “添加进入效果”对话框

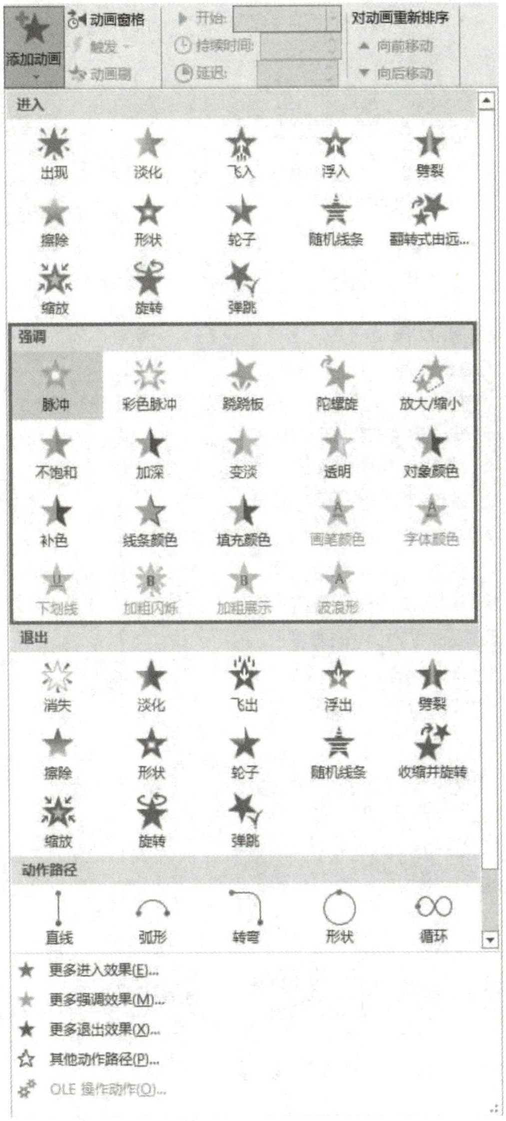

图 3-2-35 添加强调动画

与添加进入效果类似，可以在“添加动画”下拉列表中选择“更多强调效果”选项，在弹出的“添加强调效果”对话框中选择合适的效果即可，如图 3-2-36 所示。

（3）添加退出动画。退出动画与进入动画相反，可以实现一个或多个对象从有到无、逐渐消失的动画效果。选中需要添加动画的对象，在“动画”选项卡的“高级动画”组中单击“添加动画”下拉按钮，在弹出的下拉列表中选择合适的退出动画即可，如图 3-2-37 所示。

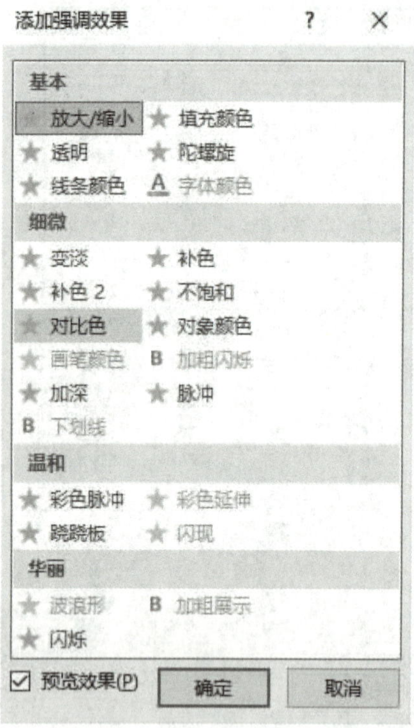

图 3-2-36 “添加强调效果”对话框

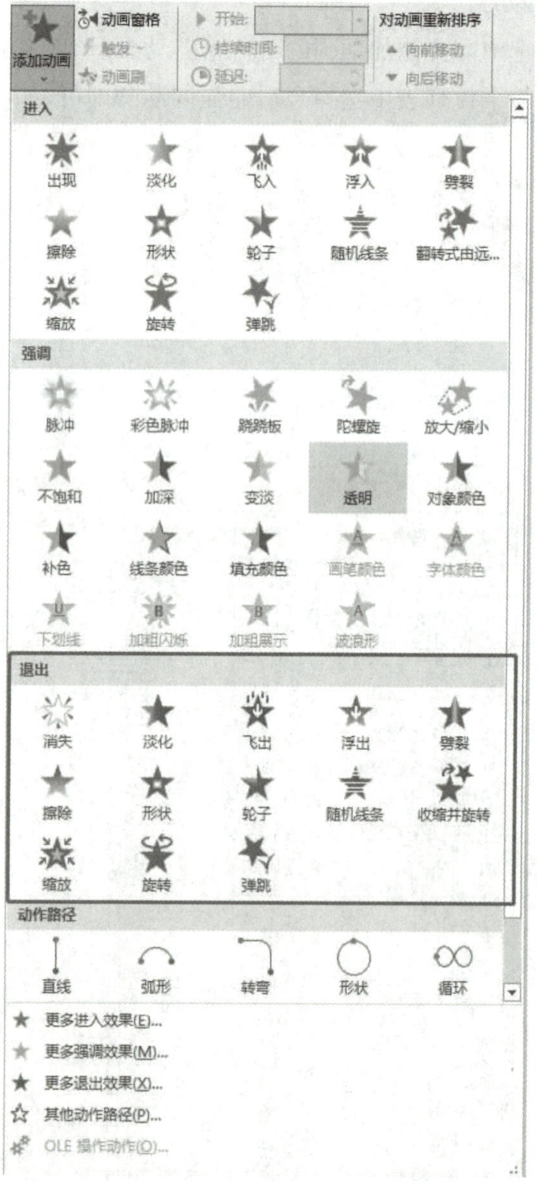

图 3-2-37 添加退出动画

如果需要更多的退出效果，可以在“添加动画”下拉列表中选择“更多退出效果”选项，在弹出的“添加退出效果”对话框中选择合适的效果即可，如图 3-2-38 所示。

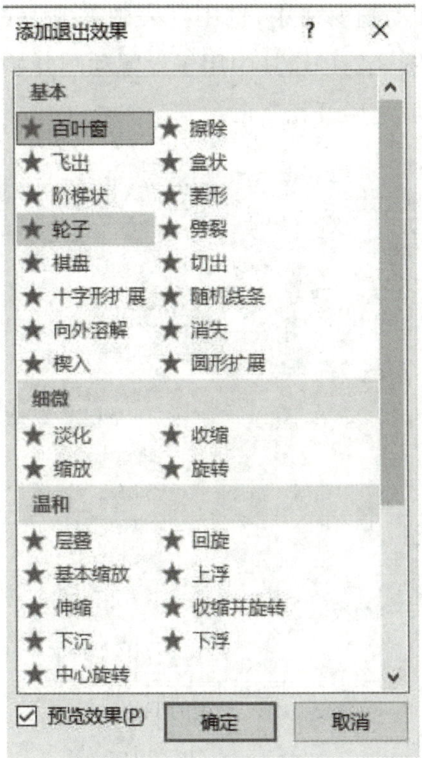

图 3-2-38 “添加退出效果”对话框

2)修改动画效果

在对象添加了动画效果之后,该对象就应用了默认的动画格式,包括动画变化方向、运行时间、重复次数等。若需改变这些格式,可以在动画窗格中进行相关设置。切换到“动画”选项卡,在“高级动画”选项组中单击“动画窗格”按钮,此时,在演示文稿右侧会弹出“动画窗格”窗格,如图 3-2-39 所示。

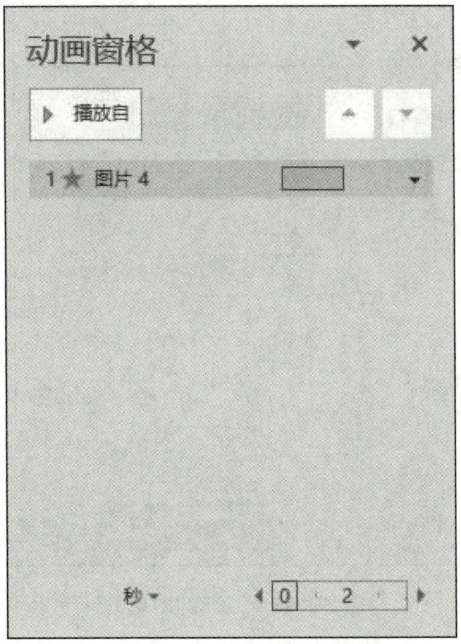

图 3-2-39 “动画窗格”窗格

（1）设置动画开始方式。在动画窗格中，选中列表中需要设置开始方式的动画，单击其右侧的下拉按钮，弹出下拉列表（见图 3-2-40），其中用于设置动画开始方式的选项有 3 个，即“单击开始”“从上一项开始”和“从上一项之后开始”。

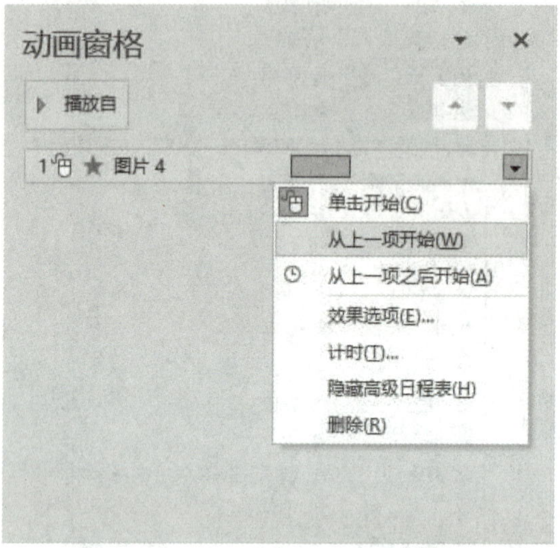

图 3-2-40　动画的下拉列表

①“单击开始”是指单击幻灯片时动画开始播放。

②“从上一项开始”是指上一个动画开始播放时，此动画也开始播放。

③“从上一项之后开始”是指上一个动画播放结束后开始播放此动画。

（2）效果设置。在动画的下拉列表中选择“效果选项”，会弹出相应的对话框，用户可以根据需要进行相应的设置，动画效果不同，弹出的对话框可能不同，如图 3-2-41 所示。

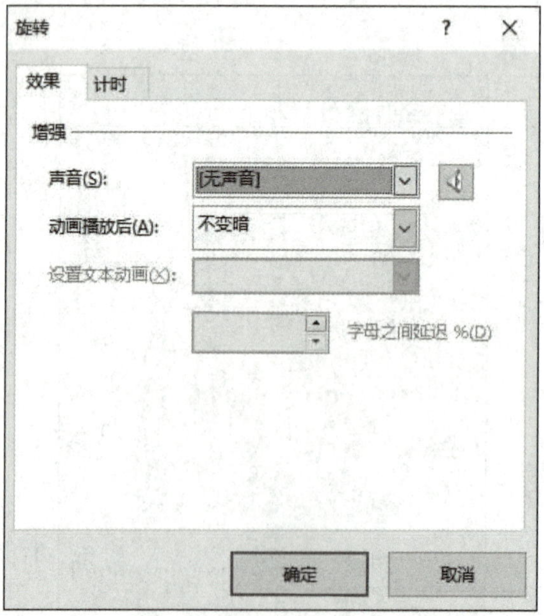

图 3-2-41　“旋转”对话框

(3)设置计时选项。在动画的下拉列表中选择“计时”选项，可以设置与开始时间、循环等相关的选项，图 3-2-42 所示为“旋转”对话框的“计时”选项卡，其中“开始”在上述内容中已经介绍，此处不再赘述。

①“延迟”是指此动画开始播放与上一个动画结束播放之间的时间间隔。

②“期间”是指某个动画持续的时长，可以从下拉列表中选择，也可以自己输入。

③“重复”是指重复播放某个动画效果。

④“播完后快退”是指某个动画播放完后自动恢复到最初的外观和位置。

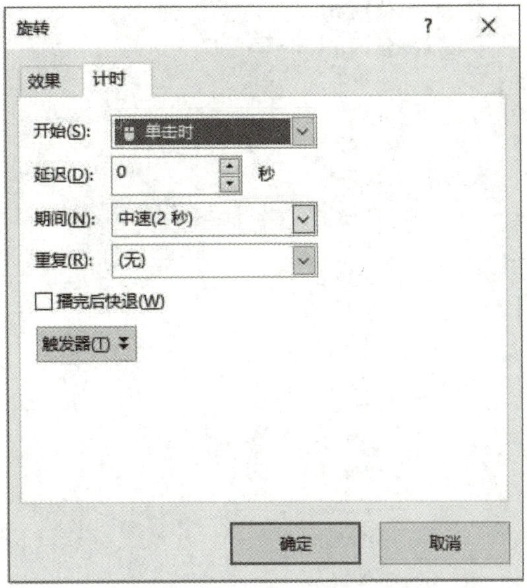

图 3-2-42 “旋转”对话框的“计时”选项卡

7. 设置切换效果

幻灯片的切换效果出现在两张幻灯片之间的过渡时刻，用户可以通过“切换”选项卡设置幻灯片的切换效果。

1)添加切换效果

单击需要添加切换效果的幻灯片缩略图，切换到“切换”选项卡，在“切换到此幻灯片”组中选择合适的切换效果即可，如图 3-2-43 所示。若需将此切换效果应用到整个演示文稿，可以单击“全部应用”按钮，这样每张幻灯片都会有此切换效果。

图 3-2-43 选择切换效果

2)设置换片方式

幻灯片之间的切换方式有两种，即“单击鼠标时”和“设置自动换片时间”，用户选定某个幻灯片缩略图后，可以在“切换”选项卡的“计时”组中进行设置。在“计时”组中，“单击鼠标时”是指单击鼠标后才会切换到下一张幻灯片;“设置自动换片时间”是指此幻灯片停留多长时间后自动切换下一张幻灯片。用户可以根据自己的需要设置停留的具体时间。

3)设置切换声音

为幻灯片设置切换声音后,从上一张幻灯片切换到此幻灯片时会播放声音。PowerPoint 提供了多种声音,在“切换”选项卡的“计时”组中的“声音”下拉列表框(见图 3-2-44)中,同时也支持用户添加自己计算机中的声音。

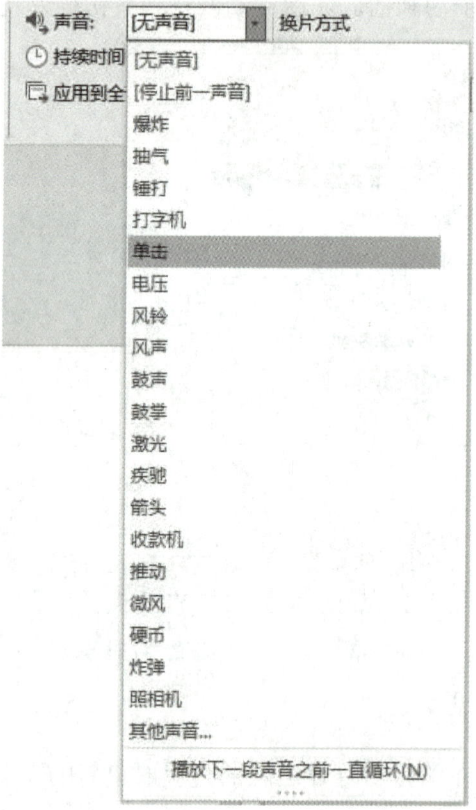

图 3-2-44 “声音”下拉列表框

选中某个幻灯片缩略图后,切换到“切换”选项卡,在“计时”组的“声音”下拉列表框中选择合适的声音即可。若需添加自己计算机中的声音,在下拉列表框中选择“其他声音”选项,会弹出“添加音频”对话框,选中要添加的音频并单击“确定”按钮即可。

任务 3 制作《望庐山瀑布》课件

任务描述

在一所小学中,语文教师张老师需要讲解李白的《望庐山瀑布》这首古诗,为了让学生体会李白诗歌中表达的情感,张老师制作了一份演示文稿,并通过交互功能进行演示,效果如图 3-3-1 所示。

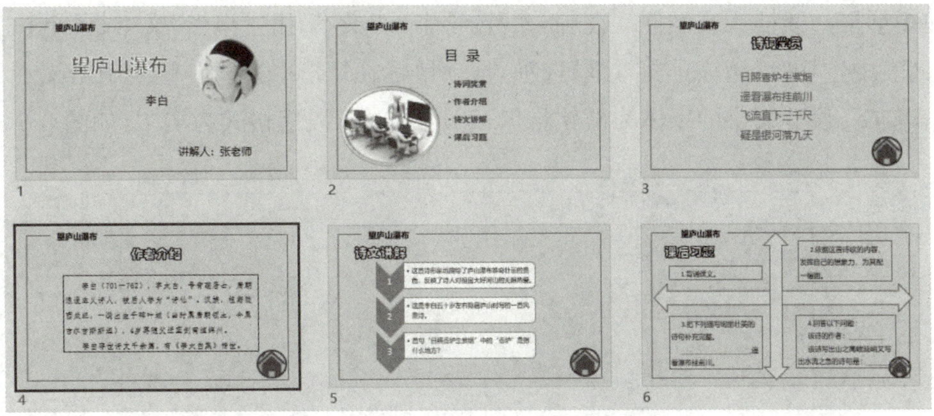

图 3-3-1 《望庐山瀑布》演示文稿效果图

任务实现

下面进行实际操作。

步骤 1:创建母版背景

(1)设置背景。启动 PowerPoint 2016 会自动创建一个空白演示文稿，删除演示文稿中的标题和副标题文本框，右击幻灯片，在弹出的快捷菜单中选择“设置背景格式”选项，打开“设置背景格式”窗格，在“填充”选项卡中展开“填充”选项，选中“图片或纹理填充”单选按钮，设置“纹理”为“再生纸”，即可完成背景的填充。

(2)插入矩形。在“插入”选项卡的“插图”组中单击“形状”下拉按钮，在弹出的下拉列表中选择“矩形”选项，此时鼠标指针变为“十”字形，拖动鼠标在幻灯片中绘制出一个距边界约 1 cm 的矩形。右击矩形，在弹出的快捷菜单中选择“设置形状格式”选项，在打开的“设置形状格式”窗格中设置“无填充”效果，设置线条宽度为“1. 75 磅”，颜色为“黑色，文字 1”，效果如图 3-3-2 所示。

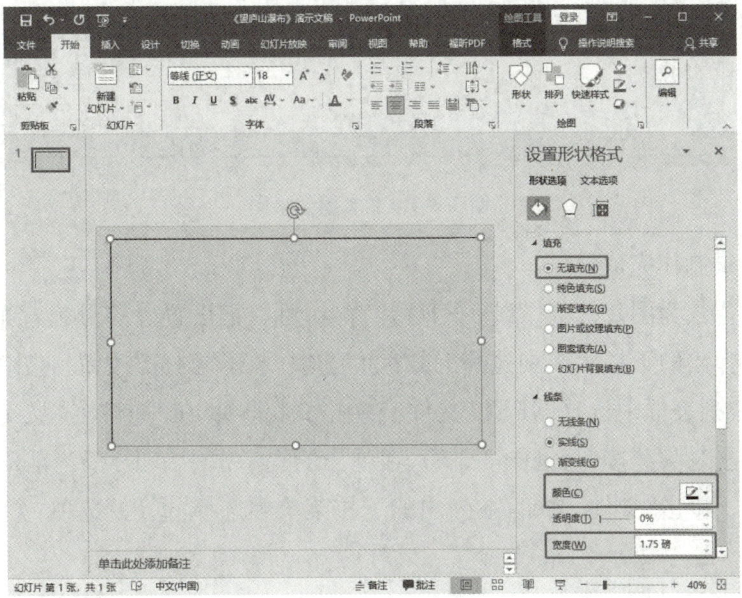

图 3-3-2 插入矩形后的效果图

(3)在矩形上边线插入文本框。在“插入”选项卡的“文本”组中单击“文本框”下拉按钮，在弹出的下拉列表中选择“绘制横排文本框”选项，拖动鼠标在矩形上边线左侧绘制出文本框，输入文字“望庐山瀑布”，设置文字的字体为微软雅黑，28 号，加粗，段落格式为居中，如图 3-3-3 所示。

图 3-3-3　在矩形上边线插入文本框并输入文字后的效果图

选中文本框并右击，在弹出的快捷菜单中选择“设置形状格式”选项，打开“设置形状格式”窗格，在“填充”选项卡中展开“填充”选项，选中“幻灯片背景填充”单选按钮，单击“关闭”按钮，完成对文本框的设置，效果如图 3-3-4 所示。

图 3-3-4　文本框效果图

至此，母版背景制作完成。

(4)保存母版背景为图片。为了统一幻灯片背景，可以把设置好的母版背景保存为图片。单击“文件”按钮，在弹出的下拉菜单中选择“另存为”选项，单击“浏览”按钮，弹出“另存为”对话框，在“保存类型”下拉列表框中选择“JPEG 文件交换格式”选项，在“文件名”文本框中输入文件名称“母版背景”，单击“保存”按钮(见图 3-3-5)，在弹出的提示框中单击“仅当前幻灯片”按钮即可。

(5)关闭文件。单击“文件”按钮，在弹出的下拉菜单中选择“退出”选项，关闭当前文件。

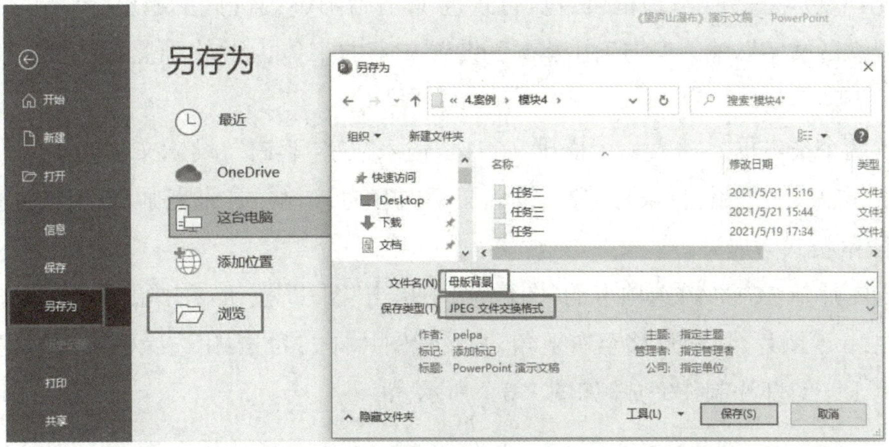

图 3-3-5　保存母版背景为图片

步骤 2:制作第 1 张幻灯片

(1)插入母版背景。新建空白演示文稿,在“视图”选项卡的“母版视图”组中单击“幻灯片母版”按钮,打开母版设置界面。右击工作区空白处,在弹出的快捷菜单中选择“设置背景格式”选项,打开“设置背景格式”窗格,在“填充”选项卡中展开“填充”选项,选中“图片或纹理填充”单选按钮,单击“插入”按钮,在弹出的对话框中将已保存的“母版背景.jpg”图片填充为背景,单击“全部应用”按钮后关闭对话框,效果如图 3-3-6 所示。

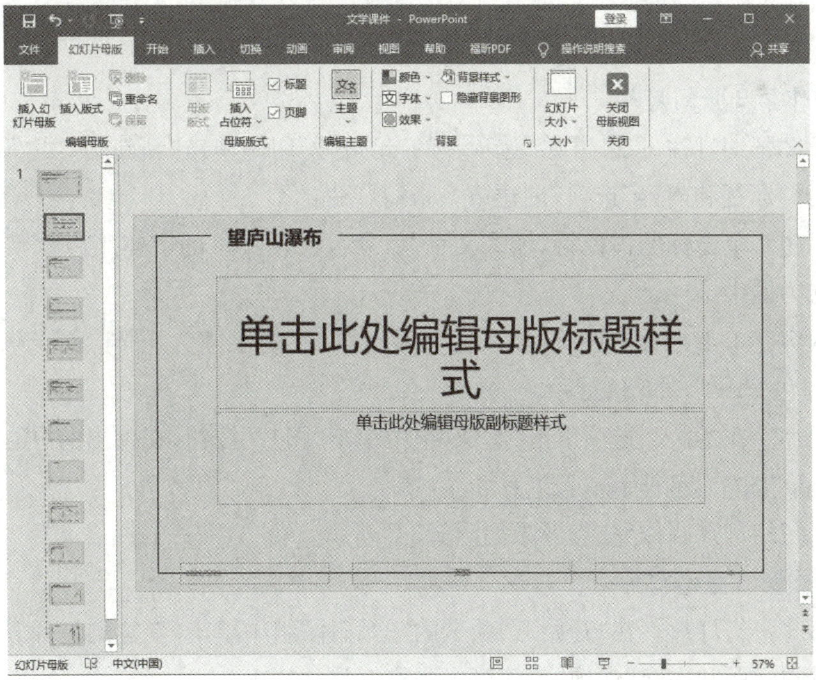

图 3-3-6　插入母版背景后的效果图

(2)保存演示文稿。在“幻灯片母版”选项卡的“关闭”组中单击“关闭母版视图”按钮,退出母版编辑状态,保存文件为“《望庐山瀑布》演示文稿.pptx”。

(3)输入艺术字。在“插入”选项卡的“文本”组中单击“艺术字”下拉按钮,在弹出的下拉列表中选择“填充:蓝色,主题色 5;边框:白色,背景色 1;清晰阴影:蓝色,主题色 5”,删除文本框中的“请在此放置您的文字”,输入“望庐山瀑布”,设置文字的字体为微软雅黑,字号为 66,段落格式为居中。

(4)插入两个文本框。插入一个横排文本框,输入文字“李白”,设置文字的字体为黑体,字号为 40,段落格式为居中。复制该文本框,设置文字内容为“讲解人:张老师”,字体为金桥简行楷,字号为 36,段落格式为居中。

(5)插入图片。在“插入”选项卡的“图像”组中单击“图片”按钮,在弹出的“插入图片”对话框中插入“李白.jpg”图片,将图片移至右上角,并设置图片样式为“柔化边缘椭圆”。

至此,第 1 张幻灯片制作完成,如图 3-3-7 所示。

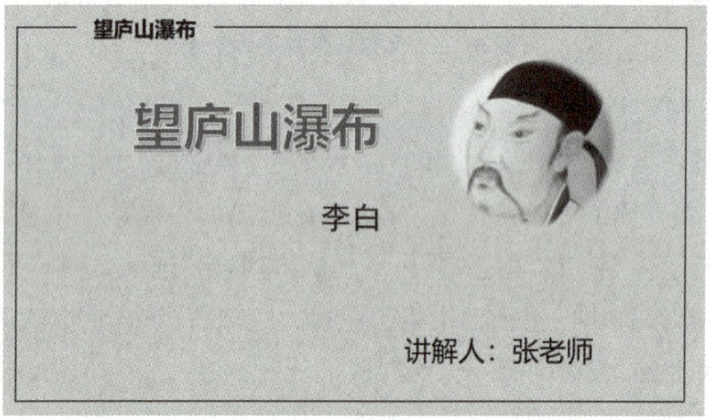

图 3-3-7 第 1 张幻灯片效果图

步骤 3:制作第 2 张幻灯片

(1)插入第 2 张幻灯片。在“开始”选项卡的“幻灯片”组中单击“新建幻灯片”下拉按钮,在其下拉列表中选择“标题和内容”选项,创建第 2 张幻灯片。

(2)添加标题。单击标题占位符,输入文字“目录”,设置文字的字体为微软雅黑,字号为 44,加粗,段落格式为居中。

(3)添加内容。单击内容占位符,输入文字,设置文字的字体为黑体,字号为 28,颜色为“蓝色,个性色 5,深色 25%”,1.5 倍行距。

(4)插入图片。在“插入”选项卡的“图像”组中单击“图片”按钮,在弹出的“插入图片”对话框中插入“介绍.jpg”图片,将图片移至左下角。

至此,第 2 张幻灯片制作完成,效果如图 3-3-8 所示。

步骤 4:制作第 3 张幻灯片

(1)插入第 3 张幻灯片。在“开始”选项卡的“幻灯片”组中单击“新建幻灯片”下拉按钮,在其下拉列表中选择“标题和内容”选项,创建第 3 张幻灯片。

(2)添加标题。单击标题占位符,输入文字“诗词鉴赏”,设置字体为华文彩云,字号为 44,加粗,段落格式为居中。

(3)添加内容。单击内容占位符,输入文字,设置字体为微软雅黑,字号为 36,颜色为“蓝色,个性色 5”,段落格式为居中,段落间距为 1.5 倍,效果如图 3-3-9 所示。

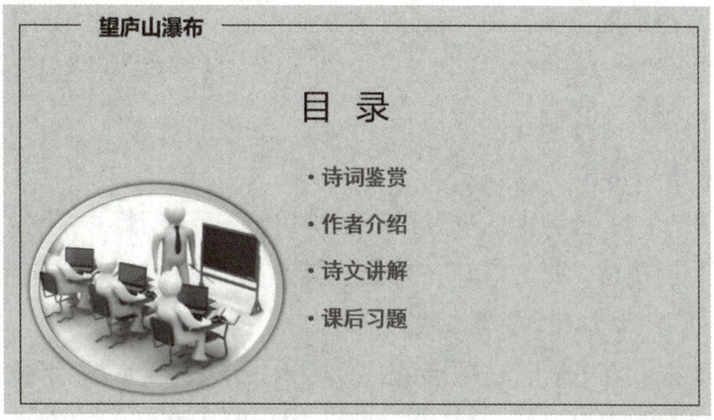

图 3-3-8 第 2 张幻灯片效果图

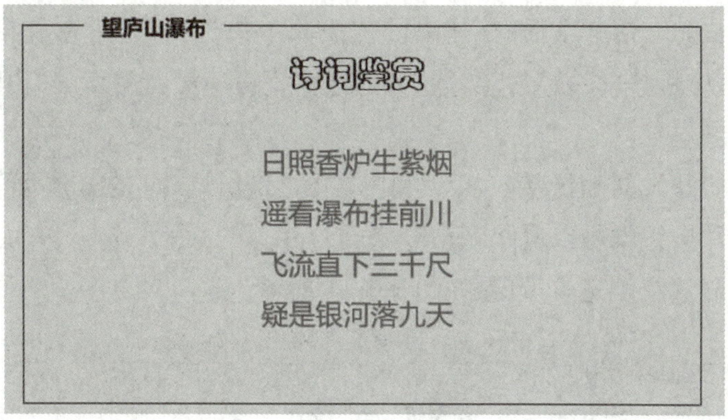

图 3-3-9 添加内容后第 3 张幻灯片的效果

(4)插入按钮图片。选中第 3 张幻灯片,在“插入”选项卡的“图像”组中单击“图片”按钮,打开“按钮.jpg”文件作为图片按钮插入幻灯片的右下角,并对其大小和位置进行调整。

(5)插入超链接。右击按钮图片,在弹出的快捷菜单中选择“超链接”选项,打开“编辑超链接”对话框,如图 3-3-10 所示。

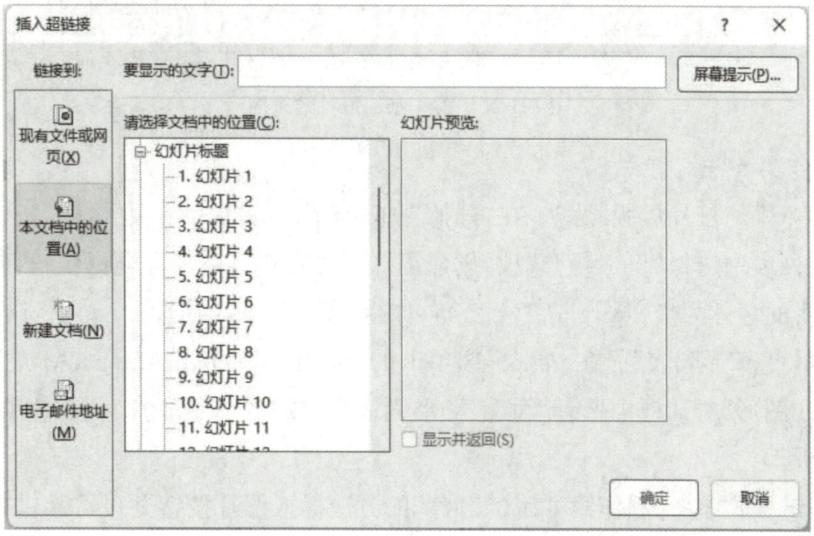

图 3-3-10 “编辑超链接”对话框

选择链接到“本文档中的位置”，在“请选择文档中的位置”列表框中选择“目录”幻灯片，单击“确定”按钮完成超链接的插入。当放映到该张幻灯片时，只要单击按钮图片就可以返回到第 2 张幻灯片。至此，第 3 张幻灯片制作完成。

步骤 5：制作第 4 张幻灯片

(1)添加标题。在“开始”选项卡的“幻灯片”组中单击“新建幻灯片”下拉按钮，在其下拉列表中选择“仅标题”选项，创建第 4 张幻灯片。单击标题占位符，输入文字“作者介绍”，设置文字的字体为华文彩云，字号为 44，加粗，段落格式为居中。

(2)插入横排文本框。在“插入”选项卡的“文本”组中单击“文本框”下拉按钮，在展开的下拉列表中选择“绘制横排文本框”选项。在插入的文本框中输入相应的文字，设置文字的字体为仿宋，字号为 28，首行缩进 2 字符，1.5 倍行距。

(3)设置文本边框。右击文本框，在弹出的快捷菜单中选择“设置形状格式”选项，在打开的“设置形状格式”窗格中选择“线条”为“实线”，宽度为“2 磅”，复合类型为“由粗到细”，颜色为“黑色，文字 1”。

(4)插入图片按钮并设置超链接。参考“制作第 3 张幻灯片”的方法插入图片，并设置超链接，使得只要单击图片按钮就可以返回到第 2 张幻灯片。

至此，第 4 张幻灯片制作完成，效果如图 3-3-11 所示。

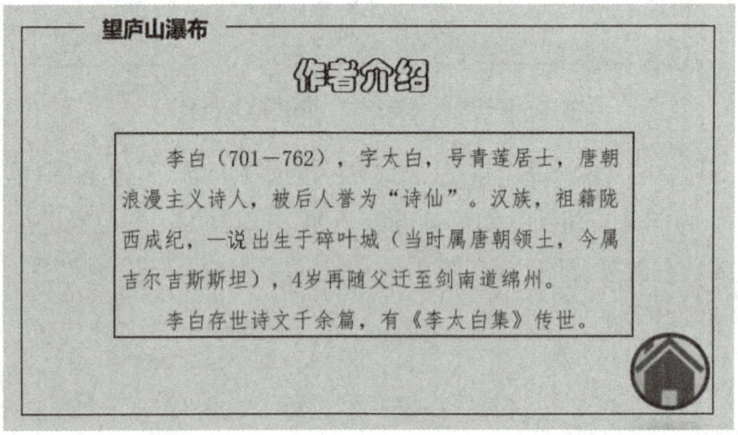

图 3-3-11 第 4 张幻灯片效果图

步骤 6：制作第 5 张幻灯片

(1)设置第 5 张幻灯片母版版式。在“开始”选项卡的“幻灯片”组中单击“新建幻灯片”下拉按钮，在其下拉列表中选择“仅标题”选项，创建第 5 张幻灯片。单击标题占位符，输入文字“诗文讲解”，设置文字的字体为华文彩云，字号为 44，加粗，段落格式为居中。

(2)插入“垂直 V 形列表”。在“插入”选项卡的“插图”组中单击“SmartArt”按钮，在弹出的“选择 SmartArt 图形”对话框中选择“垂直 V 形列表”选项(见图 3-3-12)，在“垂直 V 形列表”中输入相应的解析。

(3)设置超链接。参考“制作第 3 张幻灯片”的方法插入图片按钮并设置超链接，使得只要单击图片按钮就可以返回到第 2 张幻灯片，效果如图 3-3-13 所示。

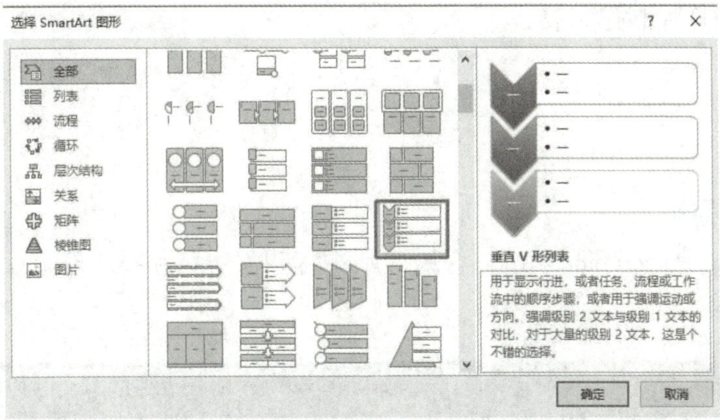

图 3-3-12　选择“垂直 V 形列表”选项

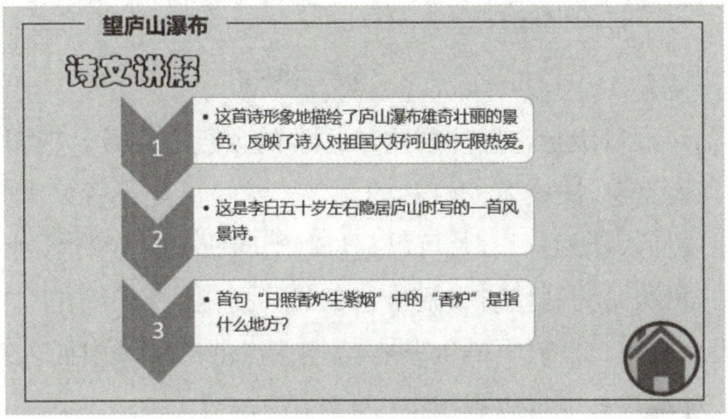

图 3-3-13　第 5 张幻灯片效果图

步骤 7：制作第 6 张幻灯片

(1)插入左右箭头和上下箭头。在“开始”选项卡的“幻灯片”组中单击“新建幻灯片”下拉按钮，在其下拉列表中选择“空白”选项，创建第 6 张幻灯片。

在“插入”选项卡的“插图”组中单击“形状”下拉按钮，在幻灯片中绘制出两个粗细适当、互相垂直的左右箭头和上下箭头，左右箭头的两侧顶在矩形框左右边缘中心处，上下箭头的两侧顶在矩形框上下边缘中心处。

(2)制作 4 道课后习题，如图 3-3-14 所示。

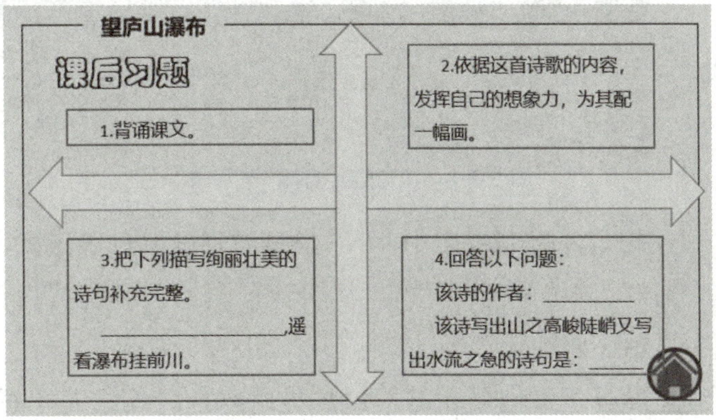

图 3-3-14　第 6 张幻灯片效果图

至此，第 6 张幻灯片制作完成。

必备知识

1. 母版的简单使用

（1）母版的种类。PowerPoint 2016 包含幻灯片母版、讲义母版和备注母版 3 种母版，如图 3-3-15 所示。

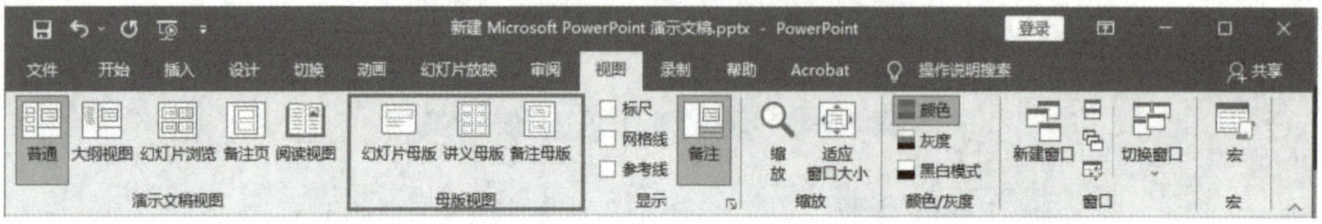

图 3-3-15 “母版视图”组

①幻灯片母版。幻灯片母版是幻灯片层次结构中的顶级幻灯片，它存储着有关演示文稿的主题和幻灯片版式的所有信息，决定着幻灯片的外观。它是已经设置好背景、配色方案、字体的一个模板，在使用时只要插入新幻灯片，就可以把母版上的所有内容继承到新添加的幻灯片上。

②讲义母版。讲义母版是为制作讲义而准备的，通常需要打印输出。它允许设置一页讲义中包含几张幻灯片，设置页眉、页脚、页码等基本信息。在讲义母版中插入新的对象或更改版式时，新的页面效果不会反映在其他母版视图中。

③备注母版。备注母版主要用来设置幻灯片的备注格式，一般用来打印输出，多与打印页面有关。

（2）管理幻灯片母版。

①幻灯片母版视图的进入与退出。要进入“幻灯片母版”视图，只要在“视图”选项卡的“母版视图”组中单击“幻灯片母版”按钮，即可出现“幻灯片母版”选项卡，如图 3-3-16 所示。要退出“幻灯片母版”视图，在“幻灯片母版”选项卡的“关闭”组中单击“关闭母版视图”按钮或选择另外一种视图即可。

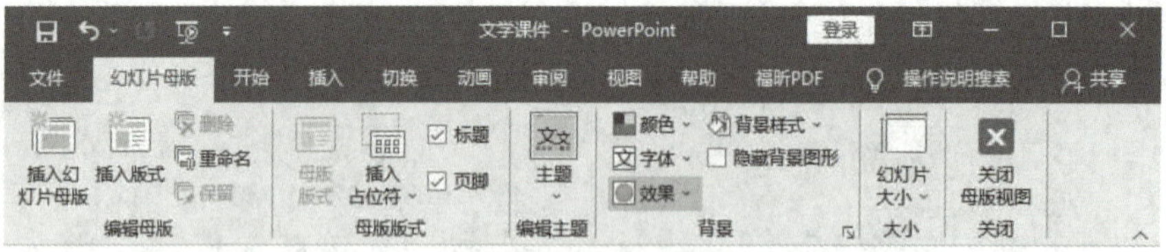

图 3-3-16 “幻灯片母版”选项卡

②设计母版版式。在幻灯片母版视图中，可以按照需要设置母版版式，如改变占位符、文本框、图片、图表等内容在幻灯片中的大小和位置，编辑背景图片，设置主题颜色和背景样式，使用页眉和页脚在幻灯片中显示必要的信息等。

③创建和删除幻灯片母版。要创建新的幻灯片母版，可在“幻灯片母版”选项卡的“编辑母版”组中单击“插入幻灯片母版”按钮，新的幻灯片母版将在左侧窗格的现有幻灯片母版下方出

现。然后可以对该幻灯片母版进行自定义设置，如对其应用主题、修改版式和占位符等。删除一个幻灯片母版时，选中要删除的幻灯片母版，按 Delete 键即可。而应用了该母版版式的幻灯片会自动转换为默认幻灯片母版的对应版式。

④保留幻灯片母版。要保证新创建的幻灯片母版即使在没有任何幻灯片使用它的情况下仍然存在，可以在左侧窗格中右击该幻灯片母版，在弹出的快捷菜单中选择“保留母版”选项，如图 3-3-17 所示。

需要注意的是，幻灯片母版一定要在构建各张幻灯片之前创建，而不要在创建了幻灯片之后再创建，否则幻灯片上的某些项目不能遵循幻灯片母版的设计风格。

(3)页眉和页脚的设置。在幻灯片母版视图中，日期、编号和页脚的占位符会显示在幻灯片母版上，在默认情况下，它们不会出现在幻灯片中。

如果需要设置日期、编号和页脚，可以在“插入”选项卡的“文本”组中单击“页眉和页脚”按钮，弹出“页眉和页脚”对话框（见图 3-3-18），在该对话框中可进行页眉与页脚的设置。

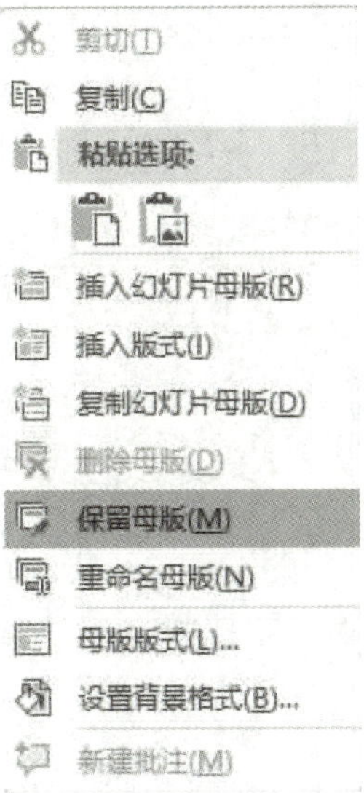

图 3-3-17 选择“保留母版”选项

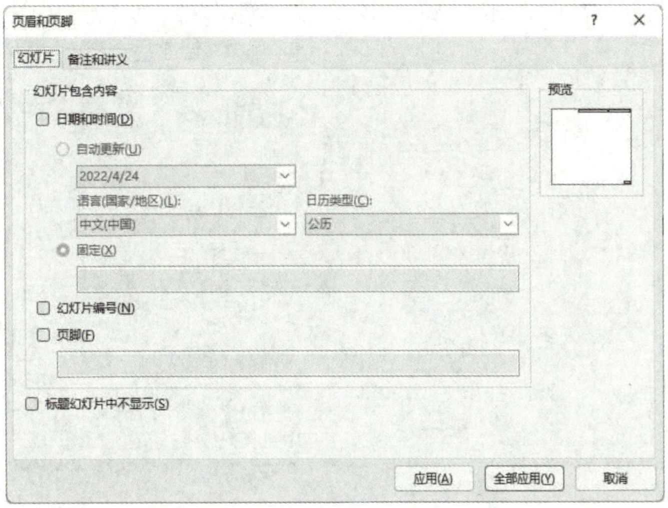

图 3-3-18 “页眉和页脚”对话框

①日期和时间。在日期和时间中有“自动更新”和“固定”两个选项。“自动更新”是指从计算机时钟自动获取当前时间，“固定”是指可以输入固定的日期和时间。

②页脚。默认情况下，幻灯片母版上不显示页脚，如果需要，可以先选中该复选框，然后输入所需文本，接下来在幻灯片母版中设置格式。

③标题幻灯片中不显示。该复选框用来控制演示文稿中标题幻灯片显示或隐藏的日期和时间、编号、页脚，从而避免信息重复。

2. 母版的使用技巧

(1)从已有的演示文稿中提取母版再利用。

①打开已有的演示文稿。

②在“视图”选项卡的“母版视图”组中单击“幻灯片母版”按钮，进入演示文稿的幻灯片母版视图，选中窗口左侧第一张“Office 主题幻灯片母版”。

③单击“文件”按钮，在其下拉菜单中选择“另存为”选项，单击“浏览”按钮，弹出“另存为”对话框，在“保存类型”下拉列表框中选择“PowerPoint 模板(*. potx)”选项，在“文件名”文本框中输入模板名字“1. potx”，单击“保存”按钮。

(2)忽略母版灵活设置背景。如果希望某些幻灯片背景和母版不同，可以右击幻灯片，在弹出的快捷菜单中选择“设置背景格式”选项，打开“设置背景格式”窗格，在“填充”选项卡中展开“填充”选项，选中“隐藏背景图形”复选框(见图 3-3-19)，接下来就可以为幻灯片设置新背景了。

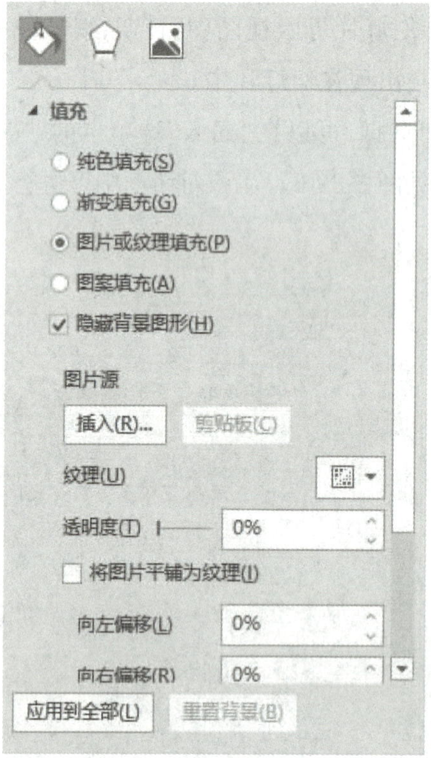

图 3-3-19 选中“隐藏背景图形”复选框

需要注意的是，设置新背景后单击“关闭”按钮，不要单击“应用到全部”按钮。

单元小结

本单元主要介绍了 Microsoft Office PowerPoint 2016 演示文稿的制作与处理。带领读者了解了演示文稿的基础知识、在幻灯片中添加对象、在幻灯片中添加动画和演示文稿母版的使用等内容。通过本单元的学习，读者可以学会使用 PowerPoint 2016 进行演示文稿的设计与制作。

课后习题

一、选择题

1. 在 PowerPoint 2016 的幻灯片浏览视图中，用鼠标拖动复制幻灯片时，要同时按住(　　)键。

A. Delete　　B. Ctrl　　C. Shift　　D. Esc

2. 在 PowerPoint 2016 中，可以改变幻灯片顺序的视图是(　　)视图。

A. 普通　　B. 幻灯片浏览

C. 幻灯片放映　　D. 备注页

3. PowerPoint 2016 不能实现的功能是(　　)。

A. 文字编辑　　B. 绘制图形

C. 创建图表　　D. 数据分析

4. 在 PowerPoint 2016 中，如果要对多张幻灯片进行同样的外观修改，那么(　　)。

A. 必须对每张幻灯片进行修改

B. 只需要在幻灯片母版上做一次修改

C. 只需要更改标题母版的版式

D. 无法修改，只能重新制作

5. 在 PowerPoint 2016 中，下列说法正确的是(　　)。

A. 一个对象一次可以使用多种动画效果

B. 动画序号按钮只是显示动画播放顺序，不能用来更改动画播放顺序

C. 每个对象都可以设置随机动画效果

D. 以上全部错误

二、填空题

1. 在 PowerPoint 2016 中，可以对幻灯片进行移动、删除、复制、设置动画效果，但不能对单独的幻灯片的内容进行编辑的视图是________。

2. PowerPoint 2016 模板的扩展名是________。

3. 幻灯片放映的组合键是________。

4. 自定义动画效果共有 4 种类型：________、强调、退出和________。

5. 在 PowerPoint 2016 中，若要改变文本的字体，应切换到________选项卡。

三、操作题

在打开的演示文稿中新建一张幻灯片，选择版式为“标题型幻灯片”，然后进行如下操作，完成操作后关闭该操作窗口。这个图片浏览演示文稿由 3 页幻灯片组成，第一页为标题页，第二页和第三页为图片页。

(1)在第一页中设置主标题为“图片浏览”，字形为“斜体”，字号为“72”，设置副标题为“图片一”。在幻灯片中插入一首歌曲，对该歌曲进行“剪裁音频”设置，截掉其前 30 秒。

(2)插入一张新幻灯片,选择版式为“空白”,在新插入的幻灯片中插入任意一幅图片,设置图片的高度为10.48 cm,宽度为20.96 cm,在新插入的幻灯片中插入一个横排文本框,文本内容为“图片二”。

(3)插入一张新幻灯片,选择版式为“空白”,在新插入的幻灯片中插入任意一幅图片,设置图片的高度为11.83 cm,宽度为15.77 cm,设置图片的自定义动画效果为“盒状收缩”。

(4)选择幻灯片的第一页,选择副标题“图片一”,对其设置动作,在单击时进入下一页幻灯片。

(5)选择幻灯片的第二页,选择文本框的内容“图片二”,对其设置动作,在单击时进入下一页幻灯片。

(6)设置整个演示文稿的应用主题为“凤舞九天”。

单元 4 信息检索

在现代社会中，信息已成为社会发展中必不可少的资源，同样也是影响社会发展的重要因素。对于现代化的科技人员来说，掌握信息和信息资源的基础知识对自身的发展是很重要的，本单元将针对信息检索的基础知识、常用搜索引擎的使用和专用搜索引擎的使用进行详细的讲解。

学习目标

- 掌握信息检索的基础知识。
- 熟悉常用搜索引擎的使用。
- 熟悉专用搜索引擎的使用。

明德育才

随着计算机网络的不断发展，我国出现了许多为人们生活带来方便的互联网企业。例如，被大家所熟知的中文搜索引擎“百度”，它是我国较大的以信息和知识为核心的互联网综合服务公司，是全球领先的人工智能平台型公司。“百度”二字来自南宋词人辛弃疾的一句词：众里寻他千百度。这句词描述了词人对理想的执着追求。1999 年年底，身在美国硅谷的李彦宏看到了中国互联网及中文搜索引擎服务的巨大发展潜力，抱着技术改变世界的梦想，他毅然辞掉硅谷的高薪工作，携搜索引擎专利技术，于 2000 年 1 月 1 日在中关村创建了百度公司，使我国成为全球仅有的 4 个拥有搜索引擎核心技术的国家之一。

任务1 了解信息检索的基础知识

任务描述

信息检索是指将信息按一定的方式组织起来，并根据用户的需求找出有关信息的过程和技术，结合实际生活谈谈对信息检索的认识。

任务实现

分组讨论信息检索为我们的日常生活带来了哪些便利以及实际生活中哪些方面用到了信息检索，并将小组讨论的结果汇总在表4-1-1中。

表4-1-1 信息检索的运用

运用到信息检索的方面	带来的便利

必备知识

图文
信息安全的典型事件

1. 信息检索的概念

人类的信息检索行为总是从特定的信息需求开始，并在特定环境和信息检索系统中完成，这里所说的环境包括产生需求的环境、信息检索系统的运行环境和其他制约因素。特定的信息检索系统包括完成检索过程所需的一定设施和工具，它可以是图书馆、信息中心或信息经济人，也可以是某种工具书（如文摘索引、目录、资料集、手册、词典等）或机读信息源（如各种机读数据库）。

广义的信息检索包括信息的存储和检索两个过程。信息的存储就是将搜索到的一次信息，经过著录其特征（如题名、著者、主题词、分类号等）而形成款目，并将这些款目组织起来成为二次信息的过程。信息的检索是针对已存储好的二次信息库进行的，是存储的逆过程。存储是为了检索，而为了快速而有效地检索，就必须存储。没有存储，检索就无从谈起。这是存储与检索相辅相成、相互依存的辩证关系。

信息存储与检索共同遵循的规则称为信息检索语言。只要标引者和检索者用同一种检索语言来标引要存入的信息特征和要查找的检索提问，使它们变成一致的标识形式，信息的存储过程与检索过程就具备了相符性。相应地，存入的文献也就可以通过信息检索工具（系统）检索出来。如果检索失败了，就要分析检索提问是否确切地描述了待查课题的主题概念，在利用检索语言标引时是否出了差错，从而导致检索提问标识错误。只有检索提问标识和信息特征标识一致时，相关的文献才能被检索出来。

信息检索正是以信息的存储与检索之间的相符性为基础的，如图 4-1-1 所示。如果两个过程不能相符，信息检索就失去了基础；检索不到所需的信息，存储也就失去了意义。

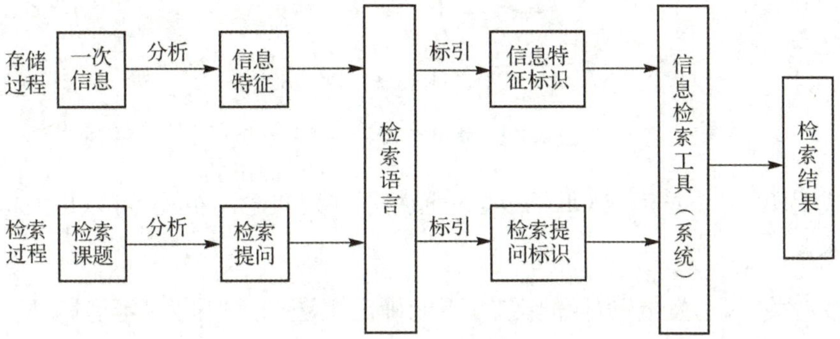

图 4-1-1　信息检索基本原理视图

2. 信息检索的分类

根据检索手段的不同，信息检索可分为手工检索和机械检索。

(1)手工检索即以手工翻检的方式，利用图书、期刊、目录卡片等工具来检索信息的一种手段，其优点是回溯性好，没有时间限制，不收费；缺点是费时，效率低。

(2)机械检索是利用计算机检索数据库的过程，其优点是速度快；缺点是回溯性不好，且有时间限制。在机械检索中，网络文献检索最为迅速，目前已成为信息检索的主流。

按检索对象的不同，信息检索又可分为文献检索、数据检索和事实检索。这 3 种检索的主要区别在于数据检索和事实检索需要检索出包含在文献中的信息本身，而文献检索检索出包含所需要信息的文献即可。

3. 信息检索的方法

信息检索的方法是指利用现代信息检索系统而采用的相关方法，主要信息检索方法有布尔逻辑检索、截词检索、位置检索和字段限定检索。

1)布尔逻辑检索

布尔逻辑检索是利用布尔逻辑算符对多个检索词进行逻辑组配，以利于对复杂课题进行充分而高效检索的方法。布尔逻辑检索是当今检索理论中最成熟的理论之一，也是构造检索表达式的最基本、最简单匹配模式。例如，百度的搜索引擎就使用了这种检索技术。布尔逻辑算符有逻辑与 AND(*)、逻辑或 OR(+)和逻辑非 NOT(-)3 种。

(1)逻辑与 AND(*)。逻辑与 AND(*)是一种用于交叉涵盖或限定关系的组配，可以缩小检索范围，提高查准率。

例如，查找“新时代人工智能研发”方面的文献，可以将其分解为“新时代”“人工智能”和“研发”3 个基本概念。若用 A、B、C 3 个圆分别代表“新时代”“人工智能”和“研发”，则 3 个圆交叉的阴影部分才是 3 个检索词同时存在的文献记录。逻辑与 AND(*)图示如图 4-1-2 所示。

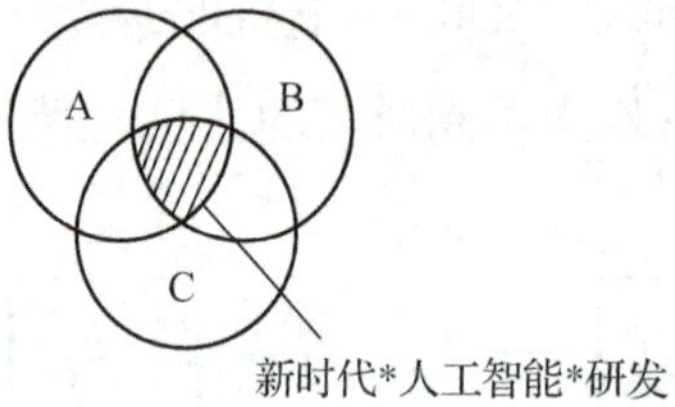

图 4-1-2 逻辑与 AND(*)图示

(2)逻辑或 OR(+)。逻辑或 OR(+)是一种用于并列概念的组配，可以扩大检索范围，避免漏检，提高查全率。

例如，查找有关“风力发电”方面的文献，不能确定主题词用“风力”还是“发电”，则采用“或”组配。若用 A、B 两圆分别代表“风力”或“发电”，则阴影部分为其中任何一个词或两个词同时存在的文献记录。逻辑或 OR(+)图示如图 4-1-3 所示。

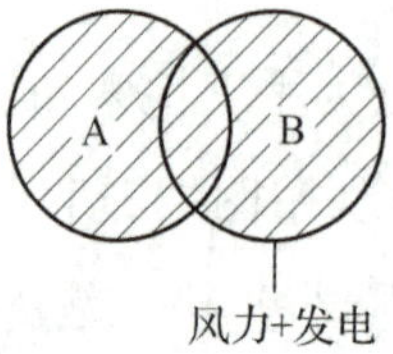

图 4-1-3 逻辑或 OR(+)图示

(3)逻辑非 NOT(-)。逻辑非 NOT(-)用于从原来的检索范围中排除不需要的概念或影响检索结果的概念。利用逻辑非能够缩小命中文献范围，提高查准率。

例如，查找“不包括 PSTN 接入的 Internet 接入方式”的文献，用 A、B 两圆分别代表“Internet 接入方式”和“PSTN 接入”，则阴影部分为从“Internet 接入方式”中排除“PSTN 接入”的文献。逻辑非 NOT(-)图示如图 4-1-4 所示。

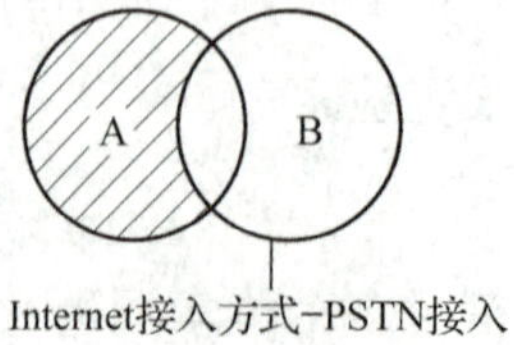

图 4-1-4 逻辑非 NOT(-)图示

(4)布尔逻辑算符使用注意事项。可以使用括号改变执行顺序。若一个提问式中有多个逻辑算符,则它们的执行顺序是 NOT、AND、OR。根据课题,需要先执行的部分可用括号标出。

例如,(A+B) * C,布尔逻辑算符改变执行顺序如图 4-1-5 所示。

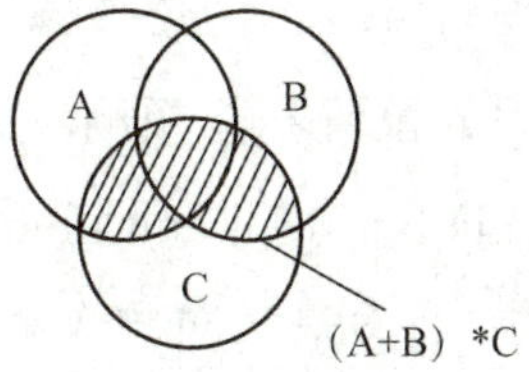

图 4-1-5　布尔逻辑算符改变执行顺序

需要注意的是,不同系统对 AND、OR、NOT 的运算次序有不同的规定,读者需要慎重使用逻辑非,以免排除有用信息,造成漏检。

2)截词检索

截词检索是针对出于近义词、同一词根、单复数等原因,造成对检索词列举不全形成漏检现象而提出来的特殊检索技术。截词就是将检索词在被认为合适的地方用截词符进行截断的方法。截词符用? 或 * 表示,前者通常表示有限截断,后者表示无限截断。按照截断的位置来分,截词有后截断、前截断、中间截断和前后截断 4 种。

(1)后截断。后截断是最常用的截词检索技术,它将截词符号置于一个字符串右方,表示其右面的有限或无限个字符不影响该字符串的检索,也称为右截断。例如,输入"Java *",则前 4 个字符为 Java 的所有词均满足条件,因而能检出 JavaSE、JavaScript 以及 Java Web 等相关词。输入"Java??"可检出含有 JavaSE、JavaEE、JavaME 的文献。

需要注意的是,使用后截断有可能检索出无关词汇,尤其是在使用无限后截断时,所选词干不能太短,否则将造成大量误检,或发生溢出,导致检索失败。

(2)前截断。前截断将截词符号置于一个字符串左方,表示其左面的有限或无限个字符不影响该字符串的检索,也称为左截断。从检索性质上讲,前截断是后方一致检索。例如,输入" * 手机系统"可以检索出鸿蒙手机系统、安卓手机系统等词汇。

(3)中间截断。中间截断将截词符号置于一个检索词的中间,表示这个位置上的有限个字符的异同不影响该检索词的检索,也称为屏蔽。它对于解决英、美不同拼法,不规则的单、复数变化等很有用。例如,infor? ation 表示 information,wom? n 表示 woman 和 women 等。

(4)前后截断。前后截断是将前截断和后截断结合使用。例如, * plemen?? 表示 implements。

3)位置检索

位置检索又称邻近检索,用位置算符表示检索词之间的位置邻近关系。常用的位置算符有(W)算符、(nW)算符、(N)算符、(nN)算符、(S)算符和(F)算符。

(1)(W)算符。W 是 With 的缩写,(W)表示其两侧的检索词必须按前后顺序出现在记录中，在两词之间不能插入其他词，只可能有空格或一个标点符号。(W)算符严密性较强，它基本等价于词组检索，可以简写为(　　)。例如，information(　　)technology 只能检索出 information technology。

(2)(nW)算符。W 是 Words 的缩写，n 表示自然数。(nW)表示其两侧的检索词之间允许最多插入 n 个实词或虚词，但它们之间的位置不能颠倒。例如，This is(3W)information 可以检索出 This is useless information 或 This is useful and unique information 等。

(3)(N)算符。N 是 Near 的缩写，(N)表示其两侧的检索词必须彼此相邻，且这两个检索词的次序任意。例如，any(N) extraneous(N) information 可检出 any extraneous information 和 extraneous any information。

(4)(nN)算符。(nN)算符表示在其两侧的检索词之间允许最多插入 n 个单词，且这两个检索词的词序可以改变。例如，information(1N)retrieval 可检出 information retrieval 或 retrieval of information。

(5)(S)算符。S 是 Subfield 的缩写，(S)表示其两侧的检索词必须出现在同一子字段中，即一个句子或短语中，词序不限。例如，information(S) technology 可以检索出 information technology 或 technology information。

(6)(F)算符。F 是 Field 的缩写，(F)表示其两侧的检索词必须出现在同一个字段中，如篇名字段、叙词字段、文摘字段等，词序不限，且夹在其间的词量不限。例如，information(F) Development 表示一篇标题为 Development and application of information technology 的文献记录为命中文献。

4)字段限定检索

字段限定检索是利用检索字段符来限定检索字段，即指定检索词在记录中出现的字段。检索时，计算机只对限定字段进行运算，这是提高检索效率的措施之一。

检索字段符分为两类，即后缀方式和前缀方式。前者对应于基本索引，反映文献的主题内容；后者对应于辅助索引，反映文献的外部特征。下面对这两类检索字段符进行详细讲解。

(1)后缀方式。后缀方式是在检索词之后加上指定检索字段的后缀字段代码，反映文献的主题内容。常用的代码有/TI(篇名)、/AB(文摘)等。例如，information/TI 则表示仅在篇名字段中检索 information。

(2)前缀方式。前缀方式是在检索词之前加上指定检索字段的前缀字符，反映文献的外部特征。常用的代码有 AU=(作者)、ISBN=(ISBN 号)、CC=(分类号或类目名称)、JN=(刊名)和 CS=(机构名称)等。例如，AU=(Wu yan) AND JN=(信息检索与利用)表示查找 Wu yan 作者编写的《信息检索与利用》文献。

任务 2 了解常用搜索引擎的使用

任务描述

在实际生活中，我们会通过不同的信息平台获取各种信息，而不同的信息平台所用到的搜索引擎也大不相同，本任务要求学会使用常用搜索引擎搜索“神舟十三号”的相关信息。

任务实现

方案 1：使用百度搜索

在百度首页的搜索框内输入“神舟十三号”并单击“百度一下”按钮，可以看到关于“神舟十三号”的相关信息，如图 4-2-1 所示。

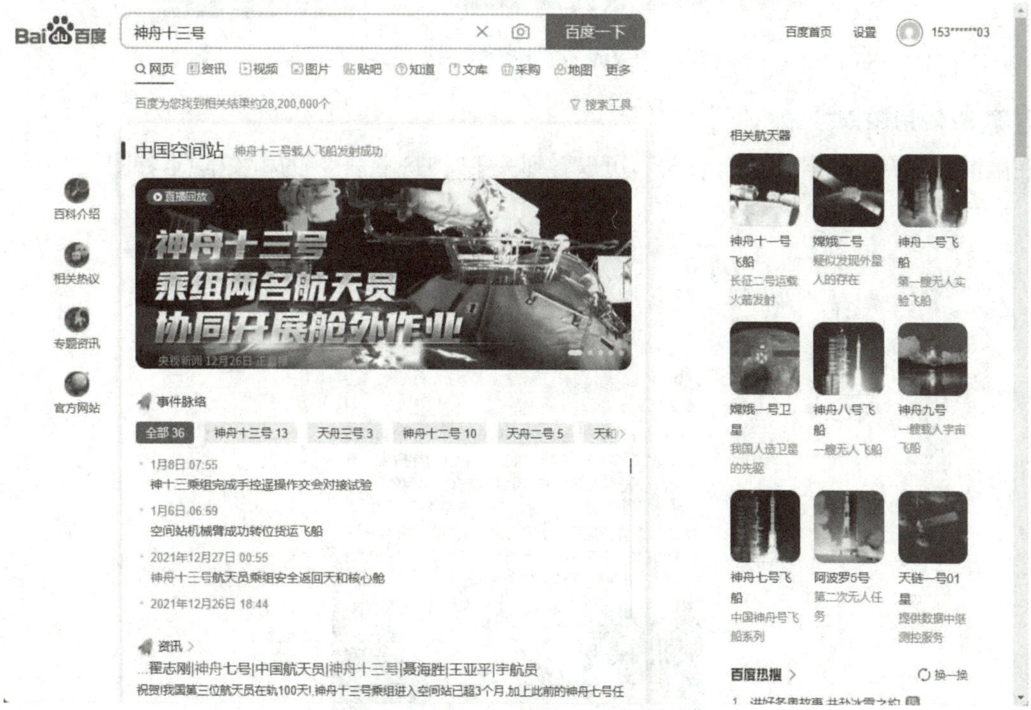

图 4-2-1 在百度首页搜索“神舟十三号”效果图

方案 2：使用 360 搜索

在 360 首页的搜索框内输入“神舟十三号”并单击“搜索”按钮，可以看到关于“神舟十三号”的相关信息，如图 4-2-2 所示。

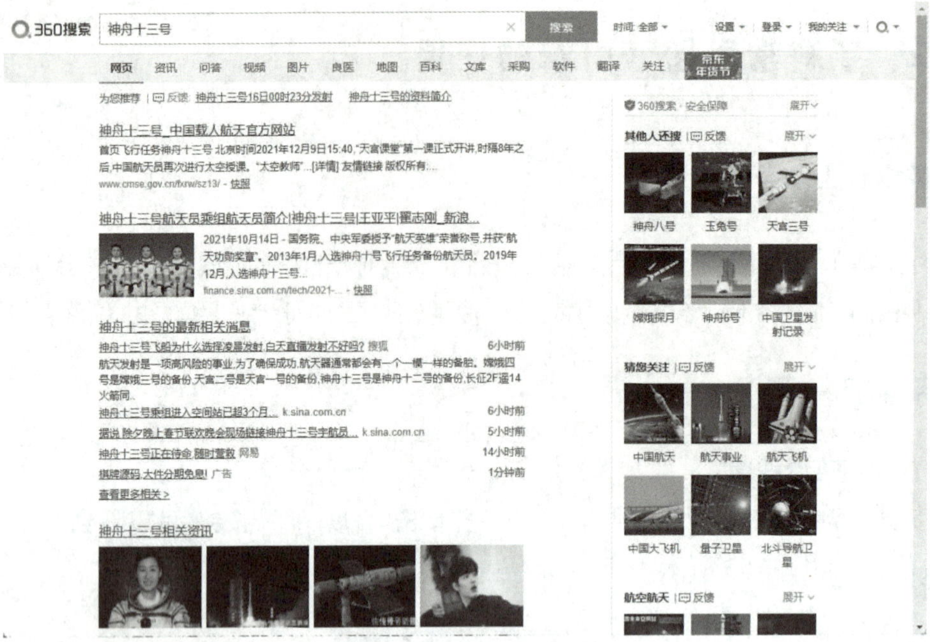

图 4-2-2 在 360 首页搜索“神舟十三号”效果图

方案 3:使用微博搜索

在微博发现界面搜索“神舟十三号”,可以看到关于“神舟十三号”的相关信息,如图 4-2-3 所示。

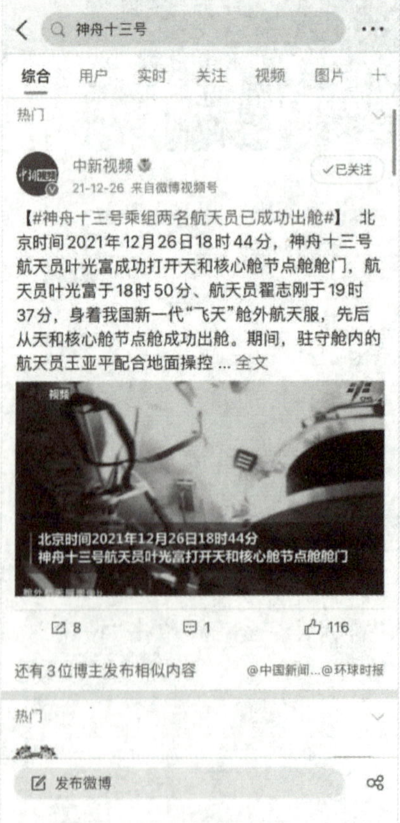

图 4-2-3 在微博发现界面搜索“神舟十三号”效果图

方案 4:使用抖音搜索

在抖音首页的搜索框中输入“神舟十三号”,可以看到关于“神舟十三号”的相关信息,如图 4-2-4 所示。

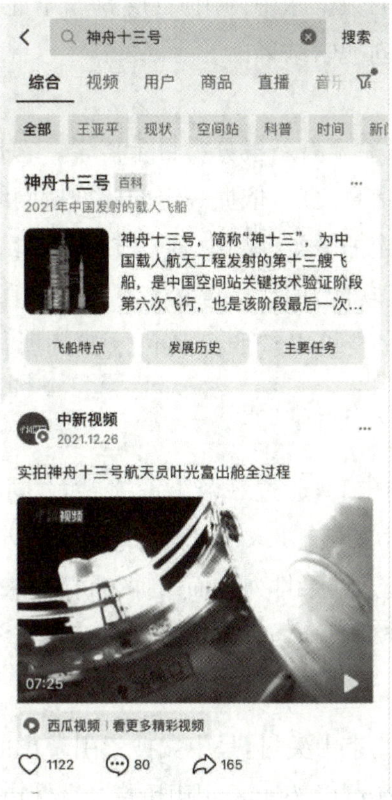

图 4-2-4　在抖音首页搜索“神舟十三号”效果图

必备知识

1. 搜索引擎的概念

搜索引擎是指根据一定的策略,运用特定的计算机程序从互联网上搜集信息,在对信息进行组织和处理后,为用户提供检索服务,将用户检索相关的信息展示给用户的系统。它包括信息搜索、信息整理和用户查询 3 部分。

搜索引擎之所以能在短短几年时间内获得如此迅猛的发展,最重要的原因是搜索引擎为人们提供了一个前所未有的查找信息资料的便利方法。搜索引擎最重要也最基本的功能就是搜索信息的及时性、有效性和针对性。

2. 搜索引擎的分类

搜索引擎可以分成以下几类。

1)全文搜索引擎

全文搜索引擎是目前应用最广泛的搜索引擎,典型代表有百度搜索、360 搜索等。它们从互联网提取各个网站的信息，建立起数据库，并能检索与用户查询条件相匹配的记录，按一定的排列顺序返回结果。

根据搜索结果来源的不同，全文搜索引擎可分为两类，一类拥有自己的检索程序，能自建网页数据库，搜索结果直接从自身的数据库中调用，百度就属于此类；另一类则是租用其他搜索引擎的数据库，并按自定的格式排列搜索结果。

2)目录式搜索引擎

目录式搜索引擎的典型代表主要有新浪分类目录搜索。它是以人工方式或半自动方式搜集信息，由搜索引擎的编辑员查看信息之后，依据一定的标准对网络资源进行选择、评价，人工形成信息摘要，并将信息置于事先确定的分类框架中而形成的主题目录。

目录式搜索引擎虽然有搜索功能，但严格意义上不能称为真正的搜索引擎，而只是按目录分类的网站链接列表而已。用户完全可以按照分类目录找到所需要的信息，不依靠关键词进行查询。

3)元搜索引擎

元搜索引擎接收用户查询请求后，通过一个统一的界面，同时在多个搜索引擎上搜索，并将结果返回给用户。著名的元搜索引擎有 InfoSpace、Dogpile、Vivisimo 等，中文元搜索引擎中具有代表性的是搜星搜索引擎。在搜索结果排列方面，有的直接按来源排列搜索结果，如 Dogpile；有的则按自定的规则将结果重新排列组合，如 Vivisimo。

3. 百度

百度于 2000 年 1 月创立于北京中关村，是中文搜索引擎中的后起之秀。百度提供相关搜索和网页快照等功能，高级搜索中还可以按地区(中国的省、直辖市、自治区)进行相关搜索，以限定网站(site:)、限定地址(url:)、限定在网页标题(intitle:)搜索。另外，百度还提供专项搜索，如 mp3/音乐/歌词、图片、Flash 动画、新闻，以及信息快递提供就业、房屋出租等信息。

百度搜索中比较常用的有网页搜索、新闻搜索、图片搜索、博客搜索、视频搜索、文档搜索等。在百度的“知道”里可以寻求某一问题的答案。工具书有万年历、成语词典、汉语字典、百科词典等。百度首页(https://www.baidu.com/)如图 4-2-5 所示。

4. 360 搜索

360 综合搜索属于元搜索引擎，通过一个统一的用户界面帮助用户在多个搜索引擎中选择和利用合适的搜索引擎来实现检索操作，是对分布于网络的多种检索工具的全局控制机制。而 360 搜索则属于全文搜索引擎，如图 4-2-6 所示。它是 360 公司开发的基于机器学习技术的第三代搜索引擎，具备“自学习、自进化”的能力，可以发现用户最需要的搜索结果。

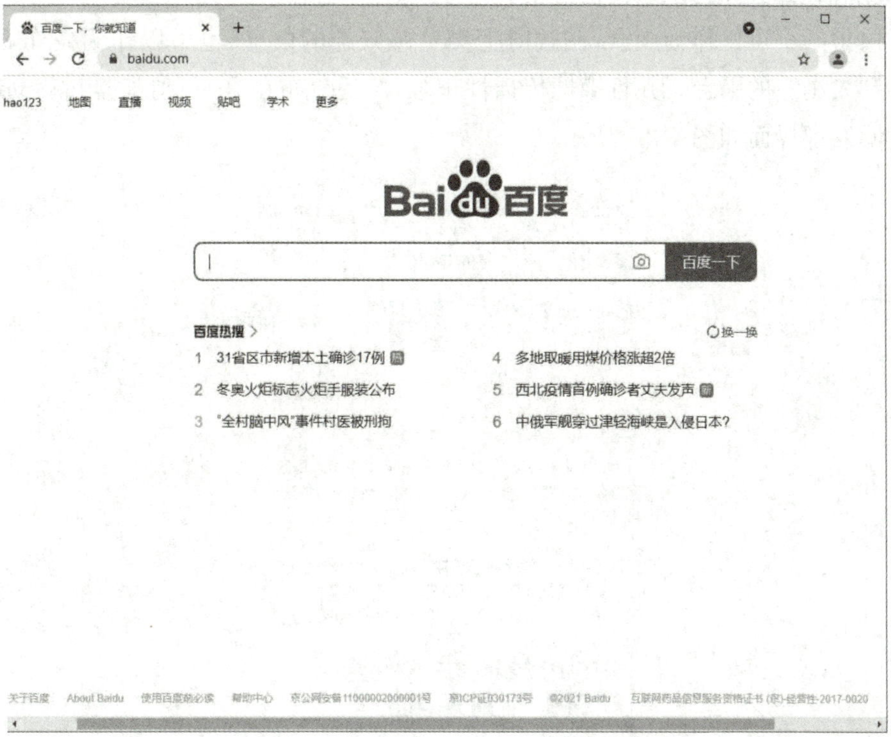

图 4-2-5　百度首页

图 4-2-6　360 搜索首页

5. 微博

微博是一种通过关注机制分享简短实时信息的广播式社交媒体和网络平台。它允许用户通过 Web、Wap、Mail、App、IM、SMS 以及 PC、手机等多种移动终端接入，以文字、图片、视频等多媒体形式,实现信息的即时分享、传播互动。

微博提供了一个可以作为观众,在微博上浏览感兴趣的信息,也可以作为发布者,在微博上发布内容供别人浏览的平台。并且微博传播性很强,广泛分布在桌面、浏览器和移动终端等多个平台上。微博发现界面如图 4-2-7 所示。

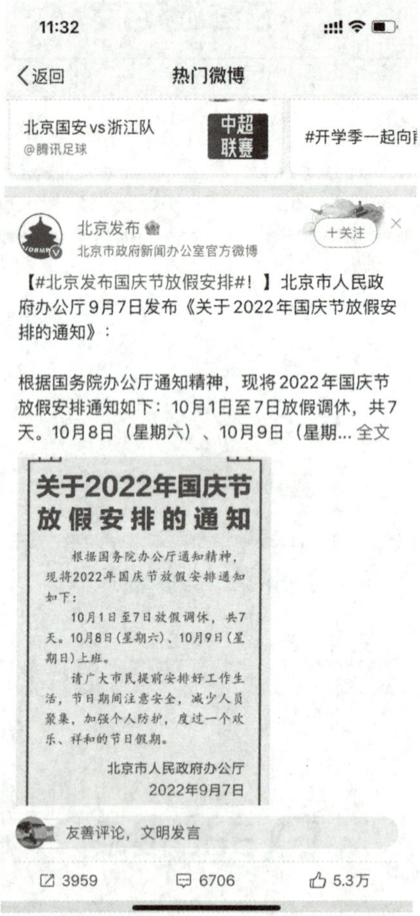

图 4-2-7 微博发现界面

6. 抖音

抖音短视频是由今日头条孵化的一款音乐创意短视频社交软件,该软件于 2016 年 9 月 20 日上线,是一个面向全年龄段的音乐短视频社区平台。用户可以通过这款软件选择歌曲,拍摄音乐短视频,形成自己的作品,软件会根据用户的爱好来更新用户喜爱的视频。

抖音 App 包含了首页、朋友、消息、我四大类,可以在首页界面查看所有用户的短视频,在朋友界面查看互相关注的朋友的短视频,在消息界面查看朋友之间的聊天,在我的界面中查看自己的资料以及喜欢的视频等。

任务3 了解专用搜索引擎的使用

任务描述

对于一些专业的行业会有专用搜索引擎，例如期刊、论文、专利和商标等。

期刊是人们获取信息的一种方式，期刊可以称为定期出版的刊物，如周刊、旬刊、半月刊、月刊、季刊、半年刊、年刊等。

论文常用来指进行各个学术领域的研究和描述学术研究成果的文章。它既是探讨问题进行学术研究的一种手段，又是描述学术研究成果进行学术交流的一种工具。它包括学年论文、毕业论文、学位论文、科技论文、成果论文等。

专利一般是由政府机关或者代表若干国家的区域性组织根据申请而颁发的一种文件，这种文件记载了发明创造的内容，并且在一定时期内产生这样一种法律状态，即获得专利的发明创造在一般情况下他人只有经专利权人许可才能予以实施。在我国，专利分为发明、实用新型和外观设计3种类型。

商标是一个专门的法律术语。品牌或品牌的一部分在政府有关部门依法注册后，称为商标。商标受法律的保护，注册者有专用权。

本任务要求如下。

(1)在维普期刊官网检索题名中包含“信息技术”的期刊。

(2)在中国知网检索包含“信息技术”的论文。

(3)在专利检索及分析网检索包含“杂交水稻”的专利。

(4)在中国商标网检索包含“华为”的商标。

任务实现

1. 在维普期刊官网检索题名中包含“信息技术”的期刊

在维普期刊官网(http://qikan.cqvip.com/)首页“任意字段”下拉列表框中选择“题名”选项，按照题名检索有关“信息技术”的期刊，可以看到题名中含有“信息技术”的相关期刊，如图4-3-1所示。

图 4-3-1　关于“信息技术”的相关期刊

在按照字段进行检索后，还可以进行二次检索，在图 4-3-1 的左侧部分可以看到二次检索的信息，可以按照年份、学科、期刊收录、主题、期刊、作者和机构进行二次检索。

除此之外，也可以进行高级检索，在图 4-3-1 中单击“高级检索”超链接，进入高级检索页面，如图 4-3-2 所示。

图 4-3-2　“高级检索”页面

在高级检索中可以按照题名或关键词、文摘、作者、时间限定、期刊范围和学科限定进行高级检索。

2. 在中国知网检索包含“信息技术”的论文

检索硕士论文题名中包含“信息技术”的论文。首先在中国知网(https://www.cnki.net/)首页“主题”下拉列表框中选择“篇名”选项，按照篇名检索有关“信息技术”的信息，可以看到篇名中含有“信息技术”的相关信息，如图 4-3-3 所示。

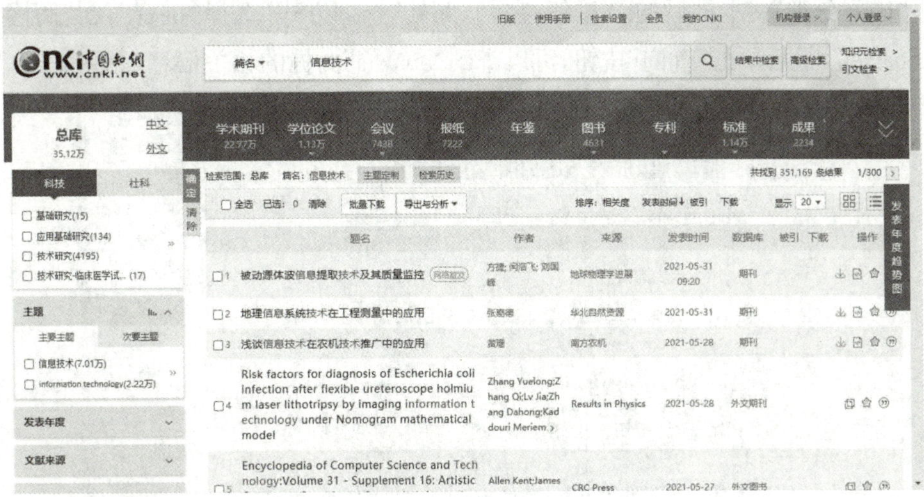

图 4-3-3 关于“信息技术”的相关信息

然后在“学位论文”下拉列表中选择“硕士”选项，就可以检索出所有篇名包含“信息技术”的硕士论文。

同样地，在中国知网中也可以进行二次检索和高级检索，使用方法与维普期刊官网类似，此处就不再赘述。

3. 在专利检索及分析网检索包含“杂交水稻”的专利

在专利检索及分析网首页的搜索框内输入“杂交水稻”，单击“检索”按钮，可以查到有关“杂交水稻”专利的信息，如图 4-3-4 所示。

图 4-3-4 有关“杂交水稻”专利的信息

4. 在中国商标网检索包含“华为”的商标

首先在中国商标网中单击“商标近似查询”按钮，在“国际分类”文本框中输入“9”（国际分类明细可以单击“国际分类”文本框后的🔍按钮查看)，此处“查询方式”选择“拼音”，在“商标名称”文本框中输入“huawei”，最后单击“查询”按钮，可以查到“huawei”商标的相关信息，如图 4-3-5 所示。

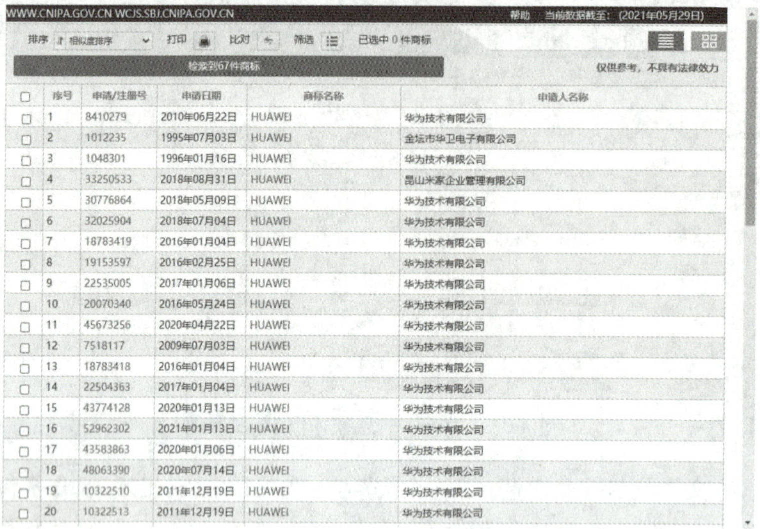
WWW.CNIPA.GOV.CN WCJS.SBJ.CNIPA.GOV.CN 帮助 当前数据截至：(2021年05月29日)

排序 相似度排序 打印 比对 筛选 已选中 0 件商标

检索到67件商标 仅供参考，不具有法律效力

序号	申请/注册号	申请日期	商标名称	申请人名称
1	8410279	2010年06月22日	HUAWEI	华为技术有限公司
2	1012235	1995年07月03日	HUAWEI	金坛市华卫电子有限公司
3	1048301	1996年01月16日	HUAWEI	华为技术有限公司
4	33250533	2018年08月31日	HUAWEI	昆山米家企业管理有限公司
5	30776864	2018年05月09日	HUAWEI	华为技术有限公司
6	32025904	2018年07月04日	HUAWEI	华为技术有限公司
7	18783419	2016年01月04日	HUAWEI	华为技术有限公司
8	19153597	2016年02月25日	HUAWEI	华为技术有限公司
9	22535005	2017年01月06日	HUAWEI	华为技术有限公司
10	20070340	2016年05月24日	HUAWEI	华为技术有限公司
11	45673256	2020年04月22日	HUAWEI	华为技术有限公司
12	7518117	2009年07月03日	HUAWEI	华为技术有限公司
13	18783418	2016年01月04日	HUAWEI	华为技术有限公司
14	22504363	2017年01月04日	HUAWEI	华为技术有限公司
15	43774128	2020年01月13日	HUAWEI	华为技术有限公司
16	52962302	2021年01月13日	HUAWEI	华为技术有限公司
17	43583863	2020年01月06日	HUAWEI	华为技术有限公司
18	48063390	2020年07月14日	HUAWEI	华为技术有限公司
19	10322510	2011年12月19日	HUAWEI	华为技术有限公司
20	10322513	2011年12月19日	HUAWEI	华为技术有限公司

图 4-3-5 “huawei”商标的相关信息

在图 4-3-5 中单击“申请/注册号”可以查看该商标的具体信息。

必备知识

1. 维普期刊官网

维普期刊官网上供广大读者检索使用的是“中文期刊服务平台”。“中文期刊服务平台”始建于 1989 年。多年来，“中文期刊服务平台”在数据质量上精益求精，在功能和服务方面不断完善，赢得了广大用户的好评，其首页如图 4-3-6 所示。

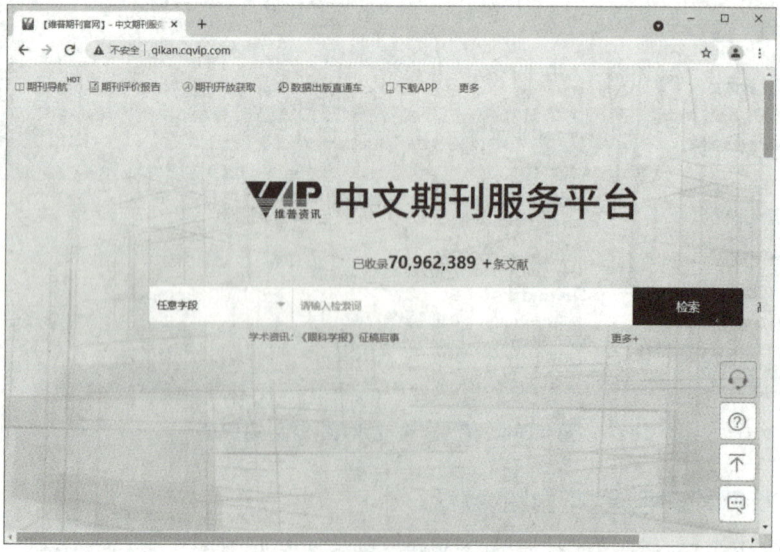

图 4-3-6 维普期刊官网首页

2. 中国知网

知网的概念由世界银行于 1998 年提出，中国知网是由清华大学、清华同方发起，始建于 1999 年 6 月的网站，可以用于检索学位论文和学术期刊等。其首页如图 4-3-7 所示。

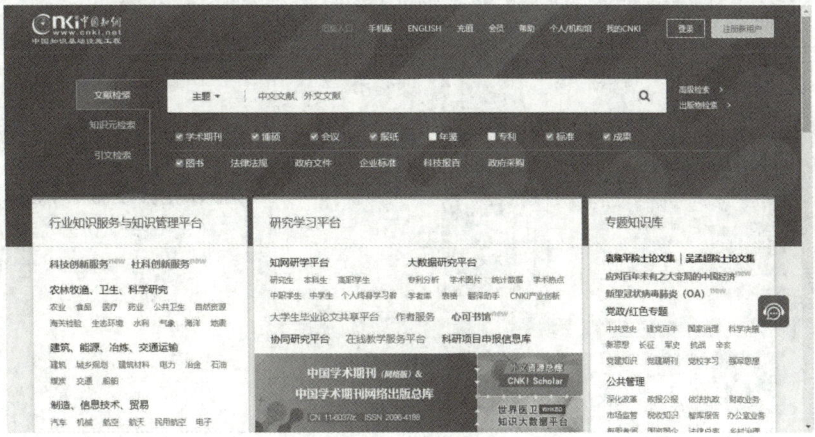

图 4-3-7　中国知网首页

3. 专利检索及分析网

关于对专利的检索可以使用专利检索及分析网，专利检索及分析网是由国家知识产权局开发的一种检索专利的数据库，其首页如图 4-3-8 所示。

图 4-3-8　专利检索及分析网首页

4. 中国商标网

对商标的检索可以使用中国商标网，中国商标网是由国家知识产权局开发的一种检索商标的数据库，其首页如图 4-3-9 所示。

图 4-3-9 中国商标网首页

在中国商标网上有 4 种查询方式：商标近似查询、商标综合查询、商标状态查询和商标公告查询。

（1）商标近似查询。本查询按图形、文字等商标组成要素分别提供近似检索功能，用户可以自行检索在相同或类似商品上是否已有相同或近似的商标。

（2）商标综合查询。用户可以按商标号、商标、申请人名称等方式查询某一商标的有关信息。

（3）商标状态查询。用户可以通过商标申请号或注册号查询有关商标在业务流程中的状态。

（4）商标公告查询。提供商标公告查询。

单元小结

本单元主要介绍了信息检索，包括信息检索的基础知识、常用搜索引擎的使用和专用搜索引擎的使用等内容。通过本单元的学习，读者可以对信息检索的使用有一定的了解，在日常生活中合理使用不同平台进行信息检索。

课后习题

一、选择题

1. 在使用信息检索方法时，输入“信息?”时，可以检索出（　　）。

A. 信息化　　B. 信息技术

C. 信息的时代　　D. 信息的重要性

2. wom? n 可以检索出（　　）。（多选）

A. women　　B. woman　　C. worm　　D. wonder

3. 广义的信息检索包括(　　)两个进程。

A. 检索与利用　　B. 存储与检索　　C. 存储与利用　　D. 检索与报道

4. 下列选项中(　　)不是搜索引擎。

A. 全文搜索引擎　　B. 目录式搜索引擎

C. 索引式搜索引擎　　D. 元搜索引擎

5. 搜索引擎最重要也最基本的功能就是搜索信息的(　　)。(多选)

A. 及时性　　B. 有效性　　C. 针对性　　D. 全面性

二、填空题

1. 广义的信息检索包括信息的存储和________两个过程。

2. 检索字段符分为________和________两类。

3. 信息检索的方法是指利用现代信息检索系统而采用的相关方法，主要信息检索方法有布尔逻辑检索、________、位置检索和________。

三、简答题

1. 信息检索分为哪几类？

2. 信息检索的途径有哪些？

单元5 新一代信息技术概述

随着信息技术的发展，数字化、网络化、智能化成为新一轮科技革命的突出特征。近年来，人工智能、量子技术、移动通信、物联网、区块链和数字媒体等新一代信息技术重塑着社会各个领域的发展与布局。本单元主要介绍人工智能、量子技术、移动通信、物联网和区块链等新一代信息技术的基础知识以及未来发展趋势。

学习目标

- 了解新一代信息技术的概念。
- 了解人工智能的概念、分类和应用现状以及未来愿景。
- 了解量子技术的概念、应用现状以及未来愿景。
- 了解移动通信的概念、发展、主要技术与应用以及未来愿景。
- 了解物联网的概念、主要技术和应用现状以及未来愿景。
- 了解区块链的概念、模型分层、主要技术与应用以及未来愿景。

明德育才

党的二十大报告指出：坚持面向世界科技前沿、面向经济主战场、面向国家重大需求、面向人民生命健康，加快实现高水平科技自立自强。以国家战略需求为导向，集聚力量进行原创性引领性科技攻关，坚决打赢关键核心技术攻坚战。加快实施一批具有战略性全局性前瞻性的国家重大科技项目，增强自主创新能力。

科技兴则民族兴，科技强则国家强。关键核心技术是国之重器，对推动我国经济高质量发展、保障国家安全都具有十分重要的意义。党的十八大以来，我国充分发挥新型举国体制作用，创造和转化了一大批重大科技成果。“嫦娥”奔月、“北斗”组网，“祝融”探火、“羲和”逐日，“梦天”“问天”成功与“天和”核心舱对接，“蛟龙”“墨子”等重大科技成果取得成功并转化实施。我国科技创新按下“快进键”，向着建设世界科技强国的宏伟目标大步迈进。同时，我们也要清醒认识到，当今世界正经历百年未有之大变局，国内外形势发生深刻复杂变化，围绕科技制高点的竞争空前激烈，我国关键核心技术“卡脖子”问题依然存在，创新驱动发展和高质量发展任重道远。

任务 1 了解新一代信息技术的基础知识

任务描述

新一代信息技术正在全球引发新一轮的科技革命，并快速转化为现实生产力，引领科技、经济和社会的高速发展。本任务要求读者了解新一代信息技术及其主要代表技术（如人工智能、量子信息、移动通信、物联网、区块链等）的相关概念。

任务实现

与小组讨论什么是信息技术，我们生活中哪些方面用到了信息技术，它为我们的日常生活提供了哪些便利，并将讨论的结果汇总到表 5-1-1 中。

表 5-1-1 信息技术的运用和带来的便利

信息技术的名称	带来的便利

必备知识

1. 信息技术的相关概念

1）信息技术

科学技术部在 2006 年印发的《国家“十一五”基础研究发展规划》中提出，信息科学是研究信息的产生、获取、变换、传输、存储、处理、显示、识别和利用的科学，是一门结合了数学、物理、天文、生物和人文等基础学科的新兴与综合性学科。根据信息科学研究的基本内容，可以将信息科学的基本学科体系分为 3 个层次，分别是哲学层、基础理论层以及技术应用层。信息技术位于信息科学体系的技术应用层次，属于信息科学的范畴。

信息技术（information technology，IT）一般是指在信息科学的基本原理和方法的指导下扩展人类信息功能的技术。

人类的信息器官包括感觉器官、神经器官、思念器官、效应器官。随着时代的发展，人类的信息活动越来越复杂，人们需要不断提高自己的信息处理能力，扩展人类信息器官的功能，于是各种信息技术应运而生。例如，利用感觉器官获取信息，由于人眼观察的范围有限，不能看到很远的地方，则产生了信息感测技术，即可以利用雷达、卫星遥感等观测到远方的信息。

信息技术是以电子计算机和现代通信技术为主要手段，实现信息的获取、加工、传递和利用等功能的技术总和，包括信息传递过程中的各个方面，即信息的产生、收集、交换、存储、传输、显示、识别、提取、控制、加工和利用等相关技术。综上所述，信息技术包括了传感技术、通信技术和计算机技术等。

2)数据、信息和消息

在现实生活中，人们常听到数据、信息、消息这些词，它们是很容易被混淆的概念。实际上，它们之间是有联系和区别的。

数据是信息的载体，是对客观事物的逻辑归纳，用来表示客观事物的未经加工的原始素材。数据直接来自现实，可以是离散的数字、文字、符号等，也可以是连续的声音、图像等。数据仅代表数据本身，表示发生了什么事情。例如，经测量某人的身高为 180 厘米。180 这个单纯的数据并没有意义，只是个数字而已。但当这个数据经过处理和加工，与特定的对象即某人关联时，便赋予了其意义，这便是信息。因此，信息是加工处理后的数据。经过分析、解释和运用后，信息会对人的行为产生影响。可以说，数据是原材料，信息是产品，信息是数据的含义，是人类可以直接理解的内容。

在日常生活中，人们也常常错误地把信息等同于消息，认为得到了消息，就是得到了信息，但两者其实并不是一回事。消息中包含信息，即信息是消息的阅读者提炼出来的。一则消息中可承载不同的信息，它可能包含非常丰富的信息，也可能只包含很少的信息。

2. 了解新一代信息技术及其主要代表技术

1)新一代信息技术

国务院于 2010 年发布的《国务院关于加快培育和发展战略性新兴产业的决定》中明确指出，“新一代信息技术产业”是国家七大战略性新兴产业之一。信息技术正在向纵深发展并深刻改变着人类的生产和生活方式。

随着信息技术的高速发展，信息技术领域的各个分支，如集成电路、计算机、通信等都在进行“代际变迁”。集成电路制造已经进入后摩尔时代；计算机系统进入了“云计算”时代；移动通信从 4G 迈入 5G 时代，进一步推动万物互联。

业内人士认为，新一代信息技术涵盖技术多、应用范围广，与传统行业结合的空间大，如百度百科中就提出“新一代信息技术主要包括 6 个方面，分别是下一代通信网络、物联网、三网融合、新型平板显示、高性能集成电路和以云计算为代表的高端软件”。而随着科技的进一步发展，大数据、人工智能、虚拟现实、区块链、量子信息等技术加速创新和应用步伐，在很多学科领域获得了广泛关注和应用。

2)新一代信息技术的主要代表技术

新一代信息技术的主要代表技术有人工智能、量子信息、移动通信、物联网、区块链等。对人工智能、物联网、区块链等技术的详细介绍，可参考拓展模块的相应单元。

(1)人工智能(artificial intelligence,AI)是研究、开发用于模拟、延伸和扩展人的智能的理论、方法、技术及应用系统的一门新的技术科学,是计算机学科的一个重要分支。

人工智能主要研究使用计算机来模拟人的某些思维过程和智能行为(如学习、推理、思考、规划等),包括计算机实现智能的原理以及制造类似于人脑智能的计算机,从而使计算机能实现更高层次的应用。

(2)量子信息(quantum information)是关于量子系统"状态"所带有的物理信息,通过量子系统的各种相干特性,如量子并行、量子纠缠和量子不可克隆等,进行计算、编码和信息传输的全新信息方式。量子信息最常见的单位为量子比特(qubit)。

(3)移动通信(mobile communications)是沟通移动用户与固定点用户之间或移动用户之间的通信方式。移动通信的双方有一方或两方处于运动中,包括陆、海、空。

移动通信系统由移动台、基台、移动交换局组成。若要同某移动台通信,移动交换局通过各基台向全网发出呼叫,被叫台收到后发出应答信号,移动交换局收到应答后分配一个信道给该移动台并从此话路信道中传送一信令使其振铃。

移动通信技术作为电子计算机与移动互联网发展的重要成果之一,目前已经迈入了 5G 时代。

(4)物联网(Internet of things,IoT)即"万物相连的互联网",通过部署具有一定感知、计算、执行和通信能力的各种设备获得物理世界的信息,并通过网络实现信息的传输、协同和处理,从而实现人与物、物与物之间信息交换的互联的网络。物联网是在互联网基础上延伸和扩展的网络,是将各种信息传感设备与网络结合起来而形成的一个巨大网络,实现在任何时间、任何地点的人、机、物的互联互通。

(5)区块链(blockchain)是分布式数据存储、点对点传输、共识机制、加密算法等计算机技术的新型应用模式。从本质上讲,它是一个共享数据库,存储于其中的数据或信息具有不可伪造、全程留痕、可以追溯、公开透明、集体维护等特征。

任务 2 了解人工智能

任务描述

人工智能是当前科学技术发展中的一门前沿学科,是在计算机科学、控制论、信息论、神经心理学、哲学、语言学等多种学科研究的基础上发展起来的,它的出现及所取得的成就引起了人们的高度关注。本任务要求读者了解人工智能的基本概念以及应用。

任务实现

与小组讨论什么是人工智能,我们日常生活中哪些方面用到了人工智能,它给我们带来了哪些便利,并将讨论的结果汇总到表 5-2-1 中。

表 5-2-1　人工智能的运用和带来的便利

人工智能的运用	带来的便利

必备知识

1. 人工智能简述

简而言之，人工智能拥有“仿人”的能力，即能通过计算机实现人脑的思维能力，包括感知能力、思考能力及行动能力。

(1)人工智能具有感知环境的能力，如对自然语言的识别和理解、对视觉图像的感知等，如智能音响、人脸识别等。

(2)人工智能能够自我推理和决策，各类专家系统就具备典型的思考能力，如阿尔法围棋(AlphaGo)。

(3)人工智能具备自动规划和执行下一步工作的能力。例如，目前已经较为多见的扫地机器人、送餐机器人、无人机等。

2. 人工智能的分类

人工智能按照智能程度大致可以分为弱人工智能、强人工智能和超人工智能 3 类。

1)弱人工智能

弱人工智能被称为狭隘人工智能或应用人工智能，指的是只能完成某一项特定任务或者解决某一特定问题的人工智能。

2)强人工智能

强人工智能被称为通用人工智能或全人工智能，指的是可以像人一样胜任任何智力性任务的智能机器。

3)超人工智能

超人工智能是超级智能的一种，超人工智能可以实现与人类智能等同的功能，即拥有类比生物进化的自身重编程和改进功能——“递归自我改进功能”。

3. 人工智能的应用现状

人工智能正成为全球性话题，各国人工智能人才技术竞争愈演愈烈。随着深度学习技术在智能制造、智慧医疗、智慧交通、智慧教育领域的逐步应用，人工智能作为引领这一轮科技革命和产业变革的战略性技术，它的产业化已硕果累累，并显示出带动性很强的“头雁”效应。下面将介绍 AI+医疗、AI+金融和 AI+教育行业的结合。

1)AI+医疗

AI 走进药物研发是行业趋势。在 2020 世界人工智能大会云端峰会上，腾讯对外发布了首个 AI 驱动的药物研发平台——云深智药(iDrug)，旨在用技术加快新药研发。传统药物研发周期长、费用高、道阻且长，云深智药的推出，将提高临床前药物发现的效率。快速、低成本，这是医药行业迫切需要达到的目标。目前，腾讯与多家药企达成合作，已经有多个药物研发项目在云深智药上运行，包括对抗新冠药物的相关研发。

诺华、强生、阿斯利康、辉瑞、正大天晴等知名药企纷纷用 AI 赋能药物研发。除此之外，阿里云对全球公共科研机构免费开放一切 AI 算力，国内外诞生了如 Panorama Medicine、英飞智药等专注 AI 制药的创新企业。

2)AI+金融

2019 年 11 月，以“AI 赋能，重构未来新生态”为主题的第四届中国人工智能领袖峰会在深圳举办，“蚂蚁金服金融知识图谱平台”获得 AIC 标杆应用奖。

蚂蚁金服金融知识图谱平台可提供金融场景的知识数据生命周期管理和一站式的知识研发与图谱服务，具备实时知识抽取、在线查询分析、AI 表示学习和千亿级全图推理等服务能力，结合多维度知识评估能力指导知识构建和知识挖掘，同时创造性地提出了异构图谱融合方案并兼顾金融知识图谱的持续演化，实现了业务子图的独立迭代与跨业务知识的链接和复用。

3)AI+教育

知识的获取和传授方式已经发生重要变化，人工智能与教育的深度融合正推动着智能学伴、虚拟教师等新型教师形态的产生。

由清华大学和学堂在线联合研发的智能学习助手——“小木”，不仅可以为学习者答疑解惑，还可以与学习者进行主动交互，从而打破了慕课学习缺乏有效师生沟通的瓶颈。当学习者选择一门课程时，“小木”会提示是否需要制订学习计划，并在不同学习阶段做不同的提示，如日常学习中加油鼓励，进度落后时善意提醒，甚至当课程结束后，还可以细心地根据学习者的喜好，为其定制化地推荐一些课程和论文。学习之余“小木”还能与学习者进行闲聊、作诗等娱乐性交互，成为学习者亦师亦友的学习伙伴。

任务 3 了解量子技术

任务描述

量子(quantum)的概念最早是由德国物理学家普朗克在 1900 年提出的。所谓量子，其实就是能量的最基本携带者，是构成物质的最基本单元。本任务要求读者了解量子技术的基本概念以及未来愿景。

任务实现

与小组讨论什么是量子技术，并阐述量子技术的未来愿景是什么。

必备知识

1. 量子简述

量子具有超出人们常规认识的一些奇妙特性，其不可分割性、量子态叠加性、不可复制性、量子纠缠等独特的现象和特性，具有重要的技术创新价值和潜力。

1）不可分割性

量子是构成物质的最基本单元，是能量、动能等物理量的最小单位，具有不可分割性。

2）量子态叠加性

由于微观特性，量子状态可以叠加，即一个量子能够同时处于不同状态的叠加，也就是指一个量子系统可以同时处于不同量子态的叠加上。

3）不可复制性

复制一个东西首先要测量这个东西的状态，但是量子通常处于极其脆弱的“叠加态”，一旦测量就会被改变形状，不再是原来的状态，因此无法完全复制。

4）量子纠缠

量子纠缠是一种量子效应，当两个微观粒子处于纠缠态时，不论分离多远，对其中一个粒子的量子态做任何改变，另一个粒子会立刻感受到，并做出相应的改变。

量子信息技术（quantum information technology）是以量子系统“状态”所依据的量子理论、信息理论和计算机理论为基础，通过量子的各种相干特性（如量子态叠加性、量子纠缠和不可复制性等）进行计算、编码和信息传输的全新信息方式。量子信息技术能够突破传统计算机发展的瓶颈，更高效地进行信息编码、传输和计算，形成远超过现有计算机的运算处理能力和安全性。

量子比特是量子信息技术计算和处理信息的基本单元，量子比特是相对比特而言的，比特是经典计算机中表示信息量的基本单位，是一种由电脉冲表示 1 或 0 的二进制单元，构成计算机的基础。与经典比特不同的是，一个量子比特能同时表示 0 和 1 两个状态。在量子比特位数是 n 时，量子比特的存储容量是传统信息位的 2^n 倍，量子计算速度是传统计算速度的 2^n 倍，这一特性使量子计算机能够形成高密度存储和并行计算能力，设计出更加高效的算法。

2. 量子信息技术的应用现状

量子信息技术是当今世界上具有颠覆性的前沿技术之一，已经成为高新技术的重要领域。量子信息技术正应用于量子计算、量子通信、量子探测等多个领域。图 5-3-1 展示了量子信息技术的三大应用领域。

1）量子计算

量子计算是一种遵循量子力学规律调控量子信息单元进行计算的新型计算模式，主要研究

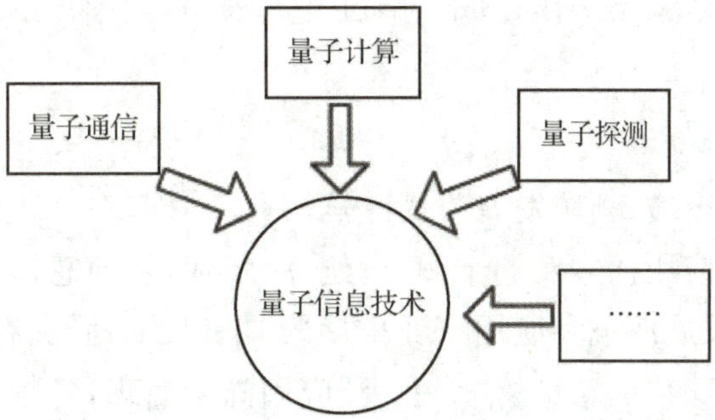

图 5-3-1 量子信息技术的三大应用领域

量子计算机和适合于量子计算机的量子算法。它利用量子叠加原理,基于量子相干特性,以远超传统电子计算机的速度实现复杂计算。

2015 年 5 月,IBM 在量子计算上获取两项关键性突破:一项是开发出 4 量子位原型电路(four quantum bit circuit),成为未来 10 年量子计算机的基础;另一项是可以同时发现两项量子的错误类型,分别为比特翻转与相位翻转,不同于过往在同一时间内只能找出一种错误类型,使量子计算机运作更为稳定。2016 年 8 月,美国马里兰大学帕克分校发明了世界上第一台由 5 量子比特组成的可编程量子计算机。

2)量子通信

量子通信是量子信息技术的一个重要分支,它利用量子力学原理对量子态进行操控,在两个地点之间进行信息交互,可以完成经典通信所不能完成的任务。在量子信息技术的发展中,量子通信也作为排头兵走在了最前面,成为量子信息学最先的突破点和产业化方向。

我国在 2008 年研制出了 20 km 级的 3 方量子电话网络,2009 年构建了一个 4 节点全通型量子通信网络,大大提高了安全通信的距离和密钥产生速率,同时保证了绝对安全性。同年,金融信息量子通信验证网在北京正式开通,这是世界上首次将量子通信技术应用于金融信息安全传输。2014 年,我国远程量子密钥分发系统的安全距离扩展至 200 km,刷新世界纪录。2016 年 8 月 16 日,我国发射一颗量子科学实验卫星"墨子号",连接地面光纤量子通信网络,并力争在 2030 年建成 20 颗卫星规模的全通型量子通信网。

3)量子探测

量子探测技术具备突破传统探测技术性能极限的应用潜力,目前各国的研究主要集中在量子雷达、量子导航、量子传感和量子成像等专业领域。量子雷达属于一种新概念雷达,是指将量子信息技术引入经典雷达探测领域,提升雷达的综合性能。量子导航是指将量子探测技术引入陀螺及惯性导航领域,使其具有高精度、小体积、低成本等优势和不依赖卫星的全空域、全时域无缝定位导航新能力。量子传感是指将量子叠加的原理作用于传感领域,使传感器具有更高的测量精度。量子成像是指利用、控制(或模拟)辐射场的量子涨落来得到物体的图像,使图像获取快速、真实、准确。

2008 年,美国麻省理工学院的劳埃德(Lloyd)教授首次提出了量子远程探测系统模型。2013 年,意大利的洛佩瓦(Lopaeva)博士在实验室中实现量子雷达成像探测,证明其有实战价值的可能性。我国首部基于单光子检测的量子雷达系统由中国电科 14 所研制,由中国科学技术大学、中国电科27所以及南京大学协作完成。不过专家表示，量子雷达想要实现工程化可能还有比较漫长的路要走。

3. 量子技术的未来愿景

1)理论与关键技术待突破，领域发展前景各异

量子信息技术研究和应用探索发端于20世纪90年代，目前总体处于基础科研向应用研究转化的早期阶段，其技术发展演进和应用产业推广既具有长期性，又存在不确定性。总体而言，真正具有改变游戏规则和颠覆性意义的“杀手级”应用尚未出现，各领域新兴技术的商业化应用和产业化发展的路线有待进一步探索。

2)我国具备良好的实践基础，机遇与挑战并存

我国在信息技术领域的研究和应用虽然起步稍晚，但与国际先进水平之间没有明显的代差，在量子计算、量子通信和量子探测三大技术领域均有相关研究团队和工作布局。近年来，在科研经费投入、研究人员和论文发表数量、研究成果水平、专利申请布局、应用探索和创业公司等方面具备较好的实践基础和发展条件。我国已经成为全球量子信息技术研究和应用的重要推动者，是推动量子信息技术发展和演进的重要力量。量子信息技术的发展和应用具有重要性和长期性，且机遇与挑战并存。

任务4　了解移动通信

任务描述

第五代移动通信技术(5th generation mobile networks，5G)是最新一代移动通信技术。2019年6月6日，工信部正式向中国电信、中国移动、中国联通、中国广电发放5G商用牌照，我国正式进入5G商用元年。本任务要求读者了解移动通信技术的发展以及应用。

任务实现

与小组讨论什么是5G，我们生活中哪些地方用到了5G，5G为我们的生活带来了哪些便利，并将讨论的结果汇总到表5-4-1中。

表5-4-1　5G的运用和带来的便利

5G的运用	带来的便利

必备知识

1. 移动通信的发展

我国在1987年广东全运会上正式启动移动通信系统，移动通信技术近些年发展迅速，经历了以下几个阶段。

(1)1G→2G。移动通信技术从频分多址跃迁到时分多址，移动通信完成了从模拟到数字的转变。

(2)2G→3G。移动通信技术从时分多址跃迁到码分多址，数据传输能力显著提升，视频电话等移动多媒体业务兴起。

(3)3G→4G。移动通信技术从码分多址跃迁到正交频分多址和多入多出，支持宽带数据和移动互联网业务。

(4)5G。5G不仅能解决人与人之间的沟通问题，还将联系人与物、物与物，开启万物互联新时代。

图5-4-1中展示了1G→5G在关键技术、应用场景方面的演变过程。

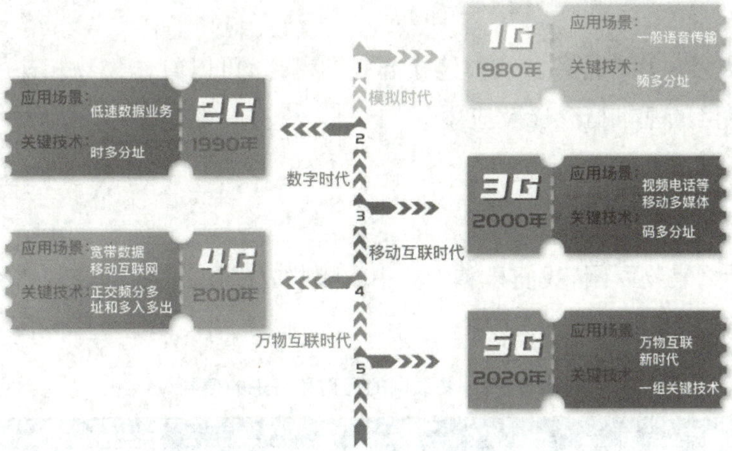

图5-4-1 1G→5G的演变过程

2. 移动通信(5G)的主要应用

随着5G迈入商用阶段，5G应用即将呈现井喷之势。5G将深刻地影响到娱乐、制造、汽车、能源、医疗、教育、农业、养老等各个行业。

1)VR全景直播

用5G来进行赛事直播已经成为一种潮流，这得益于5G的高带宽和低时延。在俄罗斯世界杯上，世界杯的官方合作伙伴已经尝试利用5G进行赛事直播。在平昌冬奥会上，英特尔和韩国KT在多个场合引入5G、VR等技术，让冬奥会变得更有科技感和趣味感。

2)5G自动驾驶

自动驾驶是一种通过计算机系统实现无人驾驶的智能技术，在20世纪已有数十年的历史，

21世纪初呈现出实用化的趋势。然而，自动驾驶的发展过程始终伴随着风险大的问题。而5G通信技术具备庞大的带宽容量和接近零时延的特性，正在让自动驾驶走进现实。因此，自动驾驶也被认为是最具前景的5G应用。

2018年9月，北京市房山区政府与中国移动联手打造了国内首个5G自动驾驶示范区，建设了首条5G全覆盖的自动驾驶车辆测试道路，可提供5G智能化汽车试验环境，满足科技创新企业所需的高速边缘计算平台、高精度定位等研发和测试环境需求。

3)5G远程教育

传统教育受时空限制存在着一些客观问题，如教育资源配置失衡、地域教育差距大、农村偏远地区教育薄弱等，使得优质教育资源成为一种稀缺资源。而借助信息技术优势力量，就能改变这种现状。5G+VR远程教育打破了时空的限制，即便是最偏远的地区，只要能上网，就能在线接受万里之外的网络教育，甚至是来自全球最好学校的课程。

任务5 了解物联网

任务描述

物联网，顾名思义，就是将各种物体连接起来的网络，可以看作物物相连的互联网。本任务要求读者了解物联网的基本概念以及应用。

任务实现

与小组讨论什么是物联网，我们日常生活中的哪些方面用到了物联网，它给我们带来了哪些便利，并将讨论的结果汇总到表5-5-1中。

表5-5-1 物联网的运用和带来的便利

物联网的运用	带来的便利

必备知识

1. 物联网简述

具体来说，物联网通过将射频识别(radio frequency identification，RFID)芯片、传感器、嵌入式系统、全球定位系统(GPS)等信息识别、跟踪、传感设备装备到各种物体上，实时采集任何需要监控、连接、互动的物体或过程的声、光、热、电、力学、化学、生物学、位置等各种需要的信息，经过各类网络(主要是无线网络)，连接物与物、物与人，实现对物品和过程的智能化感知、识别、定位、跟踪、监控和管理。

2. 物联网的主要技术

物联网技术的发展几乎涉及信息技术的方方面面，是现代信息技术发展到一定阶段后出现的一种集成性应用与技术提升，它将各种感知技术、网络技术、控制技术、自动化技术、人工智能等集成应用，使人与物、物与物智慧对话，创造一个智慧的世界。物联网牵涉的学科包括计算机科学与技术、电子科学与技术、通信工程、自动控制和软件工程等。

物联网应用中的关键技术包括 RFID 技术、传感技术、嵌入式技术等。

1)RFID 技术

RFID 技术即射频识别技术，它通过射频信号自动识别目标对象，并对其信息进行标志、登记、存储和管理。RFID 是物联网的基础技术。RFID 标签中存储着各种物品的信息，这些信息通过无线数据通信网络采集到中央信息系统，从而实现物品的识别。

2)传感技术

传感技术是从自然信源获取信息，并对其进行处理和识别的多学科交叉的现代科学与工程技术，它涉及传感器、信息处理和识别等技术。如果把计算机看作处理和识别信息的“大脑”，把通信系统看作传递信息的“神经系统”，那么传感器就类似于人的“感觉器官”。

3)嵌入式技术

嵌入式是一种专用的计算机系统，作为装置或设备的一部分。通常，嵌入式系统是一个控制程序存储在 ROM 中的嵌入式处理器控制板。事实上，所有带有数字接口的设备，如手表、微波炉、录像机、汽车等，都使用嵌入式系统，有些嵌入式系统还包含操作系统，但大多数嵌入式系统是由单个程序实现整个控制逻辑的。

3. 物联网的应用现状

典型的物联网应用包括智慧物流、智能交通、智能家居等。

1)智慧物流

智慧物流以物联网、人工智能等技术为支撑，在物流的运输、仓储、包装、装卸、配送等各个环节实现系统感知、全面分析及处理等功能。智慧物流的实现大大降低了各行业运输的成本，提高了运输效率，提升了物流行业的智能化和自动化水平。

物联网应用于物流行业主要体现在 3 个方面，即仓储管理、运输监测和智能快递柜。

2)智能交通

智能交通通过将先进的信息技术、数据传输技术以及计算机处理技术等集成到交通运输管理体系中,使人、车和路能够紧密配合,改善交通运输环境,保障交通安全以及提高资源利用率。

物联网在智能交通方面的应用包括智能公交车、共享单车、汽车联网、智慧停车以及智能红绿灯等。

3)智能家居

智能家居指的是使用各种技术和设备来提高人们的生活方式,使家庭变得更舒适、安全和高效。智能家居的发展分为 3 个阶段:单品连接、物物联动以及平台集成。当前处于单品连接向物物联动的过渡阶段。

物联网应用于智能家居领域,能够对家居类产品的位置、状态、变化进行监测,分析其变化的特征,同时根据人的需要,在一定程度上进行反馈。

任务 6　了解区块链

任务描述

区块链是一个信息技术领域的术语。从本质上讲,它是一个共享数据库。本任务要求读者了解区块链的基本概念、模型分层、主要技术以及应用。

任务实现

与小组讨论什么是区块链,我们日常生活中的哪些方面用到了区块链,它为我们的生活带来了哪些便利,并将讨论的结果汇总到表 5-6-1 中。

表 5-6-1　区块链的运用和带来的便利

区块链的运用	带来的便利

必备知识

1. 区块链简述

人类的交流依靠的是信息,因此以前的互联网属于信息互联网,很难实现价值互联,它需要中心化的机构(如银行、支付宝等企业)耗费巨大精力去维护。若要实现价值互联,则需要建立与之相应的信用体系。区块链的出现,直接解决了价值互联的问题,使得互联网迈入价值互联网时代。

区块链的概念最早诞生于2008年,是一项由多方共同维护,使用密码学保证传输和访问安全,能实现数据一致存储、难以篡改、防止抵赖的分布式共享账本技术。区块链整合了点对点网络、密码学、共识机制、智能合约等多种技术的集成创新,来提供一种不可信网络中进行信息与价值传递交换的可信通道。2015年,《经济学人》将区块链称为"构建信任的机器"。

区块链的设计理念,体现出了超出传统业务系统框架的鲜明优势,它所具有的去中心化、开放透明、不可篡改、匿名、可追溯等特点在众多领域具有广泛的应用空间。

1)去中心化

区块链里所有节点都记账,业务逻辑靠加密算法维护,实现基于共识规则的自治,不需要一个中心化组织或者精简和优化现有中心组织。

2)开放透明

区块链技术是开源的,除了交易各方的私有信息被加密外,区块链数据对所有人开放,任何人都可以通过公开接口查询区块链上的数据和开发相关应用,整个系统的开放高度透明。

3)不可篡改

任何人都无法篡改区块链里面的信息,除非控制了51%的节点,或者破解了加密算法,而这两种方法都是极难实现的。

4)匿名

由于区块链各节点之间的数据交换必须遵循固定的、预置的算法,区块链上节点之间不需要彼此认知,也不需要实名认证,而是基于地址、算法的正确性进行彼此识别和数据交换。

5)可追溯

区块链是一个分布式数据库,每一个节点数据都被其他人记录,所以区块链上每个人的数据或行为都可以被追溯和还原。

2. 区块链的模型分层

区块链模型是由自下而上的数据层、网络层、共识层、激励层、合约层和应用层组成的,如图5-6-1所示。

1)数据层

数据层封装了底层数据区块以及相关的数据加密和时间戳等基础数据与基本算法。

2)网络层

网络层包括分布式组网机制、数据传播机制和数据验证机制等。

3)共识层

共识层主要封装网络节点的各类共识算法。

4)激励层

激励层将经济因素集成到区块链技术体系中来,主要包括经济激励的发行机制和分配机制等。

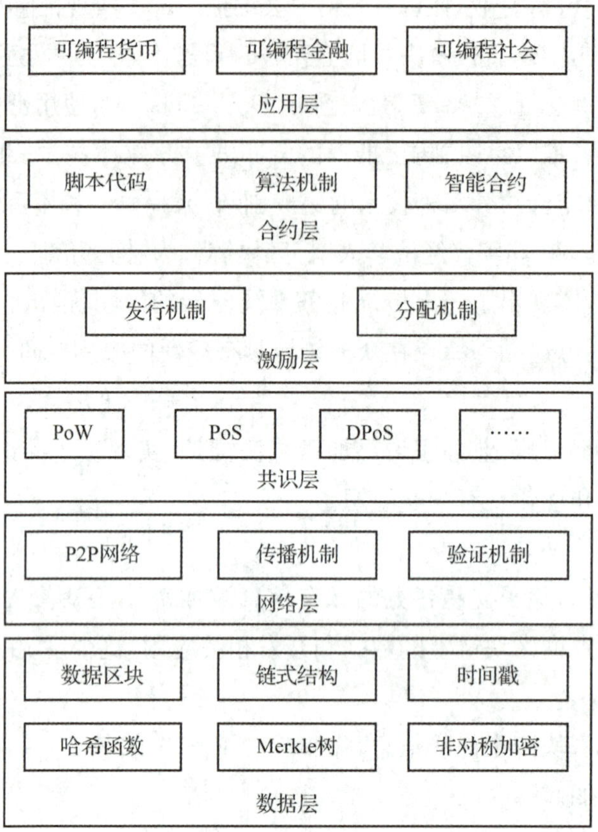

图 5-6-1　区块链的模型分层

5)合约层

合约层主要封装各类脚本代码、算法机制和智能合约，是区块链可编程特性的基础。

6)应用层

应用层主要封装了区块链的各种应用场景和案例。

3. 区块链的主要技术

区块链的主要技术有三大类，即密码学技术、共识机制和智能合约。

1)密码学技术

密码学技术是区块链的核心技术之一，区块链的安全保障主要体现在其数据层和网络层，其中数据层的安全主要依赖于密码学相关的安全技术，包括哈希算法、加密算法、数字签名等。

2)共识机制

网络层的安全主要由共识机制保障，通过点对点通信模式，构建一个去中心化的分布式网络环境，网络中所有节点的地位平等，每个节点都可以作为服务器，承担区块数据传输、验证、存储工作。共识机制主要是解决分布式节点达成共识的问题。常用的共识机制主要有 PoW、PoS、DPoS、PBFT、PAXOS 等。

3)智能合约

智能合约在区块链中的实现标志着区块链技术进入 2.0 阶段。智能合约允许在没有第三方的情况下进行可信交易，只要一方达成了协议预先设定的目标，合约将会自动执行交易，这些交易可追踪且不可逆转。利用智能合约技术，有助于实现去中心化的多方参与、规则透明、不可篡改、自动执行，增强了交易的灵活性，更适用于实现复杂完备的业务逻辑，为区块链在实际业务场景中的应用提供技术基础。

4. 区块链的主要应用

目前，区块链技术已经到了3.0阶段，已在全球的金融领域、司法领域、医疗领域等多个领域有不同程度的应用，社会对区块链的价值和适用场景的认识不断提高。随着政策的进一步放开，我国区块链产业也迎来快速发展阶段。

1）金融领域

比特币是区块链技术在金融领域的首次应用。在比特币系统中，两个节点之间不需要经过中心权威机构，可以直接进行交易。比特币系统通过匿名的方式保护隐私，节点无法获取用户的身份信息。利用PoW共识算法来完成交易的验证与记录。同时采用一些密码学技术保障了交易数据的安全性、不可篡改性，使用时间戳和共识机制来解决节点双重支付攻击，使其交易数据不可篡改、无法伪造。

区块链在金融领域的广泛应用产生了更多新的服务模式、业务场景和金融产品，为金融业的快速发展带来了很大的影响。随着区块链与金融科技的深度融合，区块链技术将逐步适应大规模金融场景，促进互联网的价值流动，改善目前的交易模式，改变人们在现实生活的交易方式。

2）司法领域

区块链可以解决司法程序中电子证据的生成、存储、传输、提取和验证问题。

2018年9月，杭州互联网法院正式上线了全国首个司法区块链平台。该平台建立以后，实现了审判全程上链，从起诉到档案管理等关键环节全部盖上区块链的戳印（可信时间、可信身份、可信流程等关键信息），并向区块链的全体节点实时进行管控。同时，该平台也是全国首个跨地域、跨法院、跨层级的司法链联盟，对于深化司法体制改革、推动审判能力和审判体系现代化具有重要意义。在推动长江三角洲区域一体化发展层面上，它实现了数据一体化、信用一体化、市场一体化和司法一体化。

3）医疗领域

区块链在增强安全性和保护患者数据隐私方面能够发挥重要作用，还可以解决与医疗保健数据的安全性、完整性、安全共享等相关的问题。

区块链医疗系统可以保证医疗机构或患者上传的医疗数据不被随意篡改，保障了医疗数据的安全性。

共享医疗数据对于医疗服务是至关重要的，区块信息公开透明，推进了医疗机构之间的数据共享，方便医务工作者从事医学研究。

区块链系统能够提供数据安全存储、共享以及监管技术，有助于实现医疗数据的安全共享，优化医疗系统的业务流程，在确保数据安全的同时，为医疗研究提供充足的数据支撑。

单元小结

本单元主要介绍了新一代信息技术，如人工智能、量子技术、移动通信、物联网、区块链等内容。通过对本单元的学习，读者可以对新一代信息技术有一定的了解，在日常生活中清晰地认知到新一代信息技术为人们带来的便利。

课后习题

一、选择题

1. 人工智能按照智能程度大致可以分为 3 类，下列选项中（　　）不属于人工智能分类。

A. 弱人工智能　　B. 强人工智能

C. 特人工智能　　D. 超人工智能

2. 量子具有的特性有（　　）。（多选）

A. 不可分割性　　B. 量子态叠加性

C. 不可复制性　　D. 量子纠缠

3. 关于 5G 高速度、低时延、大连接、低功耗特征的描述错误的是（　　）。

A. 5G 的第一个显著特征就是快，其峰值速率可达 20 Gb/s，是 4G 的 20 倍以上

B. 5G 网络传输时延降到 10 ms 以下，快于人脑的反应时间的时延特性使一些高端工业制造及远程精密操作成为可能

C. 5G 并发数是现有网络技术的 100 倍，展现了 5G 连接万物的维度和广度，5G 可以支持每平方千米接入 100 万个设备，是 4G 的 10 倍连接，连接万物的能力逐渐渗透到人们生产和生活的方方面面

D. 5G 设备一度电可支持超过 50 GB 数据的传输，与现有技术的传输功耗差不多

4. 物联网应用中的关键技术不包括（　　）。

A. RFID 技术　　B. 传感技术

C. 嵌入式技术　　D. D2D 通信技术

5. 区块链模型是由自下而上的（　　）组成的。

A. 数据层、网络层、共识层、激励层、合约层和应用层

B. 应用层、合约层、激励层、网络层、共识层和数据层

C. 数据层、共识层、网络层、激励层、合约层和应用层

D. 应用层、合约层、激励层、共识层、网络层和数据层

二、填空题

1. 量子其实就是________的最基本携带者，是构成________的最基本单元。

2. 5G 不仅能解决人与人之间的沟通问题，还将联系人与物、物与物，开启________的新时代。

3. 区块链的设计理念中具有的________、开放透明、________、匿名、可追溯等特点在众多领域具有广泛的应用空间。

4. 物联网应用于物流行业主要体现在________、________和智能快递柜3个方面。

三、简答题

1. 物联网具有哪些特质？

2. 简要说明量子具有的超出人们常规认识的独特的现象和性质。

单元6 信息素养与社会责任

如今，信息技术的发展已经与人们的日常生活密不可分，与此同时，信息系统遭受恶意攻击和信息泄露的事件逐年增多，信息安全问题日益严重，信息安全技术也逐渐成为信息技术的研究热点和重点。本单元主要介绍信息安全的基础知识、常用的信息安全技术、信息素养的基础知识和信息社会的道德伦理要求。

学习目标

- 了解常用的信息安全技术。
- 了解信息素养的概念及主要要素。
- 掌握信息社会的道德伦理要求。

明德育才

党的二十大报告指出：实施公民道德建设工程，弘扬中华传统美德，加强家庭家教家风建设，加强和改进未成年人思想道德建设，推动明大德、守公德、严私德，提高人民道德水准和文明素养。

本单元从信息素养与社会责任方面帮助学生树立正确的价值观，坚持道德认知与道德实践相结合、道德教育与法治保障相统一，发挥各类阵地道德教育作用，抓好重点群体的教育引导，传承中华优秀传统文化、弘扬革命文化、发展社会主义先进文化，扎实推进社会公德、职业道德、家庭美德、个人品德建设，持续强化教育引导、实践养成、制度保障，激发人们形成善良的道德意愿、道德情感，培育正确的道德判断和道德责任。

任务 1 了解信息安全的基础知识

任务描述

信息安全在当今互联网时代尤为重要，本任务要求读者了解信息安全的基础知识，学会使用安全软件，如 360 安全卫士、腾讯手机管家等。

任务实现

1. PC 端——360 安全卫士

360 安全卫士是一款由奇虎 360 公司推出的功能强、效果好、受用户欢迎的安全杀毒软件。360 安全卫士拥有查杀木马、清理插件、修复漏洞、电脑体检、电脑救援、保护隐私、清理垃圾、清理痕迹等多种功能。360 安全卫士独创了“木马防火墙”“360 密盘”等功能，依靠抢先侦测和云端鉴别，可全面、智能地拦截各类木马，保护用户的账号、隐私等重要信息。其首页效果如图 6-1-1 所示。

图 6-1-1　360 安全卫士的首页效果图

2. App 端——腾讯手机管家

腾讯手机管家是腾讯公司旗下一款永久免费的手机安全与管理软件，包括病毒查杀、骚扰拦截、软件权限管理、手机防盗及安全防护、用户流量监控、空间清理、体检加速、软件管理等高端智能化功能。

必备知识

1. 信息安全的基本概念

自 20 世纪 80 年代以来，计算机技术和互联网的发展改变了人们的生产和生活方式，它们在为人们的生活带来便利的同时，其发展过程中的信息安全问题也逐渐显现。

信息安全是指综合利用各种合理的方法保护信息系统，使其能够正常可靠地运行，而不因偶然或恶意的原因遭受破坏，保证计算机系统中数据的保密性、完整性、可用性、可控性和不可否认性。

随着计算机系统功能的日益完善和信息技术的高速发展，信息安全已经与每个人的权益息息相关，信息安全上任何隐含的缺陷、失误都可能造成巨大的损失。信息安全本身的范围很广，包括防范商业、企业的机密泄露，防范青少年对不良信息的浏览，防范个人信息的泄露等。

2. 常用的信息安全技术

当下信息安全问题备受社会的关注，无论是企业、组织还是个人，都可能受到病毒等的攻击，熟悉常用的信息安全技术后，可以在一定程度上保护个人的信息安全，下面介绍 5 种常见的信息安全技术。

(1)数据加密技术。数据加密技术是保护数据在网络传输的过程中不被窃听、篡改或伪造的技术，它是信息安全的核心技术，也是关键技术。

(2)访问控制技术。访问控制技术是保护计算机信息系统免受非授权用户访问的技术，它是信息安全技术中最基本的安全防范措施，该技术是通过用户登录和对用户授权的方式实现的。

(3)防火墙技术。防火墙是用于防止网络外部的恶意攻击对网络内部造成不良影响而设置的一种安全防护措施，它是网络中使用非常广泛的安全技术之一。

(4)身份识别技术。身份识别技术是采用密码技术(尤其是公钥密码技术)设计的高安全性协议，通常采用密码和标记两种方式。

目前市场上常用的新型身份识别技术还有指纹识别、虹膜识别、人脸识别、区块链等。

(5)数字签名。数字签名技术是公钥加密技术与数字摘要技术的综合运用，在数字签名过程中，只有信息的发送者才能产生一段用于验证的数字串，他人无法伪造。数字签名技术可以确定信息发送者的身份并保证信息的完整性。

任务 2　了解信息素养的概念及主要要素

任务描述

面对网络和数字化社会，学生的学习方式与思维方式都发生了明显变化，不仅要学习知识，更要学会处理海量信息，充分利用各种媒体和技术工具解决学习与生活中的问题，甚至需要在已有信息基础上实现创新，从而应对复杂多变的环境，实现自我价值。本任务要求读者理解信息素养的概念，了解信息素养的内涵及特点。

任务实现

与小组成员讨论，当今社会我们需要具备哪些信息素养，并阐述自己的观点。

必备知识

1. 信息素养的概念

信息素养(information literacy)的本质是全球信息化需要人们具备的一种基本能力。信息素养是信息化社会成员必须具备的基本素养。

信息素养这一概念是美国信息产业协会主席保罗·泽考斯基于1974年在美国提出的。信息素养包含了对信息社会的适应能力，信息获取、加工处理、传递创造等综合能力，以及融合新一代信息技术解决专业领域问题的能力，如图6-2-1所示。

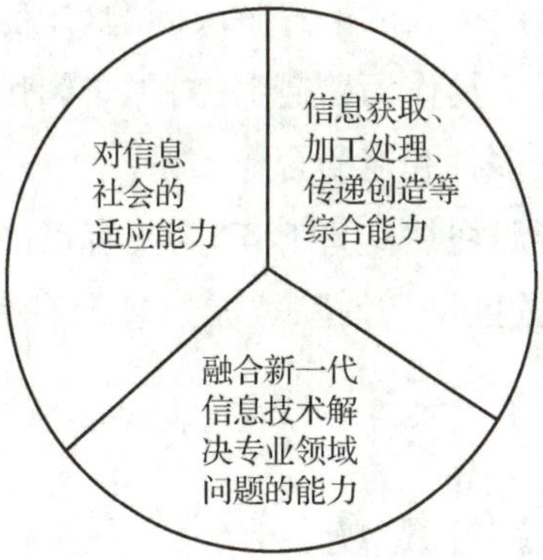

图6-2-1 信息素养

信息素养是一种综合能力，其涉及各方面的知识，是一个特殊的、涵盖面很宽的能力，它包含人文的、技术的、经济的、法律的诸多因素，和许多学科有着紧密的联系。

熟悉信息技术是培养信息素养的根本，我们需要通晓信息技术，强调对技术的理解、认识和使用技能。而信息素养的重点是内容、传播、分析，包括信息检索以及评价，涉及更宽的方面。它是一种了解、收集、评估和利用信息的知识结构，既需要通过熟练的信息技术，也需要通过完善的调查方法、鉴别和推理来完成。信息素养是一种信息能力，信息技术是它的一种工具。

2. 信息素养的培养目标

在我国，对国民的信息素养培养目标主要有以下5个方面。

(1)热爱生活，有获取新信息的意愿，能够主动地从生活实践中不断地查找、探究新信息。

(2)具有基本的科学和文化常识，能够较为自如地对获得的信息进行辨别和分析，正确地加以评估。

(3)可灵活地支配信息，较好地掌握选择信息、拒绝信息的技能。

(4)能够有效地利用信息表达个人的思想和观念,并乐意与他人分享不同的见解或信息。

(5)无论面对何种情境,能够充满自信地运用各类信息解决问题,有较强的创新意识和进取精神。

3. 具备较高信息素养的主要表现

具备较高信息素养的主要表现包括以下几个方面。

(1)运用信息工具。能熟练使用各种信息工具,特别是网络传播工具。

(2)获取信息。能根据自己的学习目标有效地收集各种学习资料与信息,能熟练地运用阅读、访问、讨论、参观、实验、检索等获取信息的方法。

(3)处理信息。能对收集的信息进行归纳、分类、存储记忆、鉴别、分析综合、抽象概括和表达等。

(4)生成信息。在信息收集的基础上,能准确地概述、综合、履行和表达所需要的信息,使之简洁明了、通俗流畅并且富有个性特色。

(5)创造信息。在多种收集信息的交互作用的基础上,迸发创造思维的火花,产生新信息的生长点,从而创造新信息,达到收集信息的终极目的。

(6)发挥信息的效益。善于运用接收的信息解决问题,让信息发挥最大的社会和经济效益。

(7)信息协作。使信息和信息工具作为跨越时空的、"零距离"的交往和合作中介,使之成为延伸自己的高效手段,同外界建立多种和谐的合作关系。

(8)信息免疫。浩瀚的信息资源往往良莠不齐,需要有正确的人生观、价值观、甄别能力以及自控、自律和自我调节能力,能自觉抵御和消除垃圾信息及有害信息的干扰和侵蚀,并且完善合乎时代的信息伦理素养。

任务3 了解信息社会的责任

任务描述

信息道德是指在信息领域中规范人们相互关系的思想观念与行为准则,是在整个信息活动中调节信息生产者、信息加工者、信息传递者在网络环境下开展各种信息活动时应当遵循的行为规范的总和。本任务要求读者了解信息社会常见的道德问题、信息化社会的法律法规和道德准则以及信息社会的道德伦理建设。

任务实现

查找资料了解我国对于信息安全方面的法律法规以及信息社会的道德伦理要求。

必备知识

1. 信息社会常见的道德问题

当人们感叹网络信息技术带来的种种便利时，也不得不警惕网络社会中隐藏的各种风险，如隐私泄露、网络暴力、网络散诈、黑客入侵、知识产权的侵犯等社会问题。信息社会常见的道德问题主要有以下几点。

1)道德意识的模糊

道德意识的模糊主要表现在网络世界与现实世界界限模糊、网络匿名导致自律意识减弱、网络的虚拟性导致责任意识减弱和经济利益驱动下诱发网络犯罪。

2)道德行为的失范

在网络社会中，道德行为失范的伦理问题主要包括：知识产权和财富安全的伦理问题、隐私保护的伦理问题、滥用言论自由的道德问题、道德行为的约束变弱。

3)道德情感的变异

互联网上充斥着各种媒体发布的虚假、欺诈、淫秽、低俗信息，违背了中华民族的传统文化和社会公德。它们主要通过文字、图片、音频和视频的方式传播。我们所称的垃圾邮件和垃圾信息包含这些内容。它们对互联网的危害很大，严重地影响着人们的身心健康，破坏市场经济秩序和社会管理秩序。

4)道德观念的混乱

网络社会是开放和自由的，任何人、组织都可以在互联网上发表个人观点。在网络社会中，人们的道德观念前所未有地混乱，主要体现在两方面：一方面，道德观念冲突的范围广；另一方面，随着网络信息技术的发展，道德观念冲突的频率高。

2. 信息化社会的法律法规和道德准则

1)法律法规

近年来，我国制定了有关信息安全的法律法规，以此来维护社会和谐稳定、应对信息化带来的诸多负面影响。

(1)1994 年 2 月，第一部涉及计算机信息安全的法规《中华人民共和国计算机信息系统安全保护条例》颁布。

(2)1997 年，修订了《中华人民共和国刑法》，专门规定了非法入侵计算机信息系统罪和破坏计算机信息系统罪。

(3)2000 年 12 月，第九届全国人民代表大会常务委员会第十九次会议通过了《关于维护互联网安全的决定》，进一步明确了利用互联网危害国家安全和社会稳定的犯罪等。

(4)2005 年 9 月，《互联网新闻信息服务管理规定》开始实施。

(5)2006 年 5 月，国务院颁布了《信息网络传播权保护条例》。

(6)2015 年 6 月，第十二届全国人民代表大会常务委员会第十五次会议审议了《中华人民共和国网络安全法(草案)》,从保障网络产品和服务安全、保障网络运行安全、保障网络信息安全等方面进行了具体的制度设计。

2)道德准则

法律是解决信息化带来的问题的强硬措施,对构建良好的网络环境具有重要的作用,但号召网民遵守相应的法律法规、共同维护网络安全、树立正确的道德观念也非常重要。

(1)2006 年中国互联网协会发布了《文明上网自律公约》,号召广大网民文明办网、文明上网,共同抵制一切破坏网络文明、危害社会稳定、妨碍行业发展的行为,在以积极态度促进互联网健康发展的同时,承担起应负的社会责任。

(2)2012 年 4 月,中国互联网协会发布了《中国互联网协会抵制网络谣言倡议书》,倡导全国互联网业界加强对网站从业人员的职业道德教育,依法保护网民使用网络的权利,加强对网站内容的甄别和处理,对明显的网络谣言及时主动删除等。

(3)2013 年 8 月,中国互联网大会倡导全国互联网从业人员、网络名人和广大网民坚守“七条底线”,营造健康向上的网络环境,积极传播正能量,为实现中华民族伟大复兴的中国梦做出贡献。“七条底线”即法律法规底线、社会主义制度底线、国家利益底线、公民合法权益底线、社会公共秩序底线、道德风尚底线和信息真实性底线。

3. 信息社会的道德伦理建设

随着信息时代的到来,为了规范人们的网络行为以及净化网络空间,我们需要从技术监控、法律和道德规范、信息道德教育、网络监管等方面着手,共同构建网络伦理,树立正确的信息价值观。

1)技术监控

积极研究、开发有效的网络信息监控技术,有效掌握各种信息源,及时阻止不道德数据和信息的入侵,从源头上防患于未然,这对于网络道德建设是至关重要的一步。

国家网络管理部门通过统一技术标准建立一套网络安全体系,严格审查、控制网上信息内容的发布和流通渠道。例如通过防火墙和加密技术防止网络上的非法入侵;利用一些过滤软件过滤掉有害的、不健康的信息,限制浏览网络中不健康的内容等。同时,通过技术跟踪手段,使有关机构可以对网络责任主体的网上行为进行调查和监控,确定网络主体应承担的责任。

2)法律和道德规范

维护信息安全,除了技术手段外,更需要法律提供保障。在上文中我们列举了关于法律法规的条款,这些法律法规就是为了保障网络安全,维护网络空间主权和国家安全、社会公共利益,保护公民、法人和其他组织的合法权益,促进经济社会信息化健康发展。

网络社会的健康持续发展与现实社会的健康发展一样离不开一定的道德义务。许多地区和国家的机构提出了网络社会所要遵循的道德义务。中国互联网协会也公布了《文明上网自律公约》,提出:自觉遵纪守法,倡导社会公德,促进绿色网络建设;提倡先进文化,摒弃消极颓废,促进网络文明健康;提倡自主创新,摒弃盗版剽窃,促进网络应用繁荣;提倡互相尊重,摒弃造谣诽谤,促进网络和谐共处;提倡诚实守信,摒弃弄虚作假,促进网络安全可信;提倡社会关爱,摒弃低俗沉迷，促进少年健康成长；提倡公平竞争，摒弃尔虞我诈，促进网络百花齐放；提倡人人受益，消除数字鸿沟，促进信息资源共享。

3)信息道德教育

信息道德教育是指通过全社会所遵循的价值取向和道德规范，有组织、有计划地对人的人格和道德形成产生影响的活动。在对网络用户进行网络道德教育时，应该结合相关的法律、法规，对网民进行法制教育，促使其树立网络法制意识，规范公民依法上网行为，使公民认识到如果放任自流、伤害他人，最终将会因道德失范而受到法律的制裁。

4)网络监管

要完全靠人们自律来解决网络道德建设问题是不现实的，必须加大网上行为的道德约束力度，因此政府、社会各部门应该共同做好网络建设和监管工作。加强网络市场监管，需要人人共担责任，需要制度跟进，需要提高监管能力。

最后，在信息化时代中要求人人树立正确的信息价值观。网络信息行为主体在信息运用的过程中应秉持社会主义核心价值观，树立正确的科学态度，自觉按照法律和道德规范使用信息技术，进行信息交互活动。信息时代的公民不仅要接受、传递数字信息，而且要创造、享受这种数字化、精确化、高速化的生活；不但要遵守现实社会的秩序，而且应该遵守网络社会的秩序。

单元小结

本单元主要介绍了信息素养与社会责任，包括信息安全的基础知识、信息素养的概念及主要要素和信息社会的道德伦理要求等内容。通过对本单元的学习，读者可以培养在信息化社会下的信息素养与社会责任。

课后习题

一、选择题

1. 小张在微信群中看到有人在售卖其他人的身份信息，此时他应该(　　)。

A. 这种行为并不犯罪，所以不用理会

B. 这种行为只是违背了道德，站在道德的角度制止对方

C. 这种行为违背了道德，联合他人辱骂对方

D. 这种行为构成了犯罪，立即报警，交给警察处理

2. 下面关于道德伦理建设正确的有(　　)。(多选)

A. 积极研究、开发有效的网络信息监控技术

B. 维护信息安全，除了技术手段外，更需要法律提供保障

C. 对网络用户进行网络道德教育时，应该以相关的法律为基础

D. 可以完全靠人们自律来解决网络道德建设问题

3. 保障信息安全最基本、最核心的技术性措施是(　　)。

A. 数据加密技术　　B. 访问控制技术

C. 数字签名技术　　D. 防火墙技术

4. 下列(　　)不属于身份认证方法。

A. 密码认证　　B. 智能卡认证

C. 姓名认证　　D. 指纹认证

5. 微信收到“微信团队”的安全提示“您的微信账号在9:17尝试在另外一个设备登录，登录设备为××品牌××型号”，此时我们应该(　　)。

A. 拨打110报警，让警察来解决

B. 确认是否是自己的设备登录，如果不是，则尽快修改密码

C. 有可能是误报，不予理睬

D. 自己的密码足够复杂，不可能被破解，坚决不修改密码

二、填空题

1. ________是信息安全的核心技术，也是关键技术。

2. 访问控制技术是通过________和________的方式实现的。

3. 身份识别技术通常采用________和________两种方式。

4. 数字签名技术可以确定信息发送者的身份并保证信息的________。

三、简答题

1. 信息素养主要包括哪些内容?

2. 在使用App时，如何保护个人信息安全? 具体的操作有哪些?

拓展模块

单元7 信息安全

信息安全的概念在20世纪经历了一个漫长的历史阶段，自20世纪90年代开始得到深化。进入21世纪，随着信息技术的不断发展，信息安全问题也日益突出。如何确保信息系统的安全已成为全社会关注的问题。本单元主要介绍信息安全的基础知识、信息安全技术、配置防火墙及病毒防护。

学习目标

- 了解信息安全的概念。
- 熟悉网络安全技术。
- 了解防火墙及病毒防护。

明德育才

提倡网络道德，必须从我做起。作为网络时代的大学生，要努力做到不浏览或观看不健康的网站或视频，不发表不恰当的言论，严格遵守《中华人民共和国网络安全法》和《中国互联网管理条例》，善于在网上学习，诚实友好交流，不侮辱欺诈他人，增强自我保护意识，不随意约会网友，维护网络安全，不破坏网络秩序，不沉溺于虚拟时空。

从我们自己做起，就要求每一个网民做到：在网上与别人发生矛盾时，少一些冲动、急躁和恶意猜测，多一些忍让、耐心和理解；在网上与别人交谈时，少一些不文明的用词，多一些暖心的话语；在网上看到一些言论时要理性思考，辨别真假；在发布信息的时候要三思，多在网上发布一些传递正能量的内容。

7.1 信息安全概述

信息安全一般是指信息产生、制作、传播、收集、处理直到选取等信息传播与使用全过程中的信息资源安全。本节要求读者了解信息安全的基本概念,包括信息安全的基本要素、网络安全等级保护内容等。

7.1.1 信息安全的基本概念

信息安全的基本内涵最早由信息技术安全评估标准(information technology security evaluation criteria,ITSEC,即业界通常指称的“橘皮书”)定义。ITSEC 阐述和强调了信息安全的 CIA 三元组目标,即保密性(confidentiality)、完整性(integrity)和可用性(availability)。

1. 保密性

保密性是指信息或数据经过加密变换后,由明文变成密文形式。只有被授权的合法用户,掌握了密钥,才能通过解密算法将密文还原成明文。未经授权的用户因为不知道密钥,将无法获知原明文的信息。

2. 完整性

完整性就是为方便检验所获取的信息与原信息是否完整一致,通常可给原信息附加上特定的信息块,该信息块的内容是原信息数据的函数。系统利用该信息块检验数据信息的完整性。未经授权的用户对原信息的改动会导致附加块发生变化,由此引发系统启动预定的保护措施。

3. 可用性

可用性指的是安全系统能够对用户授权,为其提供某些服务,即经过授权的用户可以得到系统资源,并且享受到系统提供的服务,防止非法抵制或拒绝对系统资源或系统服务的访问和利用,增强系统的效用。

7.1.2 信息安全要素

按照 ISO 7498-2 的定义,在 OSI 参照模型框架内能选择提供的安全性服务有身份认证、访问控制、数据保密、数据完整以及不可否认共 5 个要素。

1. 身份认证

身份认证的服务方式有同层实体的身份认证、数据源身份认证和同层实体的相互身份认证 3 种。

(1)同层实体的身份认证:目的是向同一层的实体证明高层所声明的那个实体确实是会话过程中所说的那个实体,它可以防止实体的假冒,一般用于会话建立阶段。

(2)数据源身份认证:保证接收方所收到的消息确实来自发送方的这个实体。

(3)同层实体的相互身份认证:与同层实体的身份认证完全一样,只是这时的身份认证是双方相互确认，其攻击和防御的方法与同层实体的身份认证也是相同的。

2. 访问控制

访问控制的目的是限制访问主体对访问客体的访问权限。访问控制是对那些没有合法访问权限的用户访问了系统资源，或是合法用户不小心造成对系统资源的破坏的行为加以控制。

3. 数据保密

数据保密的目的是确保信息在存储、传输以及使用过程中不被未授权的实体所访问，从而防止信息的泄露，即防止攻击者获取信息流中的控制信息。

4. 数据完整

数据完整的目的是保证信息在存储、传输以及使用过程中不被未授权的实体所更改或损坏，不被合法实体进行不适当的更改，从而使信息保持内部、外部的一致性。

5. 不可否认

不可否认是用来防备对话的两个实体中任一实体否认自己曾经执行过的操作，从而使实体不能对自己曾经接收或发送过的任何信息进行抵赖。

综上所述，信息安全可以表示成一个五元组函数，即 5 个属性组成的函数：

$$S = f(A, I, C, V, R)$$

式中，S 代表信息安全，A 代表身份认证，I 代表数据完整，C 代表数据保密，V 代表访问控制，R 代表不可否认。

每一个属性又可以表示成一个函数，如 $A=u(a)$，其中，a 代表各种与身份认证属性相关的各种实例，同样，I、C、V、R 也可以表示成这样的函数。A、I、C、V、R 这些函数的取值只有两种，分别为 0 和 1，0 代表违反了相应属性，1 代表遵守了相应属性。只有当 5 个属性值全为 1 时，S 的值才为 1，否则，该系统存在安全风险。当然，一个系统不可能达到 100% 安全，所以 $S=1$ 是理想状态。

7.1.3 网络安全等级保护

2007 年，《信息安全等级保护管理办法》正式发布，标志着网络安全等级保护 1.0 的正式启动。该管理办法规定了等级保护需要完成的“规定动作”，即定级备案、建设整改、等级测评和监督检查。

2017 年，《中华人民共和国网络安全法》(以下简称《网络安全法》)正式实施，标志着网络安全等级保护 2.0 的正式启动。《网络安全法》明确规定“国家实行网络安全等级保护制度”。国家对一旦遭到破坏、丧失功能或者数据泄露，可能严重危害国家安全、国计民生、公共利益的关键信息基础设施，在网络安全等级保护制度的基础上，实行重点保护。

2019 年 5 月 13 日，网络安全等级保护制度 2.0 国家标准正式发布，标志着我国网络安全等级保护正式进入 2.0 时代，等级保护制度已被打造成新时期国家网络安全的基本国策和基本制度。应急处置、灾难恢复、通报预警、安全监测、综合考核等重点措施全部纳入等级保护制度并实施，对重要基础设施、重要系统以及“云、物、移、大、工控”纳入等级保护监管，将互联网企业纳入等级保护管理。

7.2 信息安全技术

随着 Internet 的迅速发展，网络应用日益广泛和深入，但随之而来的网络安全问题也越来越严重。很多世界著名的商业网站都曾被黑客入侵，造成巨大的经济损失，甚至连专门从事网络安全的专业网站也受到过黑客的攻击。下面将带领大家了解信息安全相关技术，包括信息安全面临的常见威胁和常用防御技术，了解信息安全保障的基本思路。

7.2.1 信息安全威胁

到目前为止，信息安全面临的威胁呈现多样性特征，一般常见的安全威胁大致分为以下几种情况。

1. 计算机病毒

《中华人民共和国计算机信息系统安全保护条例》中明确定义了计算机病毒，指“编制或者在计算机程序中插入的破坏计算机功能或者毁坏数据，影响计算机使用，并且能够自我复制的一组计算机指令或者程序代码”。

计算机一旦被感染，病毒会进入计算机的存储系统，如内存，感染其中运行的程序，无论是大型机还是微型机，都难幸免。随着计算机网络的发展和普及，计算机病毒已经成为各国信息战的首选武器，给国家的信息安全造成了极大威胁。

计算机病毒具有潜伏性、传染性、突发性、隐蔽性、破坏性等特征。

2. 网络黑客

网络黑客是指专门利用计算机网络进行破坏或入侵他人计算机系统的人。“黑客”的动机很复杂，有的是为了获得心理上的满足，在黑客攻击中显示自己的能力；有的是为了追求一定的经济利益和政治利益；有的则是为恐怖主义势力服务甚至就是恐怖组织中的成员。

3. 网络犯罪

网络犯罪多表现为诈取钱财和信息破坏，犯罪内容主要包括金融欺诈、网络赌博、网络贩黄、非法资本操作和电子商务领域的侵权欺诈等。随着信息化社会的发展，目前的网络犯罪主体更多地由松散的个人转化为信息化、网络化的高智商集团和组织，其跨国性也不断增强。日趋猖獗的网络犯罪已对国家的信息安全以及基于信息安全的经济安全、文化安全、政治安全等构成了严重威胁。

4. 预置陷阱

预置陷阱就是在信息系统中人为地预设一些“陷阱”，以干扰和破坏计算机系统的正常运行。在对信息安全的各种威胁中，预置陷阱是危害性最大，也是最难以防范的一种。

预置陷阱一般分为硬件陷阱和软件陷阱两种。硬件陷阱主要是指蓄意更改集成电路芯片的内部设计和使用规程，以达到破坏计算机系统的目的。软件陷阱则是指信息产品中被人为地预置嵌入式病毒，这给信息安全保密带来极大的威胁。

5. 垃圾信息

垃圾信息是指利用网络传播的违反国家法律及社会公德的信息，垃圾邮件则是垃圾信息的重要载体和表现形式之一。通过发送垃圾邮件进行阻塞式攻击，成为垃圾信息侵入的主要途径。其对信息安全的危害主要表现在，攻击者通过发送大量邮件污染信息社会，消耗受害者的宽带和存储器资源，使之难以接收正常的电子邮件，从而大大降低工作效率；或者某些垃圾邮件中含有病毒、恶意代码或某些自动安装的插件等，只要打开邮件，它们就会自动运行，破坏系统或文件。

6. 隐私泄露

在大数据时代，大量包含个人敏感信息的数据（隐私数据）存在于网络空间中，如电子病历涉及患者疾病等信息，支付宝记录着人们的消费情况，GPS 掌握着人们的行踪，微信中的朋友圈信息包含个人动态等。这些带有“个人特征”的信息碎片可以汇聚成细致、全面的大数据信息集，一旦泄露则可能被不法分子利用，从而轻而易举地构建出网民的个体画像。

7.2.2 安全防御技术

测试题

计算机网络的开放性、互联性等特征，致使网络易受攻击，所以网络信息的安全和保护是一个至关重要的问题。无论是在单机系统、局域网还是广域网系统中，都存在着自然、人为等诸多因素的脆弱性和潜在威胁。典型的安全防御技术有以下几大类。

1. 实体安全技术

实体安全或称物理安全，是指包括环境、设备和记录介质在内的所有支持网络系统正常运行的总体设施安全。实体安全包括保护计算机设备、通信线路及设施、建筑物等的安全；预防地震、水灾、火灾、飓风、雷击的破坏；满足设备正常运行环境要求；防止电磁辐射、泄漏；媒体的安全备份及管理等。

2. 软件安全技术

软件系统安全主要是针对所有计算机程序和文档资料，保证它们免遭破坏和非法复制。软件安全技术还包括掌握高安全产品的质量标准，对于自己开发使用的软件建立严格的开发、控制、质量保障机制，保证软件满足安全保密技术标准要求，确保系统安全运行。

3. 加密技术

信息加密的目的是保护网内的数据、文件、口令和控制信息，保护网上传输的数据。加密技术主要分为数据传输加密和数据存储加密。

数据加密系统包括加密算法、明文、密文以及密钥。数据加密的算法有很多种，按照发展进程来分，经历了古典密码、对称密钥密码和公开密钥密码阶段，其中古典密码算法有替代加密、置换加密；对称加密算法包括 DES 和 AES；非对称加密算法包括 RSA、背包密码、McEliece

密码、椭圆曲线加密算法等。目前在数据通信中使用最普遍的加密算法有 DES 算法、RSA 算法和 PGP 算法。

4. 认证技术

与保密性同等重要的安全措施是认证。在最低程度上，消息认证可以确保一个消息来自合法用户。此外，认证还能够保护信息免受篡改、延时、重放和重排序。认证技术涉及的内容包括访问控制、散列函数、身份认证、消息认证、数字签名和认证应用程序。

5. 防火墙技术

防火墙是指一种将内部网和公众访问网(如 Internet)分开的方法，它实际上是一种隔离技术，属于静态安全防御技术，是保护本地计算机资源免受外部威胁的一种标准方法。防火墙是在两个网络相互通信时执行的一种访问控制尺度，它能允许“同意”的人和数据进入网络，同时将“不同意”的人和数据拒之门外，从而最大限度地阻止网络中的黑客来访问网络。

6. 入侵检测技术

入侵检测技术是动态安全技术的核心技术，是防火墙的合理补充。入侵检测技术帮助系统对付网络攻击，扩展了系统管理员的安全管理能力(包括安全审计、监视、进攻识别和响应)，提高了信息安全基础结构的完整性。入侵检测被认为是防火墙之后的第二道安全闸门，它能在不影响网络性能的情况下对网络进行监测，从而提供对内部攻击、外部攻击和误操作的实时防护。

7.3 配置防火墙及病毒防护

通过系统安全中心可以配置防火墙及病毒防护，从而较好地实现对计算机系统的信息安全防护。通过本节的学习，要求读者掌握配置防火墙的方法、掌握配置病毒防护的方法，以及掌握第三方安全工具的使用方法。

7.3.1 配置防火墙

步骤 1：进入计算机系统的“控制面板”，找到“Windows Defender 防火墙”，如图 7-3-1 所示。

图 7-3-1 找到“Windows Defender 防火墙”

步骤 2：进入“Windows Defender 防火墙”，选中“启用 Windows Defender 防火墙”单选按钮，系统默认防火墙为开启状态，根据需求进行相应设置，如图 7-3-2 所示。

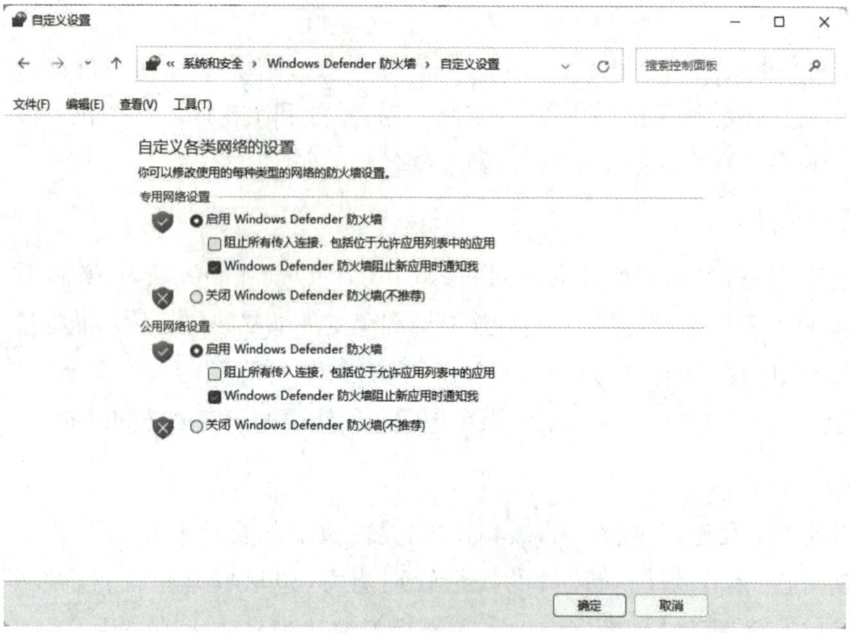

图 7-3-2　启动 Windows Defender 防火墙

步骤 3：若要恢复系统默认防火墙设置，可以单击“还原默认值”按钮，如图 7-3-3 所示。

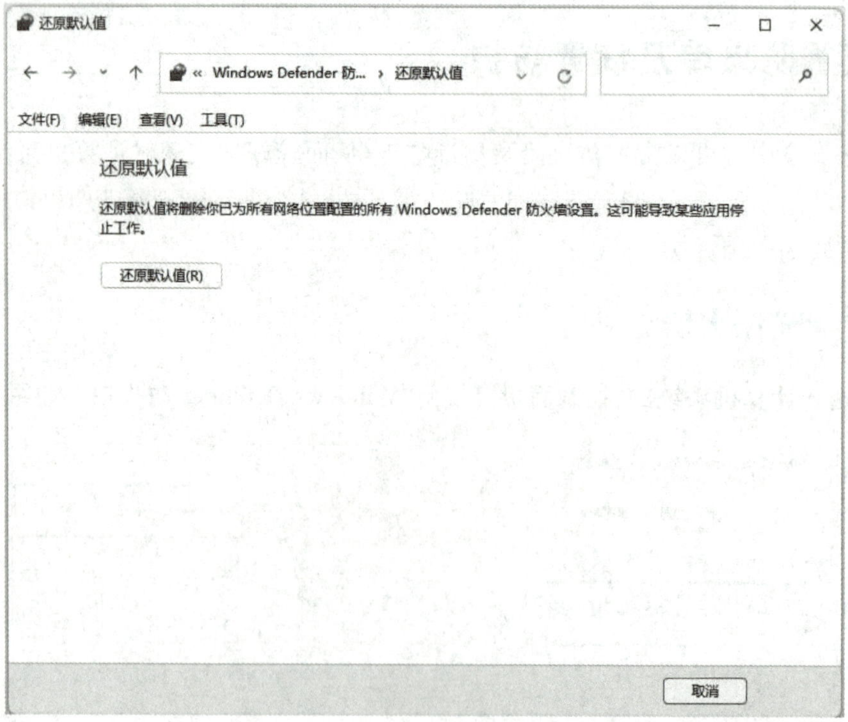

图 7-3-3　“还原默认值”按钮

步骤 4:通过选择“高级安全 Windows Defender 防火墙”选项,可以设置系统的入站及出站规则、连接安全规则以及监视,如图 7-3-4 所示。

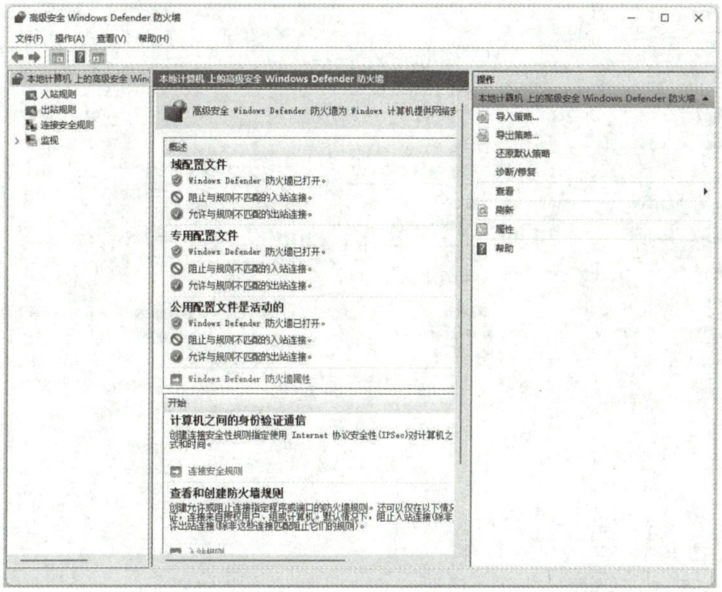

图 7-3-4 “高级安全 Windows Defender 防火墙”窗口

7.3.2 配置杀毒软件

步骤 1:单击“开始”按钮,在“开始”菜单中选择“设置”选项,进入设置界面,选择“Windows 安全中心”,查看和管理设备安全性及运行状况,如图 7-3-5 所示。

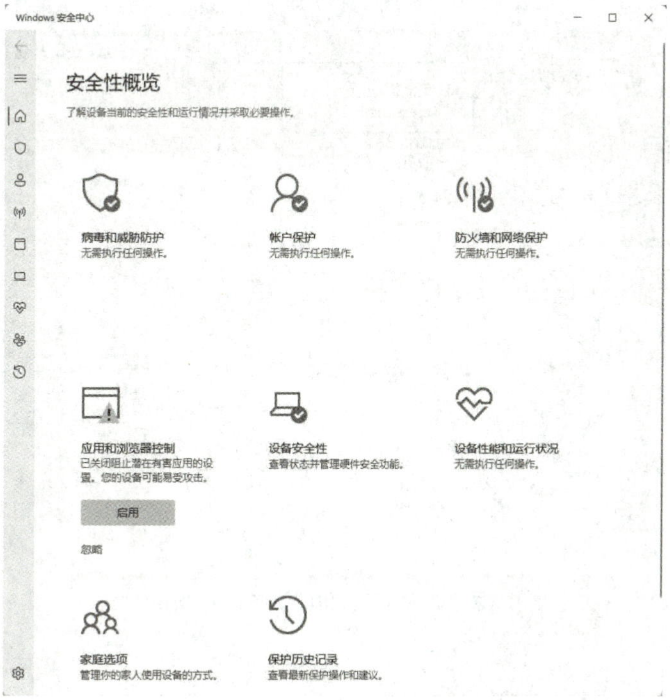

图 7-3-5 Windows 安全中心

步骤 2:打开“病毒和威胁防护”界面,单击“快速扫描”按钮,可以对系统进行病毒威胁扫描,如果电脑安全性较高,则会显示“不需要执行操作”,如图 7-3-6 所示。

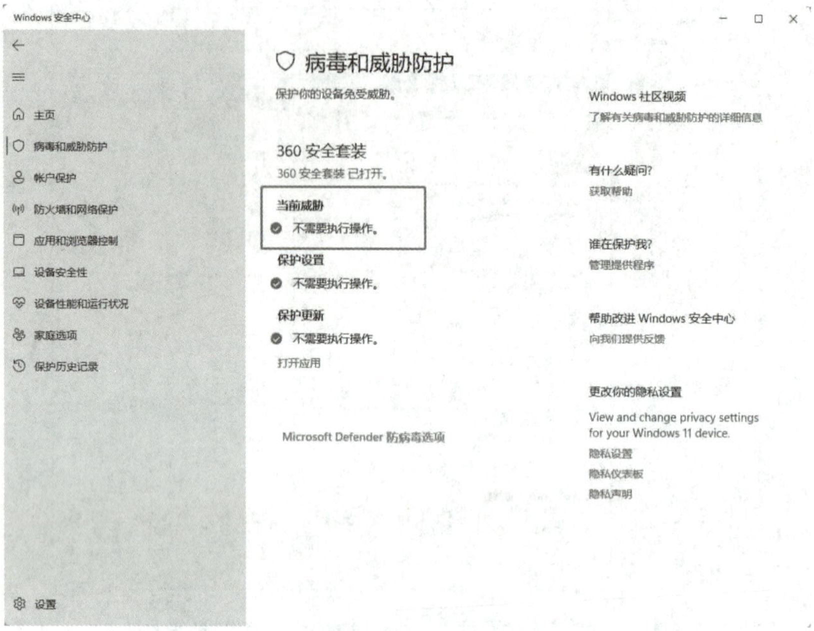

图 7-3-6　当前威胁扫描

步骤 3:单击病毒和威胁防护管理设置。若未安装第三方保护软件,则系统默认打开“实时保护”;若已采用第三方保护软件进行实时保护,则系统设置为关闭,如图 7-3-7 所示。

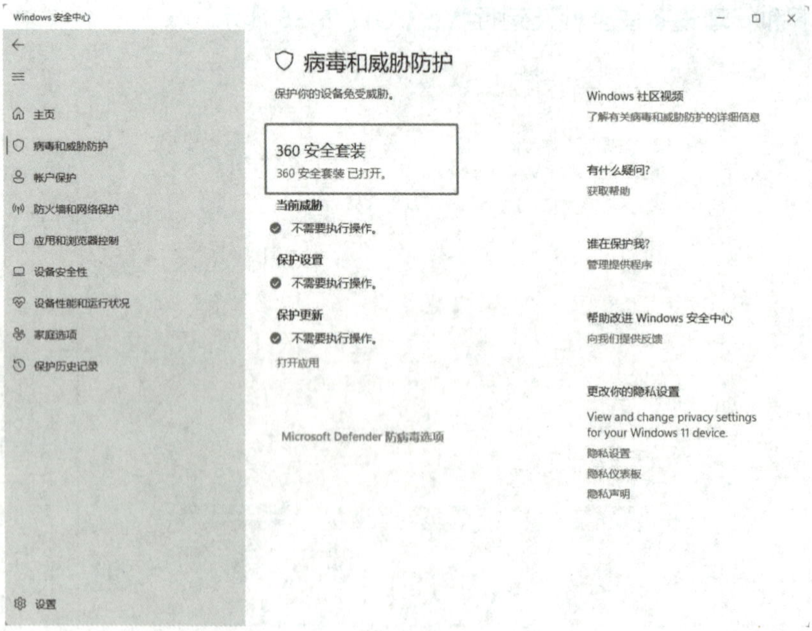

图 7-3-7　病毒和威胁防护管理

步骤4:单击"检查更新"按钮,对病毒和威胁防护进行更新,以保障能获取最新的安全情报,如果已安装第三方保护软件,则会直接跳转到安装的第三方保护软件中。

单元小结

本单元主要介绍了信息安全的相关知识,包括信息安全概述、信息安全技术、配置防火墙及病毒防护等内容。通过对本单元的学习,读者可以提高对信息安全的认知,学会如何保护自己的信息安全。

课后习题

一、选择题

1. 信息安全的CIA三元组目标,即(　　)、完整性和可用性。

A. 流通性　　B. 准确性　　C. 保密性　　D. 一致性

2. 身份认证的服务方式有同层实体的(　　)认证、数据源身份认证以及同层实体的相互身份认证。

A. 系统　　B. 身份　　C. 文件　　D. 设备

3. 访问控制的目的是(　　)访问主体对访问客体的访问权限。

A. 开放　　B. 限制　　C. 允许　　D. 运行

二、填空题

1. 信息安全一般是指信息产生、制作、传播、收集、处理直到选取等信息传播与使用________中的信息资源安全。

2. 2017年,________的正式实施,标志着网络安全等级保护2.0的正式启动。

3. 当前,信息安全面临的威胁呈现________特征。

单元8 项目管理

软件开发的成败和质量的好坏与软件项目管理是否到位有着直接的关系，本单元将详细讲解项目管理基础知识、项目管理的过程、项目管理工具的运用等内容。

学习目标

- 了解项目管理基础知识。
- 熟悉项目管理过程。
- 了解项目管理工具应用。

明德育才

本单元通过学习项目管理，进行思政的渗透教育，加强读者对项目管理的了解；引导读者树立合作互赢理念，以及自主探索，动手实操；针对项目管理工具的使用，培养读者对软件程序的动手实践能力。

8.1 项目管理概述

1.项目概述

项目是为了提供一个独特的产品或服务而暂时承担的任务。项目的特征是临时性和唯一性,其中的临时性是指项目有明确的起点和终点。当项目不能达到目标而终止时,或当项目需求不复存在时,项目就结束了。简单地说,项目目标就是实施项目所要达到的期望结果,即项目所能交付的成果或服务。每个项目都会创造独特的产品、服务或成果。项目的产出可能是有形的,如开发一个软件产品是一个项目,建造一座桥梁是一个项目,设计一个控制机械手的程序也是一个项目;项目的产出也可能是无形的,如完成一项产品服务是一个项目,改进现有的业务流程是一个项目,完成一次航天器对接也是一个项目。

2.项目成功的三要素

成功的项目具有3个要素:项目按时完成、项目质量符合预期要求以及项目成本控制在范围内。这3个要素彼此之间是鱼与熊掌的关系,很难做到完美兼顾。项目开始时,成本、质量和时间三要素维持的是一个等边三角形,而随着项目的推进,每一个要素的变化都会影响其他两个要素,导致三角形夹角变化。项目经理的职责就是掌控这个三角形维持在一个合理的角度。在一个项目中,客户往往关心的是质量,企业管理层掌控资源并控制成本,只有时间才是项目经理唯一可以完全掌控的要素。项目的结果能使企业的收入增加、支出减少、服务加强,就是好项目。

项目管理就是将知识、技能、工具与技术应用于项目活动,以满足项目的要求,即通过运用一定的知识、技能、工具和技术等,使具体项目能够在计划时间内按照实际需求高质量、高效率地完成。项目管理是集成的努力和活动,如果某一部分的活动失败,通常会影响其他部分的活动。活动交互的作用常常在项目目标之间取得平衡,一部分绩效的提高可能需要以牺牲另一部分绩效为代价。成功的项目管理需要主动地管理这些交互活动,以提高整个项目的绩效。

项目管理主要有范围管理、时间管理、成本管理、质量管理、资源管理、沟通管理、风险管理、采购管理和集成管理9个方面的内容。实际项目管理中面临多方面的挑战,如企业管理层对项目的重视程度;项目团队的组织结构是否合理;项目管理者是否取得人力、金钱等资源的授权;项目团队成员的责、权、利的平衡等。

8.2 项目管理过程

项目管理可以分为识别需求、提出解决方案、执行项目和结束项目4个阶段。这4个阶段是项目在管理过程中的进度,有很强的时间概念。所有的项目都包括这4个阶段,但不同项目的每个阶段时间长短可能不一样。项目管理过程可以整合为启动、计划、执行、监控、收尾5个过程。

(1)启动过程中需要明确人员和组织结构,阐述需求,制定项目章程并初步确定项目范围。

(2)计划过程中需要进行成本预算、人力资源估算,并制订采购计划、风险计划等项目管理计划。

(3)执行过程中需要指导和管理项目的实施。

(4)监控过程中需要监控项目执行,实施整体变更控制。

(5)收尾过程中需要进行项目总结、文档归类等工作。

项目管理的 5 个过程是项目管理的工具方法,每个项目阶段都可以有这 5 个过程,也可以仅选取某一个过程或某几个过程。例如识别需求阶段,可以选择识别需求的启动、识别需求的计划、识别需求的执行、识别需求的监控和识别需求的收尾。

8.2.1 项目启动

项目启动过程的主要任务有明确项目需求、确定项目目标、定义项目干系人的期望值、描述项目范围、明确项目经理、选择项目组成员以及确认需要交付的文档。项目启动过程中需要成立项目组,聘任项目经理。项目经理是负责实现项目目标的个人。公司建立以项目经理责任制为核心,实行质量、成本、时间、范围等项目管理的责任保证体系。

1. 项目经理的职责

(1)与企业管理层沟通协商,明确项目需求和所需资源等。

(2)挑选项目组成员,并得到项目组的支持。

(3)在项目实施过程中不断修正项目计划。

(4)在项目计划过程中领导和指导项目组成员。

(5)保证与项目相关人的沟通并汇报项目进程。

(6)监控项目的进程,保证项目按时间计划执行。

项目经理制定阶段性目标和总体项目计划,在项目管理中及时做出决策,如实向上级反映情况,监督项目执行并确保项目目标实现。项目经理组织召开项目启动会议,明确项目开发内容,确认项目团队和资源。启动会议结束后,项目经理负责编写启动会议纪要。

项目经理根据项目特点提出项目团队成员组成要求,并组建项目团队。项目核心成员对项目经理负责,保证项目的完成。

2. 项目团队成员的职责

(1)参与项目计划的制订。

(2)服从项目经理的管理,执行分配的任务。

(3)配合其他小组成员的工作。

(4)保持与项目经理的沟通。

8.2.2 项目管理计划

项目管理计划是说明项目将如何执行、监督和控制的一份文件。项目管理计划包括项目组织、成本预算、人力资源估算、设备资源计划、沟通计划、采购计划、风险计划、项目过程定义及项目的进度安排和里程碑、质量计划、数据管理计划、度量和分析计划、监控计划和培训计划等。制订项目管理计划是定义、准备和协调所有子计划,并将这些子计划整合为一份综合项目管理计划的过程。

项目管理计划确定项目的执行、监控和收尾的方式,其内容因项目的复杂程度和所在应用领域而异。编制项目管理计划,需要整合一系列项目管理相关过程,而且要持续到项目收尾。项目管理计划需要通过不断更新来渐进明细,而这些更新又需要由实施整体变更控制过程进行控制和批准。

项目管理计划需要说明项目目标与范围。项目范围确保项目做且只做所需的全部工作,以成功完成项目的各个过程。管理项目范围主要在于定义和控制哪些工作应该包括在项目内,哪些不应该包括在项目内。对项目范围内的工作要进行认真的分析,确定活动并进行排序,确定关键路径,估算和分配活动资源,最后形成详细的工作分解结构(work breakdown structure,WBS)。WBS 定义了项目的总范围,代表当前项目范围说明书中所规定的工作。WBS 是对项目团队为实现项目目标、创建可交互成果而需要实施的全部工作范围的层级分解。创建 WBS 是将项目可交互成果和项目工作分解成较小的、更易于管理的组件的过程。WBS 最底层的组件称为工作包,其中包括计划的工作。注意这里的“工作”是指作为活动结果的工作产品或可交付成果,而不是活动本身。在 WBS 确定后,确定项目时间进度表。

项目里程碑是指项目全过程中的重要时间点,如阶段交叉点、重要成果完成的时间点。里程碑并不是具体的“活动”,而是“虚活动”。通过建立里程碑和检验各个里程碑的到达情况,来控制项目工作的进展和保证实现总目标。

项目管理子计划中的风险管理计划是必要的。在项目规划中,至少要将排名前十的风险记录在案。风险是指在某一特定环境下、某一特定时间段内,某种损失发生的可能性。风险是由风险因素、风险事故和风险损失等要素组成的。在实际评估中,项目风险通常分为低风险、中等风险和高风险 3 个级别。低风险指可以被辨识并对项目目标影响较小的风险;中等风险指可以被辨识的,对项目目标产生较大影响的风险;高风险指发生的可能性很大,其后果将对项目目标产生极大影响的风险。对不同级别的风险应采取不同的应对措施。

风险管理分为风险识别、风险评估、风险规划和风险控制 4 个过程,如图 8-2-1 所示。风险识别是指风险管理人员在收集资料和调查研究的基础上,运用各种方法对尚未发生的潜在风险以及客观存在的各种风险进行系统归类和识别。风险评估是指确定风险发生的概率和项目风险后果的严重程度,对项目风险影响范围的分析和评价,以及对项目风险发生时间的估计和评价。风险规划是指针对风险评估的结果,制定风险应对策略和应对措施。风险控制是指对风险进行监控,在特定风险发生时采取应对措施,以降低风险的负面影响。

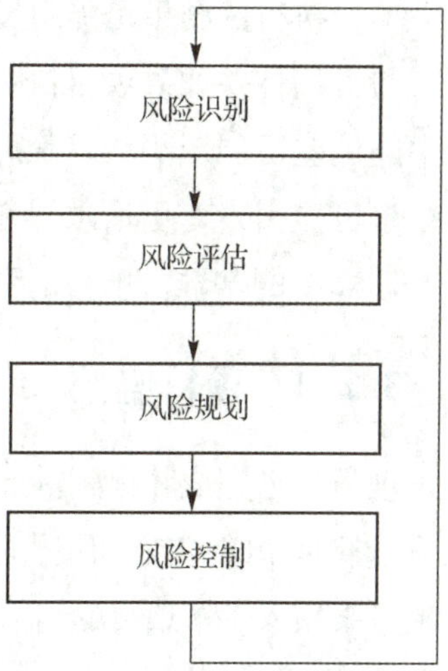

图 8-2-1 风险管理过程

8.2.3 项目执行

项目执行过程包含完成项目管理计划中确定的工作,按照项目管理计划协调人员和资源,管理项目干系人期望，以及整合并实施项目活动。

项目执行阶段的主要任务包含以下几个方面。

(1)识别计划的偏离。

(2)采取矫正措施以使实际进展与计划保持一致。

(3)接受和评估来自项目干系人的项目变更请求。

(4)必要时重新调整项目活动和资源水平。

(5)得到授权者批准后，变更项目范围、调整项目目标并监控项目进展，把控项目实施进程。

项目执行阶段需要项目组内成员之间保持沟通，对目标达成共识。项目主管与企业管理层之间保持沟通，取得管理层的支持是项目成功执行的关键要素之一。项目能够顺利执行需要其他相关部门的配合，项目组应与其他相关部门之间保持沟通，如图 8-2-2 所示。

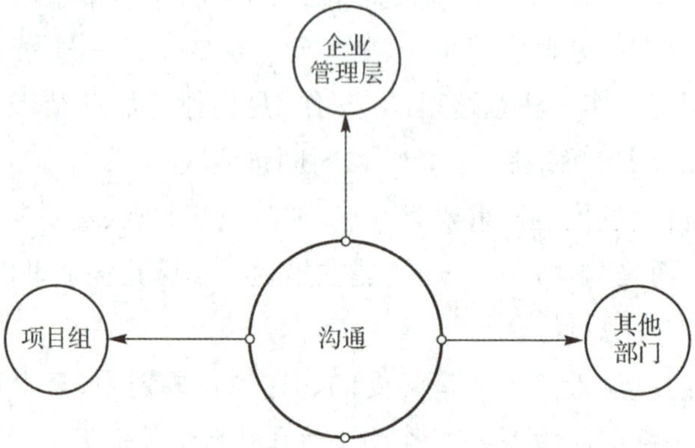

图 8-2-2 项目沟通方

项目执行的结果可能引发计划更新和基准重建，包括变更预期的活动持续时间、变更资源生产率与可用性。如果项目执行结果引发计划更新，则需要重新考虑未曾预料到的风险。项目执行中的偏差可能影响项目管理计划，需要加以仔细分析，并制定适当的项目管理应对措施。分析的结果可能引发变更请求。变更请求一旦得到批准，就可能需要对项目管理计划进行修改，甚至还要建立新的基准。项目的大部分预算将花费在执行过程中。

8.2.4 项目监控

项目计划完成并得到审批以后，项目组在按计划实施的同时，对项目计划的监控也同步进行。项目监控是跟踪、审查和报告项目进展，以实现项目管理计划中确定的绩效目标的过程。项目监控让项目干系人了解项目的当前状态、项目预算、项目进度和项目范围。项目监控的目的是通过周期性跟踪项目计划的各种参数，如任务进度、工作成果、工作量、费用、资源、风险及人员业绩等，不断了解项目的进展情况。当项目的实际进展情况与其计划严重偏离时，采取适当的纠正措施。

监控过程涉及以下几个方面。

(1)控制变更，推荐纠正措施，或对可能出现的问题推荐预防措施。

(2)对照项目管理计划和项目绩效测量基准，监督正在进行中的项目活动。

(3)对导致规避整体变更控制或配置管理的因素施加影响，确保只有经批准的变更才能付诸执行。

持续的监控使得项目团队能够及时掌控项目进展状况，并识别项目风险。项目监控不仅监控某个项目过程内正在进行的工作，而且监控整个项目工作。在多阶段的项目中，要对各阶段进行协调，以便采取纠正和预防措施，使得项目实施符合项目管理计划。

8.2.5 项目收尾

项目收尾即结束项目管理过程的所有活动。收尾过程主要是总结经验教训、正式结束项目工作，为开展新工作释放组织资源。在结束项目时，项目经理需要审查以前各阶段的收尾信息，确保所有项目工作都已经完成并且项目目标已经实现。

项目收尾过程需要进行项目结项和文档归档。项目工作结束后，对项目的有形资产和无形资产进行清算，对项目进行综合评价，总结经验教训。项目结项过程主要包括结项准备和结项评审两个阶段。项目经理整理项目文档及成果，准备结项评审材料。项目评审小组负责对项目进行综合评估，评估的主要内容如下。

(1)项目计划、进度评估。

(2)项目质量目标评估。

(3)成本管理、效益评估。

(4)项目文档评估。

(5)项目对公司或部门的贡献评估。

(6)团队建设评估。

项目评审结束，所有项目文档归档，作为历史数据使用。项目收尾过程结束标志着项目的所有管理过程已经完成。

8.3 项目管理工具应用

使用项目管理工具管理项目，有助于简化项目管理过程。常用的项目管理工具有 Microsoft Project、Tower、Worktile 和 Teambition 等。下面将介绍 Microsoft Project 的基本使用。

Microsoft Project(或 MSP)是由微软开发销售的项目管理软件程序。软件设计的目的在于协助项目经理发展计划、为任务分配资源、跟踪进度、管理预算和分析工作量。

1. 发展史

第一个版本的 Microsoft Project 于 1984 年由一家与微软合作的公司开发给 DOS 系统使用。微软于 1985 年购买了这个软件并发布第二版本的 Project。第三版本的 Project 于 1986 年发布。第四版本的 Project 也于 1986 年发布，这是最后一个 DOS 版本的 Project。

1990 年，微软推出了世界上第一个基于 Windows 环境下的 Project 1.0 for Windows 版本，开创了一个新篇章。此后，微软大约每两年就推出一个新版本，功能逐版增强，操作越来越简化容易。例如，1992 年，Project 3.0 for Windows 问世；1994 年，微软推出 Project 4.0 for Windows，世界上很多大公司（如波音公司）争先选用它做项目管理；等等。

在 Windows 95 操作系统问世后，适应这个操作系统的 Project 4.1 于 1995 年进入项目管理领域，该版本增强了在计算机网络通信方面的功能，为大型工程的现代化管理奠定了基础。

第一个 Mac 版 Project 于 1991 年发布，直至 1993 年发布了 Project 4.0 for Mac，1994 年微软停止开发 Project for Mac。

2. 亮点

（1）快速查找命令。在新版本中单击（右击）即可找到最常用的命令 。当右击视图中的任何项目（例如条形图、表格单元格或图表）时，将显示一个包含常用命令列表的浮动工具栏。这是一种可节约时间的 Project 使用方式。

（2）新的查看选项。新版本 Project 还添加了新的查看功能，可以更清楚地了解工作组的执行情况以及过度分配的地方，还可以帮助组织中的其他人使用“日程表”视图纵观全局，并可能发现主要资源问题。

（3）工作组规划器。Project Professional 2010 用户现在可以使用工作组规划器。它是资源日程排定视图，能够通过某种方式与日程交互，这在 Project 较早版本中无法实现。使用“工作组规划器”视图，可以一目了然地看到工作组成员的工作情况并在人员之间移动任务，还可以查看和分配未分配的工作，查看过度分配问题，以及查看任务名称和资源名称，以上全部在一个高效视图中进行。例如，如果某个资源被过度分配，只需将任务从一个资源拖动到另一个资源，过度分配即消失。

单元小结

本单元主要介绍了项目管理的相关知识，包括了项目管理概述、项目管理过程、项目管理工具应用等内容。通过对本单元的学习，读者可以提高对项目管理的认知，并学会如何使用项目管理工具进行项目管理。

课后习题

一、选择题

1. 项目的“临时性”含义是指（ ）。

A. 项目持续的时间很短

B. 项目有确定的开始和结束时间

C. 项目将在未来一个不确定的时间结束

D. 项目可以在任何时间取消

2. 项目目标是(　　)。

A. 项目的最终结果

B. 关于项目及其完成时间的描述

C. 关于项目的结果及其完成时间的描述

D. 任务描述

3. 项目管理的核心任务是(　　)。

A. 环境管理　　B. 信息管理

C. 目标管理　　D. 组织协调

二、填空题

1. 项目管理过程可以整合为________、________、________、________和________5个过程。

2. ________是指项目全过程中的重要时间点,如阶段交叉点、重要成果完成的时间点。

3. 风险管理分为________、________、________和________4个过程。

单元9 机器人流程自动化

机器人流程自动化(robotic process automation，RPA)是以软件机器人和人工智能为基础的业务过程自动化技术，软件机器人通过模仿用户手动操作的过程，自动执行大量重复的、基于规则的任务。本单元主要介绍RPA的优势、RPA部署失败的原因、RPA的功能、RPA工具和RPA平台。

学习目标

- 了解RPA的优势。
- 了解RPA部署失败的原因。
- 熟悉RPA的功能。
- 了解RPA工具。
- 了解RPA平台。

明德育才

本单元通过学习机器人流程自动化，进行思政的渗透教育，加强读者对机器人流程自动化的了解；引导读者树立共享发展理念，以及自主探索，动手实操；针对RPA工具的使用，培养读者的动手实践能力。

9.1 RPA 的优势

RPA 能够使企业减少人员成本和人为错误。例如，马特公司实施 RPA 以后，重新设计并部署了 85 个机器人运行 13 个业务流程，每年能够自动处理 150 万个请求，这相当于 200 多名全职员工的工作量。

机器人通常成本低廉且易于实施，不需要自定义软件或深度系统集成。当企业追求业务增长而又不希望招募更多员工时，就可以通过 RPA 把低价值的任务交给机器人处理，从而更好地服务于它们的主营核心业务。

企业还可以通过向 RPA 注入人工智能模块，如人脸检测、语音识别和自然语言处理等认知技术来增强其自动化工作，把需要人类感知和判断能力的高级任务一并交给机器人处理。

9.2 RPA 部署失败的原因

各行各业的公司部署 RPA 以后带来了积极的成果，也让人看到了 RPA 对公司发展的显著优势，但是 RPA 的实施具有挑战性，无法保证一定成功。如果做得不好，转向 RPA 也可能会带来更多的问题。实施 RPA 需要重组公司各部门的人员、设备和资源，改造原先的办事流程，有许多 RPA 试点项目以失败而告终。

首先，管理层犹豫不决会引起 RPA 部署的失败。企业管理者需要面对的难题是，任何取代人工的技术都将引发争议和矛盾，如引起一些员工下岗失业、必须学习新知识等，从而质疑该技术将如何工作以及如何与员工互动。所以 RPA 部署失败最常见的原因之一其实与技术无关，而与人员有关。有时候，RPA 可行性验证阶段还没有结束就停下来了，就是因为管理层还没有为变化做好准备。

其次，员工缺乏训练也会引起 RPA 部署的失败。实施 RPA 要求员工学习掌握新技术和新的软件工具。如果公司没有花足够的时间让员工接受 RPA 工具的培训或教育，并且没有足够的资源完成所有工作，则 RPA 项目有可能失败。所有主要的 RPA 提供商都在通过技术和非技术方面的高质量培训来创建自己的培训机构或提供在线学习资源，但是公司在实施 RPA 时在很大程度上并没有充分利用这些资源。

最后，错误的流程也会导致 RPA 部署失败。有些企业的业务流程适合软件机器人处理，而有些流程则不适合，必须有人工干预才能顺利完成。在最初的 RPA 试点中，如果选择的流程过于复杂，则会导致项目进度缓慢。如果再造的流程不能创造出足够的惊喜，它就不会得到企业管理者为扩大生产提供的支持。

9.3 RPA 的功能

RPA 通过软件机器人自动执行一系列流程。机器人能够模仿许多人类用户的行为。例如，它们能够登录到应用程序、移动文件和文件夹、复制和粘贴文件或数据、填写表格、从文档中提取结构化和半结构化数据、打开浏览器从中抓取数据等。RPA 能够按照设定好的顺序执行这些行为。图 9-3-1 所示是一个可以由软件机器人执行的 RPA 流程，从打开浏览器到把爬取的数据保存到 Excel 表格，这一连串的行为都能够自动执行。

每个公司都有大量基于规则的重复性工作，如收集和输入数据、处理交易、核对记录等。由人工执行这些单调重复的工作，枯燥且乏味，而机器人可以快速、准确和连续地执行这些操作。一家正规企业经过 RPA 改造可成为全自动企业，由机器人而不是人员来执行这些过程。

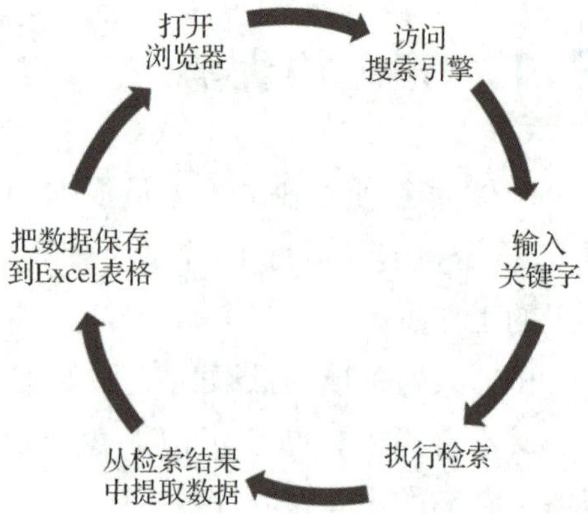

图 9-3-1 RPA 流程

9.4 RPA 工具

国际领先的 RPA 厂商有 UiPath、Blue Prism、Automation Anywhere 和 WorkFusion 等。其中，UiPath 公司成立于 2005 年，是一家发展迅速的软件公司，其 RPA 业务涵盖全球，在每次 Gartner 魔力象限(Gartner Magic Quadrant)、Forrester Wave 以及 Everset Group PEAK Matrix 报告中均被评为 PRA 领域的领先者，也是当前市场上最受欢迎的 RPA 自动化工具厂商之一。图 9-4-1 所示是该公司推出的 3 个试用版软件的下载页面(官网为 https://www. uipath. com. cn/start-trial/)。

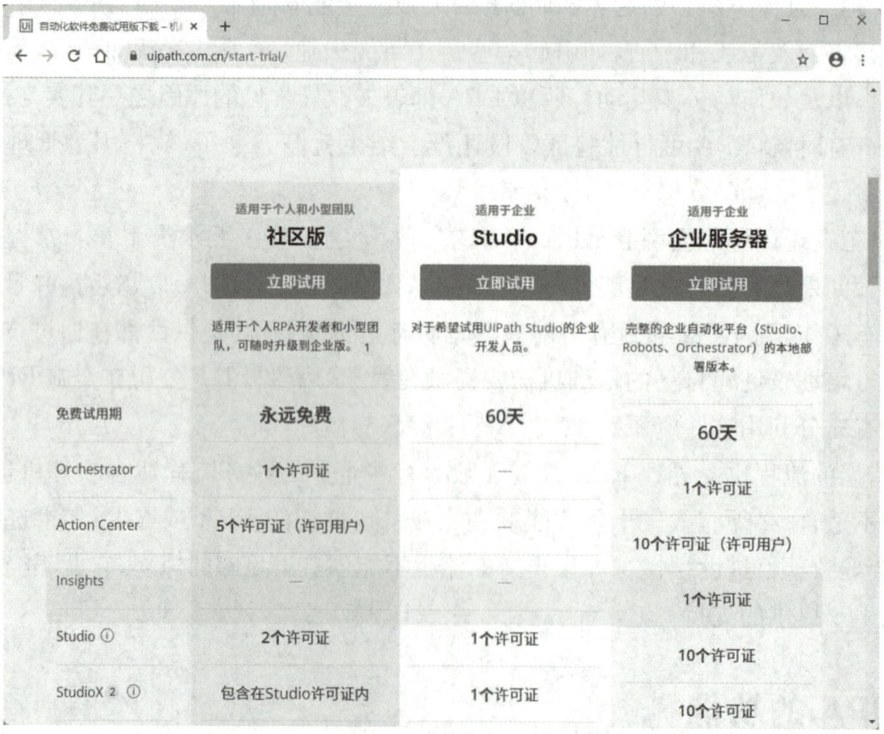

图 9-4-1 UiPath 试用版软件的下载页面

除了试用版软件外，该公司还推出了在线的 UiPath 学院，为学员提供了丰富的在线学习资源，如图 9-4-2 所示。

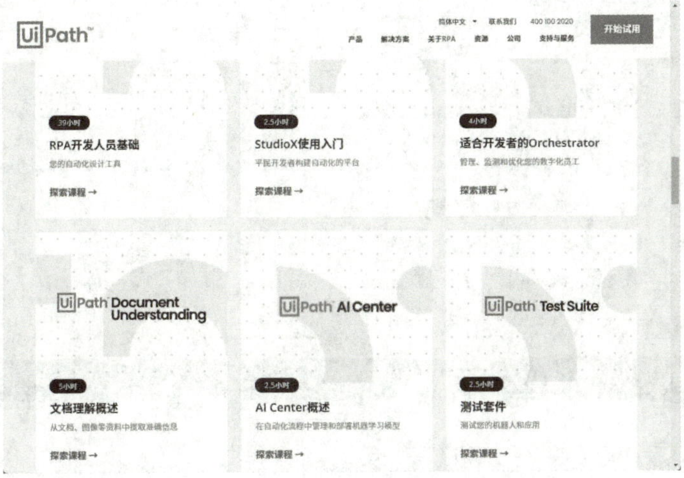

图 9-4-2　UiPath 学院的在线课程

国内领先的 RPA 企业有艺赛旗、弘玑、达观数据和云扩科技等。其中，云扩科技提供了完整的 RPA 产品线以及丰富的生态社区支持，包含云扩智能 RPA 平台（本地版+SaaS 版）、机器人认知服务平台、流程挖掘套件、云扩市场和云扩学院。

（1）机器人认知服务平台让机器人具备文档理解、图像识别、信息抽取等 AI 能力。

（2）流程挖掘套件帮助业务人员快速地梳理适合机器人执行的业务流程。

（3）云扩市场让开发者与企业客户可以灵活地定制与扩展云扩 RPA 的能力。

（4）云扩学院则为 RPA 开发者提供了丰富的交互式学习体验。

图 9-4-3 所示是云扩 RPA 社区版（https://console.encoo.com/）下载页面，图 9-4-4 所示是云扩学院的在线课程页面，提供了从初级到高级的在线课程。

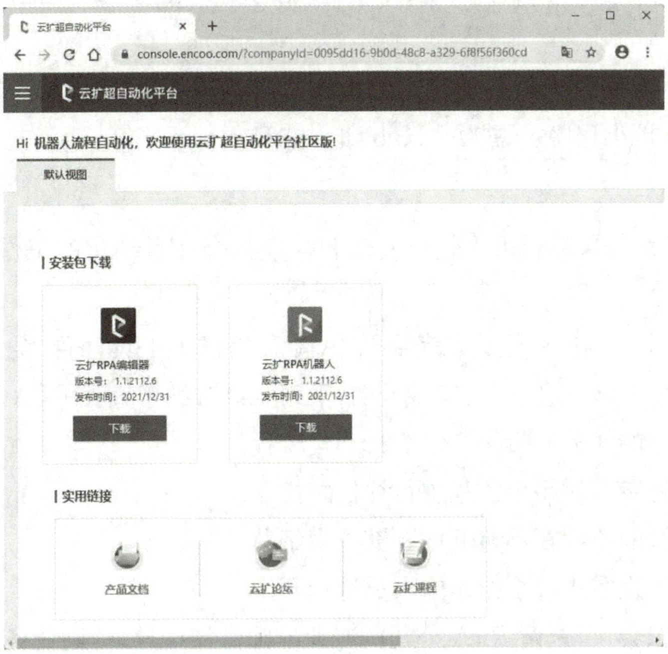

图 9-4-3　云扩 RPA 社区版下载页面

图 9-4-4 云扩学院的在线课程页面

9.5 RPA 平台

RPA 厂商都提供实施 RPA 全流程的软件工具，形成平台级 RPA 产品。RPA 平台基于先进的软件自动化技术，提供完善的 RPA 产品矩阵，从每个微观业务流的智能自动化到构建完整的智能生产力平台，打造易用、稳定、安全、开放、智能的端到端企业级流程自动化框架，推进大规模人机协作。

云扩科技的企业级智能流程自动化平台包括云扩 Spark、RPA 编辑器、RPA 控制台、RPA 机器人、云扩市场、云扩小程序、云扩 AI Hub 和云扩 DocReader 等。

1. 云扩 Spark

云扩 Spark 通过在线工具箱可以轻松发现和梳理适合被自动化的工作任务，掌握自动化的主动权。

需要说明的是，云扩 Spark 只是为查找 RPA 流程提供了工具，而在企业内部发现哪些任务适合被自动化并不是一件轻松的事。实践证明，下列 4 点有助于查找 RPA 流程。

(1)鼓励不同部门的业务人员提交多个自动化流程。

(2)管理者与流程专家对每个流程进行评估并排序。

(3)针对高优先级的流程在 Spark 中补充更多细节。

(4)将可视化的流程需求分享给实施人员进行开发。

此外，还可以组织会议，邀请 RPA 公司的专业导师参加指导，帮助业务团队挖掘更多流程。

2. RPA 编辑器

RPA 编辑器用于设计自动化流程。它提供了图形化界面，通过简单拖曳连线，就可以搭建复杂流程，为开发者提供了低代码且高效的开发自动化流程界面，如图 9-5-1 所示。

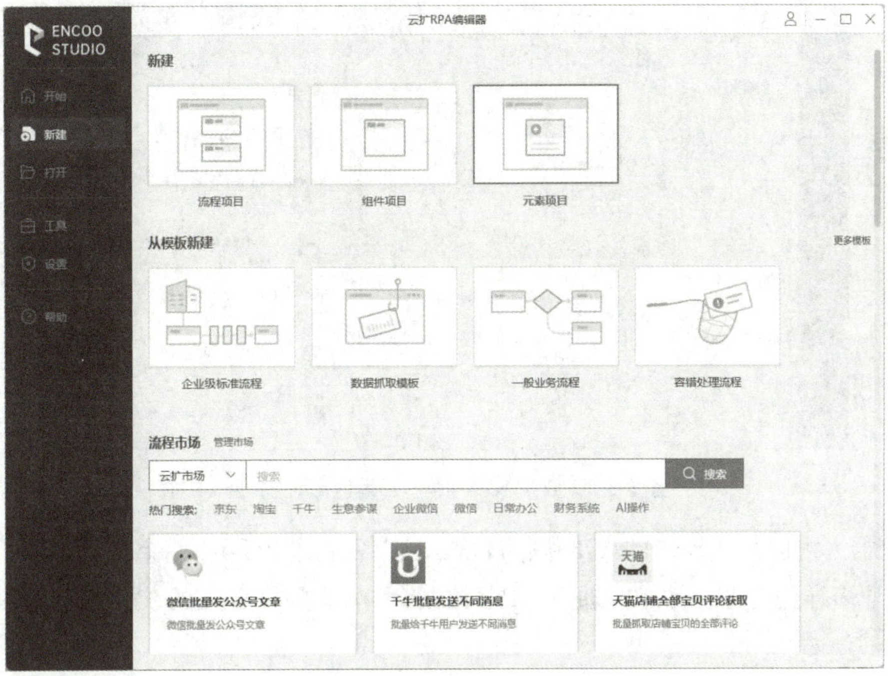

图 9-5-1　RPA 编辑器界面

RPA 编辑器内置了强大的 AI 能力和计算机视觉 OCR 技术，能精准识别各种软件界面。通过拖曳这些内置的 AI 组件，即可轻松地把智能识别功能嵌入自动化流程。

3. RPA 控制台

RPA 控制台是企业级 RPA 的中央控制中心，也是全局智能的 RPA 管理平台，提供高效管理企业流程自动化任务的界面。RPA 控制台高效连接并管理编辑器、机器人、AI 服务、数据中心等各业务模块，实现各模块的统一管理和协作。控制台有严格完善的权限系统和角色系统，保证企业数据安全，人员权限可控。

4. RPA 机器人

RPA 机器人是自动化流程的执行者，随时随地提供自动化流程服务，图 9-5-2 所示是云扩 RPA 机器人(社区版)控制台。作为 RPA 的执行代理，RPA 机器人能够自动执行在 RPA 编辑器内所预先设计好的工作流程。

图 9-5-2 云扩 RPA 机器人(社区版)控制台

RPA 机器人可以替代烦琐的人工执行过程,处理各种复杂任务,使企业员工的工作更高效,轻松满足企业多样化的办公需求。通过 RPA 控制台,对这些机器人的统一调度可以一键管理,轻松简易。

单元小结

本单元主要介绍了机器人流程自动化的相关知识,包括 RPA 的优势、RPA 部署失败的原因、RPA 的功能、RPA 工具、RPA 平台等内容。通过对本单元的学习,读者可以提高对机器人流程自动化的认知,学会如何使用 RPA 工具进行机器人流程自动化的开发。

课后习题

一、选择题

1. RPA 的英文全称是(　　)。

A. Rational Process Automation

B. Robotic Process Automation

C. Robotic Performing Automation

D. Rational Performing Automation

2. 以下流程适合由软件机器人执行的是(　　)。

A. 从业务系统中抓取待发运的货物清单—填写发货单—发送订单至物流供应商系统

B. 打印机通电—安装打印纸—发送文档到打印机—获取打印文档

C. 从购物网站获取快递号—去快递柜收取快递—打开快递包裹

D. 统计加班人数—业务系统订购快餐—分发快餐

3. 下列选项中,(　　)是国际知名的 RPA 厂商。

A. 微软　　B. IBM　　C. Oracle　　D. UiPath

二、填空题

1. 软件机器人通过模仿用户手动操作的过程,自动执行大量________的任务。

2. 企业还可以通过向 RPA 注入人工智能模块,如________、________和________等认知技术来增强其自动化工作,把需要人类感知和判断能力的高级任务一并交给机器人处理。

3. 云扩科技的企业级智能流程自动化平台包括________、________、________、________、云扩市场、云扩小程序、云扩 AI Hub 和云扩 DocReader 等。

单元 10 程序设计基础

程序设计是设计和构建可执行的程序以完成特定计算结果的过程，是软件构造活动中的重要组成部分，一般包含分析、设计、编码、调试和测试等不同阶段。熟悉和掌握程序设计的基础知识，是在现代信息社会中生存和发展的基本技能之一。本单元将详细讲解程序设计的基础知识、程序设计的语言和工具以及程序设计方法和实践等。

学习目标

- 了解程序设计基础知识。
- 熟悉程序设计语言和工具。
- 熟悉程序设计方法和实践。

明德育才

本单元通过学习程序设计基础，进行思政的渗透教育，加强读者对程序设计的了解；引导读者树立信息发展理念，以及自主探索，动手实操；针对 Python 程序设计的方法和实践，培养读者对程序开发的动手实践能力。

10.1 程序设计基础知识

我们所使用的计算机系统、手机系统、各种 App、浏览的网页等都是由程序来完成的，可以说，在现在这个信息社会中，程序和数据一样，已经无处不在。正因为有了这些程序，科技发展才会如此迅速，我们的生活才会如此便利。下面详细讲解程序设计的基础知识。

1. 程序

程序是能够完成特定功能的一系列指令的有序集合，是由程序开发人员根据具体的任务需求，使用相应的语言，结合相应的算法编制出来的。而程序设计的过程包括从最初的构思到代码的编写，再到调试运行的完成。

2. 程序设计

程序设计是设计、编写、调试程序的方法和过程，它是为完成具体的任务而进行的智力活动，可以用一个简单的公式表述为“程序设计＝数据结构＋算法”。

3. 数据结构

数据结构是指相互之间存在一种或多种特定关系的数据元素的集合，是计算机存储、组织数据的方式。

4. 算法

算法就是计算机解决问题的思路，也是计算机能够理解的方法。计算机算法是由计算机执行的、为解决某个问题所采取的方法和步骤。一般来说，算法具有以下几个特点。

(1)确定性：算法的每个步骤都明确地说明这一步应该执行的语句，不存在二义性。

(2)可行性：算法的设计，对于任意输入的合法数据，都会进行下一步的执行。

(3)有穷性：算法的执行过程中，执行步骤是有限的，执行时间也是有限的。

(4)输入：算法在输入设计中，具有 0 个或多个输入，以确保程序的正常运行。0 个输入指的就是算法本身给出初始条件，以使程序正常运行，或者说一个程序如果自身可以产生初始条件，那么就没有必要设计输入环节。

(5)输出：算法至少要设计一个输出环节。换句话说，如果没有了输出环节，那么设计的程序也就没有了实际意义。当然输出的形式比较多，如打印、返回一个值或者多个值、给某个程序一个初始条件、显示某些提示等。

5. 程序设计的主要过程

在实际应用中，程序设计的主要过程是分析问题、设计算法、描述流程、编写程序、调试运行程序。

(1)分析问题。分析一个由计算机解决的问题，首先需要分析题意，明确所要解决的问题属于什么类型，原始数据是什么，怎样加工，经过计算机处理后需要输出什么结果等，然后建立相应的数学模型，确定解决问题的方案。

(2)设计算法。如何确定算法是计算机程序设计的重点。算法规定了操作的顺序，按照这个有限的步骤就可以完成特定类型问题的求解。

(3)描述流程。确定算法后，根据算法的描述绘制出算法的流程图，以确定解决问题的步骤。

(4)编写程序。有了算法和流程后，就可以选定一种高级语言，以程序的形式将算法描述出来，以形成应用程序设计语言编写的源程序。

(5)调试运行程序。完成程序源代码的编写后，就可以对程序进行调试了。调试工作主要分为排错和测试两部分：排错主要是发现程序中隐藏的错误，并予以纠正；测试是确认程序在各种可能的情况下都可以正确执行。

因此，程序设计还可以描述为“程序设计＝算法＋数据结构＋方法＋工具”。

6. 计算机语言

计算机语言(computer language)是人与计算机之间通信的语言，它主要由一些指令组成，这些指令包括数字、符号和语法等内容，程序员可以通过这些指令指挥计算机工作。计算机语言的种类非常多，总的来说可以分成机器语言、汇编语言、高级语言三大类。计算机所能识别的语言只有机器语言，但通常人们编程时，不采用机器语言，这是因为机器语言都是由二进制的 0 和 1 组成的编码，不便于记忆和识别。目前通用的编程语言是汇编语言和高级语言，汇编语言采用了英文缩写的标识符，容易识别和记忆；而高级语言采用接近于人类的自然语言进行编程，进一步简化了程序编写的过程。所以，高级语言是目前绝大多数编程者的选择。

小提示：机器语言是计算机硬件系统能够识别和执行的一组指令。指令通常分为操作码和操作数两部分。操作码表示计算机执行什么操作(如加、减、乘、除、数据传送等)，操作数表示参与操作的数本身或数所在的地址。机器语言的缺点是指令难以记忆，且编写的程序也不易理解。此外，用机器语言编写的程序对不同种类的计算机没有通用性，难以交流和移植。

汇编语言是用助记符来代替操作码，用地址符号代替地址码的符号式语言。这些助记符通常使用指令功能的英文单词的缩写(如用 ADD 表示“加”，SUB 表示“减”，MOV 表示“传送”等)，这样每条指令都有明显的特征，容易理解和记忆。汇编语言的语句基本上与机器指令一一对应。虽然汇编语言不用二进制来编码，比机器语言更好理解和记忆，但是程序的代码量和机器语言程序相当。

高级语言主要是相对于汇编语言而言的，它基本脱离了机器的硬件系统，使用接近自然语言和数学公式的表达方式编写程序。高级语言并不是特指某一种具体的编程语言，而是包括很多编程语言，如 Java、C、C++、C#、Python、PHP 等，这些编程语言的语法、命令格式都有所不同。

10.2 程序设计语言和工具

10.2.1 C语言

C语言是一种面向过程的、抽象化的通用程序设计语言，广泛应用于底层开发。C语言能以简易的方式编译、处理低级存储器，是仅产生少量的机器语言以及不需要任何运行环境支持便能运行的高效率程序设计语言。尽管C语言提供了许多低级处理的功能，但仍然保持着跨平台的特性，即以一个标准规格写出的C语言程序可在包括类似嵌入式处理器以及超级计算机等作业平台的许多计算机平台上进行编译。

10.2.2 C++

C++是对C语言的继承。它既可以进行C语言的过程化程序设计，又可以进行以抽象数据类型为特点的基于对象的程序设计，还可以进行以继承和多态为特点的面向对象的程序设计，以及进行基于过程的程序设计。

10.2.3 Java

Java是一种面向对象的程序设计语言，不仅吸收了C++的各种优点，还摒弃了C++难以理解的多继承、指针等概念，因此Java具有功能强大和简单易用两个特征。Java作为静态面向对象编程语言的代表，极好地实现了面向对象理论，允许程序员以优雅的思维方式进行复杂的编程。

Java具有简单性、面向对象、分布式、健壮性、安全性、平台独立与可移植性、多线程、动态性等特点，可以用于编写桌面应用程序、Web应用程序、分布式系统和嵌入式系统应用程序等。

10.2.4 C#

C#是微软公司发布的一种由C和C++衍生出来的面向对象的、运行于.NET Framework和.NET Core之上的高级程序设计语言。C#看起来与Java有着很多相似之处，它包括了诸如单一继承、接口、与Java几乎同样的语法和编译成中间代码再运行的过程。但是C#与Java也有着明显的不同，它借鉴了Delphi的一个特点，与COM是直接集成的，而且它是微软公司.NET Windows网络框架的主角。

10.2.5 Python

Python由荷兰数学与计算机科学研究中心的Guido van Rossum于20世纪90年代初设计，作为一门叫作ABC语言的替代品。Python提供了高效的高级数据结构，还能简单有效地面向对象编程。Python因其语法和动态类型特点，以及解释型语言的本质，成为多数平台上编写脚本和快速开发应用的编程语言，并随着版本的不断更新和语言新功能的添加，逐渐被用于独立的、大型项目的开发。

本单元以 Python 为例进行程序设计和实践。

10.3 程序设计方法和实践

Python 是一种面向对象的开源的解释型计算机编程语言，具有通用性、高效性、跨平台移植性和安全性等特点。Python 诞生于 1991 年，在其发展过程中经历了 2. x 和 3. x 两个不同版本，且两个版本不兼容。自 2016 年开始，所有 Python 重要的标准库和第三方库已经在 Python 3. x 下进行使用，标志着 Python 版本升级过程结束。

10. 3. 1 Python 的安装与配置

学习 Python 首先需要安装并配置相应的程序开发环境，可以在 Python 的官方网站 https://www. python. org/downloads/下载对应操作系统的 Python 安装包。在 Windows 操作系统中下载完成后，双击安装包文件即可开始安装。选择安装方式时，在 Python 安装界面选中最下面的"Add Python 3. 10 to PATH"复选框，即可自动完成环境变量配置，如图 10-3-1 所示。

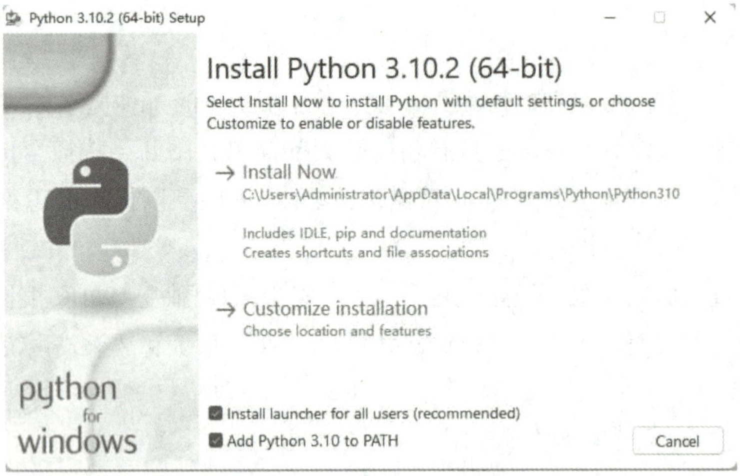

图 10-3-1　Python 安装界面

10. 3. 2 Python 程序运行方式

Python 有交互式和文件式两种程序运行方式。

1. 交互式

交互式是利用 Python 内置的集成开发环境 IDLE 来运行程序的，适合 Python 入门、编写功能简单程序的初学者使用。单击"开始"按钮，执行"Python"→"IDLE"命令，进入 Python 内置集成开发环境 IDLE 窗口。

交互式一般用于调试少量代码，在提示符">>>"后面输入 Python 语句，按 Enter 键即可运行，没有提示符">>>"的行表示运行结果。输入"exit(　　)"或"quit(　　)"可以退出

IDLE 窗口。

2. 文件式

文件式是 Python 中最常见的编程方式，文件式程序可以在 IDLE 窗口中编写和执行。打开 IDLE 窗口，执行“File”→“New File”命令，打开 Python 源代码编辑器输入程序源代码，再执行“File”→“Save”命令保存文件。在 Python 源代码编辑器中执行“Run”→“Run Module”命令，在 IDLE Shell 窗口输出程序。

还可以通过 Windows 的记事本编写程序(注意将文件扩展名修改为.py)，再使用 Windows 的命令行(cmd.exe)运行程序。操作步骤如下。

(1)按 Win+R 组合键，在“运行”对话框中输入“cmd”命令，打开 Windows 命令行。

(2)切换到 Python 程序文件所在的目录。

(3)输入“python 文件名.py”，执行程序。

10.3.3 Python 编写规范

为了提高代码的可读性和维护性，编写 Python 源程序时需要遵循一定的规范。

1. Python 标识符

标识符是开发人员在程序中自定义的一些符号和名称，如变量名、函数名等。标识符规则：由字母、数字和下划线组成且不能以数字开头，Python 中的标识符是区分大小写的。命名规则：见名知义。起一个有意义的名字，尽量做到一眼就知道是什么意思(提高代码的可读性)。例如，名字就定义为 name，学生就定义为 student。

2. Python 行和缩进

在 Python 中，逻辑行行首的空白是有规定的(一般情况下不应出现空白)，逻辑行行首的空白不正确，就会导致程序执行出错。这是其与其他语言一个很重要的不同点。

缩进的空白是有要求的，具体如下所示。

```
#一般情况下，行首不应该出现空白
import sys
#缩进的方法有两种，可以按空格，也可以按 Tab 键
#if 语句的缩进方法
a=7
if a > 0:
    print "hello" #前面的空格是按 Tab 键
#while 语句的缩进方法
a=0
while a<7:
        print a   #前面的空格是按 Tab 键
        a+=1      #前面的空格是按 Tab 键
```

3. Python 引号

1)Python 引号的作用

Python 引号有以下两个作用。

(1)表示多行注释。一对 3 个单引号或双引号表示多行注释。

(2)用于定义字符串。

①单引号字符串:'abc'。

②双引号字符串:"abc"。

③三引号字符串:'''abc'''(三单引号),"""abc"""(三双引号)。

2)Python 引号的用法

(1)单引号内可以使用双引号,中间的内容会当作字符串打印。

(2)双引号内可以使用单引号,中间的内容会当作字符串打印。

(3)三单引号和三双引号中间的字符串在输出时会保持原来的格式。

(4)引号无论单双都是成对出现的,当字符串需要加入引号时,可采用单引号与双引号互相嵌套。

(5)Python 支持单引号,因为在某些场景下需要用到单引号,用"\"转义符转义(如果代码中转义符很多,则代码可读性下降,而 Python 很好地解决了这个问题),或者外加一对双引号,如果是双引号,则外加一对单引号。

4. Python 注释

注释的内容对程序的运行结果没有影响。Python 中的注释分为单行注释和批量、多行注释。

(1)单行注释。Python 中的单行注释以 # 开头。

(2)批量、多行注释。Python 的批量、多行注释用三引号包含要注释的内容,可以是 3 个单引号,也可以是 3 个双引号。

10.3.4 Python 语法

程序语言的目的是让人能与计算机进行交流。学习 Python 语言就是用 Python 编写程序告诉计算机,让计算机帮助人完成任务。Python 既然是语言,就有其规定的语法规则。

1. Python 数据类型

(1)整型 int。整型是没有小数部分的数字,如−5、−4、−3、0、7、9 等。

(2)浮点型 float。浮点型表示的是带有小数点部分的数字,如 1.234、−0.05、11.25 等。

(3)字符串 str。字符串表示的是文本。为了表示一个字符串的值,需要用单引号(' ')或双引号("")引起来。

(4)长整型 long。长整型是整型的超集。在一个整型值后面加上一个 L(大写或小写都可以,但推荐使用大写,避免和数字 1 混淆),表示这个整数是长整数。同整型一样,这个数可以是十进制、八进制或十六进制。

(5)布尔型 bool。该值的取值只有两个:True(1) 和 False(0)。

(6)空值 None。Python 有一个特殊的空值常量 None。与 0 和空字符串("")不同,None 表示什么都没有;None 与任何其他数据类型比较永远返回 False。

2. 变量与常量

(1)变量。在程序运行过程中,值可以不断变化的量即为变量。例如:

```
x=3 ;
x=2 * x ;
```

在上述程序段中,x 的初值为 3,后更新为 2 * x,即 6(事实上,x 的值还可以持续更改下去),x 即为整型变量。

程序中每个变量都需要一个名字(如上述 x 即为变量名)来识别它,Python 中变量名的命名规则:变量名可以是数字、字母、下划线的组合,其中不能以数字作为开头;Python 中的关键字不能用作变量名,且变量名要尽量有意义(见名知义)。

(2)常量。与变量相反,在程序运行过程中,值不能被修改的量即为常量。

Python 中没有专门定义常量的方式,通常使用大写变量名表示,仅仅是一种提示效果。例如:NAME ='tony',其本质还是变量。

Python 常量包括数字、字符串、布尔值和空值,例如 11、P150。

3. 关键字

关键字也称为保留字,每一种程序设计语言都有预先定义的具有特别意义的关键字,Python 语言有 33 个关键字,如表 10-3-1 所示。

表 10-3-1　Python 语言关键字及其含义

关 键 字	含　义	关 键 字	含　义
False	逻辑值,表示假	global	定义全局变量
None	空	if	添加语句
True	逻辑值,表示真	import	导入语句
and	逻辑运算符"与"	in	判断变量是否在序列中
as	替代	is	判断变量是否为某个类的实例
assert	断言,用于判断变量或条件表达式的值是否为真	lambda	定义匿名变量
break	中断循环语句执行	nonlocal	标识外部作用域的变量
class	定义类	not	逻辑运算符"非"
continue	跳出本次循环,继续执行下一次循环	or	逻辑运算符"或"
def	定义函数或方法	pass	空语句
del	删除变量或序列的值	raise	异常处理语句
elif	条件语句	return	返回函数值

续表

关键字	含义	关键字	含义
else	条件语句	try	异常处理语句
except	异常处理语句	while	循环语句
finally	异常处理语句	with	用于简化 Python 语句
for	for 循环语句	yield	从函数返回生成器对象
from	导入语句		

4. Python 运算符

Python 语言支持以下几种类型的运算符。

(1)算术运算符。Python 的算术运算符主要用于完成操作数的算术运算,包括加、减、乘、除、幂、取整除等,具体描述及实例如表 10-3-2 所示(假设实例变量 *a* 为 10,*b* 为 21)。

表 10-3-2 Python 的算术运算符描述及实例

运算符	描述	实例
+	加,两个对象相加	*a*+*b*,输出结果为 31
−	减,得到负数或是一个数减去另一个数	*a*−*b*,输出结果为−11
*	乘,两个数相乘或是返回一个被重复若干次的字符串	*a* * *b*,输出结果为 210
/	除,两个数相除	*b*/*a*,输出结果为 2.1
%	取模,返回两数相除的余数	*b*%*a*,输出结果为 1
**	幂	*a* ** *b*,10 的 21 次幂,输出结果为 1 000 000 000 000 000 000 000
//	取整除,返回商的整数部分	9//2,输出结果为 4;9.0//2.0,输出结果为 4.0

(2)比较运算符。比较运算符主要完成操作数的比较计算,比较的结果通常是一个逻辑值(True 或 False)。

Python 的比较运算符的具体描述及实例如表 10-3-3 所示。

表 10-3-3 Python 的比较运算符描述及实例

运算符	描述	实例
==	检查两个操作数的值是否相等,如果是,则条件变为真	如果 *a*=3,*b*=3,则(*a*==*b*) 为 True
!=	检查两个操作数的值是否相等,如果值不相等,则条件变为真	如果 *a*=1,*b*=3,则(*a*!=*b*) 为 True

续表

运算符	描述	实例
<>	检查两个操作数的值是否相等，如果值不相等，则条件变为真	如果 $a=1,b=3$，则(a <> b) 为 True。该运算符类似于！= 运算符
>	检查左操作数的值是否大于右操作数的值，如果是，则条件成立	如果 $a=7,b=3$，则($a > b$) 为 True
<	检查左操作数的值是否小于右操作数的值，如果是，则条件成立	如果 $a=7,b=3$，则($a < b$) 为 False
>=	检查左操作数的值是否大于或等于右操作数的值，如果是，则条件成立	如果 $a=3,b=3$，则($a >= b$) 为 True
<=	检查左操作数的值是否小于或等于右操作数的值，如果是，则条件成立	如果 $a=3,b=3$，则($a <= b$) 为 True

(3)赋值运算符。赋值运算符“=”表示将右侧的值赋给左侧的变量或表达式。除了简单的赋值运算符外，Python 还提供了复合的赋值运算符，如表 10-3-4 所示。

表 10-3-4　Python 的赋值运算符描述及实例

运算符	描述	实例
=	简单的赋值运算符	$c=a+b$，将 $a+b$ 的运算结果赋值给 c
+=	加法赋值运算符	$c+=a$ 等效于 $c=c+a$
-=	减法赋值运算符	$c-=a$ 等效于 $c=c-a$
*=	乘法赋值运算符	$c*=a$ 等效于 $c=c*a$
/=	除法赋值运算符	$c/=a$ 等效于 $c=c/a$
%=	取模赋值运算符	$c\%=a$ 等效于 $c=c\%a$
**=	幂赋值运算符	$c**=a$ 等效于 $c=c**a$
//=	取整除赋值运算符	$c//=a$ 等效于 $c=c//a$

(4)运算符的优先级。表 10-3-5 列出了 Python 运算符的优先级，表格中自上至下优先级逐渐降低。

表 10-3-5　Python 运算符的优先级

运算符	描述
**	指数(最高优先级)
+、-	一元加号和减号(正号和负号)
*、/、%、//	乘、除、取模和取整除
+、-	加法和减法
<=、<、>、>=	比较运算符

续表

运算符	描述
<>、==、!=	等于运算符
=、%=、/=、//=、-=、+=、*=、**=	赋值运算符
is(is not)	身份运算符
in(not in)	成员运算符
not、and、or	逻辑运算符

10.4 使用 PyCharm 进行 Python 开发

首先要打开 PyCharm 开发工具并新建项目，编写 Python 代码实现计算一段文本中数字、字母、空格的字符个数。通过本节的学习，可以掌握基本的 Python 代码编写以及 PyCharm 开发工具的简单使用。读者需要进行以下操作。

(1)打开 PyCharm 开发工具并新建项目。

(2)在新建的项目中创建 Python 文件。

(3)编写 Python 代码实现功能。

(4)在 PyCharm 开发工具中启动项目并在控制台测试代码结果。

下面将进行实际的操作演示。

步骤 1:打开 PyCharm,如图 10-4-1 所示。

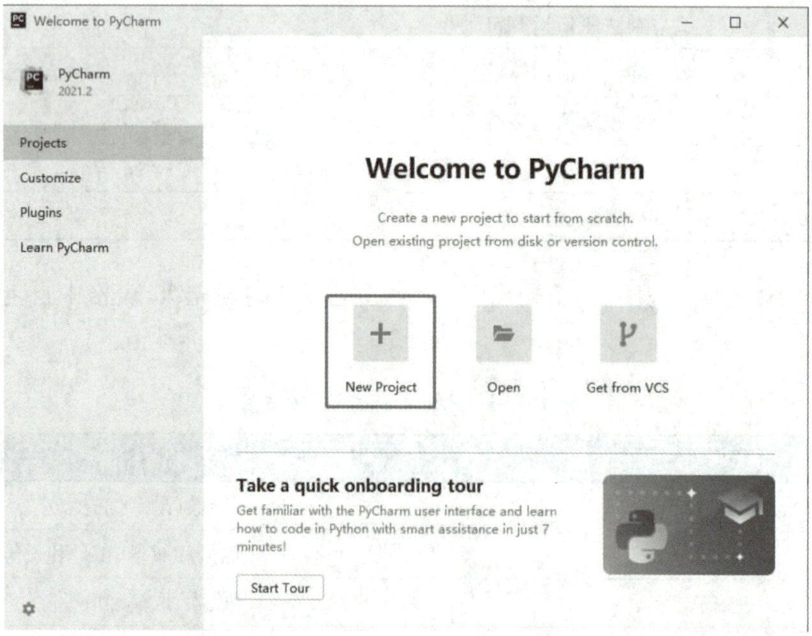

图 10-4-1 PyCharm 的欢迎界面

步骤 2:在图 10-4-1 所示界面中单击“New Project”进入创建项目界面,如图 10-4-2 所示。

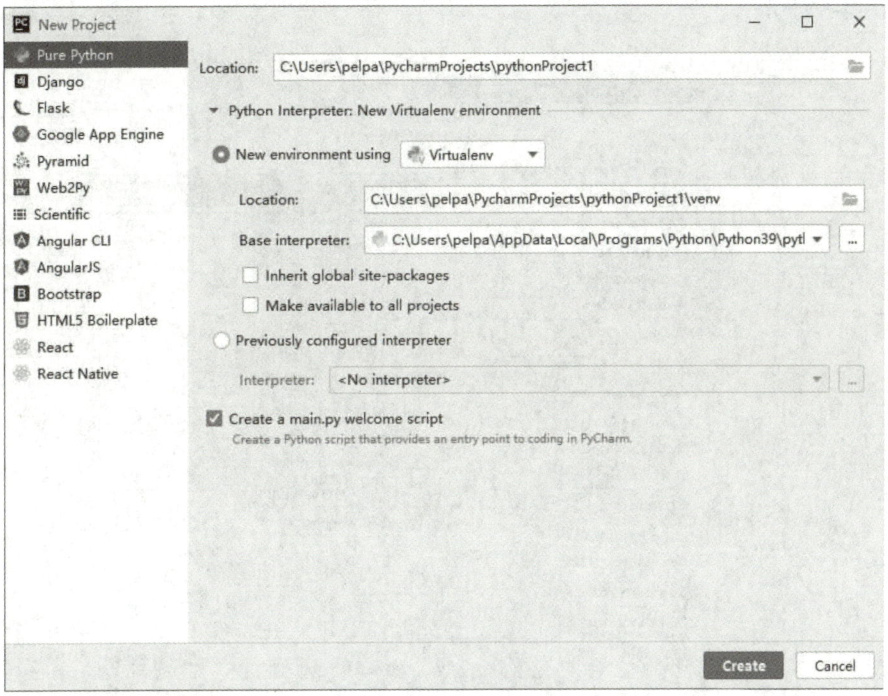

图 10-4-2 创建项目界面

步骤 3:在创建项目界面中,需要注意 Location 文本框中写入的是创建项目所在的路径,此处使用默认的路径,不做修改,单击“Create”按钮,完成项目创建并进入编写代码的控制台界面,如图 10-4-3 所示。

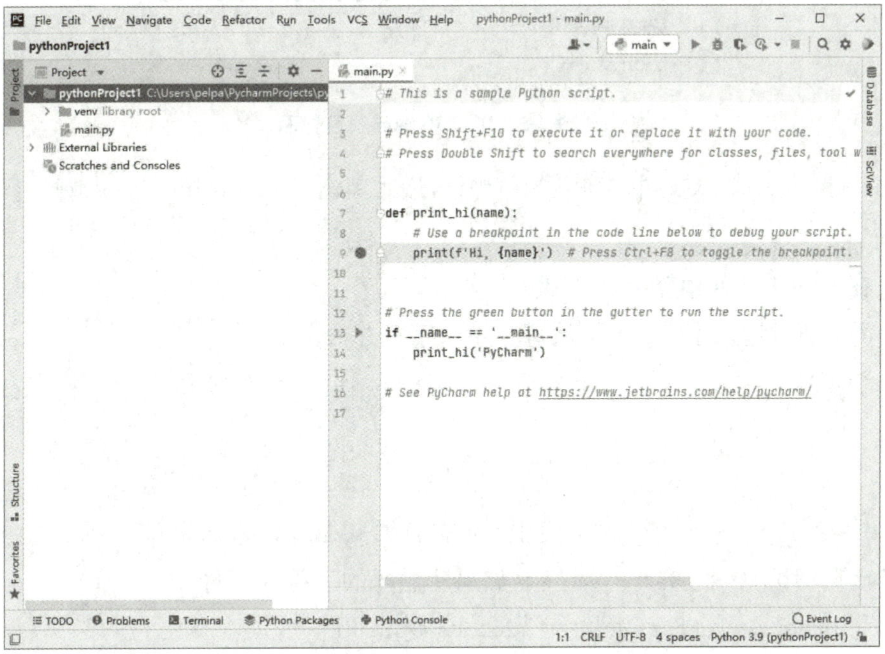

图 10-4-3 编写代码的控制台界面

步骤 4：右击项目名称，执行"New"→"Python File"命令（见图 10-4-4），弹出创建 Python 项目界面，如图 10-4-5 所示。

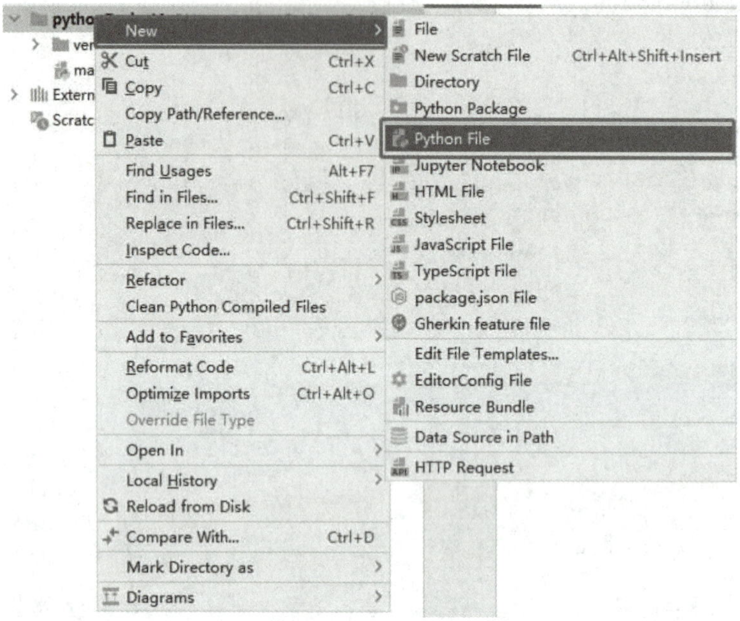

图 10-4-4 执行"New"→"Python File"命令

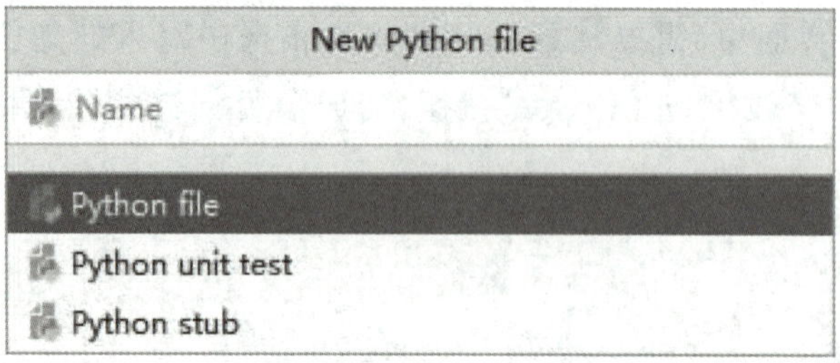

图 10-4-5 创建 Python 项目界面

在 Name 文本框中输入文件名称为"text01"，最后单击"Python file"进入 text01 的代码编写界面。

步骤 5：在 text01 文件中输入如下代码。

```
s=input('随意输入字符:') #从键盘录入字符并命名为 s
letters=0                #定义一个名称为 letters 的变量
sapace=0
digit=0
for m in s:              #使用 for 循环语句循环输入的字符 s
    if m.isalpha( ):         #如果所循环的字符为字母
        letters=letters+1    #letters 变量+1
    elif m.isspace( ):       #如果所循环的字符为空格
        sapace=sapace+1      #sapace 变量+1
```

```
    elif m.isdigit(    ):    #else之后不能有判断语句,直接跟需要输出的结果
        digit+=1
print('字母有{}个,空格有{}个,数字有{}个'.format(letters,sapace,digit))
```

编写代码时需要注意以下两点。

(1)代码中“#”后的文字为注释部分,是对本行代码所做的解释,对代码运行结果不会产生影响。

(2)要注意编写代码时的对齐方式与上述代码一致,否则将无法正常运行代码。

步骤6:在text01文件代码中右击,选择“Run‘text 01’”选项,运行text01文件,并在控制台查看效果,如图10-4-6所示。

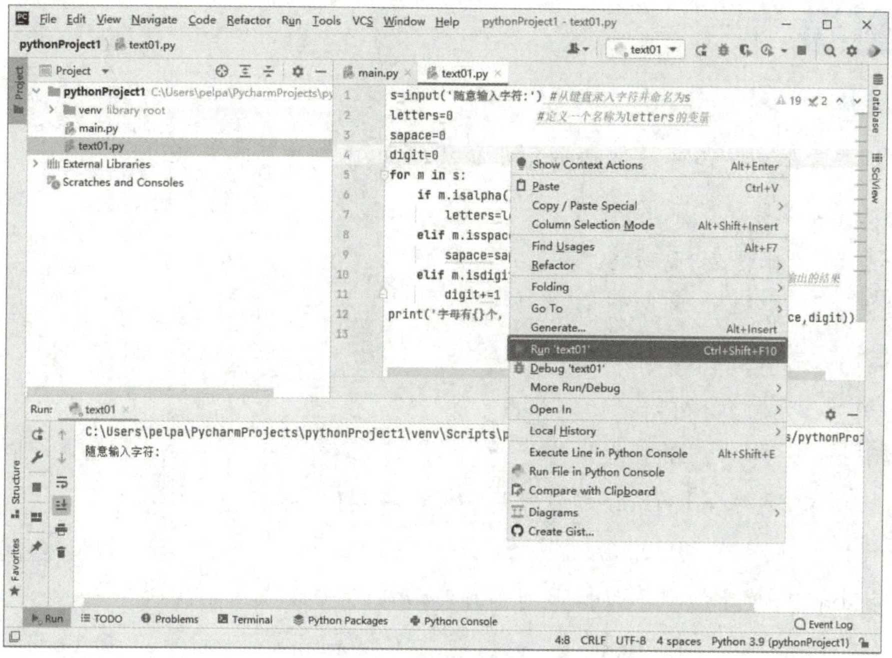

图10-4-6 运行text01文件

在控制台“随意输入字符:”后输入“Hi Python,This's Text01”,再按Enter键,控制台效果如图10-4-7所示。

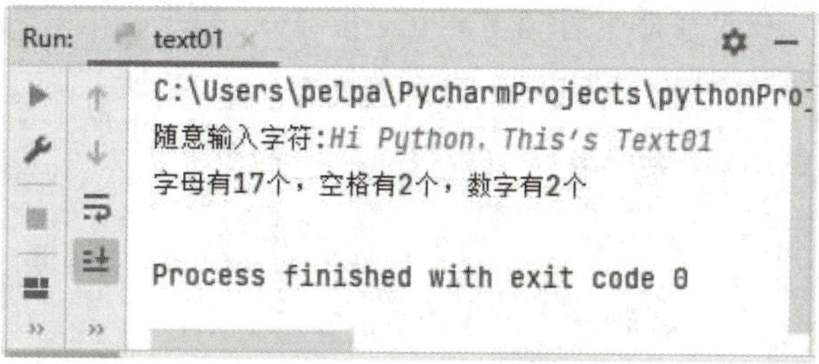

图10-4-7 控制台效果图

至此,使用Python编写代码实现计算一段文本中的数字、字母、空格的操作就已结束。

单元小结

本单元主要介绍了程序设计基础的相关知识，首先讲解了程序设计基础知识；然后讲解了程序设计语言和工具，包括 C 语言、C++语言、Java、C# 和 Python；最后讲解了程序设计方法和实践，包括 Python 的安装与配置、Python 程序运行方式、Python 编写规范和 Python 语法等内容。通过对本单元的学习，读者可以提高对程序设计的认知，学会如何使用 Python 进行简单的程序开发。

课后习题

一、选择题

1. 计算机语言经历了由低级到高级的发展过程，以下顺序正确的是(　　)。

A. 机器语言、汇编语言、高级语言

B. 汇编语言、机器语言、高级语言

C. 高级语言、汇编语言、机器语言

D. 机器语言、高级语言、汇编语言

2. Python 语言属于(　　)。

A. 机器语言　　B. 汇编语言　　C. 高级语言　　D. 翻译语言

3. 下列选项中，不符合 Python 命名规范的标识符是(　　)。

A. _city12　　B. vcity　　C. 12city　　D. city_name

4. 在 Python 中，数字类型不包括下列哪种类型？(　　)

A. int　　B. float　　C. complex　　D. bool

5. 在 Python 中，下列运算符优先级最高的是(　　)。

A. **　　B. *　　C. //　　D. /

二、填空题

1. Java 是一种________的程序设计语言。

2. Python 中的单引号内使用双引号，中间的内容会________。

3. Python 数据类型的 float 类型表示的是________的数字。

单元 11 大 数 据

大数据已经成为当今社会的一个热门话题，特别是在工业界和学术界，早已成为争相讨论的热点。作为继云计算、物联网之后的又一 IT 行业颠覆性技术，不论是在专业领域内，还是在现实生活中，大数据的影子都随处可见，其被频繁地应用于电子商务、金融、教育、医疗、能源、交通等领域。本单元主要介绍大数据的概念和特点、大数据的关键技术、大数据分析处理的平台和大数据的应用等内容。

学习目标

- 了解大数据的概念和特点。
- 熟悉大数据的关键技术。
- 熟悉大数据分析处理的平台。
- 熟悉大数据的应用。

明德育才

大数据是以数字化、网络化和智能化为主要特征的新一轮科技革命的重要代表性技术之一，大数据重塑了传统的经济形态，以数据为关键要素的数字经济将成为未来经济发展的新模式。近年来，我国在大数据技术和应用等方面积极探索实践，成效显著。

以习近平总书记为核心的党中央高度重视大数据发展。习近平总书记强调，各级领导干部要加强学习，懂得大数据，用好大数据，增强利用数据推进各项工作的本领，不断提高对大数据发展规律的把握能力，使大数据在各项工作中发挥更大作用。

11.1 大数据概述

1. 大数据的概念

大数据也称巨量资料，指的是需要新处理模式才能具有更强的决策力、洞察力和流程优化能力的海量、高增长率和多样化的信息资产。大数据的“大”的界定范畴是动态的，从前的GB(1 GB=1 024 MB)就是数据类型的巨大范畴，但是大数据出现后，在物理、基因等很多领域，TB(1 TB=1 024 GB)级的数据已经很普遍，更有PB(1 PB=1 024 TB)，甚至EB(1 EB=1 024 PB)级也不罕见。数据的类型有很多种，其主要分为结构化数据、半结构化数据和非结构化数据。因此，数据量的不断增长及数据类型的多样化都给大数据系统的存储和计算带来了不小的挑战。

2. 大数据的特点

(1)海量性。数据的体量决定了其背后的信息价值。随着各种移动端的流行和云存储技术的发展，现代社会的人类活动都可以被记录下来，因此产生了海量的数据。例如，发的微博、自拍的照片、佩戴的运动手环等包含的数据信息通过互联网被上传到云端，各种数据被收集到特定地点的存储系统(如政府机构等)，形成了体量巨大的数据。

(2)多样性。数据多样性的增加主要是新型多结构数据，以及网络日志、社交媒体、互联网搜索、手机通话记录及传感器网络等数据类型造成的。

(3)高速性。高速描述的是数据被创建和移动的速度。在高速网络时代，通过基于实现软件性能优化的高速计算机处理器和服务器创建实时数据流已成为流行趋势。企业不仅需要了解如何快速创建数据，还必须知道如何快速地处理、分析数据并将其返回给用户，以满足他们的实时需求。

(4)价值性。大数据的应用在物联网、云计算、数据挖掘等技术迅速发展的带动下呈现出它的完整过程：把数据源的信号转换为数据，再把大数据加工成信息，通过获取的信息进行决策。因此，大数据价值的挖掘过程就像大浪淘沙，数据的体量越大，相对有价值的数据就越少。大数据的价值密度实际是比较低的，因为数据采集并不都是及时的，样本的数量有限，数据不完全连续。但是，当数据的体量越来越大时，就能从海量数据中心提取有价值的信息，为决策提供支撑。

3. 大数据的类型

大数据的数据类型繁多，互联网作为大数据的主要来源，包含各种数据源，如声音和电影文件、文档、网络日记、元数据、E-mail、表格数据、图像、地理定位数据、书籍等。

11.2 大数据的关键技术

大数据本身是一种现象而不是一种技术。大数据技术是一系列使用非传统的工具来对大量的结构化、半结构化和非结构化数据进行处理，从而获得分析和预测结果的数据处理技术。根据大数据的处理过程，可将大数据关键技术分为大数据采集技术、大数据预处理技术、大数据存储与管理技术、大数据分析与挖掘技术、大数据可视化技术等。

11.2.1 大数据采集

大数据采集技术是指通过射频识别数据、传感器数据、社交网络交互数据及移动互联网数据等方式获得各种类型的结构化、半结构化及非结构化的海量数据。

1. 大数据的来源

一般大数据的来源可以分为 3 种,即平台自营型数据、其他主体运营数据和互联网数据。

1)平台自营型数据

这种数据是指大数据项目建设单位自主运营维护的软件平台所产生的内部数据,包括软件平台生成的结构化或非结构化数据,也包括自主运营维护的传感器终端通过通信获取的数据。这些数据的采集工具都源于平台内部,多用于系统日志采集。

2)其他主体运营数据

这种数据是指存储在其他单位服务器的外部数据。这种数据的类型和格式与平台自营型数据类似,只是往往需要通过建立在某种商业模式意义下的交换获得。这类数据的采集可在商务合作的基础上通过抽取、转换、加载实现数据的交换,或者通过对方预留数据的访问接口获取数据。

3)互联网数据

这种数据是指散布于互联网中的数据,包括通信记录、QQ、微信、微博等社交媒体产生的数据,其数据复杂且难以被利用。这种数据可以通过网络爬虫实现自动获取。

大数据采集过程的主要特点和挑战是并发数高,因为同时可能会有成千上万的用户在进行访问和操作。例如,火车票售票网站和淘宝的并发访问量在峰值时可达到上百万,所以在采集端需要部署大量的数据库才能对其进行支撑,并且在这些数据库之间进行负载均衡和分片是需要进行深入的思考与设计的。

2. 大数据采集的方法

数据源不同,大数据的采集方法也不同。但是为了能够满足大数据采集的需要,大数据采集时都使用了大数据的处理模式,即 MapReduce 分布式并行处理模式或基于内存的流式处理模式。

针对 3 种不同的数据源,大数据采集方法有以下几类。

1)数据库采集

传统企业会使用传统的关系型数据库 MySQL 和 Oracle 等来存储数据。随着大数据时代的到来,Redis、MongoDB 和 HBase 等 NoSQL 数据库也常用于数据的采集。企业通过在采集端部署大量数据库,并在这些数据库之间进行负载均衡和分片,以完成大数据采集工作。

2)系统日志采集

系统日志采集方法主要是收集公司业务平台日常产生的大量日志数据,供离线和在线的大数据分析系统使用。

高可用性、高可靠性、可扩展性是日志采集系统所具有的基本特征。日志采集系统均采用分布式架构，能够满足每秒数百兆的日志数据采集和传输需求。

3)网络数据采集

网络数据采集是指通过网络爬虫或网站公开应用程序接口(application programming interface，API)等方式从网站上获取数据信息的过程。

网络爬虫会从一个或若干个初始网页的统一资源定位符(uniform resource locator，URL)开始，获得各个网页上的内容，并且在抓取网页的过程中不断从当前页面上抽取新的 URL 放入队列，直到其满足设置的停止条件为止。这样可将非结构化数据、半结构化数据从网页中提取出来，存储在本地的存储系统中。

4)感知设备数据采集

感知设备数据采集是指通过传感器、摄像头和其他智能终端自动采集信号、图片或录像来获取数据。

大数据智能感知系统需要实现对结构化、半结构化、非结构化的海量数据的智能化识别、定位、跟踪、接入、传输、信号转换、监控、初步处理和管理等。其关键技术包括针对大数据源的智能识别、感知、适配、传输、接入等。

11.2.2 大数据预处理

大数据预处理主要是指完成对已接收数据的辨析、抽取、清洗、填补、合并、规格化及检查一致性等操作。因获取的数据可能具有多重结构和类型，数据抽取的主要目的是将这些复杂的数据转化为单一的或便于处理的结构，以实现快速分析处理。通常大数据预处理包含 5 个主要操作，即清洗过滤、去重、建立数据的连接、特征化提取和标签化操作。

1. 清洗过滤

清洗过滤是将数据中的“噪声”使用某种技术或者既定策略去除并弥补缺失的数据。例如，在互联网数据采集中，只有正文才是采集者所需要的，这时就需要有相应的技术或者策略将网页中需要的内容提取出来，将其他反映网站结构的数据、广告信息数据等全部去除，从而降低后续的存储负担，提高数据质量。

2. 去重

去重是将不同数据源的数据中的重复内容过滤，这种操作在互联网数据采集中尤其必要。例如，针对新闻事件的分析，相同的新闻事件往往会在不同的网站上被大量转载，在这种情况下，重复的数据没有更多的留存价值。

3. 建立数据的连接

从不同数据源获取数据的一个直接原因是希望通过互补的数据使对目标对象的描述更加立体和具体，从而实现多数据源交叉复用的价值。

4. 特征化提取

此阶段专注于从原始数据中提取有语义的统计特征或者结构化特征，然后将这些特征作为该数据的一个标签进行存储，供后续的分析使用。例如，从一段非结构化的公告文本中提取出有语义价值的信息等。

5. 标签化操作

标签化是大数据分析的一个典型策略和做法，预处理环节中的标签化除了需要专注于将通过特征化提取步骤获得的统计特性或者结构化语义信息提取出来作为数据的标签外，还需要考虑对各类数据源的置信度进行评估。这样，当来自不同的数据源的数据有冲突和歧义时，才能更好地进行综合评判。

11.2.3 大数据存储与管理

大数据存储与管理的主要目的是用存储器把采集到的数据存储起来，建立相应的数据库，并进行管理和调用。在大数据时代，从多渠道获得的原始数据常常缺乏一致性，数据结构混杂，并且数据不断增长，这造成了单机系统的性能不断下降，即使不断提升硬件配置，也难以跟上数据增长的速度。这导致传统的处理和存储技术失去可行性。

在大数据存储与管理中，应重点研究复杂结构化、半结构化和非结构化大数据管理与处理技术，解决大数据的可存储、可表示、可处理、可靠性及有效传输等关键问题。具体来讲，需要解决以下几个问题。

(1)海量文件的存储与管理。

(2)海量小文件的存储、索引和管理。

(3)海量大文件的分块与存储。

(4)系统可扩展性与可靠性。

11.2.4 大数据分析与挖掘

数据分析与挖掘就是从大量的、不完全的、有噪声的、模糊的、随机的实际应用数据中，提取隐含在其中的，人们事先不知道的，但又有潜在价值的信息和知识的过程。数据挖掘算法能以很高的速度处理大量数据，通过分割、集群、孤立点分析，以及其他各种方法提炼数据，挖掘价值。大数据挖掘技术有很多，因此有多种分类方法。

1. 按挖掘任务分类

按挖掘任务，大数据挖掘技术可分为分类或预测模型发现，数据总结、聚类、关联规则发现，序列模式发现，依赖关系或依赖模型发现，异常和趋势发现等。

2. 按挖掘对象分类

按挖掘对象，大数据挖掘技术可分为关系数据库、面向对象数据库、空间数据库、时态数据库、文本数据库、多媒体数据库、异质数据库、遗产数据库及互联网 Web 数据库。

3. 按挖掘方法分类

按挖掘方法，大数据挖掘技术可分为机器学习方法、统计方法、神经网络方法和数据库方法。

其中，机器学习方法又可细分为归纳学习方法(决策树、规则归纳等)、基于范例学习法、遗传算法等。统计方法又可细分为回归分析(多元回归、自回归等)法、判别分析(贝叶斯判别、费歇尔判别、非参数判别等)法、聚类分析(系统聚类、动态聚类等)法、探索性分析(主元分析、相关分析等)法等。

4. 按挖掘目的分类

按挖掘目的，大数据挖掘技术可分为以下几种。

1)可视化分析技术

无论对于普通用户还是数据分析专家，数据可视化都是最基本的功能，图像化可以让数据“说话”，让用户直观地感受到结果。

2)预测性分析技术

预测性分析技术可以让分析师根据图像化分析和数据挖掘的结果做出一些前瞻性判断。

3)语言处理技术

语言处理技术需要采用人工智能技术从数据中主动地提取信息。语言处理技术包括机器翻译、情感分析、舆情分析、智能输入、问答系统等。

4)数据质量与管理技术

采用标准化流程和机器对数据进行处理，可以确保获得一个预设质量的分析结果。

大数据挖掘技术还包括改进已有数据挖掘技术和机器学习技术，开发数据网络挖掘、特异群组挖掘、图挖掘等新型数据挖掘技术，突破基于对象的数据连接、相似性连接等大数据融合技术及突破用户兴趣分析、网络行为分析、情感语义分析等面向领域的大数据挖掘技术。

11.2.5 大数据可视化

在大数据时代下，数据呈现井喷式的增长，分析人员需将这些庞大的数据进行汇总并分析，而分析出的成果如果是密密麻麻的文字，就不容易理解，所以就需要将数据可视化。

可视化技术是最佳的结果展示方式之一，其通过清晰的图形图像展示直观地反映出最终结果。数据可视化是将数据以不同的视觉表现形式展现在不同的系统中，包括相应信息单位的各种属性和变量。数据可视化技术主要指的是技术上较为高级的技术方法，这些技术方法通过表达、建模，以及对立体、表面、属性、动画的显示，对数据加以可视化解释。

传统的数据可视化工具仅仅将数据加以组合，通过不同的展现方式提供给用户，用于发现数据之间的关联信息。随着大数据时代的来临，数据可视化产品设计已经不再满足于使用传统的数据可视化工具对数据仓库中的数据进行抽取、归纳及简单的展现。新型的数据可视化产品必须满足互联网上爆发的大数据需求，必须快速收集、筛选、分析、归纳、展现决策者所需要的信息，并根据新增的数据进行实时更新。因此，在大数据时代，数据可视化工具必须具有以下特征。

1. 实时性

数据可视化工具必须适应大数据时代数据量的爆炸式增长需求，必须快速收集、分析数据，并对数据信息进行实时更新。

2. 操作简单

数据可视化工具应具有开发快速、易于操作的特性，能满足互联网时代信息多变的要求。

3. 更丰富的展现

数据可视化工具需要具有更丰富的展现方式，以充分满足数据展现的多维度要求。

4. 多种数据集成支持方式

数据的来源不仅仅局限于数据库，数据可视化工具应能够支持团队协作数据、数据仓库、文本等多种方式，并能够通过互联网进行展现。

11.3 大数据分析处理的平台

随着互联网的快速发展，数据的存量和增量快速增加，导致数据的存储和分析变得越来越困难，存储容量、读写速度、计算效率等无法满足用户需求。为了解决这些问题，提出了以下 3 种处理方案。

(1)MapReduce：开源分布式计算框架。

(2)BigTable：大型的分布式数据库。

(3)GFS：分布式文件系统。

基于这 3 种方案 Apache 软件基金会使用 Java 语言开发了 Hadoop。

11.3.1 Hadoop

Hadoop 是一个对大量数据进行分布式处理的软件架构，可以将海量数据分布式地存储在集群中，并使用分布式并行程序来处理这些数据。它被设计成从单一的服务器扩展到成千上万台计算机，每台计算机上部署集群并提供本地计算和存储。Hadoop 生态系统目前已成为处理海量数据的首选框架。

Hadoop 框架包含用于解决大数据存储的分布式文件系统 HDFS、用于解决分布式计算的分布式计算框架 MapReduce 和分布式资源管理系统 YARN 3 个部分。

HDFS 的设计思想是将数据文件以指定的大小切分成数据块，将数据块以多副本的方式存储在多个节点上，这样的设计使 HDFS 可以更方便地做数据负载均衡以及容错，而且这些功能对用户都是透明的。用户在使用时，可以把 HDFS 当作普通的本地文件系统使用。

MapReduce 是 Hadoop 的核心计算框架，是用于大规模数据集并行计算的编程模型。MapReduce 主要包括映射(Map)和规约(Reduce)两项核心操作。当启动一个 MapReduce 任务时，Map 端会读取 HDFS 上的数据，将数据映射成所需要的键值对类型并传到 Reduce 端。Reduce 端接受 Map 端传来的键值对类型的数据，根据不同键进行分组，对每一组键相同的数据进行处理，得到新的键值对并输出到 HDFS，这就是 MapReduce 的核心思想。

YARN 是一种 Hadoop 资源管理器。随着 Hadoop 的不断发展，在 Hadoop 2 的版本中引入了 YARN。YARN 允许运行不同类型的作业，如 MapReduce、Spark 等，同时可以为上层应用提供统一的资源管理和调度。YARN 的使用为 Hadoop 集群在利用率、资源统一管理和数据共享方面带来了极大的提升。

随着 Hadoop 的快速发展，更多组件被相继开发出来。这些组件各有特点，共同服务于 Hadoop 工程，并且与 Hadoop 一起构成了 Hadoop 生态系统，下面将详细介绍 Hadoop 的生态系统构成。

(1)HBase(Hadoop Database)是一个高可靠性、高性能、面向列、可伸缩的分布式存储系统，可以对大规模数据进行随机、实时读写访问，弥补了 HDFS 虽然擅长大数据存储但不适合小条目存取的不足。HBase 中保存的数据可以使用 MapReduce 来处理，将数据存储和并行计算完美地结合在一起。

(2)Hive 是基于 Hadoop 的一个分布式数据仓库工具，其设计目的是使 Hadoop 上的数据操作与传统的 SQL 思想结合，让熟悉 SQL 编程的开发人员能够轻松地对 Hadoop 平台上的数据进行查询、汇总和分析。它可以将结构化的数据文件映射成一张数据表，将 SQL 语句转换为 MapReduce 任务运行。其优点是操作简单，降低了学习成本，可以通过类 SQL 语句快速实现简单的 MapReduce 统计，常见的业务不必开发专门的 MapReduce 应用，十分适合数据仓库的统计分析。

(3)Pig 是一个基于 Hadoop 的大规模数据分析平台，它提供的 SQL LIKE 语言叫作 Pig Latin。该语言的编译器会把类 SQL 的数据分析请求转换为一系列经过优化处理的 MapReduce 运算。

(4)Sqoop 是一款开源的工具，主要用于传递 Hadoop (Hive)与传统的数据库(MySQL、post-gresql 等)间的数据，可以把数据从一个关系型数据库中导入 Hadoop 的 HDFS 中，反之也可以将 HDFS 中的数据导入关系型数据库中。

(5)Flume 是 Cloudera 提供的一个高可用、高可靠、分布式的海量日志采集、聚合和传输的系统，支持在日志系统中定制各类数据发送方，用于收集数据。同时，Flume 提供对数据进行简单处理并写到各种数据接收方(可定制)的能力。

(6)Oozie 是基于 Hadoop 的调度器，以 XML 的形式编写调度流程，可以调度 MapReduce、Pig、Hive、jar、Shell 任务等。

(7)ZooKeeper 是一个开放源码的分布式应用程序协调服务，是 Chubby 的一个开源的实现，也是 Hadoop 和 HBase 的重要组件。它是一个为分布式应用提供一致性服务的软件，提供的功能包括配置维护、域名服务、分布式同步、组服务等。

11.3.2 Spark

当前大数据技术蓬勃发展，基于开源技术的 Hadoop 在行业中应用广泛，但 Hadoop 本身还存在一些缺陷，最主要的缺陷是 MapReduce 计算模型延迟过高，无法满足实时、快速的计算需求。Spark 既继承了 MapReduce 分布式计算的优点，同时弥补了 MapReduce 的缺陷。

目前，Spark 生态系统已经发展成为一个可应用于大规模数据处理的统一分析引擎，它是基于内存计算的大数据并行计算框架，适用于各种各样的分布式平台系统。

(1)Spark Core (Spark 核心)提供底层框架及核心支持。它包含 Spark 的基本功能,包括任务调度、内存管理、容错机制等。Spark Core 内部定义了 RDD,并提供了很多 API 来创建和操作 RDD。

(2)BlinkDB 是用于在海量数据上运行交互式 SQL 查询的大规模并行查询引擎。它允许用户通过权衡数据精度来提升查询响应时间,其数据的精度被控制在允许的误差范围内。

(3)Spark SQL 是操作结构化数据的核心组件,通过它可以直接查询 Hive、HBase 等多种外部数据源中的数据。

(4)Spark Streaming 是流式计算框架,支持高吞吐量、可容错处理的实时流式数据处理。

(5)MLBase 专注于机器学习,其目的是让机器学习的门槛更低,让一些可能并不了解机器学习的用户也能方便地使用 MLBase。MLBase 分为 MLlib、MLI、ML Optimizer 和 MLRuntime 4 部分。

(6)MLlib 是 MLBase 的一部分,也是 Spark 的数据挖掘算法库,实现了一些常见的机器学习算法和实用程序,包括分类、回归、聚类、协同过滤、降维以及底层优化。

(7)GraphX 是分布式图处理框架,拥有图计算和图挖掘算法的 API 接口以及丰富的功能和运算符,方便了用户对分布式图的处理需求,能在海量数据上运行复杂的图算法。

(8)SparkR 是 AMPLab 发布的一个基于 R 语言的开发包,使得 R 摆脱单机运行的命运,可以作为 Spark 的 Job 运行在集群上,极大地扩展了 R 的数据处理能力。

Spark 可以通过基于内存的运算来高效处理数据流,其运算要比 MapReduce 快 100 倍以上,而基于磁盘的运算也要比 MapReduce 快 10 倍以上。Spark 编程支持 Java、Python、Scala 及 R 语言,使得用户可以快速构建不同的应用。Spark 可以用于批处理、交互式查询(Spark SQL)、实时流处理(Spark Streaming)、机器学习(Spark MLlib)和图处理(Spark GraphX),可以在同一个应用程序中无缝结合使用,减少了开发和维护成本。

11.4 大数据的应用

大数据在电子政务、医疗、气象等领域都有广泛的应用,下面将围绕电子政务、医疗行业、气象行业领域详细讲解大数据的应用。

11.4.1 大数据在电子政务中的应用

大数据的发展将极大地改变政府现有的管理模式和服务模式,节约政府投入、及时有效地进行社会监管和治理,以提升公共服务能力。具体而言,大数据技术可以实现对海量数据信息的自动汇总与分析,这样不仅可以有效提升电子政务平台的办事效率,而且可以提升对相关数据的精准提取。

电子政务平台是推进政府职能转型、降低行政成本的重要工具。《2020 联合国电子政务调查报告》显示,中国电子政务发展指数从 2018 年的 0.681 1 提高到 2020 年的 0.794 8,排名比 2018 年提升了 20 位。可见我国电子政务建设取得了较大的成绩。实践证明,通过电子政务平台可以实现政府资源整合，降低行政重复工作的弊端，真正实现“群众少跑腿、数据多跑路”的目的。“数据多跑路”必须依赖于大数据技术的支撑，所以大数据技术在电子政务中具有广泛的应用空间。

1. 大数据技术在电子政务数据处理中的应用

随着我国电子政务平台的建设与应用，越来越多的业务通过电子政务平台实现，相应的电子政务平台所收集的数据信息也越来越多，如何快速地汇总与分析数据成为电子政务开展快捷服务的关键。大数据技术可以实现对海量数据信息的自动汇总与分析，这样不仅可以有效提升电子政务平台的办事效率，而且可以提升对相关数据的精准提取。例如，在处理企业工商登记业务时，面对用户所提交的众多数据，采用大数据技术则可以快速地对相关有用信息进行提取，同时还可以通过海量数据分析功能第一时间对用户的相关信息进行分析，以此做出最佳的判断。

2. 大数据技术在电子政务决策中的应用

政府决策制定必须依赖于完善的信息基础，而大数据技术的洞察和预见性能力则有效地增加了电子政务决策的科学性与准确性。大数据技术在电子政务平台中的融入可以解决不同区域电子政务平台信息共享不足的问题，政府信息资源共享的结果必然是为政府部门制定决策提供了有力的保障。例如，针对新冠肺炎疫情的防控要求，电子政务平台利用大数据技术模型对新冠肺炎防控进行了模型构建与预测分析，给政府的科学化部署提供了极大的助力，有效地提升了疫情防控质量。

3. 大数据技术在电子政务安全管理中的应用

虽然电子政务平台为用户提供了便捷的服务，但是网络具有“双刃剑”的特点，电子政务平台会因为网络安全而容易造成群众信息泄露等问题，最终造成严重的安全事故。大数据技术在电子政务平台中的应用则可以为用户提供安全的信息防护保障，大数据技术通过远程控制系统、数据清洗等网络安全防御技术可以对非法链接等进行控制，有效地提升了电子政务平台运行的安全性。例如，基于大数据技术构建的移动应用监管大数据平台通过对自主爬取数据、工具处理数据、监测获取数据和第三方导入数据等的采集，对数据进行清洗和分析，从而对应用市场、官网等进行持续监测，以获取最新的应用包，并进行风险漏洞检测、病毒检测、行为检测等。监管机构或者企业、单位可以通过平台持续监管应用在市场上的发布情况，为后续监管和发展态势提供参考依据。

11.4.2 大数据在医疗行业中的应用

随着医疗卫生行业信息化进程的发展，在医疗业务活动、健康体检、公共卫生、传染病监测、人类基因分析等医疗卫生服务过程中将产生海量高价值的数据。数据内容主要包括医院的 PACS 影像、B 超、病理分析、大量电子病历、区域卫生信息平台采集的居民健康档案、疾病监控系统实时采集的数据等。

通过对医疗数据的分析，不但能够预测流行疾病的暴发趋势，以避免感染、降低医疗成本，还能为患者提供更加便利的服务。具体来看，大数据在医疗行业的应用有以下几个方面。

1. 大数据助力药物研发

利用某种疾病患者群的临床数据和组学数据，可以快速识别有关疾病发生或治疗效果的生物标志物。在药物研发方面，医学大数据使得人们对病因和疾病发生机制的理解更加深入，从而有助于识别生物靶点和研发药物。同时，充分利用海量临床数据和组学数据、已有药物的研究数据以及高通量药物筛选，能加速药物筛选过程。

2. 大数据助力公共卫生监测

利用互联网大数据以及有关专业数据，可以实时开展公共卫生监测。公共卫生监测包括传染病监测、慢性非传染性疾病及相关危险因素监测、健康相关监测，如出生缺陷监测、食品安全风险监测等。此外，还可以通过覆盖全国的患者电子病历数据库进行疫情监测，通过监测社交媒体或频繁检索的词条来预测某些传染病的流行。

3. 大数据助力健康管理

随着现代医学的发展和检测手段的不断丰富，医院能够积累大量的病人历史数据，基因检测机构也得以积累很多分子层面的数据，如心率、脉率、呼吸频率、体温、热消耗量、血压、血糖、血氧、体脂含量等数据。通过对这些数据的实时、连续监测和挖掘、分析，相关机构或者医院可以提供实时健康指导与建议，从而能够更科学地实施个性化健康管理。

4. 大数据助力医学影像诊断

医学影像包括 X 射线、核磁共振成像、超声波等，是医疗过程中的关键环节。在传统医疗中，放射科医生往往需要单独查看每一个检查结果，不但产生了巨大的工作量，同时也可能耽误患者的最佳治疗时间。但是，大数据能够完全改变他们的分析方式。例如，数十万张图像能够构建一个识别图像中模型的算法，这些模型能够形成一个编号系统，辅助医生做出诊断。运用算法研究的图像数量远远超出人类大脑所能研究的图像数量，一名放射科医生穷尽一生也不可能比肩机器的运算能力。

11.4.3 大数据在气象行业中的应用

1. 防灾减灾

防灾减灾是气象部门最重要的职责之一，气象大数据在防灾、减灾、救灾中大有可为。在大数据观点中，预测是核心，而防灾是应对灾害的重中之重，所以气象预警信息显得格外重要。气象预警的确定，需要非常复杂的气象数据分析，再综合地形、地貌等数据，以及预报员自身的经验分析。然而，防灾减灾不仅需要完善预警系统和提高预警准确率，还要考虑受众群体，做老百姓看得懂的预警，直接指导他们防灾避灾，气象大数据在这方面将发挥很大作用。例如，通过对某地的历史受灾害情况和历年气候数据，以及该地的地理信息、森林覆盖情况、居住人口数据等的分析，可以提前获悉在什么天气条件下该地会出现洪涝灾害、雨量多大会成灾、可能造成的受灾人数，以及受灾人群要如何撤离等，进而知道农作物种植、房屋建造、建筑设施规划选址等，从源头上防灾减灾。

2. 指导农业生产

在大数据时代，天气预报不仅影响人们的出行，而且对人们生活的各个方面都有影响。气象大数据与社会科学众多领域或商业行为结合，展示出全新的价值，并大大改变了人们的生活方式；气象大数据对农业的影响也很大，通过应用气象大数据，能够指导农户合理安排各项生产，尽量降低由于气象隐患所造成的农业生产损失，甚至针对某些个例情况，可以给出相应的气象指导策略。以某地西瓜种植为例，由于开春后出现倒春寒天气，大量西瓜苗受冻，严重影响产量；而在西瓜上市期，又因连续降雨，严重影响西瓜销量，西瓜均价也一直处于下行状态。对此，可以通过气象数据分析，在西瓜生产期间将天气预警信息准确、有效地推送给农户，高效地指导他们安排生产，尽量减少不利天气对西瓜种植的影响，同时天气预警还能指导农户提前安排销售计划，减少天气原因对西瓜上市时的影响，从而促进农户增收。

单元小结

本单元主要介绍了大数据的相关知识，包括大数据的概念和特点、大数据的关键技术、大数据分析处理的平台、大数据的应用等内容。通过对本单元的学习，读者可以提高对大数据的认知，学会如何使用大数据分析处理平台进行大数据展示，认识大数据在实际生活中的应用。

课后习题

一、选择题

1. 提取隐含在数据中的、人们事先不知道的但又是潜在有用的信息和知识，这是在描述（　　）技术。

A. 数据清洗　　B. 数据收集　　C. 数据展示　　D. 数据分析与挖掘

2.（　　）是一个高可靠性、高性能、面向列、可伸缩的分布式存储系统。

A. HBase　　B. Hive　　C. HDFS　　D. YARN

二、简答题

1. 什么是大数据？
2. 大数据的特点包括哪些？
3. 大数据包括哪些关键技术？
4. 说出你所知道的大数据应用。

单元12 人工智能

2016年3月,谷歌公司(Google)旗下的DeepMind公司开发的“阿尔法围棋”(AlphaGo)与世界顶级围棋高手之一的李世石大战五局,最终以4∶1的比分获得胜利,一时间,人工智能迅速成为媒体焦点。今天的人工智能已经走进千家万户、融入各行各业,已然成为人类掌握时代密钥的关键,本单元将带领读者认识人工智能。

学习目标

- 了解人工智能的概念。
- 了解人工智能的核心技术。
- 熟悉常用的人工智能的开发框架和平台。
- 熟悉人工智能的应用。

明德育才

习近平总书记指出,“人工智能是引领这一轮科技革命和产业变革的战略性技术,具有溢出带动性很强的‘头雁’效应”,是“推动科技跨越发展、产业优化升级、生产力整体跃升的驱动力量”。

党的十九届五中全会对坚持创新驱动发展战略做出了部署。梳理人工智能发展历史,对比人工智能应用现状,在新的伟大征程中充分发挥人工智能技术的示范和带头作用,有助于筑牢“作为国家发展的战略支撑”的“科技自立自强”事业,维护国家安全,加快军队现代化,为第二个百年奋斗目标的实现提供不竭的创新动力。希望读者能够通过本单元的学习深入了解中国人工智能事业发展概况,从而共同推动人工智能的健康发展。

12.1 人工智能概述

1. 人工智能的基本概念

人工智能(artificial intelligence,AI),顾名思义,就是用人工制造的方法,实现智能机器或在机器上实现智能。从科学的角度看,人工智能是一门研究制造智能机器或实现机器智能的学科,是研究模拟、延伸和扩展人类智能的科学。从科学地位和发展水平来看,人工智能是当代科学技术的前沿学科,也是一门新思想、新理论、新技术、新成就不断涌现的新兴学科。人工智能的研究是在计算机科学、信息论、控制论、心理学、生理学、数学、物理学、化学、生物学、医学、哲学、语言学、社会学等多学科的基础上发展起来的,因此它又是一门综合性极强的边缘学科。

人工智能之父、首位图灵奖获得者明斯基(M. Minsky)把人工智能定义为“让机器做本需要人的智能才能够做到的事情的一门科学”。

中国《人工智能标准化白皮书(2018 版)》认为:“人工智能是利用数字计算机或者数字计算机控制的机器模拟、延伸和扩展人的智能,感知环境、获取知识并使用知识获得最佳结果的理论、方法、技术及应用系统。”

2. 人工智能的发展简史

人工智能就是研究、开发用于模拟、延伸和扩展人的智能的理论、方法、技术及应用系统的一门新的技术科学。人工智能是计算机科学的一个分支,主要研究一种能模仿与人类智能相似的方式做出反应的智能机器。人工智能学科研究的主要内容涵盖自动推理和搜索方法、机器学习、知识获取与自动处理、语音识别、图像识别、计算机视觉、智能机器人、自动程序设计等方面。

人工智能的发展大致经过了以下 3 个阶段。

1)第一阶段(20 世纪 50—80 年代)

这一阶段人工智能刚诞生,基于抽象数学推理的可编程数字计算机已经出现,符号主义快速发展,但由于对很多事物不能形式化表达,建立的模型存在一定的局限性。此外,随着计算任务的复杂性不断加大,计算能力远远不能满足需求,人工智能发展一度遇到瓶颈。

2)第二阶段(20 世纪 80—90 年代末)

在这一阶段,专家系统得到快速发展,数学模型有重大突破,但由于专家系统在知识获取、推理能力等方面的不足,以及开发成本高等原因,人工智能的发展又一次进入低谷期。

3)第三阶段(20 世纪末至今)

大数据的积累、理论算法的革新、计算能力的提升为人工智能的发展提供了丰富的数据资源,协助构建出更加智能化的算法模型。人工智能的发展模式也从过去追求的“用计算机模拟人工智能”逐步转向以机器与人结合而成的增强型混合智能系统,用机器、人、网络结合成的新群智系统,以及用机器、人、网络和物结合成的更加复杂的智能系统。

1997 年 5 月 11 日,深蓝(Deep Blue)成为战胜国际象棋世界冠军卡斯帕罗夫的第一个计算机系统。

2005 年，斯坦福大学开发的一台机器人在一条沙漠小径上成功地自动行驶了 131 英里(约 210 千米)，赢得了 DARPA 挑战大赛头奖。

2009 年，蓝脑计划(Blue Brain Project)声称已经成功地模拟了部分鼠脑。在 2012 年一次全球范围的图像识别算法竞赛 ILSVRC(Image Net 挑战赛)中，多伦多大学开发的一个多层神经网络 Alex Net 获得了冠军，并大幅度超越了使用传统机器学习算法的第二名。

以上成果让人工智能再一次被世界瞩目。尤其是近 10 年，随着移动互联网和物联网的发展，电子商务平台、社交媒体、智能设备源源不断地产生海量数据，为机器学习提供了沃土，再加上计算机的计算能力呈指数增长，为人工智能的发展插上了腾飞的翅膀。

人工智能的发展时间线如图 12-1-1 所示。

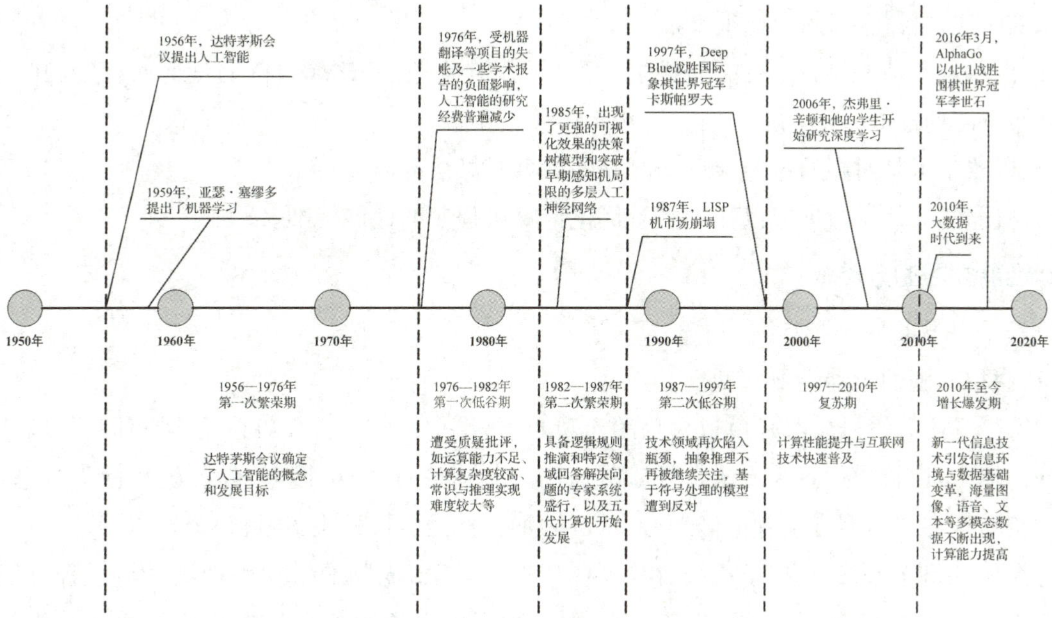

图 12-1-1 人工智能的发展时间线

12.2 人工智能核心技术

人工智能相关技术的研究目的是促使智能机器会听(如语音识别、机器翻译)、会看(如图像识别、文字识别)、会说(如语音合成、人机对话)、会行动(如智能机器人、自动驾驶汽车)、会思考(如人机对弈、定理证明)、会学习(如机器学习、知识表示)。

人工智能技术关系到人工智能产品是否可以被顺利应用到人们的生活场景中。在人工智能领域，人工智能技术主要包括机器学习(machine learning)、人工神经网络、知识图谱、自然语言处理、人机交互(human-computer interaction，HCI)、计算机视觉、生物特征识别、虚拟现实(VR)/增强现实(AR)等关键技术，下面将详细讲解机器学习和人工神经网络技术。

12.2.1 机器学习

1. 机器学习的定义

机器学习是一门涉及统计学、系统辨识、逼近理论、神经网络、优化理论、计算机科学、脑科学等诸多领域的交叉学科。研究计算机如何模拟或实现人类的学习行为，以获取新的知识或技能，重新组织已有的知识结构，使其不断改善自身的性能，是人工智能技术的核心。基于数据的机器学习是现代智能技术中的重要方法之一，研究从观测数据（样本）出发寻找规律，利用这些规律对未来数据或无法观测的数据进行预测。

机器学习使用计算机作为工具并致力于真实、实时地模拟人类学习方式，并将现有内容进行知识结构划分，以有效地提高学习效率。

综上所述，机器学习具有以下要点。

（1）机器学习是一门人工智能的科学，主要研究对象是人工智能，特别是如何在经验学习中改善具体算法的性能。

（2）机器学习是对能通过经验自动改进的计算机算法的研究。

（3）机器学习是用数据或以往的经验优化计算机程序的性能标准。

2. 机器学习的分类

1）基于学习策略的分类

（1）模拟人脑的机器学习。

①符号学习。符号学习是模拟人脑的宏观心理级学习过程，以认知心理学原理为基础，以符号数据为输入，以符号运算为方法，用推理过程在图或状态空间中搜索，学习的目标为概念或规则等。符号学习的典型方法有记忆学习、示例学习、演绎学习、类比学习、解释学习等。

②神经网络学习（或连接学习）。神经网络学习是模拟人脑的微观生理级学习过程，以脑和神经科学原理为基础，以人工神经网络为函数结构模型，以数值数据为输入，以数值运算为方法，用迭代过程在系数向量空间中搜索，学习的目标为函数。典型的连接学习有权值修正学习、拓扑结构学习等。

（2）直接采用数学方法的机器学习。其主要为统计机器学习。

统计机器学习是基于对数据的初步认识以及学习目的的分析，选择合适的数学模型，拟定超参数，并输入样本数据，依据一定的策略，运用合适的学习算法对模型进行训练，最后运用训练好的模型对数据进行分析预测。

统计机器学习有以下 3 个要素。

①模型（model）。在进行训练前，模型可能的参数是多个甚至无穷的，故可能的模型也是多个甚至无穷的，这些模型构成的集合就是假设空间。

②策略（strategy）。策略即从假设空间中挑选出参数最优模型的准则。模型的分类或预测结果与实际情况的误差（损失函数）越小，模型就越好。因此，策略就是误差最小。

③算法（algorithm）。算法即从假设空间中挑选模型的方法（等同于求解最佳的模型参数）。

机器学习的参数求解通常会被转化为最优化问题，故学习算法通常是最优化算法，如最速下降法、牛顿法以及拟牛顿法等。

2)基于学习方法的分类

(1)归纳学习。

①符号归纳学习。典型的符号归纳学习有示例学习、决策树学习。

②函数归纳学习。典型的函数归纳学习有神经网络学习、示例学习、发现学习、统计学习。

(2)演绎学习。演绎学习与归纳学习的过程相反。

(3)类比学习。典型的类比学习为案例(范例)学习。

(4)分析学习。典型的分析学习有解释学习、宏操作学习。

3)基于学习方式的分类

(1)监督学习(有导师学习)。监督学习是输入数据中有导师信号，以概率函数、代数函数或人工神经网络为基函数模型，采用迭代计算方法，学习结果为函数。

(2)无监督学习(无导师学习)。无监督学习是输入数据中无导师信号，采用聚类方法，学习结果为类别。典型的无导师学习有发现学习、聚类、竞争学习等。

(3)强化学习(增强学习)。强化学习是以环境反馈(奖/惩信号)作为输入，以统计和动态规划技术为指导的一种学习方法。

4)基于数据形式的分类

(1)结构化学习。结构化学习以结构化数据为输入，以数值计算或符号推演为方法。典型的结构化学习有神经网络学习、统计学习、决策树学习、规则学习。

(2)非结构化学习。非结构化学习以非结构化数据为输入。典型的非结构化学习有类比学习(案例学习)、解释学习等。

5)基于学习目标的分类

(1)概念学习。学习的目标和结果为概念，或者说是为了获得概念的学习。典型的概念学习主要为示例学习。

(2)规则学习。学习的目标和结果为规则，或者说是为了获得规则的学习。典型的规则学习主要为决策树学习。

(3)函数学习。学习的目标和结果为函数，或者说是为了获得函数的学习。典型的函数学习主要为神经网络学习。

(4)类别学习。学习的目标和结果为类别，或者说是为了获得类别的学习。典型的类别学习主要为聚类分析。

(5)贝叶斯网络学习。学习的目标和结果是贝叶斯网络，或者说是为了获得贝叶斯网络的一种学习。其又可分为结构学习和参数学习。

12.2.2 人工神经网络

人工神经网络(artificial neural network，ANN)是由大量处理单元经广泛互连而组成的人工网络，用来模拟脑神经系统的结构和功能。一般把这些处理单元称为人工神经元。

经过对生物神经元的长期广泛研究，1943 年，心理学家麦卡洛克(W. McCulloch)和数学家皮茨(W. Pitts)根据生物神经元生物电和生物化学的运行机理提出二值神经元的数学模型，即著名的 MP 模型。

人工神经网络的主要特征如下。

(1)能较好地模拟人的形象思维。

(2)具有大规模并行协同处理能力。

(3)具有较强的学习能力。

(4)具有较强的容错能力和联想能力。

(5)是一个大规模自组织、自适应的非线性动态系统。

12.3 常用人工智能的开发框架和平台

12.3.1 常用开发框架和 AI 库

1. TensorFlow

TensorFlow 是人工智能领域最常用的框架，是一个使用数据流图进行数值计算的开源软件，该框架允许在任何 CPU 或 GPU 上进行计算。TensorFlow 拥有包括 TensorFlow Hub、TensorFlow Lite、TensorFlow Research Cloud 在内的多个项目以及各类应用程序接口，被广泛应用于各类机器学习算法的编程实现。

该框架使用 C++和 Python 作为编程语言，简单易学。

2. Caffe

Caffe 是一个强大的深度学习框架，主要采用 C++作为编程语言，深度学习速度非常快。借助 Caffe，可以非常轻松地构建用于图像分类的卷积神经网络。

3. Accord. NET

Accord. NET 框架是一个. NET 机器学习框架，主要使用 C#作为编程语言。该框架可以有效地处理数值优化、人工神经网络甚至是可视化，除此之外，它有强大的计算机视觉和信号处理功能。

4. 微软 CNTK

CNTK (Cognitive Toolkit)是一款开源深度学习工具包，是一个提高模块化和维护分离计算网络，提供学习算法和模型描述的库，可以同时利用多台服务器，速度比 TensorFlow 快，主要使用 C++作为编程语言。

5. Theano

Theano 是一个强大的 Python 库。该库使用 GPU 来执行数据密集型计算，操作效率很高，常被用于为大规模的计算密集型操作提供动力。

6. Keras

Keras 是一个用 Python 编写的开源神经网络库。与 TensorFlow、CNTK 和 Theano 不同，Keras 作为一个接口提供高层次的抽象，让神经网络的配置变得简单。

7. Torch

Torch 是一个用于科学和数值计算的开源机器学习库，主要采用 C 语言作为编程语言。它是基于 Lua 的库，通过提供大量的算法，更易于深入学习研究，提高了效率和速度。它有一个强大的 N 维数组，有助于切片和索引之类的操作。除此之外，Torch 还提供了线性代数程序和神经网络模型。

8. Spark MLlib

Apache Spark MLlib 是一个可扩展的机器学习库，可采用 Java、Scala、Python、R 作为编程语言，可以轻松地插入 Hadoop 工作流程中。它提供了机器学习算法，如分类、回归、聚类等，处理大型数据时非常快速。

12.3.2 百度 AI 开放平台

目前，国内比较知名的 AI 开放平台有百度 AI 开放平台、腾讯 AI 开放平台和阿里 AI 开放平台。利用 AI 开放平台，初学者就能轻松地使用搭建好的基础架构资源，通过调用其相关 API，使用自己的应用程序获得 AI 功能。

百度 AI 开放平台的网址为 https://ai. baidu. com，在使用平台功能之前，需要事先完成一些准备工作，并学会查看相关帮助文档。

1. 注册与认证

(1)单击百度 AI 开放平台导航栏右侧的“控制台”超链接(见图 12-3-1)，进行登录或注册服务。

(2)首次使用时，登录后将会进入开发者欢迎页面，需要填写相关信息完成开发者认证。

(3)进入具体 AI 服务项的控制面板，进行相关业务操作。

图 12-3-1 百度 AI 开放平台首页“控制台”超链接

2. 创建应用

登录后，需要创建应用才可正式调用 API 服务。应用是调用 API 服务的基本操作单元，可以使用基于应用创建成功后获取的 API Key 及 Secret Key，进行接口调用操作。

以图像审核为例，在百度智能云管理中心左侧导航栏中，选择“人脸识别”，单击“创建应用”按钮，即可进入“创建新应用”界面。填写完“应用名称”“接口选择”“应用描述”等项目后，单击“立即创建”按钮，完成应用的创建。应用创建完毕后，可以单击左侧导航栏中的“应用列表”选项查看应用，如图 12-3-2 所示。单击应用名称进入应用详情，再单击“编辑”按钮，即可修改应用信息。

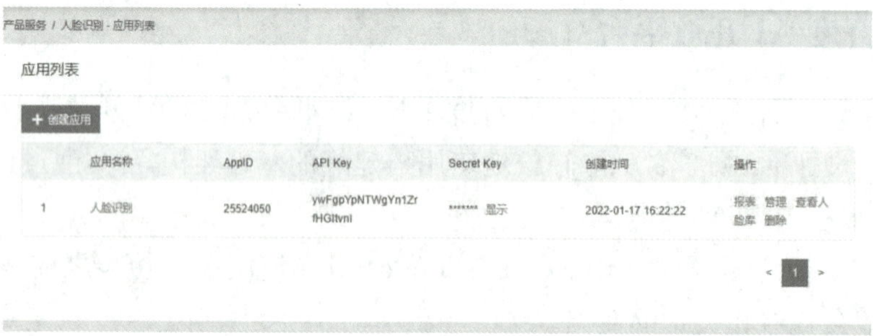

图 12-3-2　创建、查看新应用

3. 获取密钥

在应用创建完毕后，平台将会为其分配相关凭证，主要有 AppID、API Key 和 Secret Key。这些是应用实际开放的主要凭证，每个应用均不相同，须妥善保管，如图 12-3-3 所示。

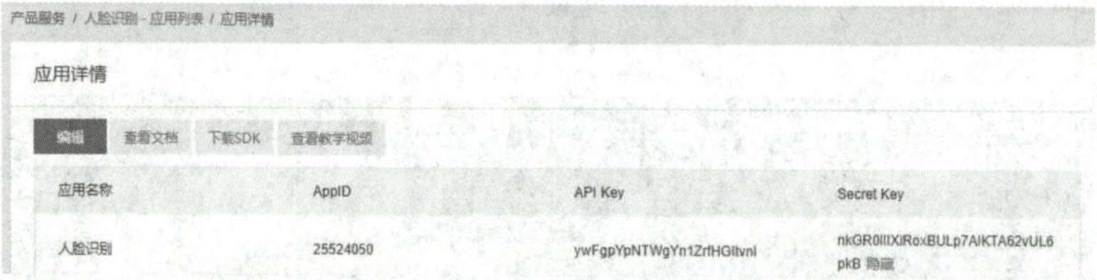

图 12-3-3　获取密钥

4. SDK 下载及安装

单击左侧导航栏中的 SDK 下载，选择提供的 Java SDK、Python SDK 或 C++ SDK 等中的一个，下载并完成安装，才能通过相应的编程语言采用 SDK 方法使用百度 AI 提供的产品服务。

12.4　人工智能的应用

1. 人工智能在医疗行业中的应用

医疗和金融是当今人工智能应用广泛的行业。图 12-4-1 展示了人工智能在医疗行业中的一些应用方向。

图 12-4-1 人工智能在医疗行业中的一些应用方向

医疗器械自身具备大量的传感器，可获取数据；小型移动医疗产品（如医疗手环、血压仪、血糖仪等）会提取用户的数据，并接收用户的反馈。算法变得更“聪明”，功能变得更强大，用户也越来越爱用，从而形成提升的闭环。随着各种可穿戴设备的流行，关于人们身体的数据每分每秒都在被汇集起来，目前这些数据大多数还没有被充分利用，一旦它们被充分利用，就可以作为攻克众多疾病的基础。

小型的检测设备加上人工智能算法甚至可以辅助人们在极早期在家中就能检测出癌症的可能性。这类设备通常只有一个简易的摄像头，而该摄像头背后是一个能够连接云服务器并实时进行疾病识别的算法终端。

另一个值得一提的领域是药物研发，很多未来的科技创造都会引入人工智能元素，而药物研发这一需要尝试大量的化学成分组合和试错的领域，就特别适合利用人工智能算法来完成。

未来，中国会迅速进入老龄化社会，人工智能在这点上可以给社会解决巨大的潜在问题，主要体现在可以陪伴独居老人起居的陪护型机器人、大量用于平日健康监护的小型医疗设备。这些设备可以与周围医院进行联动，医院可以随时响应紧急情况，特别是慢性病管理系统，对各种慢性病老年患者可随时进行干预治疗，作用巨大。

2. 人工智能在安防行业中的应用

在核心产品极为需要人工智能的行业中，不能不提的是安防行业。安防可以说是全国最大的人工智能市场。因为需要监控的地点太多了，从地铁、火车站到机场、商场，再到没有人烟的国防线，都是人工智能被布局的密集安防地带。在海量的人口中，寻找犯罪嫌疑分子，这是相当大的工作量，几乎是一个人不可能完成的任务，而无处不在的城市摄像头，加上深度视觉算法，可以近乎 100%地取代巡逻人员的工作。

3. 人工智能在农业中的应用

农业是一个正在被人工智能彻底改变的领域。图 12-4-2 所示展示了人工智能在农业中的一些应用方向。

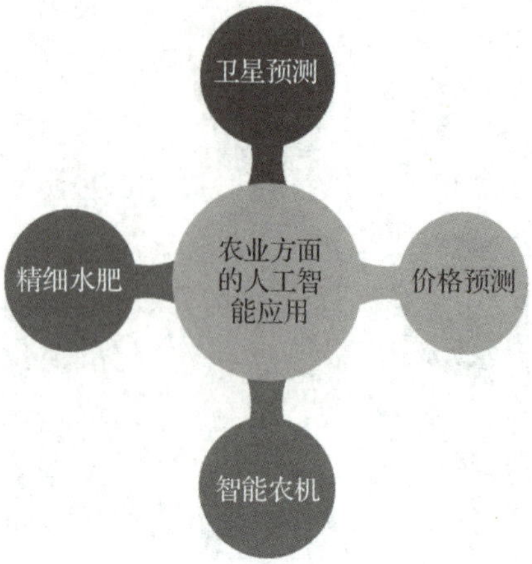

图 12-4-2 人工智能在农业中的一些应用方向

农业从最早的刀耕火种到开始使用农业机械、化肥，这些变化无疑是巨大的。但是，农业生产的一个重要目标就是根据农作物的生长情况，可以自动地调整水肥光温，因为农作物的生长需要点对点的精细调控，但是这种浩繁的工作远非人力所及，如何解决这一问题呢？可以安装传感器，然后把水肥光温的调控设备和传感器连接在一起，再把农业机械和控制系统联系在一起。

农业的人工智能化会在未来被急速推进。这是因为物联网、传感器、无人机等技术已经非常成熟且成本低，数据采集的方便，配以合理的算法，将会使农业成为一个被人工智能彻底改变的领域。

单元小结

本单元主要介绍了人工智能的相关知识，包括人工智能的概念和发展、人工智能核心技术、常用人工智能的开发框架和平台、人工智能的应用等内容。通过对本单元的学习，读者可以提高对人工智能的认知，学会简单的人工智能开发。

课后习题

一、选择题

1. AI 的全称是（ ）。

A. Automatic Intelligence　　B. Artificial Intelligence

C. Automatic Information　　D. Artificial Information

2. 2016 年 3 月，著名的“人机大战”中，计算机最终以 4∶1 的总比分击败围棋世界冠军、职业九段棋手李世石，这台计算机被称为（ ）。

A. 深蓝　　B. AlphaGo Zero

C. AlphaGo　　D. AlphaZero

3. 人工智能的含义最早由一位科学家于1950年提出，并且同时提出一个机器智能的测试模型，这位科学家是(　　)。

A. 明斯基　　B. 扎德

C. 冯・诺依曼　　D. 图灵

二、简答题

1. 列举人工智能的5个应用领域。

2. 简述人工神经网络的主要特征。

3. 试对各种不同的机器学习算法进行比较，并分析它们各自的适用场合。

单元 13 云计算

信息技术的发展，使人们对数据的存储、运算、便捷操作等方面的要求越来越高。在这种情况下，新的计算模式进入了人们的学习、生活和工作中，它就是被称为第三次信息技术革命的“云计算”。云计算(cloud computing)技术影响着整个信息技术产业，成为新的信息技术的代名词。在不断的发展过程中，云计算技术在社会各领域中的推广效率极高，能够辅助诸多领域完成数据处理等工作。

学习目标

- 了解云计算的概念。
- 熟悉云计算的关键技术。
- 了解云计算技术的具体应用。

明德育才

云计算作为信息技术发展和服务模式创新的集中体现，经过十余年的发展，已经从概念阶段演进到产品广泛普及、应用繁荣发展、商业模式清晰、产业链条完善的新阶段，成为承载各类应用、推进新一代信息技术发展的关键基础设施，也是推进信息化和工业化融合、打造数字经济新动能的重要驱动力量。

我国高度重视以云计算为代表的新一代信息产业发展，国务院发布了《关于促进云计算创新发展培育信息产业新业态的意见》等政策措施。

13.1 云计算概述

13.1.1 云计算的定义

1. 从用户角度看云计算

从用户的角度来看，主要根据用户的体验和效果来描述云计算。云计算系统是一个信息基础设施，包含硬件设备、软件平台、系统管理的数据，以及相应的信息服务。用户使用该系统时，可以实现“按需索取、按用计费、无限扩展、网络访问”的效果。

简单地说，用户可以通过网络获得自己需要的计算资源和软件服务。这些计算资源和软件服务是直接供用户使用而不需要用户做进一步的定制开发、管理与维护等工作。同时，这些计算资源和软件服务的规模可以根据用户业务与需求的变化随时被调整到足够大。用户使用这些计算资源和软件服务，只需要按照使用量支付租用费用。

2. 从技术提供商角度看云计算

技术提供商对云计算的理解为通过调度优化的技术，管理和协同大量的计算资源；针对用户的需求，通过互联网发布与提供用户所需的计算资源和软件服务；基于租用模式以按用计费的方法进行收费。

技术提供商强调云计算系统需要组织与协同大量的计算资源来提供强大的 IT 能力和丰富的软件服务，利用调度优化的技术来提高资源的利用效率。云计算系统提供的 IT 能力和软件服务针对用户的直接需求，并且这些 IT 能力和软件服务都在互联网上被发布，允许用户直接利用互联网来使用这些 IT 能力和软件服务。按照用户对资源的使用量进行计费，从而实现云计算系统运营的盈利。

3. 从技术开发人员角度看云计算

技术开发人员作为云计算系统的设计和开发人员，认为云计算是一个大型集中的信息系统，该系统通过虚拟化技术和面向服务的系统设计等手段来完成资源与能力的封装和交互，并且通过互联网来发布这些封装好的资源和能力。

所谓大型集中的信息系统，就是指包含大量的软硬件资源，并且通过技术和网络等对其进行集中式管理的信息系统。通常这些软硬件资源在物理上或者在网络连接上是集中或者相邻的，能够协同完成同一个任务。

信息系统包含软硬件和很多软件功能，这些软硬件和软件功能如果需要被访问与使用，就必须有一种把相关资源和软件模块打包在一起且能够呈现给用户的方式。虚拟化技术和 Web 服务是最常见的封装与呈现技术，可以把硬件资源和软件功能等打包，并以虚拟计算机和网络服务的形式呈现给用户。

云计算作为一种技术手段和实现模式，使得计算资源成为向大众提供服务的社会基础设施，将对信息技术本身及其应用产生深远的影响，软件工程、网络和终端设备的资源配置、获取信息和知识的方式等无不因为云计算的出现而产生重要的变化。与此同时,云计算也深刻改变着信息产业的现有业态,催生了新型的产业和服务。云计算带来社会计算资源利用率的提高和计算资源获得的便利性,推动以互联网为基础的物联网迅速发展,将更加有效地提升人类感知世界、认识世界的能力,促进经济发展和社会进步。

13.1.2 云计算的特点

1. 客户端需求低

云计算不需要用户的客户端设备具有高端的性能,而且不用担心各种应用软件没及时更新而留下漏洞,所以使用起来很方便。

当前的公安工作对计算机信息化的依赖度越来越高,在经费有限且计算机技术人才尚不充足的情况下,云计算是公安部门(尤其是中西部地区基层部门)最理想的选择。只需要为基层部门准备一台可以连接 Internet 的计算机和一个一般的浏览器,其他的一切问题都可以使用云计算解决。

2. 数据的可靠性

云计算提供了更加可靠且安全的数据存储服务,用户可免受数据丢失和病毒入侵等目前最常见威胁的侵害。

数据并不是被保存在看得见和摸得着的计算机中才安全。个人计算机随时都可能因为个人的无意行为损坏或者被病毒攻击而造成存储设备上的数据丢失。

如果把文档文件存储在类似网络硬盘的网络服务上,或者把照片传到类似"网易相册"的网络相册中,数据的损坏或丢失事件就不会再发生。在云的另一端,有专业的运营公司来管理存储的信息,有先进的数据管理中心来保存数据。而且,用户管理策略可以使每个人拥有适当的权限共享或管理指定的数据。在这种服务中,只需要很少的花费(甚至是免费的)就可以得到高效、安全的数据服务。

公安部门机密材料的保存是一个很艰巨的任务,尤其是机密电子文档的保存。在当前公安网和外网混用、随意用 U 盘拷贝机密电子文档现象屡禁不止的现实情况下,云计算技术提供了一个很好的选择,只需在服务器上设定特定的存档空间就可以解决包括两网混用和 U 盘随身携带等不安全的问题。

3. 应用的分布性

云中的大部分应用具有分布性。在大多数企业应用和公安应用中,管理部门和工作现场都不在同一个地点。

4. 高性价比

云计算对用户终端性能的要求很低,而且大部分的服务是免费的,这使得用户能够用更少的付出得到更多优质的服务。

5. 可扩展性

用户要做的扩展只是多购买几台普通的计算机,这比添置几台昂贵的服务器或者其他服务端设备花费更少，也更加简单。

6. 共享的随意性

云计算能够轻松地实现不同的电子设备（如计算机、移动设备、PDA 等）间的数据与应用共享。例如，一般用户的手机上会有很多的联系人信息（包括手机号、家庭电话号、单位电话号、住址等），而计算机上又存储了很多联系人的邮件地址。当用户在外地出差需要发一封邮件时，如果手机丢失或者损坏，就会非常麻烦。

如果使用了云计算资源，这一切的麻烦就会烟消云散。诺基亚的 OVI 服务就是最好的证明。只要将手机上的联系人信息在 OVI 服务器上进行备份，那么当需要使用该备份时，只要连接上 OVI 服务器，那么云另一端的服务器就会把备份信息发送到手机上。同理，邮件地址也可以被保存在云另一端的邮件服务器上。

7. 灵活性

云计算的兼容性十分强大，对低配置机器和外设能够很好地兼容，而且能进行高性能的计算。

13.2 云计算的服务交付模式

云计算是一种新的计算，也是一种新的服务模式，为各个领域提供技术支持和个性化服务。本节主要介绍云计算的服务交付模式。

云计算服务提供方式包含基础设施即服务（infrastructure as a service，IaaS）、平台即服务（platform as a service，PaaS）和软件即服务（software as a service，SaaS）3 种类型。IaaS 提供的是用户直接使用计算资源、存储资源和网络资源的能力，PaaS 提供的是用户开发、测试和运行软件的能力，SaaS 则是将软件以服务的形式通过网络提供给用户。

这 3 类云计算服务中，IaaS 处于整个架构的底层；PaaS 处于中间层，可以利用 IaaS 层提供的各类计算资源、存储资源和网络资源来建立平台，为用户提供开发、测试和运行环境；SaaS 处于最上层，既可以利用 PaaS 层提供的平台进行开发，也可以直接利用 IaaS 层提供的各种资源进行开发。

1. 基础设施即服务

基础设施即服务是指用户通过 Internet 可以获得 IT 基础设施硬件资源，并可以根据用户资源使用量和使用时间进行计费的一种能力和服务。提供给消费者的服务是对所有计算基础设施的利用，包括 CPU、内存、存储、网络等计算资源，用户能够部署和运行任意软件，包括操作系统和应用程序。为了优化资源硬件的分配问题，IaaS 层广泛采用了虚拟化技术，代表产品有 OpenStack、IBM Blue Cloud、Amazon EC2 等。

2. 平台即服务

平台即服务是通过服务器平台把开发、测试、运行环境提供给客户的一种云计算服务，它是介于 IaaS 和 SaaS 之间的一种服务模式。在该服务模式中,用户购买的是计算能力、存储、数据库和消息传送等,底层环境大部分 PaaS 平台已经搭建完毕,用户可以直接创建、测试和部署应用及服务,并通过该平台传递给其他用户使用。PaaS 的主要用户是开发人员,与传统的基于企业数据中心平台的软件开发相比,PaaS 可以大大减少开发成本。比较知名的 PaaS 平台有阿里云开发平台、华为 DevCloud 等。

3. 软件即服务

软件即服务是一种通过互联网向用户提供软件的服务模式。在这种模式下,用户不需要购买软件,而是通过互联网向特定的供应商租用自己所需求的相关软件服务功能。相对于普通用户来说,软件即服务可以让应用程序访问泛化,把桌面应用程序转移到网络上去,随时随地使用软件。在日常生活中,几乎人们每一天都在接触 SaaS 云服务,如平常使用的微信小程序、新浪微博以及在线视频服务等。

13.3 云计算的关键技术

1. 高性能计算技术

高性能计算(high performance computing,HPC)通常是指使用很多处理器(作为单台机器的一部分)或者某一集群组织中的几台计算机(作为单个计算资源操作)的计算系统和环境,这是计算机科学的一个分支,主要研究并行算法和开发相关软件,致力于开发高性能计算机。

高性能计算的本质是支持全面分析、快速决策,即通过收集、分析和处理全面的材料、大量原始资料,以及模拟自然现象或产品,以最快的速度得到最终的分析结果,提示客观规律,支持科学决策。对科研工作者而言,这意味着减少科学突破的时间,增加突破的深度;对工程师而言,这意味着缩短新产品上市的时间,增强复杂设计的可信度;对国家而言,这意味着提高综合国力和参与全球竞争的实力。

高性能计算机的发展趋势主要表现在网络化、体系结构主流化、开放化和标准化、应用的多样化等方面。网络化将是高性能计算机最重要的趋势。高性能计算机的主要用途是作为网络计算环境中的主机。以后越来越多的应用是在网络环境下的应用,会出现数以十亿计的客户端设备,所有重要的数据及应用都会被放在高性能服务器上,client/server(客户机/服务器)模式会进入第二代,即服务器聚集的模式,这是一个发展趋势。

随着计算机技术的飞速发展,高性能计算速度不断提高,其标准也不断变化更新,对称多处理(symmetrical multi-processing,SMP)、大规模并行处理机、集群系统、网格计算、消息传递接口等都是高性能计算技术的内容。

2. 分布式数据存储技术

分布式数据存储是指将数据分散存储到多个数据存储服务器上。分布式数据存储目前大多借鉴了 Google 的经验,在众多的服务器上搭建一个分布式文件系统,再在分布式文件系统上实现相关的数据存储业务,甚至是实现二级存储业务。

分布式数据存储技术包含非结构化数据存储和结构化数据存储。其中,非结构化数据存储主要采用文件存储和对象存储技术,而结构化数据存储主要采用分布式数据库技术,特别是NoSQL数据库。

3. 虚拟化技术

云计算的本质是服务,服务意味着一种可按需取用的状态。虚拟化是从单一的逻辑角度来看待和使用不同物理资源的方法,是物理资源的逻辑抽象。有人把云计算等同于虚拟化,这种说法不够准确。不采用虚拟化技术,也可以提供云计算服务,但要想真正发挥云计算的优势,虚拟化技术必不可少。虚拟化技术是云计算中的核心技术之一,可以使IT基础设施更加灵活化,更易于调度,且能更加有效地进行虚拟机之间的隔离。

所谓虚拟化,就是指将信息系统的各种物理资源(如服务器、网络、内存及数据等)进行抽象、转换后呈现出来,打破实体结构间的不可切割的障碍,使用户可以更好地应用这些资源。这些新虚拟出来的资源不受现有资源的架设方法、地域或物理配置的限制。虚拟化的本质就是将原来运行在真实环境上的计算系统或组件运行在虚拟出来的环境中,其工作原理如图13-3-1所示。

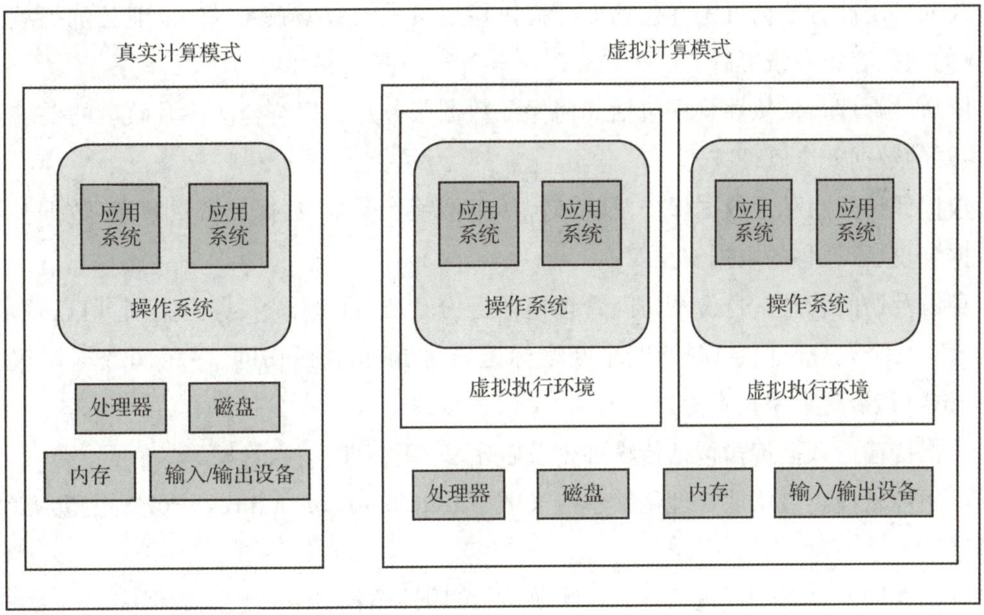

图13-3-1 虚拟化的工作原理

4. 用户交互技术

随着云计算的逐步普及,浏览器已经不仅仅是一种客户端的软件,而逐步演变为承载着互联网的平台。浏览器与云计算的整合技术主要体现在两个方面:浏览器网络化与浏览器云服务。

国内各家浏览器都将网络化作为其功能的标配之一,主要功能体现在用户可以登录浏览器,并通过账号将个性化数据同步到服务端。用户在任何地方,只需要登录自己的账号,就能够同步更新所有的个性内容,包括浏览器选项配置、收藏夹、网址记录、智能填表和密码保存等。

目前的浏览器云服务主要体现在P2P下载、视频加速等单独的客户端软件中,主要的应用研究方向包括基于浏览器的P2P下载、视频加速、分布式计算和多任务协同工作等。在多任务协同工作方面，Ajax（Asynchronous JavaScript and XML，异步 JavaScript 和 XML）是一种创建交互式网页应用的网页开发技术，改变了传统网页的交互方式，改进了交互体验。

5. 安全管理技术

安全问题是用户是否选择云计算的主要顾虑之一。传统集中管理方式下也存在安全问题，云计算的多租户、分布性、对网络和服务提供者的依赖性为安全管理带来新的挑战。

1）主要的数据安全问题和风险

（1）数据存储及访问控制。数据存储及访问控制包括如何有效存储数据以避免数据丢失或损坏，如何避免数据被非法访问和篡改，如何对多租户应用进行数据隔离，如何避免数据服务被阻塞，如何确保云端退役数据的妥善保管或销毁，等等。

（2）数据传输保护。数据传输保护包括如何避免数据被窃取或攻击，如何保证数据在分布式应用中的有效传递等。

（3）数据隐私及敏感信息保护。数据隐私及敏感信息保护包括如何保护数据所有权并根据需要提供给受信方使用，如何将个人身份信息及第三方数据移动到云端使用等。

（4）数据可用性。数据可用性包括如何提供稳定可靠的数据服务以保证业务的持续性，如何进行有效的数据容灾及恢复等。

（5）依从性管理。依从性管理包括如何保证数据服务及管理符合法律及政策的要求等。

2）主要的数据安全管理技术

（1）数据保护及隐私。数据保护及隐私包括虚拟镜像安全、数据加密及解密、数据验证、密钥管理、数据恢复、云迁移的数据安全等。

（2）身份及访问管理。身份及访问管理包括身份验证、目录服务、身份鉴别/单点登录（single sign on，SSO）、个人身份信息保护、安全断言标记语言、虚拟资源访问、多租用数据授权、基于角色的数据访问和云防火墙技术等。

（3）数据传输。数据传输包括传输加密及解密、密钥管理、信息管理等。

（4）可用性管理。可用性管理包括单点失败（single point of failure，SPoF）、主机防攻击和容灾保护等。

（5）日志管理。日志管理包括日志系统监控、可用性监控、流量监控、数据完整性监控和网络入侵监控等。

（6）审计管理。审计管理包括审计信任管理、审计数据加密等。

（7）依从性管理。依从性管理包括确保数据存储和使用等符合相关的风险管理和安全管理的规定要求。

13.4 云计算的应用

1. 云物联

随着物联网业务量的增加，对数据存储和计算量的需求将带来对云计算能力的要求，具体如下。

(1)在物联网的初级阶段,从计算中心到数据中心,邮局协议(post office protocol,POP)即可满足需求。

(2)在物联网高级阶段,可能出现 MVNO(mobile virtual network operator,移动虚拟网络运营商)/MCO(mobile cellular operator,移动通信运营商),需要虚拟化云计算技术、SOA(service-oriented architecture,面向服务的架构)等技术的结合实现互联网的泛在服务——XaaS(everything as a service,一切皆服务)。

2. 云安全

云安全是一个从云计算演变而来的新名词。

云安全的策略构想是:使用者越多,每位使用者就越安全。因为如此庞大的用户群足以覆盖互联网的每个角落,只要某个网站被挂马或某个新木马病毒出现,病毒就会立刻被截获。

云安全通过网状的大量客户端对网络中软件行为的异常监测,获取互联网中木马、恶意程序的最新信息,推送到服务端进行自动分析和处理,再把病毒和木马的解决方案分发到每一个客户端。

云安全作为新型的预防和查杀病毒的手段,比传统的杀毒工具更可靠和有效。云安全与传统防病毒软件最大的不同是:传统的防病毒软件通过单个的防病毒厂商的安全实验室获取病毒并找出处理办法;而云安全是厂商通过云技术在网络云中收集不同厂商得到的病毒样本,然后制定最佳的处理方法,接着及时地将其发送给用户端,这样就能够加快新病毒产生后的防病毒软件的反应速度,使用户在第一时间防御新型的病毒。云安全的优势如下。

(1)病毒的特征和应对措施是由云中的所有服务器提供的,提高了速度。

(2)数据资源的多少、更新速度的快慢、安全效果的优劣与用户的数量成正比。

(3)在云端设置障碍,使得病毒攻击在到达用户终端之前就被阻挡。

(4)病毒免疫系统使得病毒在攻击第一个用户终端之后,其他用户终端就能成功对其免疫。

(5)在不久的将来,用户将不需要依靠更新病毒码就能得到完美的安全保障。

计算机病毒的防控是公安机关网络安全监察中最重要的组成部分之一。传统的病毒防控就是管理网络监察的公安机关通过主动搜寻或者用户被动报案来得到病毒的信息。这已经远远无法满足当今计算机病毒防控的需求。现在大部分的病毒侵扰的都是一般的家庭用户,对于他们来说,病毒无法造成很多损失,而且重装系统的代价不大,所以他们很难有报案的积极性。而且传统的防控机制反应速度慢,一般周期为 10 天到 2 周。而具有云计算功能的网络只要与云计算的云端有接口,就可以利用云中的所有资源。尤其是各家防病毒软件提供商所得到的数据都是即时从用户计算机中获得的,具有很高的反应灵敏度,从病毒的出现到收集的周期不超过 1 个小时。

3. 云存储

云存储是在云计算的概念上延伸和发展出来的一个新概念,是指通过集群应用、网格技术或分布式文件系统等功能,将网络中大量各种不同类型的存储设备通过应用软件集合起来协同工作,共同对外提供数据存储和业务访问功能的一个系统。当云计算系统运算和处理的核心是大量数据的存储和管理时,云计算系统中就需要配置大量的存储设备,那么云计算系统就转变成一个云存储系统,所以云存储是一个以数据存储和管理为核心的云计算系统。

云存储的特点是多设备、多服务和多应用协同合作的存储集，首先需要全面的虚拟化存储技术以及网络化的存储管理技术，然后利用云中的接口和应用软件为用户提供数据存储和数据访问服务。任何得到授权的终端用户都可以与云存储服务器建立连接，对其数据进行访问或修改。

指纹对比库是我国最大的犯罪侦查数据库之一，既有全国的犯罪指纹库，也有各省各自的指纹库。但是这中间也会出现很多问题，如地区发展的不平衡性，尤其是西部地区各省的指纹库相对落后。全国统一的数据库在初期可以有效地解决这一问题，把各省的指纹数据都收集到公安部的数据库中，便于各省联动。但是随着指纹数据量的上涨，尤其是对于不久的将来可能会出现的公民指纹库，这种方法的弊病也显示出来了。如果公安部的总数据库只是起到一个存储的作用，那么只需加大主服务器的硬盘存储空间就可以了。但实际上每次进入数据库提取指纹资料时，主服务器都会进行一定的数据计算和传输，就算是只有全国 1/10 的公安机关同时通过网络进入主服务器提取信息，主服务器仍然是“吃不消”的。当然，可以增加主服务器的数量，但成本的增加、网络的承载量过大等问题依然存在。在这种情况下，就可以利用云存储，把全国范围划分成四级，即国家级、大区级、省级、地市级。

例如，郑州市储存该市的指纹信息，河南省储存该省的信息，华中区储存华中三省的信息。也许这样的存储看起来有些浪费资源，如河南省的信息中已经包括了郑州市的信息，但这是牺牲了一部分存储空间换来高效率的访问。

例如，郑州市公安局接到了一个案件需要做指纹对比，指纹库系统是如何操作的呢？首先，系统把该指纹与郑州市数据库中的指纹进行对比，如果有匹配的就返回结果，如果没有匹配的就进入河南省数据库进行对比，然后是华中区数据库，最后是全国数据库。这样可以节省大量的网络资源和计算机的处理资源。如果没有分层，各个地市各自为政，那么在郑州市数据库中比对完毕后没有匹配，该指纹就会被发送给所有地市的数据库进行比对，这样会浪费大量时间和资源。当然这些对比过程，使用者是不知道的，因为一切都在云中完成了。使用者只需要输入指纹，就能得到匹配的结果。

单元小结

本单元主要介绍了云计算的相关知识，包括云计算的定义和特点、云计算的服务交付模式、云计算的关键技术和云计算的应用。通过对本单元的学习，读者可以提高对云计算的认知，认识云计算在实际生活中的应用。

课后习题

一、选择题

1. SaaS 是（　　）的简称。

A. 软件即服务　　　　B. 平台即服务

C. 基础设施即服务　　D. 硬件即服务

2. 下列(　　)特性不是虚拟化的主要特征。

A. 高扩展性　　B. 高可用性

C. 高安全性　　D. 实现技术简单

3. 通过平台为客户提供服务的云计算服务类型是(　　)。

A. IaaS　　B. PaaS

C. SaaS　　D. 3个都不正确

二、填空题

1. 云计算是一种________的模式,它将任务分布在大量计算机构成的________上,使用户按需获取计算能力、存储空间和信息服务。

2. 对提供者而言,云计算可以有3种部署模式,即________、________和________。

3. 当前云提供者可以分为三大类,即 SaaS 提供商、________和________提供商。

单元 14 现代通信技术

当今世界正经历百年未有之大变局，新一轮科技革命和产业变革深入发展。目前，我国经济正全面迈向高质量发展阶段，以新一代信息技术驱动的新基建在如火如荼地开展，大力推动我国供给侧结构性改革。5G 作为新一代信息通信技术，具有大带宽、低时延、高可靠性等能力特性，其应用将从移动互联网扩展到移动物联网等领域，驱动万物互联，推进社会各个领域深度融合，构筑经济社会发展的关键网络基础设施，培育经济发展新动能。

学习目标

- 了解现代通信技术的概念。
- 了解移动通信技术。
- 熟悉 5G 通信技术。
- 了解其他通信技术。
- 了解 5G 技术的应用。

明德育才

我国早在“十三五”规划纲要中就提出，要加快构建高速、移动、安全、泛在的新一代信息基础设施，积极推进 5G 发展并启动 5G 商用。2019 年 6 月，工业和信息化部向中国移动、中国电信、中国联通和中国广电 4 家企业发放了 5G 牌照，标志着我国 5G 商用的正式启动。当前，除了传统消费领域外，5G 应用在制造、交通等重点领域突破态势初现，促进经济社会转型升级的动能正在不断涌现。

14.1 现代通信技术概述

1.通信的概念

通信，是指人与人或人与自然之间通过某种行为或媒介进行的信息交流与传递。从广义上讲，通信就是需要信息的双方或多方在不违背各自意愿的情况下，采用任意方法、任意媒质，将信息从某方准确、安全地传送到另一方。最简单也是最基本的理解，就是人与人沟通的方法。

2.现代通信技术简介

在电产生之前，人们采用烽火、旗语、击鼓等方式进行通信；在电产生之后，人们采用电报、传真、电话、手机、计算机网络等方式进行通信。随着科技的不断发展，人们对信息的需求日益丰富与多样化，现代通信的发展为满足人们的这一需求提供了条件。因此，现代通信所指的信息已不再局限于电话、电报等单一媒体信息，而是扩展为将声音、文字、图像、数据等合为一体的多媒体信息，即通过人的各种感官，或通过传感器等仪器、仪表对现实世界的感知，形成多媒体或新媒体（人的五官之外）信息，再将这些信息通过通信手段进行传递。因此，现代通信技术就是指如何采用最新的技术来不断优化通信的各种方式，让人与人的沟通变得更为便捷、有效。

现代通信所涉及的技术主要有数字通信技术、信息传输技术、宽带 IP 技术、接入网技术等。数字通信即传输数字信号的通信技术，是将信源发出的模拟信号经过数字化处理，变成适合于信道传输的数字信号，再传输到对端，经过相反的变换最终传送到信宿。数字通信抗干扰能力强，便于存储、处理和交换，已经成为现代通信网中最主要的通信技术，广泛应用于各种通信系统中。信息传输技术主要包括光纤通信、移动通信等，其发展具有数字化、综合化、宽带化、智能化和泛在化的特点。

3.通信技术的发展历程

1）古代通信

烽火传讯、信鸽传书、击鼓传声、天灯、旗语和信件等都是广为人知的古代通信方式。纵观这些方式不难发现，它们都是利用自然界的基本规律和人的基础感官（视觉、听觉等）可达性而建立通信系统，是人类基于需求的最原始的通信方式。这些通信方式，或是广播式的，或是点对点式的，或是可视化的，或是无连接的，但都满足信息传递的要求。

2）近现代通信

近现代通信与古代通信的分割点就是电磁技术的引入，而电磁技术的最早应用就是电报。1832 年，美国画家莫尔斯在旅欧学习的途中，开始了这项新技术的研究，而如何把电报和人类的语言连接起来，是摆在莫尔斯面前的一大难题。“电流是神速的，如果它能够不停顿地走 16 km，我就能让它走遍全世界。电流只要停止片刻，就会出现火花，火花是一种符号，没有火花是另一种符号，没有火花的时间长又是一种符号。这里有 3 种符号可组合起来代表数字和字母。它们可以构成字母，文字就可以通过导线传送了。这样，能够把消息传到远处的新工具就可以实现了！”在灵感来临的瞬间，他在笔记本上记下这样一段话。3 年后，莫尔斯发明了以自己的名字命名的莫尔斯电码——利用电流的“通”“断”和“长断”来传送文字。1835 年，第一台电报机问世。

如果说电报的发明是人类文明史上的一个重要起点，那么电话的发明则是人类通信史上的一个重要里程碑。1796 年，休斯提出了用话筒接力传送语音信息的办法，他给这种通信方式起名为 Telephone（电话），虽然这种方法不太切合实际，但这个名字一直保留到现在。1876 年，亚历山大·贝尔发明了世界上第一台电话机，并在 1878 年的长途电话实验中获得成功，后来成立了著名的贝尔电话公司。20 世纪 60 年代出现了按键式电话机，并一直沿用至今。

电报和电话的发明给人类的通信带来了前所未有的变化，然而这种交流仅是在两个人或者少数群体之间进行。随着现代社会中人们需要分享的信息需求越来越多、要求越来越及时，无线通信及计算机通信应运而生。20 世纪 50 年代以后，元器件制造、光纤技术、收音机、电视机、计算机、广播电视、数字通信业相继开始发展。

3）当代通信

移动通信和互联网带领人们踏入了当代通信的大门，语音业务不再是人们的主要诉求，取而代之的是全新的数据业务，如超高清视频（4K）、虚拟现实、智慧家庭、云计算、物联网、大数据等。技术的迭代更替让人目不暇接，当代通信已经进入了一个全新的“全连接时代”。以下是这个时代移动通信的标志性大事件。

1982 年，第二代（蜂窝）移动通信系统（简称 2G）被提出，分别是欧洲标准的 GSM、美国标准的 D-AMPS 和日本标准的 D-NTT。

2000 年，第三代（蜂窝）移动通信系统（简称 3G）被提出，包括欧洲的 WCDMA、美国的 CDMA 2000 和中国的 TD-SCDMA。

2007 年，ITU（国际电信联盟）将 WiMAX 补选为第三代移动通信标准。

2012 年，ITU 将 LTE-Advanced 和 Wire lessMAN-Advanced (80.16m)技术规范确立为第四代移动通信技术（简称 4G）国际标准（中国主导制定的 TD-LTE-Advanced 和 FDD-LTE-Advance 同时并列成为 4G 国际标准）。

2018 年，第五代移动通信技术（简称 5G）独立组网标准正式确立。

在此期间，互联网的发展也是呈指数级的，其标志里程碑如下。

1969 年，ARPANet 问世。

1979 年，局域网诞生。

1983 年，TCP/IP 成为 ARPANet 的唯一正式协议，伯克利大学提出内含 TCP/IP 的 UNIX 软件协议。

1989 年，欧洲核子研究组织（CERN）发明万维网（www）。

2005 年，信息社会峰会在突尼斯举行，国际电信联盟发布了《ITU 互联网报告 2005：物联网》，正式提出物联网的概念。同一年，亚马逊公司发布 amazon web server (AWS)云计算平台，云计算的序幕正式拉开。

2008 年，苹果公司发布了新一代智能手机 iPhone 3G，从此开启了移动互联网蓬勃发展的新时代。同年，《自然》杂志专刊提出 BigData 的概念，大数据开始进入大众视野。

14.2 移动通信技术

移动通信是指通信的一方或双方处于运动中的通信，是移动体之间或移动体与固定体之间的通信。

早在20世纪40年代，贝尔实验室就造出了第一部所谓的移动通信电话，但是由于体积太大，又对其未来商业市场缺乏足够的信心，只能将其放在实验室的架子上，慢慢就被人们淡忘了。

1973年4月的一天，一名男子站在纽约街头，掏出一个约有两块砖头大小的黑物体，并对着它"喂喂"了几句，引得路人纷纷驻足侧目。这个人就是手机的发明者，摩托罗拉公司的工程技术人员马丁·库帕，而他手中拿的就是世界上有记载的第一部移动电话。马丁打电话的对象正是在贝尔实验室工作的技术人员，他们也正在研制移动电话，但尚未成功。马丁后来回忆说："我听到听筒那头的'咬牙切齿'，虽然对方已经保持了相当的礼貌。"双方在移动通信研究方面的竞争激烈程度可想而知，但也正是有了这样的较量才得以推动技术日新月异的发展。

进入21世纪以后，手机除了重量和体积越来越小之外，在通信技术方面也越来越成熟，越来越多的人开始享受移动通信技术带来的便利。

14.3 5G技术

14.3.1 5G的概念

5G指的是第五代移动通信技术。与前四代不同，5G并不是一个单一的无线技术，而是现有的无线通信技术的一个融合。目前，LTE(4G无线宽带技术的标准)峰值速率可以达到100 Mb/s，而5G的峰值速率将达到10 Gb/s，比4G提升了100倍。现有的4G网络处理能力有限，无法支持部分高清视频、高质量语音、增强现实、虚拟现实等业务。5G将引入更加先进的技术，通过更高的频谱效率、更多的频谱资源以及更加密集的小区部署等共同满足移动业务流量增长的需求，解决4G网络面临的问题，构建一个高传输速率、高容量、低时延、高可靠性、优秀的用户体验的网络环境。

5G技术具有以下几个特点。

1. 高速度

相对于4G，5G要解决的第一个问题就是高速度。网络速度提升，用户体验与感受才会有较大提高，面对VR/超高清业务时网络才能不受限制，对网络速度要求很高的业务才能被广泛推广和使用。因此，5G第一个特点就是速度的提升。

其实，与每一代通信技术一样，确切地说5G的速度到底是多少是很难的，这是因为峰值速率与用户的实际体验速度不一样，不同的技术在不同的时期，速率也不同。

5G的基站峰值速率要求不低于20 Gb/s，当然这一速度是峰值速度，而不是每一位用户的体验速度。随着新技术的应用，这一速度还有提升的空间。如达到这一速度，将意味着用户每秒钟可以下载一部高清电影，也可能支持 VR 视频。这样的高速度给未来对速度有很高要求的业务提供了可能。

2. 泛在网

泛在网即广泛存在的网络，以无所不在、无所不包、无所不能为基本特征，以实现在任何时间、任何地点、任何人、任何物都能顺畅地通信为目标。目前，随着经济发展和社会信息化水平的日益提高，构建“泛在网络社会”，带动信息产业的整体发展，已经成为一些地区和城市追求的目标。

3. 低时延

5G 具有较低的网络时延(低于 1 ms)，即更快的响应时间，而 4G 的时延通常为 30～70 ms，因此 5G 能满足自动驾驶、远程医疗、工业自动化等实时应用。

4. 低功耗

5G 网络中有 eMTC 和 NB-IoT 两种重要技术，这两种技术都能很好地降低功耗。

14.3.2 5G 的关键技术

1. 高频段传输

移动通信传统工作频段主要集中在 3 GHz 以下，这使得频谱资源十分拥挤，而在高频段(如毫米波、厘米波频段)可用频谱资源丰富，能够有效缓解频谱资源紧张的现状，可以实现极高速短距离通信，支持 5G 容量和传输速率等方面的需求。高频段在移动通信中的应用是未来的发展趋势，业界对此高度关注。足够量的可用带宽、小型化的天线和设备、较高的天线增益是高频段毫米波移动通信的主要优点，但也存在传输距离短、穿透和绕射能力差、容易受气候环境影响等缺点。射频器件、系统设计等方面的问题也有待进一步研究和解决。相关部门目前正在积极开展高频段需求研究以及潜在候选频段的遴选工作。高频段资源虽然目前较为丰富，但是仍需要进行科学规划，统筹兼顾，从而使宝贵的频谱资源得到最优的配置。

2. 新型多天线传输

多天线技术经历了从无源到有源，从二维(2D)到三维(3D)，从高阶 MIMO 到大规模阵列的发展，频谱效率有望提升数十倍甚至更高，是目前 5G 技术重要的研究方向之一。由于引入了有源天线阵列，基站侧可支持的协作天线数量将达到 128 根。此外，原来的 2D 天线阵列被拓展成为 3D 天线阵列，形成新颖的 3D-MIMO 技术，支持多用户波束智能赋型，减少用户间干扰，结合高频段毫米波技术，将进一步改善无线信号覆盖性能。目前，研究人员正在针对大规模天线信道测量与建模、阵列设计与校准、导频信道、码本及反馈机制等问题进行研究，未来将支持更多的用户空分多址(space division multiple access，SDMA)，显著降低发射功率，实现绿色节能，提升覆盖能力。

3. 同时同频全双工

最近几年，同时同频全双工技术吸引了业界的注意力。利用该技术，在相同的频谱上，通信的收发双方同时发射和接收信号，与传统的时分双工(time division duplex，TDD)和频分双工(frequency division duplex，FDD)方式相比，从理论上可使空口频谱效率提高1倍。全双工技术能够突破FDD和TDD方式的频谱的资源使用限制，使得频谱资源的使用更加灵活。然而，全双工技术需要具备极高的干扰消除能力，这对干扰消除技术提出了极大的挑战，同时还存在相邻小区同频干扰问题。在多天线及组网场景下，全双工技术的应用难度更大。

4. D2D

传统的蜂窝通信系统的组网方式是以基站为中心实现小区覆盖，而基站及中继站无法移动，其网络结构在灵活度上有一定的限制。随着无线多媒体业务不断增多，传统的以基站为中心的业务提供方式已无法满足海量用户在不同环境下的业务需求。设备到设备通信(device to device，D2D)技术无须借助基站的帮助就能够实现通信终端之间的直接通信，拓展网络连接和接入方式。由于短距离直接通信，信道质量高，D2D能够实现较高的数据速率、较低的时延和较低的功耗；通过广泛分布的终端，能够改善覆盖，实现频谱资源的高效利用；支持更灵活的网络架构和连接方法，提升链路灵活性和网络可靠性。目前，D2D采用广播、组播和单播技术方案，未来将发展其增强技术，包括基于D2D的中继技术、多天线技术和联合编码技术等。

5. 密集网络

在未来的5G通信中，无线通信网络正朝着网络多元化、宽带化、综合化、智能化的方向演进。随着各种智能终端的普及，数据流量将出现井喷式的增长。未来数据业务将主要分布在室内和热点地区，这使得超密集网络成为实现未来5G的1 000倍流量需求的主要手段之一。超密集网络能够改善网络覆盖，大幅度提升系统容量，并且对业务进行分流，具有更灵活的网络部署和更高效的频率复用。在未来，面向高频段大带宽，将采用更加密集的网络方案，部署小区/扇区将高达100个以上。与此同时，越发密集的网络部署也使得网络拓扑更加复杂，小区间干扰已经成为制约系统容量增长的主要因素，极大地降低了网络能效。干扰消除、小区快速发现、密集小区间协作、基于终端能力提升的移动性增强方案等都是目前密集网络方面的研究热点。

6. 新型网络架构

目前，LTE接入网采用网络扁平化架构，减小了系统时延，降低了建网成本和维护成本。未来5G可能采用无线网络云化技术(cloud-radio access network，C-RAN)接入网架构。C-RAN是基于集中化处理、协作式无线电和实时云计算构架的绿色无线接入网构架。C-RAN的基本思想是通过充分利用低成本高速光传输网络，直接在远端天线和集中化的中心节点间传送无线信号，以构建覆盖上百个基站服务区域，甚至上百平方千米的无线接入系统。C-RAN架构适于采用协同技术，能够减小干扰，降低功耗，提升频谱效率，同时便于实现动态使用的智能化组网，集中处理有利于降低成本，便于维护，减少运营支出。目前的研究内容包括C-RAN的架构和功能，如集中控制、基带池RRU接口定义、基于C-RAN的更紧密协作(如基站簇、虚拟小区)等。

全面建设面向5G的技术测试评估平台能够为5G技术提供高效客观的评估机制，有利于加速5G研究和产业化进程。5G测试评估平台将在现有认证体系要求的基础上平滑演进，从而加速测试平台的标准化及产业化，有利于我国参与未来国际5G认证体系，为5G技术的发展搭建腾飞的桥梁。

14.3.3　5G网络部署

5G组网模式分为NSA和SA两种。NSA (non-standalone，非独立组网)模式通过整合5G基站和4G基站的方式组网，是目前绝大多数国家主流商用的组网模式。SA (standalone，独立组网)模式通过建设独立的5G基站实现组网，成本造价、覆盖进度相比NSA更高、更慢。

1. NSA

NSA的基站连接的核心网是4G核心网，采用双连接方式进行，可以实现无缝切换，切换过程中不会造成业务中断，从而能够保证业务连接性。这种方式适用于5G部署的最初阶段，即覆盖不连续，也没太多业务的阶段。该组网方式投入小、部署快，能够快速推进5G网络覆盖范围，所以也是目前绝大多数国家的主流商用5G的先行组网模式。

2. SA

SA需要新建完整的5G核心网才能投入使用。该模式中4G和5G是两张独立的网络，网络间需要通过重选和切换等方式进行互操作。SA是5G的目标部署架构，适用于5G部署全生命周期，NR连续覆盖。该组网方式投入更大，实现基本覆盖需要更长的时间，所以会在NSA模式的5G普及过程中逐步推进。

目前国内运营商已经启动NSA模式的5G服务，按照5G发展趋势，目前部署5G的国家和地区几乎都是NSA先行，在此基础上逐步过渡到双模组网，最终实现SA。对于消费者来说，目前市场上的单模或双模5G终端都能实现5G联网，因此也不存在“NSA是假5G”的说法。

14.3.4　5G的网络建设流程

5G无线网络规划应遵循一定的原则和策略，根据网络建设的整体要求和限制条件，确定无线网络建设目标，从而确定实现该目标所需基站规模、建设的位置及基站配置等内容。

5G网络与4G类似，其网络建设过程和4G网络在流程上也是相似的，都包括规划选点、站点获取、初步勘察、系统设计、工程安装和测试优化等步骤。但是5G系统是基于Massive MIMO、毫米波等新技术的无线通信系统，在网络规划上必须考虑其系统特性，发挥新技术的优势，规避其劣势。同时，在进行5G网络规划时，还需要考虑现有移动网实际部署的情况，因地制宜。

5G网络规划设计流程为网络需求分析→网络规模估算→站址规划→无线网络仿真→无线参数规划。

1. 网络需求分析

本阶段的主要任务是明确5G网络的建设目标，可以从所建网络所处行政区划、人口经济状况、网络覆盖目标、容量目标、质量目标等几个方面入手。另外，还需要收集现网 4G 站点、数据业务流量分布(MR 数据)及地理信息数据，这些数据都是 5G 网络规划的重要输入信息。

2. 网络规模估算

本阶段通过覆盖和容量估算来确定网络建设的基本规模，通过了解当地的传播模型进行链路预算，从而确定不同区域的小区覆盖半径，最终估算满足基本覆盖需求的基站数量。然后根据城镇建筑和人口分布，估算额外需要满足的深度覆盖基站数量。

3. 站址规划

受限于各种实际环境因素，通过网络规模估算后得出的基站数及其位置并不一定符合实际情况，还需要对备选站点进行实地勘察，并根据所得数据调整基站规划参数。其内容包括基站选址、基站勘察以及基站规划参数设置等。

4. 无线网络仿真

无线网络仿真即对覆盖规划和容量规划进行模拟，判断规划是否达到预期目标。可通过规划仿真优化覆盖和容量规划，以达到更优效果。

5. 无线参数规划

在利用规划软件进行详细规划评估和优化之后，就可以输出详细的无线参数，主要包括天线高度、方向角、下倾角等小区基本参数，邻区规划参数，频率规划参数，以及 PCI 参数等，同时根据具体情况进行 TA 规划。这些参数最终将作为规划方案输出参数提交给后续的工程设计及优化使用。

14.4 其他通信技术

14.4.1 蓝牙

蓝牙(bluetooth)是一种支持设备近距离通信的无线电技术，能在移动电话、PDA、无线耳机、车载音响、便携式计算机、相关外设等众多设备之间进行无线信息交换，从而有效简化移动通信终端设备之间的通信，也能简化设备与 Internet 之间的通信，使得数据传输变得更加迅速高效。

蓝牙技术已经渗透到社会生活的各个领域，包括智能门锁、智能手环、车辆胎压、工业自动化控制等。

14.4.2 Wi-Fi

Wi-Fi 也是一种近距离无线通信技术，能够在百米范围内支持设备互连接入，其技术标准为 IEEE 802.11。Wi-Fi 是一种帮助用户访问电子邮件、Web 和流式媒体的互联网技术，为用户提供了一种无线的宽带互联网访问方式，能够访问 Wi-Fi 网络的地方又称为“热点”。

Wi-Fi 的工作频段分为 2.4 GHz 和 5 GHz。当下几乎所有智能手机、平板电脑和便携式计算机等智能终端都支持 Wi-Fi 上网。它可以很好地应用在无功耗约束的场景中,如家庭、校园、会议室、超市、展览厅、咖啡厅、图书馆、医院等人员流动频繁但又有数据访问需求的场景。

14.4.3 ZigBee

ZigBee(紫蜂)是一种新兴的短距离、低速率、低功耗无线通信技术,其标准协议底层采用 IEEE 802.15.4 标准规范的媒体访问层与物理层。ZigBee 的主要特点有低速、低耗电、低成本、支持大量网络节点、支持多种网络拓扑等,在网络部署方面复杂度低、快速、可靠、安全。

ZigBee 通信技术可支持数千个微型传感器之间相互协调实现通信。它以接力方式通过无线电波将数据从一个传感器传到另一个传感器,通信效率非常高。因此,ZigBee 技术在物联网行业中逐渐成长为一个主流技术,并在工业、农业等领域得到大规模的应用。

14.4.4 射频识别

射频识别(RFID)技术是一种利用射频信号通过空间耦合,通过无接触信息传递达到识别和定位目的的技术。类似于人们常见的条形码扫描,它使用专用的 RFID 读写器及专门的可附着于目标物的 RFID 标签,通过频率信号读写将信息由 RFID 标签传送至 RFID 读写器,无须物理接触即可完成识别。

当带有设备产品信息的电子标签进入磁场后,可以接收阅读器发出的射频信号,通过感应电流获得能量,从而发送出存储在标签芯片中的设备产品信息。阅读器读取信息并解码后,再送至中央信息系统进行相关数据处理。

RFID 技术的主要特点体现在快速扫描、小型化、多样化、抗污染和耐用、可重复使用、穿透和无屏障阅读、数据容量大以及安全性高等方面。RFID 技术已经在物流管理、生产线工位识别、绿色畜牧业养殖、个体记录跟踪、汽车安全控制、身份证识别以及公交刷卡支付等领域大量成功应用。

14.4.5 卫星通信技术

卫星通信,简单地说就是利用人造地球卫星作为中继站转发无线电信号,在两个或多个地面站之间进行的通信。卫星通信系统由卫星和地球站两部分组成。卫星在空中起中继站的作用,把一个地球站发上来的电磁波放大后再转发给另一个地球站,从而实现远距离信息传输。

卫星通信的特点是通信范围大,只要在卫星发射的电波覆盖的范围内,任何两点之间都可进行通信;可靠性高,不易受陆地灾害的影响;开通电路便捷,只要设置地球站电路即可开通;同时可在多处接收,能经济地实现广播、多址通信。

卫星移动通信凭借其覆盖范围广、不受地理条件影响等优势,与地面通信系统形成互补,广泛应用于地面通信系统不易覆盖或建设成本过高的领域,如渔政、水利防汛、救灾、勘探科考等领域。

14.4.6 光纤通信技术

光纤通信是以光波为载体、光导纤维为传输介质的通信方式。光纤通信系统的基本构成如图 14-4-1 所示。光源是光波产生的根源,光纤光缆是传输光波的导体。光源负责产生光束,将电信号转换成光信号,再把光信号导入光纤光缆。光检测器负责接收从光纤光缆上传输过来的光信号,并将它转换成电信号,经解码后再做相应处理。

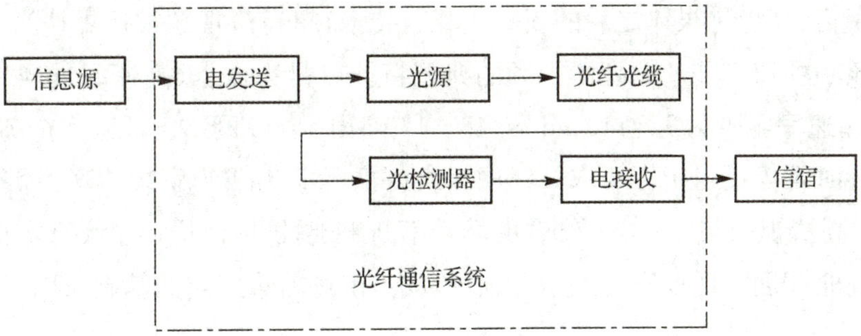

图 14-4-1 光纤通信系统的基本构成

光纤通信的主要特点是频带宽、损耗低、中继距离长、抗电磁干扰能力强、重量轻、耐腐蚀等。

光纤通信广泛应用于公用通信,有线电视图像传输,计算机通信,航天及船舰内的通信控制,电力及铁道通信交通控制信号,以及核电站、油田、炼油厂、矿井等区域内的通信。

14.5 5G 技术的应用

1. VR/AR

1)应用场景描述

VR/AR 是近眼现实、感知交互、渲染处理、网络传输和内容制作等新一代信息技术相互融合的产物。在新形势下,高质量 VR/AR 业务对带宽、时延要求逐渐提升,速率从 25 Mb/s 逐步提高到 3.5 Gb/s,时延从 30 ms 降低到 5 ms 以下。伴随大量数据和计算密集型任务被转移到云端,未来“Cloud VR+”将成为 VR/AR 与 5G 融合创新的典型范例。凭借 5G 超宽带高速传输能力,可以解决 VR/AR 渲染能力不足、互动体验不强和终端移动性差等痛点问题,推动媒体行业转型升级,在文化宣传、社交娱乐、教育科普等大众行业领域实现 5G 的第一波“杀手级”应用。

2)应用案例

(1)威尔文教“VR 超感教室”。2019 年在北京教育装备展上,威尔文教展示了“VR 超感教室”。威尔文教将基于“5G+云计算+VR”,打造便捷高效的端到端云计算平台,构建 VR 智能教学生态系统。

(2)华为视频 VR 版。2019 年 1 月 25 日,华为在上海发布了全球首款基于云的 VR 连接服务,同时在 2019 年下半年发布了一款颠覆性的 VR 终端。通过智终端、宽管道、云应用的 5G 典型业务模式,Cloud VR 将成为 5G 元年最重要的增强移动宽带(enhanced mobile broadband, eMBB)业务之一。

(3)江西5G+VR春节联欢晚会。2019年,江西省春节联欢晚会首次采用5G+8K+VR进行录制播出。现场观众可以通过手机、个人计算机以及VR头显等多种方式体验观看,尤其是VR头显用户可以体验沉浸式观看效果。

2. 超高清视频

1)应用场景描述

作为继数字化、高清化媒体之后的新一代革新技术,超高清视频被业界认为将是5G网络最早实现商用的核心场景之一。超高清视频的典型特征就是大数据、高速率,按照产业主流标准,4K、8K视频传输速率至少为12～40 Mb/s、48～160 Mb/s,4G网络已无法完全满足其网络流量、存储空间和回传时延等技术指标要求,5G网络良好的承载力成为解决该场景需求的有效手段。当前,4K/8K超高清视频与5G技术结合的场景不断出现,被广泛应用于大型赛事/活动/事件直播、视频监控、商业性远程现场实时展示等领域,成为市场前景广阔的基础应用。

2)应用案例

(1)北京冬奥会赛事8K直播。2022年北京冬奥会充分利用5G开展重大活动、重要体育赛事直播,北京明确了"5G+8K"超高清视频发展方向。相关产业界以此为契机,加快推动8K超高清的转播/直播落地,助推我国8K超高清视频产业发展。

(2)央视春晚5G+4K/5G+VR超高清直播。2019年央视春晚主会场与深圳分会场进行了5G +4K超高清视频直播,画面流畅、清晰、稳定,标志着中国电信央视春晚5G +4K超高清直播工作圆满完成。

(3)云栖大会5G+8K远程医疗模拟。在2018年云栖大会上,中国联通、阿里云、京东方等企业创造性地完成了首个5G+8K视频技术在远程医疗上的应用展示,标志着8K超高清直播技术实现商用成为可能。

3. 网联无人机

1)应用场景描述

5G网络将赋予网联无人机超高清图视频传输(50～150 Mb/s)、低时延控制(10～20 ms)、远程联网协作和自主飞行(100 Kb/s,500 ms)等重要能力,可以实现对网联无人机设备的监视管理、航线规范、效率提升。5G网联无人机将使无人机群协同作业和7×24小时不间断工作成为可能,在农药喷洒、森林防火、大气取样、地理测绘、环境监测、电力巡检、交通巡查、物流运输、演艺直播、消费娱乐等各种行业及个人服务领域获得巨大发展空间。

2)应用案例

(1)上海5G无人机高清现场直播。搭载5G通信技术模组的无人机在上海虹口北外滩,成功实现了一场基于5G网络传输叠加无人机全景4K高清视频的现场直播。

(2)5G无人机电力巡检。南方电网广东东莞供电局变电运行专业在全国率先实现"5G无人机+程序化操作",由东莞联通提供5G网络信号支持,进行电力线设备巡检,变电站设备上的信号灯、字迹在计算机屏幕上均清晰可见。

(3)余杭未来研创园 5G 无人机物流。杭州余杭未来研创园已实现无人机利用 5G 网络将摄像头识别的画面传输到后台监控平台规划路径，并依靠 5G 实时视觉识别确认投放点，完成物流配送。

单元小结

本单元主要介绍了现代通信技术的相关知识，包括现代通信技术基础知识、移动通信技术、5G 技术、其他通信技术和 5G 技术的应用。通过对本单元的学习，读者可以提高对现代通信技术的认知，认识现代通信技术在实际生活中的应用。

课后习题

一、选择题

1. 话筒在通信系统中称为(　　)。

A. 信宿　　B. 发送设备

C. 接收设备　　D. 信源

2. 现代通信所指的信息已不再局限于电话、电报等单一媒体信息，而是扩展为将声音、文字、图像、数据等合为一体的(　　)。

A. 数据　　B. 信号

C. 多媒体信息　　D. 图像

3. 近现代通信与古代通信的分割点就是电磁技术的引入，电磁技术最早的应用就是(　　)。

A. 电视　　B. 电话　　C. 电报　　D. 广播

4. 5G 的网络架构主要包括 5G 接入网和 5G 核心网，其中 NG-RAN 代表 5G(　　)。

A. 核心网　　B. 接入网　　C. 空口　　D. 基站

二、填空题

1. 移动通信是指通信的一方或双方处于________通信，是移动体之间或移动体与固定体之间的通信。

2. 5G 网络中有两种重要技术，即________和________，这两种技术都能很好地降低功耗。

3. 光纤通信是以________为载体、以________为传输介质的通信方式。

4. ________负责接收从光纤上传输过来的光信号，并将它转换成电信号，经解码后再做相应处理。

单元 15 物 联 网

1995 年，比尔·盖茨在《未来之路》一书中就曾提到了“物联网”的设想，指出“互联网仅仅实现了计算机的联网，而没有实现万事万物的互联”，不过受限于当时无线网络、硬件及传感设备的发展，并没有受到大众的关注。

随着社会的发展和科技的进步，当下万物互联已经成为公认的发展大趋势。本单元将带领读者了解物联网的基础知识。

学习目标

- 了解物联网的概念。
- 熟悉物联网的关键技术。
- 了解物联网的应用。

明德育才

自 2013 年《物联网发展专项行动计划》印发以来，国家鼓励应用物联网技术来促进生产生活和社会管理方式向智能化、精细化、网络化方向转变，对于提高国民经济和社会生活信息化水平，提升社会管理和公共服务水平，带动相关学科发展和技术创新能力增强，推动产业结构调整和发展方式转变具有重要意义。本单元通过学习物联网，进行思政的渗透教育，加强读者对物联网的了解，引导读者树立现代化发展理念。

15.1 物联网的概念

1. 物联网的定义

物联网是新一代信息技术的重要组成部分。顾名思义，物联网就是物物相连的互联网。其具有以下两层含义。

(1)物联网的核心和基础仍然是互联网，是在互联网基础上延伸和扩展的网络。

(2)其用户端延伸和扩展到了任何物品与物品之间，进行信息交换和通信。

因此，物联网是通过射频识别、红外感应器、全球定位系统、激光扫描器等信息传感设备，按约定的协议把任何物品与互联网相连接，进行信息交换和通信，以实现对物品的智能化识别、定位、跟踪、监控和管理的一种网络。

2. 物联网的特征

与传统的互联网相比，物联网有其鲜明的特征，具体如下。

(1)它是各种感知技术的广泛应用。物联网上部署了海量的多种类型传感器，每个传感器都是一个信息源，不同类别的传感器所捕获的信息内容和信息格式不同。传感器获得的数据具有实时性，按一定的频率周期性地采集环境信息，并不断更新数据。

(2)它是一种建立在互联网上的泛在网络。物联网技术的重要基础和核心仍旧是互联网，通过各种有线和无线网络与互联网融合，将物体的信息实时准确地传递出去。在物联网上的传感器定时采集的信息需要通过网络传输，由于其数量极其庞大，形成了海量信息，在传输过程中，为了保障数据的正确性和及时性，必须适应各种异构网络和协议。

(3)物联网不仅提供了传感器的连接，其本身也具有智能处理的能力，能够对物体实施智能控制。物联网将传感器和智能处理相结合，利用云计算、模式识别等各种智能技术，扩充其应用领域，从传感器获得的海量信息中分析、加工和处理出有意义的数据，以适应不同用户的不同需求，发现新的应用领域和应用模式。

3. 形成物联网的条件

“物”要满足以下条件才能够被纳入“物联网”的范围。

(1)要有数据传输通路。

(2)要有一定的存储功能。

(3)要有中央处理器。

(4)要有操作系统。

(5)要有专门的应用程序。

(6)遵循物联网的通信协议。

(7)在世界网络中有可被识别的唯一编号。

15.2 物联网的体系结构及关键技术

物联网的系统结构复杂，不同的物联网应用系统的功能、规模存在差异，借鉴成熟的计算机网络体系结构，能发现它们存在着很多内在的共性特征。本节主要了解物联网的体系结构，以及支撑各层次发挥作用的关键技术。

1. 三层体系结构

物联网的体系结构主要由感知层（感知执行层）、网络层和应用层 3 个层次组成，体现了物联网的 3 个基本特征，即全面感知、可靠传输和智能处理。其中，感知层是让物品“说话”的先决条件，主要完成信息的采集、转换和收集；网络层主要完成信息的传递和处理；应用层主要完成数据管理和数据的处理，并将这些数据与行业相结合。

2. 感知技术

感知技术也可以称为信息采集技术，是实现物联网的基础。目前，信息采集主要采用射频识别（电子标签）和传感器等完成。在感知技术中，电子标签用于对采集的信息进行标准化标识，数据采集和设备控制通过射频识别读写器、二维码识读器等实现。

感知层的关键技术，包括传感器技术、RFID 技术、物联网网关等。

1）传感器技术

传感器技术在物联网中，主要负责接收对象的“语言”内容。它可以感知周围环境或者特殊物质，如气体感知、光线感知、温湿度感知、人体感知等，把模拟信号转化成数字信号。

2）RFID 技术

RFID 技术是使物联网能识别对象的一种技术。它通过无线射频方式进行非接触双向数据通信，利用无线射频方式对记录媒体（电子标签或射频卡）进行读写，从而达到识别目标和数据交换的目的。

3）物联网网关

物联网网关是连接感知网络与传统通信网络的纽带。作为网关设备，它可以实现感知网络与通信网络以及不同类型感知网络之间的协议转换，既可以实现广域互联，也可以实现局域互联。此外，物联网网关还具备设备管理功能，即可以通过物联网网关设备管理底层的各感知节点，进而了解各节点的相关信息并实现远程控制。

3. 网络通信技术

在物联网的机器到机器、人到机器和机器到人的信息传输中，有多种通信技术可供选择，它们主要分为有线和无线两大类技术，这些技术均已相对成熟。在物联网的实现中，格外重要的是无线传感网络技术。

1）M2M

M2M 即机器对机器通信（machine to machine）。M2M 的重点在于机器对机器的无线通信，有机器对机器、机器对移动电话（如用户远程监视）和移动电话对机器（如用户远程控制）3 种方式。在 M2M 中，GSM、GPRS、UMTS 是主要的远距离连接技术，近距离连接技术主要有 802.11b/g、Bluetooth、ZigBee、RFID 和 UWB。此外，还有一些其他技术，如 XML 和 Corba，以及基于全球定位系统(global positioning system，GPS)、无线终端和网络的位置服务技术。

2)无线传感网络

传感网络的定义为随机分布的集成有传感器、数据处理单元和通信单元的微小节点，通过自组织的方式构成的无线网络。其借助节点中内置的传感器测量周边环境中的热、红外、声呐、雷达和地震波信号，从而探测包括温度、湿度、噪声、光强度、压力、土壤成分、移动物体的速度和方向等物质现象。无线传感网络是集分布式信息采集、传输和处理技术于一体的网络信息系统，以低成本、微型化、低功耗和灵活的组网方式、铺设方式以及适用于移动目标等特点受到广泛的重视。

4. 纳米技术

纳米技术是研究尺寸为 0.1～100 nm 的物质组成体系的运动规律和相互作用以及可能实际应用的技术。目前，纳米技术在物联网技术中的应用主要体现在 RFID 设备、感应器设备的微小化设计，加工材料和微纳米的技工技术上。

5. GPS 技术

1)GPS 的含义

GPS 是利用定位卫星，在全球范围内实时进行定位、导航的系统，是一种全方位、全天候、全时段、高精度的卫星导航系统，能为全球用户提供低成本、高精度的三维位置、速度和精确定时等导航信息。

2)GPS 的构成

GPS 由 3 个部分构成，即空间部分、地面控制系统和设备部分。

(1)空间部分。GPS 的空间部分由 24 颗工作卫星组成。它们位于距地表 20 200 km 的上空，均匀分布在 6 个轨道面上(每个轨道面 4 颗)，轨道倾角为 55°。

(2)地面控制系统。地面控制系统由监测站、主控制站、地面天线所组成。地面控制系统负责收集由卫星传回的信息，并计算相对距离、大气校正等数据。

(3)设备部分。设备部分即 GPS 信号接收机。其主要功能是捕获按一定卫星截止角选择的待测卫星，并跟踪这些卫星的运行。

3)GPS 的分类

(1)按用途分类。按用途，GPS 可分为导航型、测地型和授时型 3 种。

①导航型 GPS。导航型 GPS 主要用于运动载体的导航，可以实时给出载体的位置和速度。

②测地型 GPS。测地型 GPS 主要用于精密大地测量和精密工程测量。这类仪器主要是用载波相位观测值进行相对定位，定位精度高。

③授时型 GPS。授时型 GPS 主要利用 GPS 卫星提供的高精度时间标准进行授时，常用于天文台及无线电通信中的时间同步。

(2)按载波频率分类。按载波频率,GPS 可分为单频 GPS 和双频 GPS 两种。

①单频 GPS。单频 GPS 只能接收 L1 载波信号,测定载波相位观测值以进行定位。单频 GPS 只适用于短基线,即适用于小于 15 km 的精密定位,原因是不能有效消除电离层的延迟影响。

②双频 GPS。双频 GPS 可以同时接收 L1、L2 载波信号。双频 GPS 对电离层的延迟不一样,可以消除电离层对电磁波信号延迟的影响,可用于长达几千米的精密定位。

15.3 物联网的应用

1. 智能交通中的物联网技术

1)视频监控与采集技术

视频监控与采集技术是一种将视频图像和模式识别结合并应用于交通领域的新型采集技术。视频监控系统将视频采集设备采集到的连续的模拟图像转换成离散的数字图像后,经软件分析处理得到车牌号码、车型等信息,进而计算出交通流量、车速、车头时距、占有率等交通参数。具有车辆跟踪功能的视频监控系统还可以确认车辆的转向及变车道动作。视频监控系统能采集的交通参数最多,采集的图像可重复使用,能为事故管理提供可视图像。

视频监控与其他感知技术相比具有很大优势,不需要在路面或者路基中部署任何设备,因此也被称为"非植入式"交通监控。当有车辆通过时,黑白或者彩色摄像机捕捉到的视频将会被输入处理器中进行分析,以找出视频图像特性的变化。摄像机通常被固定在车道附近的建筑物或柱子上。

2)GPS 技术

GPS 是很多车内导航系统的核心技术,车辆中配备的嵌入式 GPS 接收器能够接收多个不同卫星的信号并计算出车辆当前所在的位置,定位的误差一般为几米。车辆接收 GPS 信号时需要具有广阔的视野,因此在城市中心区域可能由于建筑物的遮挡而使该技术的使用受到限制。

3)专用短程通信技术

专用短程通信(dedicated short range communication,DSRC)技术是智能交通领域为车辆与道路基础设施间通信而设计的一种专用无线通信技术,是针对固定于车道或路侧单元与装载于移动车辆上的车载单元(电子标签)之间的通信接口规范。DSRC 系统主要包括 3 个部分,即车载单元(on board unit,OBU)、路侧单元(road side unit,RSU)和通信协议。我国采用的 DSRC 技术标准工作在 ISM 5.8 GHz 频段,下行链路为 5.83 GHz/5.84 GHz,传输速率为 500 Kb/s;上行链路为 5.79 GHz/5.80 GHz,传输速率为 250 Kb/s。DSRC 技术通过信息的双向传输将车辆和道路基础设施连接成一个网络,支持点对点、点对多点通信,具有双向、高速、实时性强等特点,广泛地应用于道路收费、车辆事故预警、车载出行信息服务、停车场管理等领域。

4)位置感知技术

智能交通中的位置感知技术目前主要分为以下两类。

(1)基于卫星通信定位。例如,美国的全球定位系统和中国的北斗卫星导航系统利用绕地球运行的卫星发射基准信号，接收机同时接收 4 颗以上的卫星信号，通过三角测量的方法确定当前位置的经纬度；通过在专门的车辆上部署卫星定位接收器，并以一定的时间间隔记录车辆的三维位置坐标（经度坐标、纬度坐标、高度坐标）和时间信息，辅以电子地图数据，从而可以计算出车辆行驶速度等交通数据。

(2)基于蜂窝网基站定位。基于蜂窝网基站的位置感知技术的基本原理是利用移动通信网络的蜂窝结构，通过定位移动终端来获取相应的交通信息。该技术包括两种方法：第一种是利用已知蜂窝基站位置对移动终端进行绝对定位，如基于电波到达时间、时间差以及 A-GPS(assisted GPS)技术进行定位；第二种是基于基站切换行为，移动终端在移动过程中会不断切换到新的基站以保证网络通信质量，因此在城市道上的移动会对应一个稳定的切换序列，通过在基站采集所有用户的切换序列可计算出交通流信息。

5)RFID 技术

RFID 通过射频信号自动识别目标对象并获取相关数据，识别工作无须人工干预，可工作于各种恶劣环境中。运用 RFID 技术可识别高速运动物体并可同时识别多个标签，操作快捷方便。其具有车辆通信、自动识别、定位、远距离监控等功能，在移动车辆的识别和管理系统方面有着非常广泛的应用。

2. 智能家居中的物联网技术

1)嵌入式技术

目前，人类已进入基于互联网的后 PC 时代，其主要特征是计算机作为组成成分紧密融入消费品和工业品中。后 PC 时代的到来完全依赖嵌入式技术的诞生与发展，传统的 IT 设备逐渐转变为嵌入式设备，这是一个大趋势。在这个大趋势中，小到智能卡、手机、水表，大到信息家电、汽车，甚至飞机、宇宙飞船，人们的生活已经被嵌入式技术包围。嵌入式技术的蓬勃兴起为智能家居行业的发展指明了技术发展方向，也提供了技术革新的有力武器。

PC 架构的智能控制系统出现于中国智能家居的萌芽阶段，基本上停留在向使用者展示智能家居概念的阶段，实用性不强，属于第一代。目前，很多中国智能家居厂商研制的基于单片机架构的智能控制系统已得到广泛的应用，随着成本的逐步降低，中国的智能家居最终将走向嵌入式时代。

(1)嵌入式智能家居的优势。

①系统的处理能力大大增强，可以给用户带来更加逼真的图像以及更加真实的语音效果等。

②根据系统定制的实时操作系统，不仅可以最大限度地利用硬件资源，而且避免了过于庞大的系统造成的系统冗余。

③一般只有一个主处理芯片，系统架构更加清晰、简洁。

④软件采用分层设计，方便维护和升级，大大提高了代码利用率，缩短了开发周期。

⑤因为嵌入式技术是伴随着互联网产生的，所以它具有更加卓越的网络性能，可以增加更多的网络应用。

(2)嵌入式技术在智能家居行业中的应用。智能家居依靠 3C 技术(computer technology、

communication technology 和 control technology，计算机技术、通信技术和控制技术），并结合信息家电的发展，为用户提供一种更加安全、舒适、方便、快捷的智能化和信息化生活空间。其内涵就是“在具有个性化的住宅家庭中，将多元网络信息、多样化的自动化控制以及节能环保等功能整合到一体化的家庭智能信息管理与自动化监控平台上”。

①嵌入式智能家居的主要功能有可视对讲，无线密钥安防，用户终端信息化，家电、灯光、插座控制，自动抄表，远程监控。

②嵌入式智能家居的主要特点有运行稳定、安全可靠、高效低耗、人机交互界面友好、系统可扩展性强、系统升级方便。

2）无线通信技术

无线组网方式的特点是灵活，移动性和可扩展性是有线组网方式所无法具备的，能更好地适应各种应用环境的需要。每个家居的智能感应模块都是一个无线接入点，彼此互不干扰。无线组网方式需要解决的难题也很多，如频谱资源分配、功率大小、传输的可靠性等。目前，应用的各种无线通信技术包括 Wi-Fi、ZigBee、蓝牙、GSM、4G 等。这些技术相对成熟，前 3 种技术适用于房间内设备组网，而后两种技术则可用于实现远程接入。

智能家居内部设备的互联需要通过各种有线、无线的通信技术来实现，进行远程控制也需要各种通信技术的支撑。有线联网技术通常采用预布的五类线、总线或电力线传输控制信号。遥控是通过无线或红外接入点把遥控指令转化为有线控制指令传输给受控家居的智能模块。其中，总线方式采用强弱电分离的机制，系统比较稳定，对负载的适应性很强，但缺点是需要预布控制线，需要的辅助设备比较多，难安装、难调试、难维护，系统出现故障后往往会导致整个系统瘫痪。电力载波方式利用一个或多个直接接入强电的无线接入点，通过交流强电作为载波传输控制信号，缺点是控制信号直接在强电网上传输，信号不稳定且极易受外界干扰，在应用中表现出很大的地区差异性。

智能家居有以智能家居网关为中心的集中式组网和无中心的分布式组网两种组网结构。在集中式组网中，家庭内部的各设备通过有线或无线的方式与智能家居网关相连，智能家居网关可通过内部网络地址或标识找到每个设备，这样只需要智能家居网关对外有一个地址标识，即可找到家庭内的所有设备。在分布式组网中，每个设备可独立被寻址，用户在远程可直接连接到特定设备进行控制，这就要求每个设备有独立的地址标识。

与分布式组网相比，集中式组网可节约公网地址，并可在网关上做统一的门户，从而可以直观、方便地实现对智能家居设备的控制；但每个设备都要与智能家居网关相连，需要有设备间的互相发现和关联技术，同时网关的复杂度较高，需要具备足够强的能力以支持各类设备和应用。分布式组网组织灵活，不要求某个核心设备具备所有功能，扩展性较好，但需要更多的地址，且无法提供统一的入口。

3）无线传感器技术

传感器在系统中处于最前端，用于对特定信号和数据进行采集，包括对家庭有毒气体浓度的监测、对温湿度的监控、对入侵人员的监测等。家庭内部的应用不同，使用的传感器也不同。在视频监控应用中，需要摄像头来进行视频录制；在家庭安防应用中，需要利用磁感传感器来监控门窗的闭合，需要红外、压感传感器来实现对门厅非法闯入者的报警，需要热感、烟感传感器来检测室内的火灾或有毒气体泄漏情况；在智能家庭保健应用中，需要血压、心跳等医学传感器来感知人的生理指标；在智能家庭应用中，需要热感传感器监控室内温度来调节中央空调的冷热，需要光感传感器探测室内光线来调节照明亮度的强弱，智能冰箱还需要通过 RFID 来识别放入物品的种类和保质期限等信息。智能家居的每个应用都离不开传感器设备的工作。

目前，我国的传感器产业发展存在一定的瓶颈，传感器产业化水平较低，产品种类不全，高端产品被国外厂商垄断，RFID 等高端芯片无法产业化，因此，适用于智能家居系统的各类传感器（包括传感器芯片的设计和生产）还需要各方协同加强产业发展。

单元小结

本单元主要介绍了物联网的相关知识，包括物联网的概念、物联网的体系结构及关键技术和物联网的应用。通过对本单元的学习，读者可以提高对物联网的认知，认识物联网在实际生活中的应用。

课后习题

一、选择题

1.（　　）年，比尔·盖茨在《未来之路》一书中就曾提到了"物联网"的设想。

A. 1990　　B. 1995　　C. 1996　　D. 1999

2. 物联网是（　　）基础上延伸和扩展的网络。

A. 互联网　　B. 设备　　C. 计算机　　D. 系统

3. 物联网具有全面（　　）、可靠传输和智能处理 3 个主要特征。

A. 感知　　B. 了解　　C. 认识　　D. 收获

4. 物联网的体系结构主要由（　　）层、网络层和应用层共 3 个层次组成。

A. 感知　　B. 设备　　C. 软件　　D. 系统

5. 感知层是物联网的基础，是让物品"（　　）"的先决条件，是联系物理世界与虚拟信息世界的纽带。

A. 说话　　B. 行动　　C. 听到　　D. 看到

二、填空题

1. 物联网，即________相连的互联网。

2. 物联网通常需要用到现有的电信运行网络，包括无线网络和________。

3. 物联网的网络层主要完成信息的________和处理。

单元16 数字媒体

数字媒体是指以二进制数的形式记录、处理、传播、获取过程的信息载体，包括数字化的文字、图形、图像、声音、视频影像和动画等感觉媒体，以及表示这些感觉媒体的表示媒体等，统称为逻辑媒体，此外还包括存储、传输、显示逻辑媒体的实物媒体。理解数字媒体的概念，掌握数字媒体技术是现代信息传播的通用技能之一。本单元主要介绍数字媒体技术基础知识、数字媒体的新技术和数字媒体素材处理等内容。

学习目标

- 了解数字媒体技术基础知识。
- 熟悉数字媒体的新技术。
- 熟悉数字媒体素材处理。

明德育才

我国非常重视数字媒体技术，数字媒体技术产业化基地（上海）建设成为数字媒体的技术中心、人才培训中心、创业孵化中心、国际合作中心，成为我国规模最大的数字媒体产业基地之一，对全国乃至世界数字媒体产业发展具有较强的辐射力和影响力。国家数字媒体技术产业化基地（长沙）以卡通动漫为主要特色，建设成为世界一流的卡通动漫节目制作和传播中心、数字媒体技术研发和辐射中心、国内外数字动漫成果转化中心、卡通动漫人才集聚和培养中心。同时，以成都高新区为核心载体，由省、市、区三级共建，以政府主导，建立企业化管理的基地公司，按照市场运作的模式，建立面向以数字游戏为重点的数字媒体专业技术平台服务体系。目前，基地内数字媒体产业初具规模，涌现出Intel、Gameloft、盛大、金山、腾讯、斯普软件、梦工厂、欢乐数码等数十家数字媒体技术与产品研发企业。

本单元通过学习数字媒体技术，进行思政的渗透教育，培养读者对数字媒体的兴趣，引导读者自主探索。

16.1 数字媒体技术概述

数字媒体技术是一种把文本、图形、图像、动画和声音等形式的信息结合在一起,并通过计算机进行综合处理和控制,能支持完成一系列交互式操作的信息技术。数字媒体是一种以计算机为中心的多种媒体的有机组合,这些媒体包括文本、图形、动画、静态视频、动态视频和声音等,并且人们在接收这些媒体信息时具有一定的主动性、交互性。

数字媒体有以下特征:多样性,体现在信息形式包含文字、图形、声音、图像、视频和动画等多种表现形式;集成性,既要对信息进行处理,还要将多种形式的信息有机地结合起来,对信息进行多通道获取、存储、组织与合成;交互性,用户可以更有效地控制和使用媒体,增加对媒体的注意、理解,延长信息的保留时间;实时性,声音与视频、动画、图像等画面必须严格同步。

数字媒体技术常用的编辑工具有文字处理软件(如 Microsoft Word)、图形图像编辑工具(如 Adobe Photoshop)、声音素材编辑工具(如 Adobe Audition、Cakewalk 和 Sound Forge)、网络动画编辑工具(如 Adobe Animate)、动态 GIF 图片编辑工具(如 Ulead COOL 3D)、视频影片编辑工具(如 MediaStudio、Premiere 和 After Effects)以及数字媒体合成编辑工具(如 Authorware 和 Director)。

数字媒体的应用领域包括教育与培训(幼儿启蒙教育、中小学辅助教学、大众化教育和技能训练)、商业应用(商场导购系统、电子商场、网上购物和辅助设计)、家庭娱乐(立体影像和虚拟现实)、网络通信(远程医疗和视听会议)、办公自动化(声音信息的应用和图像识别)以及电子地图等。

16.2 数字媒体新技术

16.2.1 虚拟现实技术

虚拟现实(virtual reality,VR)技术是一种可以创建和体验虚拟世界的计算机仿真系统。它利用计算机生成一种模拟环境,是一种多源信息融合的、交互式的三维动态视景和实体行为的系统仿真,以使用户沉浸到该环境中。虚拟现实技术主要包括模拟环境、感知、自然技能和传感设备等方面。其中,模拟环境是由计算机生成的、实时动态的三维立体逼真图像;感知是指理想的 VR 应该具有一切人所具有的感知,除了计算机图形技术所生成的视觉感知外,还有听觉、触觉、力觉以及运动等感知,甚至还包括嗅觉和味觉等,也称为多感知;自然技能是指人的头部转动,眼睛、手势或其他人体行为动作,由计算机来处理与参与者的动作相适应的数据,并对用户的输入做出实时响应,再分别反馈到用户的五官。观众可以借助数据手套等进入作品的内部,通过自身动作控制投影文本的生成过程。交互性和扩展的人机对话,是虚拟现实技术的独特优势。从整体意义上说,虚拟现实是以新型人机对话为基础的交互性的艺术形式,其最大优势在于建构作品与参与者的对话,并通过对话揭示意义生成的过程。

16.2.2 融媒体技术

“融媒体”是充分利用媒介载体，把广播、电视、报纸等既有共同点又存在互补性的不同媒体，在人力、内容、宣传等方面进行全面整合，实现“资源通融、内容兼融、宣传互融、利益共融”的新型媒体。目前新型媒体还不是一种固化的成熟的媒介组织形态，而是不断探索、不断创新的媒体融合方式和运营模式。

(1)融媒体是技术媒体。融媒体是互联网时代的产物，因此需要应用各种互联网新技术。这些技术应用包括3部分：一是支撑融媒体的技术接入，包括基于云计算的基础平台和连接各种应用平台；二是基于用户需求的内容生产和分布，如数字技术、推荐算法等；三是满足垂直领域和个性化需求的服务提供，如电商、支付等，这里面既要硬件建设，也要软件开发。

(2)融媒体是融合创新。融媒体的“融”需要将不同媒介组织和不同的社会资源整合、转换和配置在一起，这就意味着创新和挑战。而在其中，机制创新和顶层设计至关重要，需要兼顾市场各方的需求。这里面既有竞争与合作的博弈关系，也有开放与控制的平衡要求，因此在推进中需要过人的胆识和足够智慧。

(3)融媒体也是智媒体。智媒体的“智”主要在于人工智能。人工智能对于融媒体，不只是解决效率问题，还要解决效益问题。例如，通过大数据了解用户喜好、满足用户需求，进而取得融媒体商业利益。对于融媒体来说，不仅要解决效率和效益问题，还要解决价值问题，如智能把关和优化算法体现文化价值，实现融媒体社会效益的最大化。

“融媒体”以发展为前提，以扬优为手段，把传统媒体与新媒体的优势发挥到极致，使单一媒体的竞争力变为数字媒体共同的竞争力，从而为“我”所用，为“我”服务。“融媒体”不是一个独立的实体媒体，而是一个把广播、电视、互联网的优势互为整合、互为利用，使其功能、手段、价值得以全面提升的一种运作模式，是一种实实在在的科学方法，是在实践中看得见摸得着的具体行为。超前布局新一代信息技术，如未来网络、类脑计算、人工智能、全息显示、虚拟现实、大数据认知分析、区块链等，抓住5G等IP技术大发展的契机，为融媒体升级打下了坚实的技术基础。

16.3 数字媒体素材处理

1. 文字素材处理

文字是人们通信的主要方式。在计算机中，文字是人与计算机之间信息交换的主要媒体。文字用二进制编码表示，也就是使用不同的编码来代表不同的文字。文本是各种文字的集合，是使用最多的一种符号媒体形式，是人和计算机交互作用的主要形式。文本是计算机文字处理程序的基础，也是数字媒体应用程序的基础。常用的文本文件格式有TXT、RTF以及Word文件的DOC、DOT。在制作数字媒体作品时，虽然常用的数字媒体制作软件中都有文字编辑功能，但对于大量的文字信息一般不在集成时输入，而是预先在文字处理软件中输入所需的文字信息后，再将其导入数字媒体制作软件中，这时就需考虑文件的格式，因为有些数字媒体制作软件可能不支持该类型的格式，导致文件无法导入。在数字媒体作品中，文本除了以文字的形式存在外，还会以图像的形式存在，此种形式多用于需要将文字以特殊效果表现出来，而在数字媒体集成软件中又较难实现的情况下。

在数字媒体集成软件中，有时需要美化或突出文字内容，这时该数字媒体集成软件若无法实现此功能，则可考虑通过以下方法实现。

(1)直接在数字媒体集成软件中输入文字内容，然后对其进行格式化。

(2)在数字媒体集成软件中插入艺术字。具体步骤：打开 Word，切换到"插入"选项卡，单击"文本"选项组中的"艺术字"按钮，在弹出的"艺术字库"列表框中选择一种艺术字形，在打开的"请在此处放置您的文字"文本框中输入文字，并对艺术字的字体、字形、大小、文字内容等进行设置；选定艺术字，单击工具栏中的"复制"按钮，再切换到数字媒体集成软件中，选择"编辑"菜单中的"粘贴"命令即可。

(3)在数字媒体集成软件中插入公式。具体步骤：打开 Word，切换到"插入"选项卡，单击"文本"选项组中的"对象"按钮，在打开的"对象"对话框的"对象类型"列表框中选择"Microsoft 公式"选项，在出现的"对象"工具栏中单击合适的选项，再输入公式；选择输入好的公式，单击工具栏中的"复制"按钮，切换到数字媒体集成工具软件中，选择"编辑"菜单中的"粘贴"命令即可。

2. 图形、图像素材处理

一般来说，凡是能被人类视觉系统所感知的信息形式或人们心目中的有形想象都称为图像。图像文件一般以位图形式保存。位图是一种最基本的图像形式，是在空间和亮度上已经离散化的图像，即可以把一幅位图图像看成一个矩阵，矩阵中的任意一个元素对应图像中的一个点，而相应的值对应该点的灰度等级。图形是指从点、线、面到三维空间的黑白或彩色几何图形，也称向量图。图形是一种抽象化的图像，是对图像依据某个标准进行分析而产生的结果。常见的图像文件的格式有 BMP、PCX、GIF、TIF、JPG、TGA、DIB、PIC、PCD 等。

3. 音频素材处理

随着数字媒体技术的发展，人们接触到大量的影视动画作品，其中的对白、解说等内容都需要专业的音频文件进行配置。这些音频文件涉及前期语音的录制和后期音效的处理，因此掌握相应的录音软件是设计师必不可少的一项技能。下面以一款专业的录音软件为例进行介绍。

GoldWave 是一款数字音响编辑软件，虽然体积小巧，但实用性很强。使用它可以在计算机上录制、编辑、处理和转换音频文件。GoldWave 拥有多文档接口(MDI)，可同时打开多个文件进行编辑；具有丰富的音频处理特效，可以对高级公式进行计算；还具有多种复杂的滤波器，有助于恢复和重新灌录音频资料。

4. 视频素材处理

影像视频是动态图像的一种，与动画一样由连续的画面组成，只是画面内容是真实景物的图像。视频文件的使用一般与标准有关，常用的文件格式主要有 AVI、MOV、MPG、DIR 和 DAT 等。常用的视频编辑软件为 Adobe Premiere，这是一款非线性视频编辑应用软件，主要用于影视后期编辑、合成、特效制作。Premiere 提供了采集、剪辑、调色、美化音频、字幕添加、输出、DVD

刻录等一整套流程，其优点是完成剪辑后仍可以随意修改，且不损坏图像质量。

单元小结

本单元主要介绍了数字媒体的相关知识，包括数字媒体技术基础知识、数字媒体新技术以及数字媒体素材处理。通过对本单元的学习，读者可以提高对数字媒体的认知，学习数字媒体素材的基本处理。

课后习题

一、选择题

1. 按人类接收信息的渠道，可以将媒体划分为(　　)。

A. 图、文、声、像等媒体

B. 听觉媒体、视觉媒体、触觉媒体、其他知觉媒体

C. 符号、图形、图像、视频、动画、声音等

D. 符号类媒体和非符号类媒体

2. 下列媒体中属于视觉媒体的是(　　)。

①动画　②视频影像　③符号　④音乐

A. ①③④　　B. ①②④

C. ①②③　　D. 全部都是

3. 下列属于视频文件格式的是(　　)。

A. JPG　　B. AU　　C. ZIP　　D. AVI

二、填空题

1. 媒体信息的表示形式有________、________、________、声音、动画和视频。

2. 常用图片文件格式为________、________、________、________、________等。

3. 数字媒体的特征有________、________、________、________。

4. 常见视频文件格式有________、________、________、________和________。

单元17 虚拟现实

虚拟现实又称为“灵境”“赛博空间”等，最早被美国军方应用于军事仿真。从20世纪80年代末期至今，它集中体现了计算机技术、计算机图形学、多媒体技术、传感技术、显示技术、人机交互、人工智能等多个领域的最新发展。本单元主要介绍虚拟现实基础知识、虚拟现实的关键技术、虚拟现实的应用等内容。

学习目标

- 了解虚拟现实基础知识。
- 熟悉虚拟现实的关键技术。
- 了解虚拟现实的应用。

明德育才

我国虚拟现实技术的研究和一些发达国家相比还有很大的一段距离，随着计算机图形学、计算机系统工程等技术的高速发展，虚拟现实技术已经得到了相当的重视，引起我国各界人士的兴趣和关注。研究与应用VR，建立虚拟环境，虚拟场景模型分布式VR系统的开发正朝着深度和广度发展。国家科委、国防科工局已将虚拟现实技术的研究列为重点攻关项目，国内许多研究机构和高校也都在进行虚拟现实的研究和应用，并取得了一些不错的研究成果。

北京航空航天大学计算机系是国内最早进行VR研究、最有权威的单位之一，其虚拟实现与可视化新技术研究室集成了分布式虚拟环境，可以提供实时三维动态数据库、虚拟现实演示环境、用于飞行员训练的虚拟现实系统、虚拟现实应用系统的开发平台等，并在以下方面取得进展：着重研究了虚拟环境中物体物理特性的表示与处理；在虚拟现实中的视觉接口方面开发出部分硬件，并提出有关算法及实现方法。

17.1 虚拟现实概述

17.1.1 虚拟现实的概念

虚拟现实技术是20世纪90年代以来兴起的一种新型信息技术，它与多媒体、网络技术并称为三大前景最好的计算机技术。它以计算机技术为主，利用并综合三维图形动画技术、多媒体技术、仿真技术、传感技术、显示技术、伺服技术等多种高科技的最新发展成果，利用计算机等设备来产生一个逼真的三维视觉、触觉、嗅觉等多种感官体验的虚拟世界，从而使处于虚拟世界中的人产生一种身临其境的感觉。在这个虚拟世界中，人们可直接观察周围世界及物体的内在变化，与其中的物体之间进行自然的交互，并能实时产生与真实世界相同的感觉，使人与计算机融为一体。与传统的模拟技术相比，VR技术的主要特征是：用户能够进入一个由计算机系统生成的交互式的三维虚拟环境中，可以与之进行交互。参与者通过与仿真环境的相互作用，并利用人类本身对所接触事物的感知和认知能力，启发思维，全方位地获取事物的各种空间信息和逻辑信息。

17.1.2 虚拟现实系统的构成

典型的VR系统主要由计算机、输入输出设备、应用软件系统及数据库组成。

1. 计算机

在VR系统中，计算机用于虚拟世界的生成和人机交互的实现。由于虚拟世界本身具有高度复杂性，尤其在某些应用中，如航空航天世界的模拟、大型建筑物的立体显示、复杂场景的建模等，使得生成虚拟世界所需的计算量极为庞大，因此对VR系统中计算机的配置提出了极高的要求。

2. 输入输出设备

在VR系统中，为了实现人与虚拟世界的自然交互，必须采用特殊的输入输出设备，以识别用户各种形式的输入，并实时生成相应的反馈信息。

3. 应用软件系统及数据库

VR的应用软件系统可实现的功能包括虚拟世界中物体的几何模型、物理模型、行为模型的建立，三维虚拟立体声的生成，模型管理技术及实时显示技术，虚拟世界数据库的建立与管理等。虚拟世界数据库主要用于存放整个虚拟世界中所有物体的各个方面的信息。

17.1.3 虚拟现实系统的特征

VR技术有3个主要特征，即沉浸性（immersion）、交互性（interactivity）和想象性（imagination）。

1. 沉浸性

沉浸性是指用户感受到被虚拟世界包围，好像完全置身于虚拟世界中一样。VR技术最主要的技术特征是让用户觉得自己是计算机系统所创建的虚拟世界中的一部分，使用户由观察者变成参与者，沉浸其中并参与虚拟世界的活动。理想的虚拟世界应该达到使用户难以分辨真假的程度，甚至超越真实，实现比现实更逼真的照明和音响效果。

2. 交互性

交互性的产生主要借助 VR 系统中的特殊硬件设备（如数据手套、力反馈装置等），使用户能通过自然的方式产生同在真实世界中一样的感觉。

3. 想象性

想象性是指虚拟的环境是人想象出来的，同时这种想象能体现出设计者相应的思想，因而可以用来实现一定的目标。因此，VR 技术不仅仅是一个媒体或一个高级用户界面，同时还是为解决工程、医学、军事等方面的问题而由开发者设计出来的应用软件。

17.1.4 虚拟现实系统的发展历程

虚拟现实的发展历程一共可以分为 4 个阶段。

1. 酝酿阶段

1929 年，美国发明家爱德华·林克（Edward Link）设计出了一款机械飞行模拟器，让乘坐者感觉和坐在真实飞机中操控是一样的，其主要用于在室内环境下训练飞行员。

1956 年，电影导演莫顿·海利希（Morton Heilig）为了能够实现“为观众创造一个终极的全景体验”的梦想，开发了多通道仿真体验系统 Sensorama。这是一台能供 1～4 人使用并满足 72%视野范围的 3D 视频机器，其外观看起来更像是一台街头游戏机，Morton Heilig 将其称为“体验剧院”。

2. 萌芽阶段

1968 年，被誉为“计算机图形学之父”的伊凡·苏泽兰（Ivan Sutherland）设计了第一款头戴式显示器，并以自己的名字为其命名。Sutherland 的诞生，标志着头戴式虚拟现实设备与头部位置追踪系统的确立，并为现今的虚拟技术奠定了坚实基础。受到当时硬件技术的限制，Sutherland 无法独立穿戴，必须在天花板上搭建支撑杆。

1972 年，美国企业家诺兰·布什内尔（Nolan Bushell）开发出第一款交互式电子游戏《Pong（乒乓）》。这是一款规则极为简单的游戏，游戏界面中间一条长线作为所谓的“球网”，游戏双方各控制一条短线当作“球拍”，然后互相击打一个圆点，即所谓的“Pong”，失球最少者得最高分。这款游戏在商业上取得了成功，也使得 Nolan Bushell 创办的 Atari（雅达利）公司把游戏娱乐带入大众世界。

3. 雏形阶段

1984 年，NASA Ames 研究中心开发出用于火星探测的虚拟环境视觉显示器。该装置将探测器发回地面的数据输入计算机，从而构造了火星表面的三维虚拟环境。

1984 年，离开了 Atari（雅达利）公司的杰伦·拉尼尔（Jaron Lanier）和同伴创立了 VPL

Research公司。他组装了一台虚拟现实头盔，这是第一款真正投放于市场的虚拟现实商业产品，价值10万美元。5年后，Jaron Lanier提出用Virtual Reality来表示虚拟现实。作为首次定义虚拟现实的先驱，他被称为“虚拟现实之父”，其所在的VPL Research公司也开始将虚拟现实技术作为商品进行推广和应用，但不幸的是该公司于1990年宣布破产。Jaron Lanier目前仍在微软公司的实验室里致力于多人增强现实技术的研发。

4. 应用阶段

1993年，日本著名的游戏厂商SEGA(世嘉)株式会社计划发布基于其MD游戏机的虚拟现实头戴显示器。这款显示器凭借前卫的外观设计吸引了大量年轻人，但在游戏体验环节却反应平淡，最终SEGA不得不中止了该项目的后续研发计划。

1995年，美国伊利诺伊大学的实验室里，兴奋的学生们在庆祝CAVE虚拟现实显示系统的问世。这是一种基于投影的沉浸式虚拟现实显示系统，其特点是分辨率高、沉浸感强、交互性好。CAVE的原理比较复杂，它是以计算机图形学为基础，把高分辨率的立体投影显示技术、多通道视景同步技术、音响技术、传感器技术等完美地融合在一起，从而产生一个被三维立体投影画面包围的供多人使用的完全沉浸式的虚拟环境。CAVE的产生对推动虚拟现实的发展起到了极大作用。

2012年，19岁的帕尔默·拉吉(Palmer Luckey)创办了Oculus VR公司，并筹集了超过240万美元的资金用于第6代虚拟现实原型机的研发。其实早在18岁那年，他就在父母的车库里创造了第一款虚拟现实头显设备原型CR1，并拥有90°视场角。2015年Oculus宣布将把Oculus Rift带入大众消费领域，并于2016年1月开始在20多个国家和地区预售。

17.2 虚拟现实的关键技术

虚拟现实技术链对应虚拟现实产业整体构成(硬件设备、软件系统、交互辅助设备、运营服务等)，可分为硬件技术、软件技术、交互技术等。

1. 虚拟现实硬件技术

虚拟现实硬件包括传感器、屏幕、光学组件等。其中，透镜功能及屏幕质量是影响虚拟现实呈像效果的决定性因素。虚拟现实设备相对于手机等较为普及的移动设备来说较为复杂，组装件数量多，作业流程复杂，现阶段较难通过代工完成组装。

(1)传感器。传感器设备可赋予物体感知压力、气味、光线、温度等指标的信息检测能力，在信息处理层面具有数据传输、存储、显示、记录等功能。传感器基本元件按检测指标对象可分为10种，即力敏、磁敏、放射线敏感、热敏、光敏、色敏、湿敏、气敏、声敏、味敏传感器。目前传感器正向智慧化、云化、多元化方向发展，在规格上趋于微型化、系统化。

虚拟现实是对现实世界的高精度仿真，其硬件设备对传感器数据传输精度和速率要求较高，多采用IMU惯性传感器、动作捕捉传感器等。

(2)屏幕。屏幕显示方式包括直视显示、微显示等。直视显示多应用于电视、手机、平板电脑、笔记本电脑等设备。虚拟现实设备属于直视型设计，其直视显示方式主要包括液晶显示屏(liquid crystal display，LCD)、有机发光二极管(organic light emitting diode，OLED)两种。

虚拟现实屏幕成像效果受分辨率、像素密度等因素影响。现阶段具备虚拟现实屏幕研发制造能力的企业包括京东方、创维、三星、Kopin、JDI等。远期随着显示屏产业链技术成熟，虚拟现实屏幕成本有望持续降低。

(3)光学组件。虚拟现实硬件设备核心光学组件为透镜。为在虚拟视觉环境中实现自然画面深度、扩大视觉范围，虚拟现实硬件设备需要采用特定形状的透镜。透镜较薄时，可采用薄透镜扩大视场；透镜较厚时，需要缩短透镜与眼球的间距，以扩大视场。

虚拟现实头显设备重量会影响终端用户体验，薄透镜有助于减小头显体积、减轻头显重量，因此轻型透镜受到设备厂商推崇。但相对于普通厚度透镜，薄透镜加工难度较高(普通透镜厚度为毫米级别，薄透镜厚度为纳米级别，最薄约为6.3 nm)，且易导致成像失真、色差大等问题。

虚拟现实硬件设备多采用菲涅尔透镜，并逐步向混合型菲涅尔透镜、双晶透镜、超材料薄透镜等方向发展。

2. 虚拟现实软件技术

虚拟现实软件技术可根据内容制作流程被分解为数据跟踪、建模、仿真、渲染等关键步骤。虚拟现实以建模技术(静态建模、动态建模)、全景拍摄技术为基础，以绘制、渲染、仿真等技术为辅。其中，全景拍摄、绘制的成本较低，建模、渲染、仿真的成本较高，约占内容创作成本的70%或以上。

(1)三维建模技术。建模过程是将真实物体几何信息数据结构及物体运动数据结构复刻至虚拟环境的过程。虚拟现实内容建模质量直接影响用户体验，建模水平可根据以下4个关键技术指标衡量。

①精确度。不同类型内容对建模精确度要求各异。自2018年以来，中国约30%的虚拟现实内容产品围绕ToB端企业培训主题制作，其中高危、高精尖类职业培训内容(如手术、军事训练等)对建模精确度要求较高，手术培训场景精确度须达到90%或以上。

②显示频率。为保证用户获取连续的视觉观感，基于模型的虚拟图像更新频率须达到每秒20次以上；显示频率低于20次时，用户易受余晖、画面延迟等干扰。

③操作效率。模型建立须充分考虑物体运动路径之间是否有冲突，不同物体运动频率是否协调。运动轨迹协调度对终端用户交互体验的影响较大，运动速率不协调易导致晕动症等问题。

④构造难度。过于复杂的模型构造易导致计算量过大、构建迟缓等问题。模型建立须满足快速构建、快速显示的需求。

(2)动态绘制技术。动态绘制技术以形状或图像为描述对象，通过计算机绘制手段为用户提供可从任意角度、任意视点实时观察的三维图像。评价动态绘制效果的关键技术指标包括图像刷新频率及响应时长等。

①刷新频率。为保证虚拟现实动态画面正常演示，设计人员须保证动态绘制刷新频率不低于每秒60帧。

②响应时长。在虚拟现实内容交互过程中，从用户发起动作到显示器给予反馈之间的时差称为响应时长，动态绘制画面响应时长须保持在毫秒级别。

(3)物理仿真技术。物理仿真技术基于动力学、生物力学等物理定律，模拟、控制数字化物体运动模式。采用该技术创作的虚拟现实内容普遍受物理规律支配。通过物理仿真技术，创作人员可设计出高度自然、逼真的动画效果。

(4)三维全景技术。三维全景技术以图像绘制技术为基础，通过相机拍摄获取图像，并按序列进行样本折叠、变换，最终投影至观察表面(可为柱体表面、立方体表面、球面等)。画面投影后须进一步进行拼接、融合等技术处理。

三维全景拍摄工具包括 QuickTimeVR、iPIX、杰图造景师等。

3. 虚拟现实交互技术

人机交互技术以人类交流方式作为参考，意在通过设备界面信息传输实现人与机器之间的类人交流。虚拟现实交互技术相对于传统人机交互来说更强调沉浸式交互体验，更富有拟人特征。虚拟现实交互技术中的具体技术包括眼动追踪交互、手势交互、表情交互、语音交互、多通道交互等。可通过虚拟现实设备多维度交互界面为用户创造高沉浸感数字环境。

现阶段，中国已成为全球范围虚拟现实设备最重要产地之一。在交互技术方面，小米、华为、歌尔等企业在应用传统手势、姿势实现交互之余，利用眼动追踪、表情、语音等多元通道交互技术，大幅提升了终端仿真体验。

17.3 虚拟现实的应用

1. 虚拟现实在城市规划中的应用

城市规划一直是对全新的可视化技术需求最为迫切的领域之一，虚拟现实技术可以被广泛地应用于城市规划的各个方面，并带来切实且可观的利益。

(1)展现城市规划方案虚拟现实系统的沉浸感和互动性，不但能够给用户带来强烈、逼真的感官冲击，获得身临其境的体验，还可以通过其数据接口在实时的虚拟环境中随时获取项目的数据资料，以便于大型复杂工程项目的规划、设计、投标、报批、管理，有利于设计与管理人员对各种规划设计方案进行辅助设计与方案评审。

(2)虚拟现实所建立的虚拟环境是由基于真实数据建立的数字模型组合而成的，严格遵循工程项目设计的标准和要求建立逼真的三维场景，可对规划项目进行真实的“再现”。

(3)设计人员可在三维场景中任意漫游，进行人机交互，很多不易察觉的设计缺陷能够轻易地被发现，减少由于事先规划不周全而造成的无可挽回的损失与遗憾，从而大大提高了项目的评估质量。

(4)加快设计速度。运用虚拟现实系统，可以很轻松随意地进行修改，如改变建筑高度，改变建筑外立面的材质、颜色，改变绿化密度，修改系统中的参数即可，从而大大加快了方案设计的速度和质量，提高了方案设计和修正的效率，也节省了大量的资金。

2. 虚拟现实在医学中的应用

虚拟现实技术在医学方面的应用具有十分重要的现实意义。在虚拟环境中,可以建立虚拟的人体模型,借助跟踪球、头盔显示器、感觉手套,可以很容易了解人体内部各器官结构。在20世纪90年代初,相关专家曾研制了一台虚拟外科手术训练器,用于腿部及腹部外科手术模拟。这一虚拟的环境包括虚拟的手术台与手术灯、虚拟的外科工具、虚拟的人体模型与器官等。借助头盔显示器及感觉手套,使用者可以对虚拟的人体模型进行手术。另外,在远距离遥控外科手术、复杂手术的计划安排、手术过程的信息指导、手术后果预测及改善残障人士的生活状况,以至新型药物的研制等方面,虚拟现实技术都有十分重要的意义。

3. 虚拟现实在娱乐、艺术与教育领域中的应用

丰富的感觉能力与3D显示环境使得虚拟现实技术成为理想的视频游戏工具。由于在娱乐方面对虚拟现实技术的真实感要求不是太高,因而近些年来虚拟现实技术在该方面发展最为迅猛。例如,芝加哥开放了世界上第一个可供多人使用的大型虚拟现实技术娱乐系统,其主题是未来战争;英国开发的虚拟现实技术游戏系统配有头盔显示器,大大增强了真实感。另外,在家庭娱乐方面,虚拟现实技术也显示出了很好的前景。作为传输显示信息的媒体,虚拟现实技术在未来艺术领域方面所具有的潜在应用能力也不可低估。

另外,虚拟现实技术可用于提高艺术表现能力。例如,一位虚拟的音乐家可以演奏各种各样的乐器,手脚不便的人或远在外地的人可以在其生活的居室中去虚拟的音乐厅欣赏音乐会等。

虚拟现实技术对艺术的潜在应用价值同样适用于教育。例如,在解释一些复杂、抽象的概念(如量子物理等)时,虚拟现实技术是非常有力的工具。

4. 虚拟现实在其他领域中的应用

虚拟现实在军事与航天工业、室内设计、房产开发、工业仿真、军事模拟、文物古迹、产品/静物展示、道路桥梁、应急推演等方面也发挥着巨大的作用。

虚拟现实的研究内容涉及人工智能、计算机科学、电子学、传感器、计算机图形学、智能控制、心理学等。必须清醒地认识到,虽然这一领域的技术潜力是巨大的,应用前景也是很广阔的,但仍存在着许多尚未解决的理论问题和尚未克服的技术障碍。可以期待,虚拟现实系统将成为一种对多维信息进行处理的强大系统,成为人进行思考和创造的“助手”,以及对人们已有的概念进行深化和获取新概念的有力工具。

单元小结

本单元主要介绍了虚拟现实的相关知识,包括虚拟现实基础知识、虚拟现实的关键技术和虚拟现实的应用。通过对本单元的学习,读者可以提高对虚拟现实的认知,了解虚拟现实在实际生活中的应用。

课后习题

一、填空题

1. 虚拟现实的英文全称是________。
2. 虚拟现实的特征包括________、________和________。
3. 虚拟现实系统主要由________、________和________构成。

二、简答题

1. 简述虚拟现实的基本概念。
2. 虚拟现实的关键技术包括哪些?
3. 说出你所知道的虚拟现实的应用。

单元 18 区 块 链

区块链被称为“价值互联网的基石”，其作用主要体现在这些方面：一是减少业务中间环节，提升多方协作效率；二是实现数据有效对接，降低业务拓展成本；三是构建可信规则约束，增强政府治理能力；四是提供协作激励机制，催生新型产业生态。区块链将对数字社会的各领域产生重要影响，涉及数据共享、可信协作和价值传递的场景大多需要区块链技术提供信任保障。本单元主要介绍区块链的概念和特征、区块链的分类、区块链的关键技术和区块链的应用等内容。

学习目标

- 了解区块链的概念与分类。
- 熟悉区块链的关键技术。
- 了解区块链的应用。

明德育才

2019 年 10 月，习近平总书记在主持中央政治局第十八次集体学习时强调，“区块链技术的集成应用在新的技术革新和产业变革中起着重要作用。我们要把区块链作为核心技术自主创新的重要突破口，明确主攻方向，加大投入力度，着力攻克一批关键核心技术，加快推动区块链技术和产业创新发展”。

2020 年 4 月，国家发改委正式将区块链纳入新基建范围。作为未来数字社会的信息基础设施，区块链将对国家产业体系的优化升级发挥巨大的支撑作用。党的十九届五中全会提出，加快发展现代产业体系，推动经济体系优化升级，坚定不移建设网络强国、数字中国，推进产业基础高级化、产业链现代化，提升产业链供应链现代化水平，发展战略性新兴产业，加快发展现代服务业，统筹推进基础设施建设，加快数字化发展。区块链将为“十四五”规划的实施提供可靠的技术支撑。

18.1 区块链概述

1. 区块链的概念

区块链起源于一篇由化名为中本聪(Satoshi Nakamoto)的学者在2008年发表的奠基性论文《比特币:一种点对点电子现金系统》。该论文提出区块链技术被用于实现一种不依赖中间人的点对点电子货币系统。由于论文中使用了“chain of blocks”这一词组来介绍系统底层结构,我国研究人员在翻译该词时就直接用了“区块链”一词,而后该词就直接被写成了 blockchain,成为代表区块链技术体系的专有名词。

狭义的区块链技术是一种按照时间顺序将数据区块以链条的方式组合成特定数据结构,并以密码学方式保证的不可篡改和不可伪造的去中心化共享总账,能够安全存储有先后关系的、能在系统内验证的数据。

广义的区块链技术则是利用加密链式区块结构来验证与存储数据,利用分布式共享算法来新增和更新数据,利用运行在区块链上的代码,即智能合约,来保证业务逻辑的自动强制执行的一种全新的多中心化基础架构与分布式计算范式。

2016年10月,工业和信息化部信息化和软件服务业司指导发布的《中国区块链技术和应用发展白皮书》将区块链描述为分布式数据存储、点对点传输、共识机制、加密算法等计算机技术在互联网时代的创新应用模式。

2. 区块链的特征

区块链拥有诸多特性,包括去中心化、共识性、不可篡改、可追溯以及可编程性。基于这些特性,区块链技术也具备了相对于传统技术的诸多功能优势。

1)去中心化

去中心化是区块链最根本的性质,也是区块链区别于其他分布式账本的最重要因素。

通常将去中心化与中心化、分布式进行比较。以太坊创始人维塔利克·布特林(Vitalik Buterin)在《去中心化的真正含义》一文中详细地阐述了去中心化的概念,从网络架构、治理体制、逻辑结构3个维度进行了分析,指出区块链在网络架构和治理体制上是去中心化的,没有人能控制它,也没有网络中心点,但在逻辑上是中心化的,一个区块链系统所有的节点表现得像是一台计算机。这样的结构使得区块链具有很强的容错性、抗攻击力和抗合谋能力,同时又能够提供确定性的服务。

普通的分布式系统与区块链很相像,但前者在治理体制上是中心化的。一个分布式系统如服务器集群,必须有一个控制中心,由控制中心来决定分布式系统中每一台计算机的运行方式。而区块链是不需要这样的控制中心的,链上的每一台计算机都是平等的,区块链上的数据由链中所有具有维护功能的节点共同维护。

2)不可篡改

由于区块链采用了链式数据结构,如果某个节点篡改了一个区块的数据,那么该区块与前后区块之间的连接就会被打破，区块链就不再完整。根据共识机制，被篡改的区块是无法被其他节点接受的，即无法进入区块链。由此可以看出，区块链上的历史数据是不可更改的。

即便在大多数节点共同违背共识机制的情况下，即所谓的“51%攻击”时，攻击者也不能任意修改区块链的历史数据，可行的办法只有抹去之前若干个区块的数据，然后重新生成新的区块链。而这样做的难度与被抹掉区块的个数相关，并且是呈指数增长的，对于一个设计良好的区块链，基本上是不可能做到的。

3)去信任

去信任(trustless)指的是在区块链中，一个节点无须信任任何其他节点，在假设其他节点都是不合作、不可信的前提下，最终仍可以根据共识机制从区块链中获得可信的数据。

在传统的中心化系统中，每一个用户必须信任系统的中心节点，相信它不会篡改数据、不会窃取隐私，但这种信任往往是盲目的、不可靠的。例如，人们通过自动取款机把现金存进银行，前提是人们相信银行会如实记录这笔交易，将来取钱时银行不会赖账。如果银行的系统出现严重的故障或数据被非法篡改，储户的存款就可能会不翼而飞，由于所有的数据都被存储在银行系统中，储户甚至无法举证，损失无法被挽回。

如果采用区块链来实现这一场景，存钱这一事件会被存储在区块链上，网络上任意一个节点都可以查看并验证。由于区块链不可篡改的特性，这样的存储是值得信任的。因此，区块链又被称为“创造信任的机器”，被誉为构成价值互联网的基石。

4)开放性

区块链的数据全部被存储在每一个节点之中，除了交易各方的私人信息被加密存储外，区块链的数据对所有节点公开，任何人都可以通过公开接口查询区块链数据，因此整个系统的信息保持高度透明，数据的完整性也易于验证。

同时由于采用了P2P网络，节点的加入和退出是比较自由和方便的。对于公有链，节点只要使用了包含正确的共识算法的软件，就随时可以被接入区块链，无须批准；对联盟链和私有链，节点的加入需要一个批准过程，这一过程往往也是去中心化的。

另外，区块链软件通常是开源的，这是由其去信任特性所决定的。区块链的用户不需要信任软件开发者，开源软件本身就是值得信任的。

5)匿名性

由于节点之间进行数据交换无须互相信任，因此交易对手之间可以不用公开身份，在系统中的每个参与者都可以保持匿名。匿名性是区块链共识机制带来的副作用，并不是必需的。在金融业务中，由于反洗钱等监管要求，在具体实现时往往会去除匿名性，并不影响它的其他特性。

6)隐私性

区块链数据结构广泛使用了数据加密技术，几乎涵盖了所有种类的加密算法，包括最新的加密理论(如盲签名、门限签名、同态加密、零知识证明等)。综合采用这些加密算法，充分保障了区块链的安全性，同时也可以提供极强的隐私保护功能，不用担心被存储在区块链上的隐私和关键数据泄露的可能，同时也不妨碍为监管部门提供监管视图。

7)自动执行

区块链采用事先商定的智能合约，使整个系统中的所有节点能够在无须信任的环境下自动安全地交换数据并自动执行预定义的业务逻辑，无须任何人为干预，资金结算以区块为单位自动进行，无须外部对账，可用来构建 7×24 小时运行的金融交易系统。

8)简化运维

在中心化的交易系统中，建设和维护一个高可用性的中心系统的成本很高。而区块链技术采用去中心化的模式，设备由各网络节点自行维护，对单个节点的可用性要求大大降低，可以显著降低系统建设和运维成本，并具有较长的生命周期。

18.2 区块链的分类

区块链根据准入机制和节点开放程度可以分成 3 类，即公有链、联盟链、私有链。

1. 公有链

公有链中，任何节点都可以被加入区块链网络，并且可以读取、发送交易，同时参与共识过程。公有链是完全去中心化的网络。但是公有链共识速度慢，目前应用局限于虚拟货币。典型的公有链有比特币、以太坊。

2. 联盟链

联盟链中，节点被加入网络须通过授权，根据权限查看信息。记账节点为多个预选节点并且存在一个或者多个信任第三方机构为其背书。联盟链是部分去中心化的网络，且适用于机构间的交易、结算等 B2B 场景，因此在金融行业应用最广泛，其中最知名的是 Hyperledger fabric、R3 区块链联盟。

3. 私有链

私有链只对个别实体或个人开放，去中心化程度不高，但共识速度快，常用于企业内部的数据库管理、审计，政府的预算和执行，或者政府的行业统计数据等。北航链就是典型的私有链。

18.3 区块链的关键技术

区块链作为一个诞生不久的技术，整合了多方技术作为基础，包括加密算法、数字签名、P2P 网络、共识算法和智能合约等，这些技术在区块链诞生前就已在各种互联网应用中被广泛应用。区块链在整合这些技术时既不是生搬硬套也不是重复使用，其在技术架构方面秉持着“去中心化”的思想，将引用的技术分别用于不同方面。例如，加密算法和数字签名用于保证网络数据的安全性和参与者的身份认证，共识算法用于保证数据同步的完整性。区块链在使用这些技术的同时，也针对自身架构的特性进行了部分改造。下面将从共识机制、数据存储、区块扩容、智能合约这 4 个方面详细讲解。

18.3.1 共识机制

区块链是由分布式的数据库通过共识算法机制保障每个节点间的数据完整性和同步性的，可以说共识算法是区块链技术实现的基础。常见的共识算法可分为两类：一类是能解决网络拜占庭错误的BFT(Byzantine Fault Tolerance)类算法；另一类是不能解决网络拜占庭错误，而只是针对普通节点错误的CFT(Crash Fault Tolerance)类算法。

能够解决网络拜占庭错误的算法有PBFT算法、PoW算法、PoS算法以及DPoS算法等。PBFT算法很像一种少数服从多数的投票机制，这种机制在网络节点数量可控、具有监管机构的分布式网络环境下能发挥较大的优势。一方面，PBFT算法在这种环境下共识的时延只有2～5 s；另一方面，在这种环境下即使交易非常高频，PBFT算法也有较高的共识效率。但是在网络节点数量不可控、没有监管机构的分布式网络环境下存在一定隐患。

能够解决网络非拜占庭错误的算法有以Paxos、Raft等为代表的共识算法。使用网络拜占庭容错的算法对网络的运行要求更加严格，在大部分的区块链技术应用中不使用这类算法。

常见共识算法及应用如表18-3-1所示。

表18-3-1 常见共识算法及应用

共识算法	应 用
Paxos	Google Chubby、ZooKeeper
Raft	etcd
PBFT	超级账本Fabric
PoW	Bitcoin、Litecion，以及以太坊前3个阶段：Frontier(前沿)、Homestead(家园)及Metropolis(大都会)
PoS	主要是以太坊的第四个阶段：Serenity(宁静)
DPoS	Bitshare

区块链的共识机制是区块链实现去中心化的关键技术，在应用中不再需要依托可信任的中心化机构或组织，由所有用户参与制定的共识机制保障每个人手中数据的完整性、一致性，减少中间环节，大大提升数据要素的使用效率。

18.3.2 数据存储

区块链本质上是一个分布式账本系统，因此区块链平台的数据存储体系设计至关重要。一般来说，区块链的数据存储设计主要包含3个部分，即区块结构、账本模型和Merkle树。

1. 区块结构

区块结构是区块链账本中的重要数据结构，存储着核心交易信息。区块结构是由包含交易信息的区块从后向前有序连接起来的数据结构。区块结构分为两部分，即区块头和交易列表。

区块头中记录了一些固定大小的区块元数据信息，在交易列表中记录了所有被收录的在该区块的交易信息。对每个区块头进行哈希计算，可以生成一个哈希值，该值可以用作在区块链中唯一标识该区块的数字指纹。同时,在区块头信息中引用了上一个区块的哈希值,即在每一个区块中都包含其父区块的哈希值。通过这种方式,所有的区块都被串联成一个垂直的链式结构,通过不断迭代访问父区块,最终可以追溯至区块链的创世区块(第一个区块)。正是由于这种特殊的链式结构设计,父区块有任何改动时,父区块的哈希值也会发生变化,迫使子区块中的“父区块哈希值”字段发生变化,导致产生的子区块哈希值变化。

2. 账本模型

区块链的账本模型可分为 UTXO(unspent transaction output)模型和账户模型两种。

1)UTXO 模型

在 UTXO 模型中,没有记录用户余额的账户,每笔交易以一个或多个 UTXO 作为输入,在交易完成后,将输入的 UTXO 标记为已花费并生成若干新的 UTXO,每个用户余额就是其所拥有的 UTXO 综合。

采用 UTXO 模型的优势是可以抵御重放攻击,保障用户隐私,可并行签发多笔交易;缺点是难以理解,编程复杂程度高,且存在碎片化问题。

2)账户模型

在账户模型中,存在一个记录用户余额的账户,当请求一笔交易时,需要判断账户内记录的余额能否完成该交易,若可以,则执行该交易并修改交易双方账户余额,否则取消交易。

采用账户模型的优点是易于理解,有良好的可编程性,且交易执行效率高;缺点是需要采取办法解决重放攻击和隐私保护的问题。

3. Merkle 树

将区块中收录的交易依次处理之后,合约账户从原先的状态被转移至一个新的状态,为了快速生产一个用于标识所有合约账户最新状态的哈希值,区块链系统中引入了 Merkle 树进行哈希计算。Merkle 树是一种哈希二叉树,是一种用作快速归纳和校验大规模数据完整性的数据结构。这种二叉树包含加密哈希值,在比特币网络中,Merkle 树被用来归纳一个区块中的所有交易,同时生成整个交易集合的数字指纹,且提供了一种校验区块是否存在某交易的高效途径。但是,传统的 Merkle 树性能较差,在面对高频海量数据时,计算的表现不能达到性能的要求。因此,在新一代的区块链平台中,往往采用改进版的 Merkle 树以提升账本哈希计算的速率。

18.3.3 区块扩容

区块扩容即扩大每个区块的容量以存储更多的交易数据,在每个区块链技术的应用中通常都限制了区块数据占用存储空间的大小。限制区块的大小很好地控制了区块账本数据的增长速度。例如,比特币早期对其区块数据占用存储空间的大小设定为 1 MB,按照每个交易数据平均占用存储空间为 200 byte(字节)计算,再加上区块头占用的 80 byte 空间,这样一个区块中平均放置交易事务的数量大概为 5 000 个,即每 5 000 次交易进行一次打包,按照每 10 分钟产生一个区块,5 000 起交易的处理效率大概为每秒 8 起。当交易次数高频发生时,该交易效率无法满足要求,必须进行扩容。

目前，在用的扩容方法有隔离见证和区块直接扩容。

1. 隔离见证

隔离见证与交易签名密切相关，一个交易中要包含能够识别的交易者的签名才能算是有效的交易，在之后验证交易的过程中也会涉及过往的交易签名。隔离见证是指将交易中的签名部分独立出来，放在交易数据末尾的称为“见证(witness)”的字段中。“见证”字段会随着交易被各个节点接收，但在交易经过打包被存储在区块中时不再包含“见证”字段。通常一位新用户节点在接收到一个新区块时不会对其中每一条交易的签名合法性进行验证，只关心交易数据本身，签名对它来说意义不大，同时签名所占存储空间约为 50 byte，如果这部分数据没有随区块被存入区块链，理论上需要 4 MB 的区块才能存储下来的交易数据现在只需 1 MB 的区块就足够了，无形中获得了扩容的效果。

2. 区块直接扩容

当最后需要对交易数据执行 SHA-256 计算，以得到交易事务 ID，进而构建 Merkle 树需要用到整个交易事务的数据(包括签名在内)时，签名部分被存放在“见证”字段中，不会对交易事务 ID 的计算过程产生影响。区块直接扩容便是直接将区块扩容至更高的容量。例如，比特币系统通过硬分叉方式直接产生一个新的比特币区块链变种——比特币现金(BCH，bitcoin cash)，这次分叉便硬生生将区块扩容至 8 MB。

区块链技术可应用在各行各业的信息化系统中，各行业对数据的生产、使用、存储有不同的需求，对区块的扩容有其个性化需求。用户可选择自己喜爱的方式进行区块扩容，以满足其应用需求。

18.3.4 智能合约

智能合约是一套以数字形式定义的承诺，合约参与方可以在上面执行这些承诺的协议。

合约就是区块链中的程序代码，合约的参与双方将达成的协议提前安装到区块链系统中，在双方的约定完成后，开始执行合约，且不可篡改。基于区块链的智能合约包括事务处理和保存的机制，以及一台完备的状态机(用于接收和处理各种智能合约)，事务的保存和状态处理都在区块链上完成。事务主要包含需要发送的数据，而事件则是对这些数据的描述信息。整个智能合约系统的核心在于智能合约以事务和事件的方式经过智能合约模块的处理，处理之后还是一组事务和事件，智能合约的存在是为了让一组复杂的、带有触发条件的数字化承诺能够按照参与者的意志被正确执行。

18.4 区块链的应用

区块链的应用已从单一的数字货币应用延伸到许多领域。区块链技术的颠覆性潜力获得越来越多的关注和认可。人们开始探索区块链技术在其他领域的应用，如金融服务、教育、文化创意、智能制造等。

1. 区块链在金融服务中的应用

在金融服务领域，需要多学科、多行业的交叉融合，许多不同领域的企业参与其中，如互联网公司、银行、证券公司等。以阿里巴巴、百度和腾讯为代表的互联网公司在区块链方面表现积极，但布局各有侧重。阿里巴巴专注于数据金融，早在2016年10月，阿里金融云联合易诚互动推出了基于区块链技术的积分商城——云优商城，为银行提供基于区块链的积分及分期场景。阿里云邮箱还联合法大大平台推出基于区块链技术的邮箱存证产品。百度发力于“A＋金融”，与佰仟、华能信托等合作联合发行国内首个基于区块链技术的ABS项目。腾讯围绕社交网络展开金融连接。腾讯将搭建区块链基础设施，并开放内部能力，与全国企业共享，共同推动可信互联网的发展，打造区块链的共赢生态。

2. 区块链在教育领域中的应用

随着教育的不断发展，社会对教育的需求更加多元化和层次化，社会需要保持教育的声誉，以及对认证和学习证明的信任。区块链技术可以应用在以下场景。

1)单一教育(培训)机构

每所高校(培训机构)都可以使用区块链存储和发布证书，甚至可以对学习过程中所呈现出的资料、数据进行存储和发布，防止认证造假。加密和双重认证被用于创建、签发，并将证书放置到区块链数据库中。学校仍然给学生提供纸质的复印件，但系统创建的分散清算号码可以让雇主进行认证。

2)国家或地区高等教育管理部门

在一个国家或一个地区内，在每所高校区块链的基础上，高校管理部门可以利用区块链技术对所属区域内的高校学生进行学分和证书认证与管理，也可以对系统中的各级证书进行共享。

3)全球学历评估

目前，各个国家之间的学位互认也急需区块链技术的支持。截至2020年9月，中国已与188个国家和地区、46个重要国际组织建立了教育合作与交流关系，与54个国家签署了高等教育学历学位互认协议。如果有区块链技术作为支撑，全球各个国家之间的学历学位互认将会变得非常高效，而且准确性将远远高于当前的认证方式。

4)慕课

慕课(massive open online course，MOOC)即大型开放式课程。慕课正在改变高等教育的方式，并作为一种变革催化剂，迫使大学重新思考。但是慕课认证问题仍然有点模糊，学习者身份识别困难是MOOC学分认证面临的核心问题。每个独立公开课提供方颁发证书；主要的公开课提供方之间其实可以协议安全的认证方式，甚至可以为实际学位开放公开课认证。

3. 区块链在文化创意领域中的应用

随着社会的发展，人们的生活方式发生了巨大的改变，传统文化产业面临来自互联网的挑战。如何更好地实现人们的文化权益、丰富人们的精神世界、促进人的全面发展和社会全面进步，是新时代文化产业必须担负起的崇高使命。随着“互联网＋”时代的到来，文化创意领域将迎来新的发展机遇。将区块链技术应用于文化娱乐领域，可以有效地解决知识产权侵权现象严重、侵蚀原创精神、行政保护力度较弱、举证困难、维权成本过高等问题。

使用区块链技术，可以通过时间戳、哈希算法对作品进行确权，证明一段文字、视频、音频等文化作品的存在性、真实性和唯一性。一旦在区块链上被确权，文化作品的后续交易就会被实时记录，文化产业的全生命周期就可以实现可追溯和可追踪，这为司法取证提供了一种强大的技术保障和结论性证据。

文化产业的起点是创意，核心是内容。首先，利用区块链技术，能将文化产业价值链的各个环节进行有效整合，使其加速流通，缩短价值创造周期。其次，利用区块链技术，可实现数字文化产品内容的价值转移，并保证转移过程的可信、可审计和透明。最后，基于区块链的政策监管、行业自律和民间个人等多层次的信任共识与激励机制，同时通过安全验证节点、平行传播节点、交易市场节点、消费终端制造等基础设施建设，不断提升文化创意领域的存储与计算能力，有助于文化创意领域跨入全社会的数字化生产传播时代。

4. 区块链在智能制造中的应用

当前，我国正在加快实施智能制造工程，积极推动制造企业利用新一代信息技术提升研发设计、生产制造、经营管理等环节的数字化、网络化水平，实现智能化转型，以重塑制造业竞争的新优势。

传统的制造企业之间的相关产品信息都分布在各个不同的信息系统中，这些信息系统之间是相互隔离的，各个信息系统的信息无法实现互流互通和信息共享，无法对制造企业的未来发展和社会需求进行有效预测。而区块链技术支撑下的智能制造可以打破传统制造业信息分割的障碍，有利于企业持续优化运营流程和运营成本，提高运营效率。区块链技术有助于提高智能制造价值链的透明度、灵活性，并能够更敏捷地应对生产、物流、仓储、营销、销售、售后等环节存在的问题。2017 年，贵阳国家高新区启动“区块链＋智能制造”专项行动，计划融合智能制造、大数据、物联网和人工智能等新技术，打造“区块链＋智能制造”示范基地。

单元小结

本单元主要介绍了区块链的相关知识，包括区块链的概念和特征、区块链的分类、区块链的关键技术和区块链的应用。通过对本单元的学习，读者可以提高对区块链的认知，了解区块链在实际生活中的应用。

课后习题

一、选择题

1. 区块链技术具备以下(　　)特性。(多选)

A. 去中心化　　B. 不可篡改　　C. 可追溯　　D. 共识性

2. (　　)是区块链最根本的性质，也是区块链区别于其他分布式账本的最重要因素。

A. 去中心化　　B. 防篡改　　C. 去信任　　D. 开放性

3. 常见 Paxos 共识算法对应的应用有（　　）。

A. Google Chubby
B. Bitshare
C. etcd
D. 超级账本 Fabric

二、简答题

1. 简述什么是区块链。
2. 区块链的关键技术包括哪些？
3. 说出你所知道的区块链的应用。

参考文献

[1] 陈淑敏. 信息技术基础[M]. 北京:北京邮电大学出版社,2021.

[2] 刘鹏. 人工智能概论[M]. 北京:清华大学出版社,2021.

[3] 姚海鹏,王露瑶,刘韵洁,等. 大数据与人工智能导论[M]. 2 版. 北京:人民邮电出版社,2020.

[4] 杨正洪. 大数据技术入门[M]. 2 版. 北京:清华大学出版社,2020.

[5] 梁永生. 物联网技术与应用[M]. 2 版. 北京:机械工业出版社,2021.

[6] 中国通信工业协会物联网应用分会. 物联网+5G[M]. 北京:电子工业出版社,2020.

[7] 黄玉兰. 物联网技术导论与应用[M]. 北京:人民邮电出版社,2020.

[8] 王良明. 云计算通俗讲义[M]. 3 版. 北京:电子工业出版社,2019.

[9] 安俊秀,等. 云计算与大数据技术应用[M]. 北京:机械工业出版社,2019.

[10] 眭碧霞. 信息技术基础:WPS Office[M]. 2 版. 北京:高等教育出版社,2021.

[11] 林政. 深入浅出:Windows 10 通用应用开发[M]. 2 版. 北京:清华大学出版社,2019.

[12] 贾如春,李代席. 计算机应用基础项目实用教程:Windows 10+Office 2016[M]. 北京:清华大学出版社,2018.

[13] 龙马高新教育. 新编电脑办公(Windows 10+Office 2016 版)从入门到精通[M]. 北京:人民邮电出版社,2016.

[14] 陶进,杨利润. 信息技术应用基础[M]. 2 版. 北京:清华大学出版社,2015.